项目一 计算机基础知识

任务 1　初识计算机——计算机的发展及应用

学习目标

知识目标：1. 了解计算机的应用领域。
　　　　　2. 了解计算机的主要类型。
　　　　　3. 了解计算机的发展历史和趋势。

技能目标：1. 能正确操作鼠标。
　　　　　2. 能完成计算机的启动和关闭等操作。

任务描述

计算机是 20 世纪最伟大的发明之一，计算机技术和通信技术相结合而形成的信息技术，是现代信息社会最重要的技术支柱，它对人类的生产方式、生活方式、思维方式都产生了极其深远的影响。本任务首先了解计算机的基础知识，然后练习启动和关闭计算机，并在教师指导下浏览、运行或观看计算机中的内容，了解计算机的操作界面，从而对计算机有一个初步的认识。

简介

本书主要内容包括计算机基础知识、Windows 10 操作系统的使用、Word 2021 的使用、Excel 2021 的使用和 PowerPoint 2021 的使用等。

本书由王秀娟担任主编，孟莉莉、张利锴担任副主编，刘万波、尹威、杨芳宇、徐千力、张海涛、赵婧、胡彩霞、周冰、于文轲参与编写，乔丛枫担任主审。

图书在版编目（CIP）数据

常用办公软件 / 王秀娟主编. -- 4 版. -- 北京：中国劳动社会保障出版社，2024
全国技工院校计算机类专业教材. 中 / 高级技能层级
ISBN 978-7-5167-6075-8

Ⅰ.①常… Ⅱ.①王… Ⅲ.①办公自动化-应用软件-技工学校-教材 Ⅳ.①TP317.1

中国国家版本馆 CIP 数据核字（2023）第 195282 号

中国劳动社会保障出版社出版发行

（北京市惠新东街 1 号 邮政编码：100029）

*

北京宏伟双华印刷有限公司印刷装订 新华书店经销

787 毫米 ×1092 毫米 16 开本 23 印张 450 千字
2024 年 1 月第 4 版 2024 年 1 月第 1 次印刷

定价：57.00 元

营销中心电话：400-606-6496
出版社网址：http://www.class.com.cn
http://jg.class.com.cn

前　言

为了更好地满足全国技工院校计算机类专业的教学要求，适应计算机行业的发展现状，全面提升教学质量，我们组织全国有关学校的一线教师和行业、企业专家，在充分调研企业用人需求和学校教学情况、吸收借鉴各地技工院校教学改革的成功经验的基础上，根据人力资源社会保障部颁布的《全国技工院校专业目录》及相关教学文件，对全国技工院校计算机类专业教材进行了修订和新编。

本次修订（新编）的教材涉及计算机类专业通用基础模块及办公软件、多媒体应用软件、辅助设计软件、计算机应用维修、网络应用、程序设计、操作指导等多个专业模块。

本次修订（新编）工作的重点主要有以下几个方面。

突出技工教育特色

坚持以能力为本位，突出技工教育特色。根据计算机类专业毕业生就业岗位的实际需要和行业发展趋势，合理确定学生应具备的能力和知识结构，对教材内容及其深度、难度进行了调整。同时，进一步突出实际应用能力的培养，以满足社会对技能型人才的需求。

针对计算机软、硬件更新迅速的特点，在教学内容选取上，既注重体现新软件、新知识，又兼顾技工院校教学实际条件。在教学内容组织上，不仅局限于某一计算机软件版本或硬件产品的具体功能，而是更注重学生应用能力的拓展，使学生能够触类旁通，提升综合能力，为后续专业课程的学习和未来工作中解决实际问题打下良好的基础。

创新教材内容形式

在编写模式上，根据技工院校学生认知规律，以完成具体工作任务为主线组织教材内容，将理论知识的讲解与工作任务载体有机结合，激发学生的学习兴趣，提高学生的实践能力。

在表现形式上，通过丰富的操作步骤图片和软件截图详尽地指导学生了解软件功能并完成工作任务，使教材内容更加直观、形象。结合计算机类专业教材的特点，多数教材采用四色印刷，图文并茂，增强了教材内容的表现效果，提高了教材的可读性。

本次教材修订（新编）工作还针对大部分教材创新开发了配套的实训题集，在教材所学内容基础上提供了丰富的实训练习题目和素材，供学生巩固练习使用，既节省了教材篇幅，又能帮助学生进一步提高所学知识与技能的实际应用能力。

提供丰富教学资源

在教学服务方面，为方便教师教学和学生学习，配套提供了制作素材、电子课件、教案示例等教学资源，可通过技工教育网（http://jg.class.com.cn）下载使用。除此之外，在部分教材中还借助二维码技术，针对教材中的重点、难点内容，开发制作了操作演示微视频，可使用移动设备扫描书中二维码在线观看。

致谢

本次教材修订（新编）工作得到了河北、山西、黑龙江、江苏、山东、河南、湖北、湖南、广东、重庆等省（直辖市）人力资源社会保障厅（局）及有关学校的大力支持，在此我们表示诚挚的谢意。

编者

2023 年 4 月

目录

CONTENTS

项目四　Excel 2021 的使用 …… 169

项目五　PowerPoint 2021 的使用 …… 294

相关知识

一、计算机的应用领域

计算机（computer）也称为电子计算机，俗称电脑，是一种利用数字电子技术，根据一系列指令自动执行任意算术或逻辑运算的设备。

计算机具有运算速度快、计算精确度高、逻辑运算能力强、存储容量大、自动化程度高等特点，经过70多年的发展，其应用遍及人类社会的各个领域，极大地推动了人类社会的进步与发展。

1. 计算机在生活中的应用

在生活中，人们用计算机浏览信息、观看视频、收听音乐，并进行远距离通信。随着信息技术的发展，计算机已成为人们生活中必不可少的工具之一。

2. 计算机在生产中的应用

（1）科学计算

科学计算是计算机最早的应用领域，在现代科学技术工作中，利用计算机可以完成如工程设计、地震预测、气象预报、火箭发射等庞大而复杂的计算工作。

（2）信息处理

信息处理是计算机的重要应用领域之一，也是日常生活中接触最多的领域。小到文件的编辑整理、资料保存，大到公司的经营管理、银行的交易管理，在办公自动化、企事业计算机辅助管理与决策、会计电算化等领域，计算机都是必不可少的核心工具之一。

（3）自动化生产

在机械、冶金、石油、化工、电力等众多生产部门，已广泛采用计算机进行实时自动化控制，有效地提高了生产、制造的时效性和准确性，大幅改善了劳动条件，提高了产量及合格率。计算机还广泛应用于计算机辅助设计（CAD）、计算机辅助工程（CAE）、计算机辅助制造（CAM）等领域。

（4）多媒体创作

凭借强大的多媒体处理能力，计算机已广泛应用于图形图像处理、音乐编辑、动画制作、影视特效等众多领域。精美华丽的海报、动听的电子音乐、精彩的动画、逼真的电影特效等都是借助计算机实现的。

二、计算机的主要类型

1. 个人计算机

个人计算机（PC，personal computer）是人们在日常生产生活中接触最多的一类计算机，也被称为微型计算机、微机等。本书提及的计算机指的就是个人计算机。

需要注意的是，由于 Windows 操作系统在个人计算机市场中的垄断性地位，在与苹果公司生产的运行 Mac OS 操作系统的 Mac 系列个人计算机一同提及时，有时也会习惯性地用 PC 一词专指运行 Windows 操作系统的个人计算机。

台式机是个人计算机最为传统的类型，也是使用最多的机型，其主要由分离的主机、显示器、键盘、鼠标等组成，如图 1-1-1 所示。

随着各类硬件设备体积不断缩小，近年来出现了将主机机箱内的各个硬件和显示器合并到一起的一体机（见图 1-1-2），由于其取消了单独的主机机箱，一体机较台式机大大减小了占用空间。

图 1-1-1　台式机

图 1-1-2　一体机

笔记本计算机俗称笔记本电脑（见图 1-1-3），其主要特点是便于携带。笔记本电脑通常都较为小巧、轻薄，带有独立电池，可脱离有线电源使用，因此可以随意移动使用位置，方便用户随身携带。随着技术的发展，笔记本电脑的性能越来越强大，在相当多的领域已可取代台式机，成为用户的首选。

平板计算机俗称平板电脑，它以触摸屏为主要输入设备，可脱离鼠标、键盘等外接设备使用，因此更为简洁、小巧，如图 1-1-4 所示。

此外，还有一种将笔记本电脑和平板电脑融合起来的二合一笔记本（见图 1-1-5），其代表性产品是微软公司的 Surface 系列，其主体是触摸屏的平板电脑，外接键盘后即可变为笔记本电脑形态，因其运行的是 Windows 操作系统，故在功能和使用体验上与普通笔记本电脑基本一致。

图 1-1-3 笔记本电脑

图 1-1-4 平板电脑

随着宽带技术和云技术的发展，在一些企业办公中，逐渐开始应用一类被称为瘦客户机的设备，如图 1-1-6 所示。这类设备形态上与台式机相似，但其最大的区别是应用了虚拟化桌面系统，即由服务器为每位用户分配资源后，所有数据的处理、存储全部在服务器上完成，操作系统也在服务器上运行，而本地机仅为网络连接和输入输出设备。这种模式在数据安全性、管理便捷性和维护成本等方面均具有一定的优势。

图 1-1-5 二合一笔记本

图 1-1-6 瘦客户机的主机

2. 商用及科研领域应用的计算机

商用及科研领域应用的计算机与个人计算机相比，具有更为强大的运算能力，因此在硬件组成和外观形态等方面都有较大不同。

在天气预测、气候研究、天体物理模拟、密码分析等领域应用的超级计算机，其运算速度可达每秒万亿次甚至亿亿次的数量级。组成超级计算机的硬件数量庞大，其形态不再是单一的设备，而是布置在机房内的若干机柜。目前，运算速度最快的超级计算机有美国的顶点以及我国的神威·太湖之光（见图 1–1–7）和天河 –2 等。

图 1–1–7　神威·太湖之光超级计算机

大型计算机也具有强大的运算能力，与超级计算机擅长数值计算（如科学计算）不同的是，大型计算机擅长非数值计算（如数据处理），因此，大型计算机主要用于商业领域，如银行系统海量交易数据的处理等。

随着信息技术的发展，网络正在逐步改变人们的生活方式，成为人们生活中重要的组成部分。网络为人们提供服务的技术手段离不开服务器的支撑。与个人计算机相比，服务器通常要为数量众多的用户提供服务，因此，服务器应具有较强的计算能力和较好的稳定性，在硬件组成与操作系统应用上都优于个人计算机。在实际应用中，各类服务器及相关设备往往在机房中集中放置管理，置于服务器机柜（见图 1–1–8）中。

图 1–1–8　服务器机柜

3. 其他形态的计算机

广义上讲，生产生活中用到的很多设备都属于计算机的范畴。如生产中常用的单片机，其全称就是“单片微型计算机”。而在生活中，用于阅读的电纸书，用于收看影视节目的智能电视、智能机顶盒，用于娱乐的游戏机等，实际上都可以看作是有专门用途的计算机。与人们生活已密不可分的智能手机，也可以看作是一种计算机，从操作系统来看，智能手机与平板电脑并无区别，主流产品运行的都是 IOS 或 Android 操作系统。

三、计算机的发展历史和趋势

从1946年世界上最早的计算机——ENIAC在美国宾夕法尼亚大学诞生算起，之后的二三十年里，计算机在技术上先后经历了电子管计算机、晶体管计算机、集成电路计算机三个时代。到20世纪70年代，随着电子技术的发展，大规模集成电路和超大规模集成电路的应用得以普及，计算机也进入了第四代，即发展至今的大规模和超大规模集成电路计算机时代。

计算机发展至今，虽然在性能上与半个世纪前相比有了重大飞跃，但在基本原理上并没有重大突破。对于下一代计算机，科学家们正在计算机的基本工作原理方面进行研究，如利用量子技术实现的量子计算机等。而在应用方面，一个重要的研究领域是人工智能技术，即实现使计算机能够模拟人的某些思维过程和智能行为（如学习、推理、思考、规划等）。

任务实施

步骤一　开启电源

找到连接计算机电源线的插排，按下插排按钮，开启电源，向计算机供电，如图1-1-9所示。

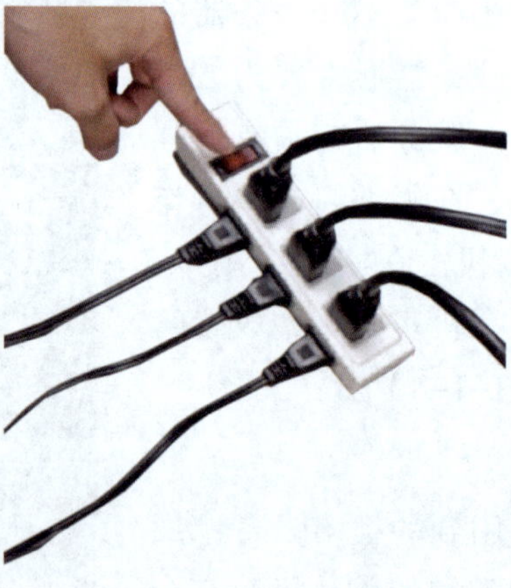

图1-1-9　开启电源

小提示

根据用电安全要求使用插排，注意检查电源线插头与插排之间连接是否正常。

步骤二　开启显示器和主机

开启电源插排后，按下显示器电源按钮，开启显示器，如图 1-1-10 所示。

开启显示器电源后，按下主机箱上的电源按钮，开启主机，如图 1-1-11 所示。

图 1-1-10　开启显示器

图 1-1-11　开启主机

步骤三　使用鼠标操作，初步体验计算机的使用

鼠标和键盘是计算机最基本的输入设备。除了通过键盘输入指令和信息外，用鼠标点击屏幕中的相关按钮和链接是计算机应用中最为普遍的操作。

手握鼠标时不要太紧，就像把手放在膝盖上一样，使鼠标的后半部分恰好在手掌下。食指和中指分别轻放在左右按键上，拇指和无名指轻夹鼠标两侧，如图 1-1-12 所示。

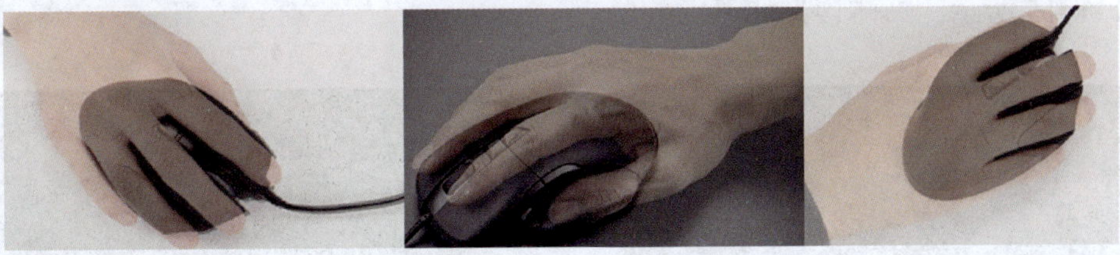

图 1-1-12　鼠标的握姿

鼠标上有左键和右键两个操作区域，大部分鼠标中间位置还有滚轮。通常用右手来操作鼠标，手掌轻轻放在鼠标上，食指放在左键上，中指放在右键上。按一下鼠标的左键称为“单击”，快速按两下鼠标左键称为“双击”。按住鼠标一个键不放，将选定的对象拖到目的地后释放称为“拖放”。另外，单击鼠标右键有时也简称为“右击”。鼠标在屏幕上以光标（也称指针）的形式出现，不同的光标样式表达不同的含义，在系统默认状态下，鼠标光标的含义如图 1-1-13 所示。

1. 标准选择光标（也称指向光标），移动它可以指向任意一个操作对象。

2. 文字选择光标（也称插入光标），出现该光标时才能输入文字。

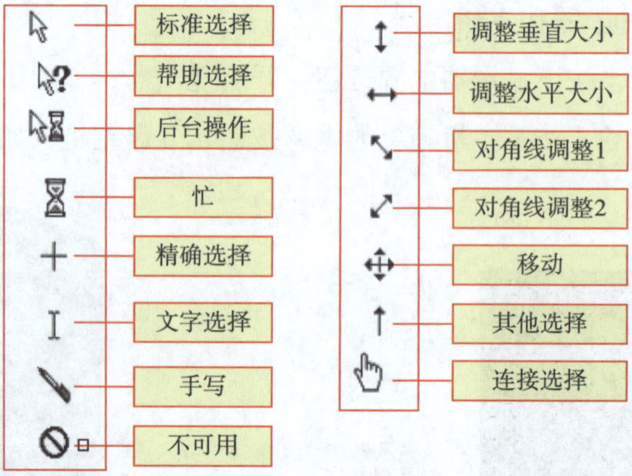

图 1-1-13　鼠标光标的含义

3. 精确选择光标（也称十字光标），出现该光标时才能绘制各种图形。

4. 后台操作光标（也称等待光标），出现该光标说明系统正在运行程序。

在教师指导下操作，按教师指定的路径打开文件夹，运行教师指定的程序或欣赏教师指定的视频、音频文件等，熟悉鼠标的操作，了解计算机的操作界面。

步骤四　关闭计算机

用鼠标左键单击任务栏左侧的“开始”按钮，单击“电源”按钮，如图 1-1-14 所示，在弹出菜单中单击“关机”按钮即可退出 Windows 10。

“电源”按钮上侧有一个扩展菜单，其中包含“睡眠”“关机”“重启”三个选项，如图 1-1-15 所示，具体含义如下。

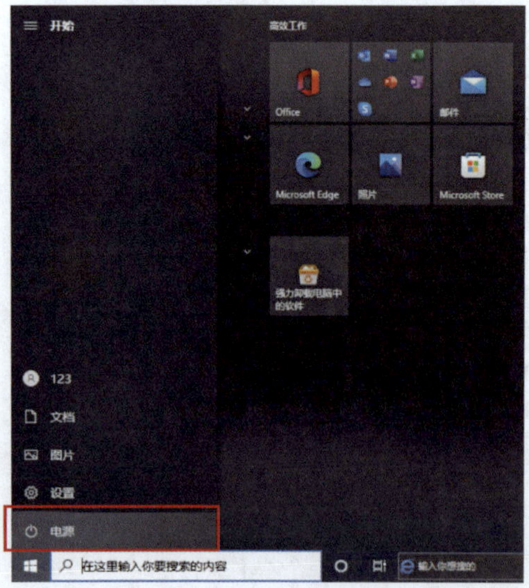

图 1-1-14　电源按钮

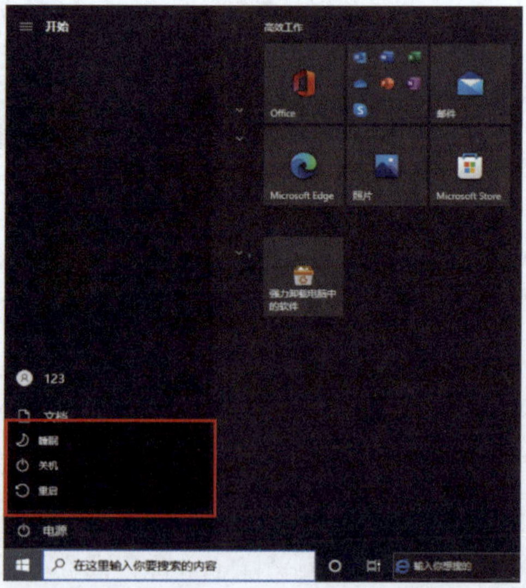

图 1-1-15　电源按钮扩展菜单

1. 睡眠是指将当前运行的程序和状态保存在硬盘中后关闭计算机，重新打开计算机时，系统将直接恢复到睡眠前的状态。

2. 关机是指退出当前账户并关闭计算机。

3. 重启是指退出 Windows 10 操作系统并重新运行计算机。

任务 2　认识计算机硬件——计算机的组成

学习目标

知识目标：1. 了解计算机硬件系统的组成。
　　　　　2. 了解计算机软件系统的组成。
　　　　　3. 了解计算机中的信息表示方法。
技能目标：能初步辨识机箱内的硬件设备。

任务描述

计算机功能强大，其背后是一整套精密、复杂的软件和硬件的支撑。众多的应用软件将用户的需求转化为计算机指令，而功能各异的硬件设备则根据这些指令运行，最终实现用户的需求。本任务的内容是了解计算机系统的组成，以台式计算机为例，结合实物进行观察，初步认识计算机的内部结构。

相关知识

一、计算机系统的组成

一个完整的计算机系统包括硬件系统和软件系统，如图 1-2-1 所示。

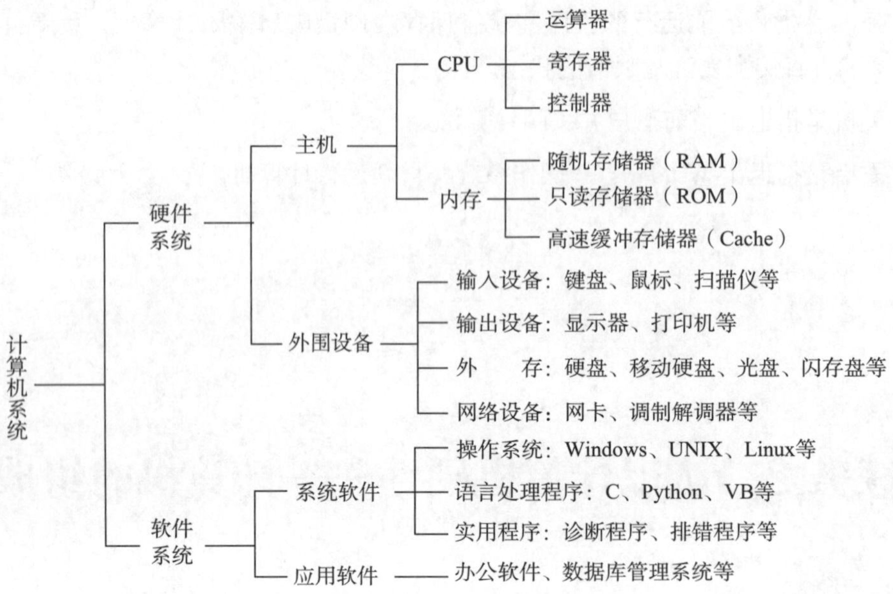

图 1-2-1　计算机系统的组成

1. 硬件系统

硬件系统是指构成计算机的物理设备，它是计算机软件运行的基础。从计算机的功能看，它包括运算器、控制器、存储器、输入设备和输出设备五大功能部件，这五大功能部件相互配合、协同工作。其中，运算器和控制器集成在一片或几片大规模或超大规模集成电路中，称为中央处理器（CPU）。硬件系统采用总线结构，各个部件之间通过总线相连构成一个统一的整体，其结构如图 1-2-2 所示。

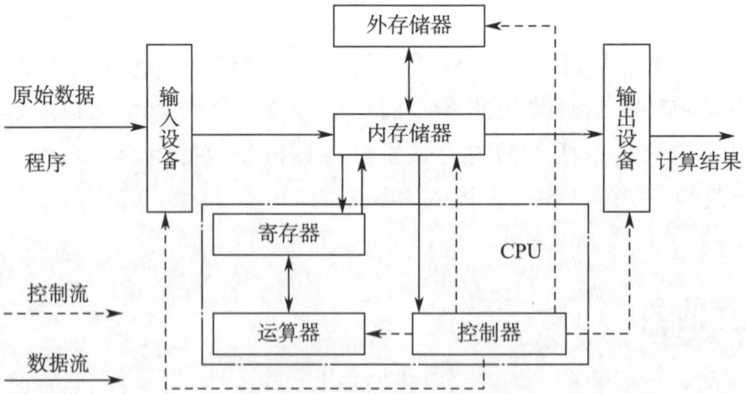

图 1-2-2　硬件系统结构

2. 软件系统

软件是指一系列按照特定顺序组织的计算机数据和指令的集合。计算机的各项功能都需要借助软件来实现。计算机的软件系统包括系统软件和应用软件两大类。

系统软件中最为重要的是操作系统，即系统软件的核心，它负责管理计算机系统的硬件、软件及数据资源，控制程序运行，是用户与计算机系统进行交流的界面。

应用软件是为了满足用户不同领域、不同问题的应用需求而开发的软件，如文档编辑软件用于处理文档，视频播放软件用于播放视频，图形图像处理软件用于加工处理各类图形图像等。

二、硬件设备

1. 中央处理器

中央处理器（CPU，central processing unit）是计算机的核心部件，是整个计算机系统的指挥中心，其主要功能是执行系统的指令，进行逻辑运算，传输和控制输入 / 输出（I/O）操作指令等。它主要由运算器和控制器组成，又称为微处理器芯片，其外观如图 1–2–3 所示。

2. 主板

主板（mainboard）也称为主机板、系统板或母板。它是计算机内最大的一块集成电路板，用于安装、连接其他硬件设备，是最主要的部件之一。主板的外观如图 1–2–4 所示。

图 1-2-3 中央处理器的外观

图 1-2-4 主板的外观

3. 存储设备

内存储器简称内存（memory），是计算机中重要的部件之一，计算机中所有程序的运行都是在内存中进行的，其性能对计算机的影响非常大。内存的特点是既可以读取数据，又可以写入数据，但当计算机电源关闭时，存于其中的数据就会丢失。内存的外观如图 1–2–5 所示。

硬盘（hard disk）既可以读出数据，又可以写入数据，并且在计算机断电后其中所保存的信息不会丢失，是计算机中最主要的存储设备之一。操作系统、应用程序、数据等都存储在硬盘中。它只能与内存交换信息，不能被计算机系统中的其他部件直接访问。硬盘的外观如图 1-2-6 所示。

图 1-2-5　内存的外观

图 1-2-6　硬盘的外观

传统的硬盘内部由一个或者多个铝制（或玻璃制）的碟片组成，碟片外覆盖有铁磁性材料，利用磁性记录数据，称为机械硬盘。近年来，读写速度更快、功耗更低、更为轻便的固态硬盘（solid state drives）越来越普及。固态硬盘用固态电子存储芯片阵列制成，由控制单元和存储单元组成。固态硬盘在接口规范、定义、功能及使用方法上与机械硬盘完全相同，在产品外形和尺寸上也与机械硬盘基本一致。固态硬盘的外观如图 1-2-7 所示。

图 1-2-7　固态硬盘的外观

除了安装在计算机机箱内的硬盘，常用的存储设备还有 U 盘和移动硬盘。U 盘全称 USB 闪存盘（USB Flash Disk），是一种 USB 接口的微型高容量移动存储设备，其具有体积小、便于携带、价格便宜、性能可靠等优点，其外观如图 1-2-8 所示。U 盘虽然小巧，但其容量通常都不大，而移动硬盘则兼顾了存储容量大和携带方便的特点，移动硬盘也通过 USB 接口与计算机进行连接，其外观如图 1-2-9 所示。

图 1-2-8 U 盘的外观

图 1-2-9 移动硬盘的外观

4. 输入设备

输入设备是指将外界信息（数据、程序、命令及各种信号）送入计算机的装置。计算机常用输入设备有键盘、鼠标、触控板、手写板、麦克风、扫描仪等。键盘是最为常用的输入设备，如图 1-2-10 所示。

5. 输出设备

输出设备是指将计算机处理和计算后所得到的结果以人们便于识别的形式（如字符、数值和图表等）记录、显示或打印出来的设备。常用的输出设备有扬声器、显示器和打印机等。显示器是最为常用的输出设备，如图 1-2-11 所示。

图 1-2-10 键盘

图 1-2-11 显示器

三、计算机存储容量的表示

1. 存储容量

计算机中所有数据都是以二进制（逢二进一，数字仅由 0 和 1 两个数码组成）来表示的，一个二进制代码称为一位，记为 bit。位是计算机中表示信息的最小单位。

在对二进制数据进行存储时，以八位二进制代码为一个单元存放在一起，称为一个字节，记为 Byte。字节是计算机中存储信息的最小单位。

一条指令或一个数据信息称为一个字。字是计算机进行信息交换、处理、存储的基本单元。

CPU 中每个字所包含二进制代码的位数称为字长。字长是衡量计算机性能的重要指标之一。

计算机中内存、硬盘等存储设备存储数据的能力用其容量来衡量，主要指其所能存储信息的字节数。常用的容量单位有字节（B）、千字节（KB）、兆字节（MB）、吉字节（GB）、太字节（TB）等，其换算关系如下。

1 KB=1 024 B

1 MB=1 024 KB=1 024 B × 1 024 B

1 GB=1 024 MB=1 024 B × 1 024 B × 1 024 B

1 TB=1 024 GB=1 024 B × 1 024 B × 1 024 B × 1 024 B

其中，K、M、G、T 的中文名称分别为千、兆、吉、太。需要注意的是，由于二进制的特点，各单位之间不是整 1 000 倍的关系，而是 1 024 倍的关系。

2. 二进制及其换算

（1）二进制转换为十进制

将二进制数转换为十进制数时，只需将每一位数字分别乘以 2^n，然后求和即可，其中 n 为该数字所在的位数（小数点左侧一位为 0，向左依次递增，向右依次递减）。例如，将二进制数 11 001.101 转换为十进制数的方法如下。

$$1\times2^4+1\times2^3+0\times2^2+0\times2^1+1\times2^0+1\times2^{-1}+0\times2^{-2}+1\times2^{-3}=25.625$$

（2）十进制转换为二进制

将十进制数转换为二进制数时，整数部分采用“除 2 取余法”（反复除以 2，得到一系列余数），而小数部分则采用“乘 2 取整法”（将小数部分反复乘以 2，得到一系列整数部分个位数）。如将十进制数 302.312 5 转换为二进制数。首先将 302 采用“除 2 取余法”转换为二进制数 100 101 110，再将 0.312 5 采用“乘 2 取整法”转换为二进制数 0.010 1，两项合并，则十进制数 302.312 5 转换为二进制数的结果是 100 101 110.010 1。具体计算过程如图 1–2–12 所示。

（3）使用 Windows 自带的计算器进行计算

使用 Windows 自带的计算器，可以方便地进行十进制数和二进制数的转换。在桌面上单击“开始”按钮，在搜索栏中输入“计算器”，单击“计算器”图标，打开计算器界面，如图 1–2–13 所示。

302/2= 151	余0		
151/2=75	余1		
75/2=37	余1		
37/2=18	余1		
18/2=9	余0		
9/2=4	余1	0.312 5×2=0.625	个位为0
4/2=2	余0	0.625×2=1.25	个位为1
2/2=1	余0	0.25×2=0.5	个位为0
1/2=0	余1	0.5×2=1.0	个位为1

图 1-2-12　具体计算过程

单击计算器中的 ≡ 按钮，单击选择“程序员”选项，如图 1-2-14 所示。计算器变换为图 1-2-15 所示界面。

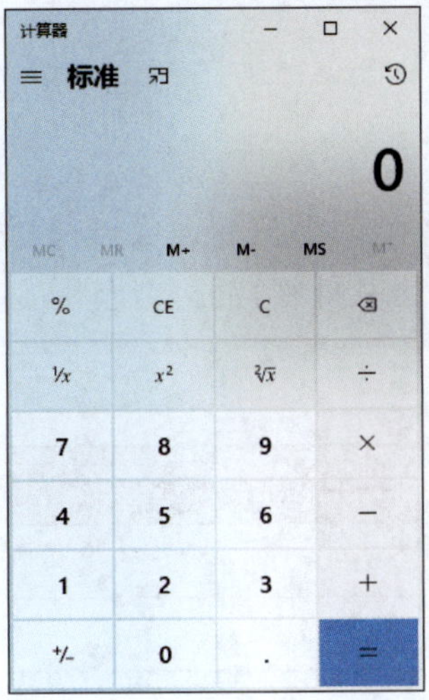

图 1-2-13　计算器界面

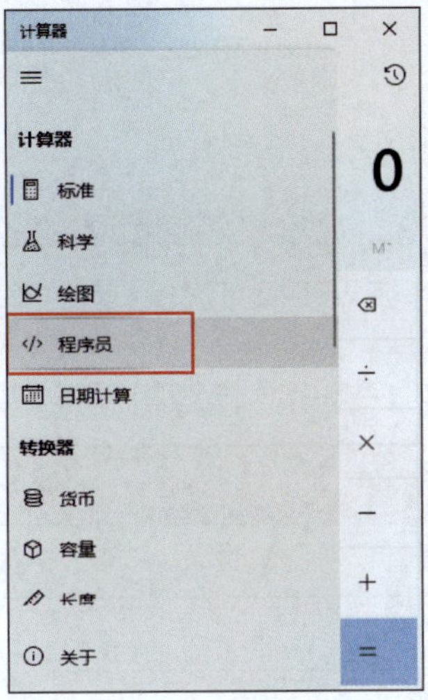

图 1-2-14　选择“程序员”选项

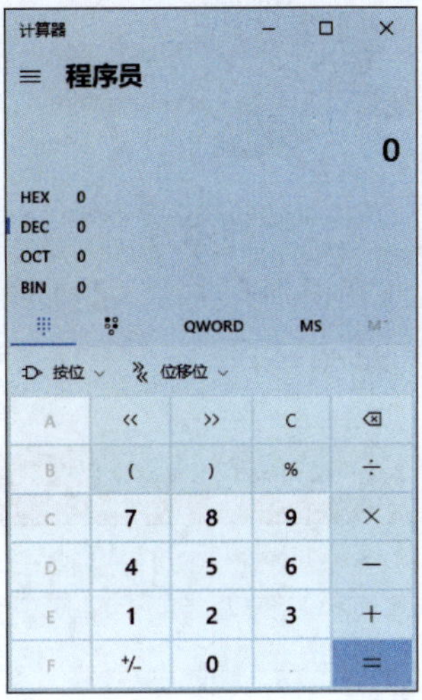

图 1-2-15　“程序员”功能界面

在计算器键位区输入数字，如单击按钮“3”“0”“2”，在计算器显示屏上显示数字“302”，如图 1-2-16 所示。

单击计算器功能区中的“二进制”单选按钮“BIN”，即可将十进制数转换为二进制数，如图 1-2-17 所示，显示结果为 1 0010 1110。

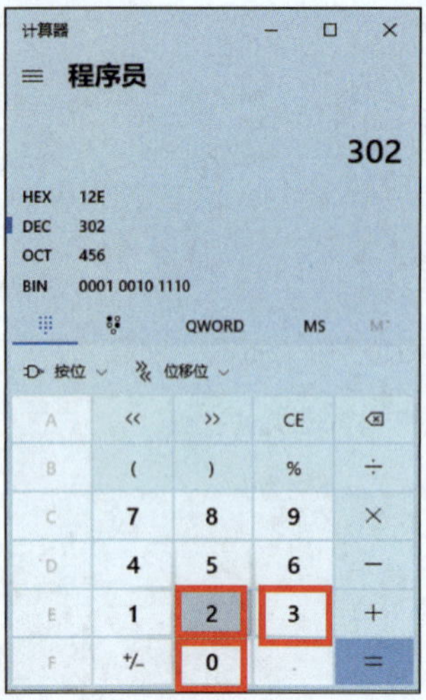

图 1-2-16　在计算器上输入数字“302”

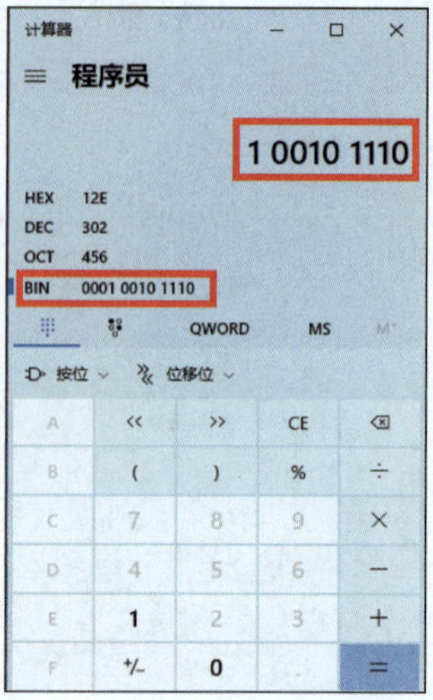

图 1-2-17　将十进制数转换为二进制数

任务实施

在教师指导下打开主机机箱，观察机箱内安装的各种硬件，对照资料，尝试通过外观识别其类型，分别编号后，在表 1-2-1 中记录下来，并写出其外观特征。

表 1-2-1　计算机硬件识别

编号	名称	外观特征

任务3　输入文字——计算机键盘的操作

学习目标

知识目标：了解键盘各键位的功能。

技能目标：1. 能按照正确指法熟练操作键盘。
2. 能熟练使用搜狗拼音输入法输入汉字。
3. 能灵活运用搜狗拼音输入法的各种快速输入技巧。
4. 能使用金山打字通软件进行打字练习。

任务描述

本任务的主要内容是练习键盘的使用，并熟练掌握汉字及英文的输入方法，为后续熟练使用计算机打下基础。

相关知识

一、键盘的布局

键盘是计算机最基本的输入设备。常见的键盘布局如图1-3-1所示。按照功能不同，可以将键盘分为四个键盘区，分别是主键盘区、编辑键盘区、功能键盘区和数字键盘区。

图1-3-1　常见的键盘布局

1. 主键盘区

主键盘区又称标准打字区，由26个英文字母键、0~9十个数字键，以及“~”“!”“@”等符号键、空格键和若干控制功能键组成。

其中各控制功能键的功能如下。

←：退格键，用于删除当前光标处的前一字符。

Tab：制表定位键，在文本编辑软件中按此键可使光标右移至下一制表位。

Esc：退出键，用于与退出相关的操作。

Caps Lock：大写锁定键，用于切换大小写状态，按下该键使键盘上的 Caps Lock 指示灯点亮时，所输入的字母均为大写，再按下该键使指示灯熄灭，则所输入的字母均为小写。一般处于大写状态时，中文输入法无效。

Shift：上档键，按住 Shift 键的同时按下标有两排符号的按键，即可输入上档符号。例如，在英文状态下按 Shift+2，即可输入符号“@”。

Ctrl 和 Alt：控制键和更改键（替换键），一般与其他按键或鼠标配合使用，实现相应的控制功能。如快捷键 Ctrl+C 用于复制、快捷键 Ctrl+V 用于粘贴、快捷键 Alt+Tab 用于切换活动窗口等。

Enter：回车键，用于确认输入的执行命令，以及在文档编辑时进行换行等。

2. 编辑键盘区

该键盘区的键通常用于相关的编辑功能，在不同的软件中，其功能各有不同，其中较为通用的功能如下。

Print Screen：截屏键，按下该键可截取当前屏幕的全部内容并保存到剪贴板中，转到需要使用该图的软件中粘贴即可。按下快捷键 Alt+Print Screen 可截取当前活动窗口。

Scroll Lock：滚动锁定键，目前应用较少，在个别软件中可实现特定的锁定效果。其状态由相应的指示灯显示。

Pause/Break：暂停 / 中断键，在部分软件中用于暂停或中断正在执行的指令。

Insert：插入键，在 Word 等文档编辑软件中用于切换文本输入模式。在“插入”模式下，将在光标处插入新输入的字符，而在“覆盖”（或称“改写”）模式下，则用新输入的字符覆盖掉光标后原有的字符。

Delete：删除键，用于与删除相关的操作，如在 Windows 资源管理器中删除文件，在 Word 中删除字符等。

Home 和 End：光标定位键，在 Word 等文档编辑软件中用于定位光标，如定位到行、段落或文章的开头或结尾。

PageUp 和 PageDown：翻页键，在阅读文档或浏览网页时用于向上（前）或向下（后）翻页。

↑↓←→：方向键，用于向箭头所指方向移动光标。

3. 功能键盘区

该键盘区有 F1 ~ F12 共 12 个功能键，在不同的软件中用于完成不同的命令，其中部分功能键较为典型的用途如下。

F1：用于调出帮助信息。

F2：在资源管理器中对文件或文件夹重命名。

F3：用于与搜索相关的操作。

F4：快捷键 Alt+F4 用于快速关闭当前窗口。

F5：在资源管理器和浏览器中用于刷新当前显示内容。

F8：在启动计算机时，用于调出启动菜单。

F11：在资源管理器和浏览器中用于切换至全屏显示状态。

F12：在 Office 系列软件中作为“另存为”命令的快捷键。

4. 数字键盘区

数字键盘区又称为小键盘区，按下 Num Lock 键使相应指示灯点亮后，可用于快速输入数字。再次按下 Num Lock 键使相应指示灯熄灭后，可根据键盘上的标记，代替编辑键盘区的相应按键使用。

二、键盘的使用

1. 键盘操作姿势

键盘操作姿势如图 1–3–2 所示，在使用键盘时，一定要端正坐姿。如果坐姿不正确，不但会影响打字速度，还容易导致疲劳、出错。正确的坐姿应做到如下内容。

（1）身体要坐正，双脚平放在地上。

（2）肩部放松，上臂自然下垂。

（3）手腕要放松，轻轻抬起，不要靠在桌子上或键盘上。

（4）身体与键盘的距离以两手刚好放在基本键上为准。

2. 键盘指法

熟练掌握正确的指法可以极大提高文字的录入速度。打字时，两手拇指均放在空格键上。左手食指放于 F 键上，右手食指放于 J 键上；左手中指、无名指、小指依次放于 D、S、A 三个键上，右手中指、无名指、小指依次放于 K、L、；三个键上，这八个键称为基本键。在键盘上，F 和 J 两键上均有凸起标记，便于用户盲打时迅速找到键位。打字时，除拇指外，其他八个手指按照图 1-3-3 所示位置操作，每个手指负责一个区域的按键。敲击完成后，手指应回到基本键上等待下次操作。

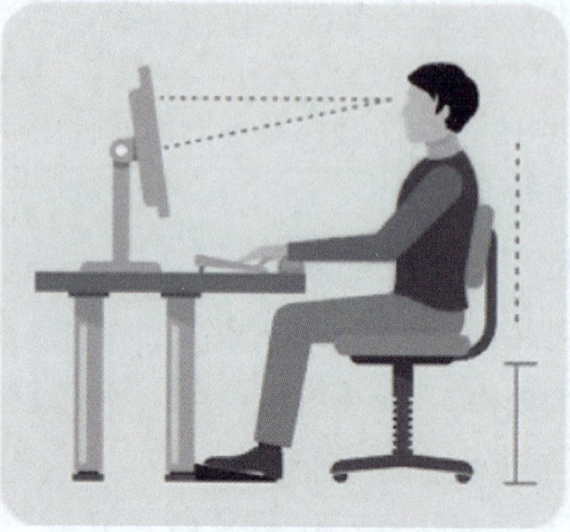

图 1-3-2　键盘操作姿势

敲击键盘时应注意以下操作要领。

（1）手腕要平直，手臂要保持静止，全部动作仅限于手指部分。

（2）手指弯曲，轻放于字键中央，拇指轻置于空格键上。

（3）输入时手抬起，只有击键手指才可伸出击键，击键完成后立即缩回。

（4）按照相同节拍，轻轻地、有弹性地击键，不可用力过猛。

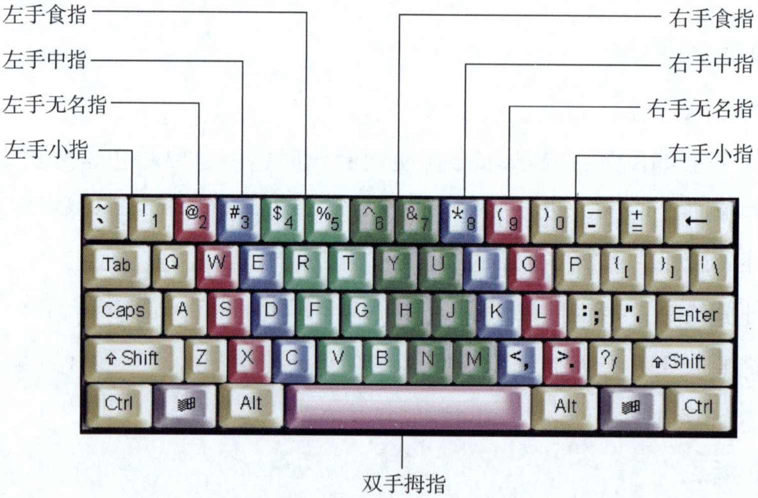

图 1-3-3　键盘指法

三、搜狗拼音输入法的使用

计算机键盘上只有英文字母、数字和其他一些符号以及特殊按键，因此汉字不能像英文单词一样直接输入，而是需要通过编码，将汉字和键盘上按键的组合对应起来，从而实现汉字的输入，这就需要用到专门的文字输入工具——中文输入法。

在众多中文输入法中，拼音输入法使用简单，无须专门学习，只要掌握汉语拼音就可以输入汉字，因此得到了广泛的应用。下面以常用的搜狗拼音输入法为例介绍其使用方法。

1. 搜狗拼音输入法的状态条

搜狗拼音输入法的状态条如图 1-3-4 所示，默认状态下包含自定义状态栏、中 / 英文、中 / 英文标点、表情、语音、输入方式、账户、皮肤、工具箱九个按钮。

（1）自定义状态栏按钮

单击 图标，出现图 1-3-5 所示的自定义状态栏，可设置状态栏上需要显示的项目。

图 1-3-4　搜狗拼音输入法的状态条

图 1-3-5　自定义状态栏

（2）中 / 英文按钮

单击该按钮可进行中 / 英文输入的切换。

（3）中 / 英文标点按钮

单击该按钮可进行中 / 英文标点符号的切换。

（4）表情按钮

单击该按钮可打开“图片表情”对话框，如图 1-3-6 所示，除默认表情可选择外，还可单击“添加表情”按钮，从互联网上选择个人需要的表情。

（5）语音按钮

单击语音按钮弹出“语音输入”对话框，如图 1-3-7 所示。单击麦克风按钮或按

F2 键，使用麦克风说出要输入的内容，软件即可将其转换为文字并进行显示。

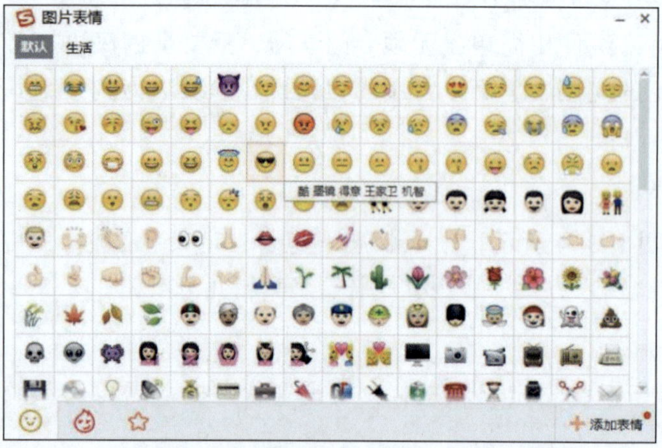

图 1-3-6 “图片表情”对话框

图 1-3-7 “语音输入”对话框

（6）输入方式按钮

单击该按钮可弹出“输入方式”对话框，如图 1-3-8 所示，用户根据需要选择一种输入方式即可。

（7）账户按钮

单击该按钮可弹出图 1-3-9 所示的“账户”界面，用于显示个人账户信息和各项统计信息。若未登录搜狗账户，单击该按钮后将弹出登录对话框。

图 1-3-8 “输入方式”对话框

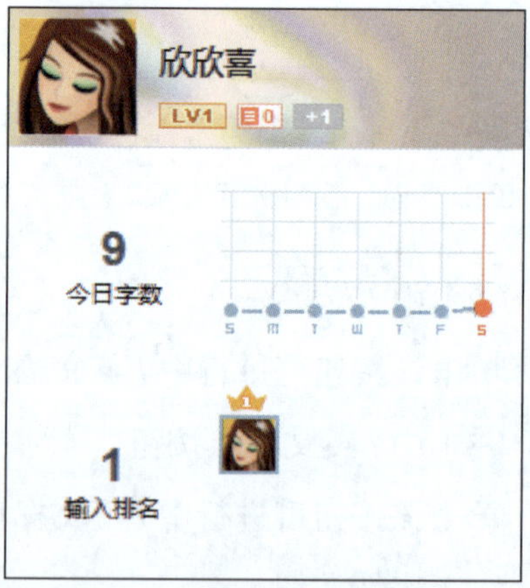

图 1-3-9 “账户”界面

（8）皮肤按钮

单击该按钮弹出图 1-3-10 所示的“皮肤盒子”对话框，用户可根据喜好选择输入状态条的外观样式。

图 1-3-10　“皮肤盒子”对话框

（9）工具箱按钮

单击该按钮可弹出图 1-3-11 所示的“搜狗工具箱”对话框，用户可根据需要选择相应工具。

图 1-3-11　“搜狗工具箱”对话框

2. 搜狗拼音输入法的使用方法

（1）全拼输入

全拼输入就是输入单字、词句的全部拼音，然后在候选词中进行选择，分别如图 1-3-12 和图 1-3-13 所示。若该页候选词中没有所需要的汉字，可以按键盘上的“,”和“.”键向前或向后进行查找。

图 1-3-12　输入单字

图 1-3-13　输入词句

（2）简拼输入

为提高输入效率，搜狗拼音输入法支持简拼输入，用户只需输入组成词句的每个字的首字母或声母，搜狗拼音输入法即可给出符合要求的候选词句，如图 1–3–14 所示。简拼也可以和全拼混合使用，效果分别如图 1–3–15 和图 1–3–16 所示。

图 1-3-14　简拼输入

图 1-3-15　简拼和全拼混合输入 1

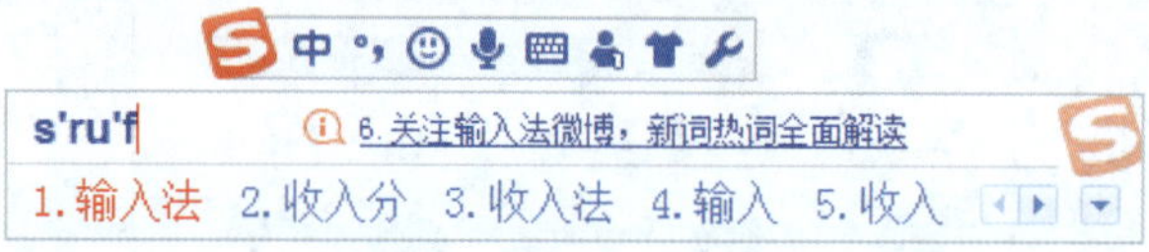

图 1-3-16　简拼和全拼混合输入 2

（3）中英文混合输入

搜狗拼音输入法支持中英文混合输入，如图 1–3–17 所示。另外，在中文状态下，可以通过按 Shift 键在中文输入和英文输入之间进行切换，用鼠标左键单击状态栏上面的“中”字图标也可以进行切换。

图 1-3-17　中英文混合输入

（4）手写输入

在录入汉字时，如果遇到不知道读音的汉字，可使用搜狗拼音输入法中的手写输入功能。单击输入法状态条中的“输入方式”按钮，弹出图1-3-18所示的“输入方式”对话框，单击“手写输入”按钮，弹出“手写输入”对话框，可选择“单字手写”或“长句手写”，在输入框中拖动鼠标直接书写即可，如图13-19所示。

图 1-3-18 “输入方式”对话框

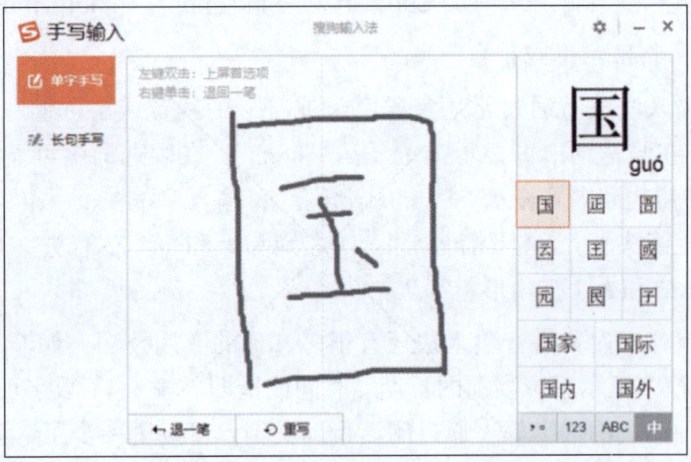

图 1-3-19 “手写输入”对话框

（5）其他输入技巧

1）拆字辅助

一些不常用的汉字在候选词中排位较为靠后，选择起来较为麻烦。此时可使用拆字辅助功能对候选词进行筛选。如想要输入“娴”字，输入拼音“xian”后按下Tab键，再输入“娴”的两部分“女”“闲”的首字母nx，系统即可将“娴”字筛选出来。

2）笔画筛选

搜狗拼音输入法可用笔画来快速定位选字。其使用方法是，输入拼音后按下Tab键，然后按照笔顺输入笔画的相应代码（横h、竖s、撇p、捺n、折z、点d）。例如，输入“贻”字时，输入拼音“yi”后，按下Tab键，依次输入其笔画代码“szp……”，在候选词框中即可见到该字被筛选出来。输入笔画时需要注意笔顺正确，如竖心旁的笔顺是点点竖（dds），而不是竖点点（sdd）。

3）笔画输入

在遇到不知道读音的汉字时，可使用搜狗拼音输入法的笔画输入模式，按照该字的笔画进行输入，其使用方法是，先输入 u，然后依次输入该字的笔画。例如，要输入“画”字可输入“uhszhshzs”。

4）模糊音

对于部分方言使用者，普通话中的部分声母或韵母容易混淆，如不易分清 s 和 sh、an 和 ang 等，为方便其使用，搜狗拼音输入法提供了模糊音功能，启用了模糊音后，不再区分容易混淆的声母或韵母。例如，输入“si”时，会将“十”列入候选框，输入“shi”时，会将“四”列入候选框。搜狗拼音输入法支持的模糊音如下。

声母——s ⟷ sh，c ⟷ ch，z ⟷ zh，l ⟷ n，f ⟷ h，r ⟷ l

韵母——an ⟷ ang，en ⟷ eng，in ⟷ ing，ian ⟷ iang，uan ⟷ uang

5）快速输入特殊字母或符号

搜狗拼音输入法支持通过常用特殊字母或符号的读音或名称缩写直接进行输入。如输入“pai”，在候选词中可显示 π；输入“aerfa”，在候选词中可显示希腊字母 α；输入“wjx”，在候选词中可显示☆和★（五角星）；输入“sjt、xjt、zjt、yjt”，在候选词中可显示↑（上箭头）、↓（下箭头）、←（左箭头）和→（右箭头）；输入“sjx”，在候选词中可显示△和▲（三角形）等。

除上述几点外，搜狗拼音输入法还有很多其他的实用技巧，如输入“rq”“sj”或“xq”可在候选框中显示系统当前的日期、时间或星期，输入 v+ 数字可得到汉字大写、罗马数字等各种形式的数字等，通过阅读帮助文档，可以进一步了解该输入法的实用技巧。

任务实施

步骤一　启动“金山打字通”软件

在桌面上双击“金山打字通”快捷图标，或者单击桌面上的“开始”按钮，依次单击“所有程序”→“金山打字通”→“金山打字通”，启动“金山打字通 2016”软件，其首页界面如图 1-3-20 所示。

图 1-3-20 “金山打字通 2016”首页界面

步骤二　键盘基本操作练习

1. 打字常识学习

在“金山打字通”首页界面中，单击“新手入门”按钮，打开图 1-3-21 所示界面，单击“打字常识”按钮，打开图 1-3-22 所示界面，逐个单击“下一页”按钮，了解键盘操作中的键盘组成、打字姿势、基准键位、手指分工等知识，然后进入“过关测试”界面，如图 1-3-23 所示，完成对所学知识的考核。

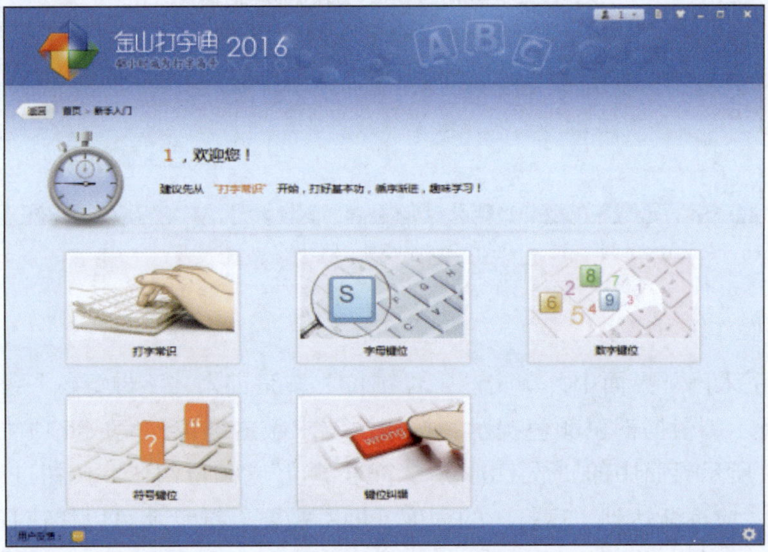

图 1-3-21 “新手入门”界面

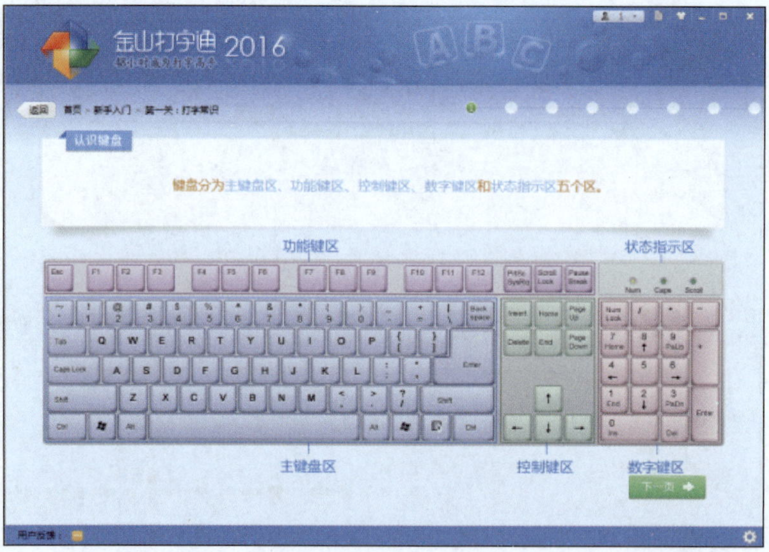

图 1-3-22 “打字常识”界面

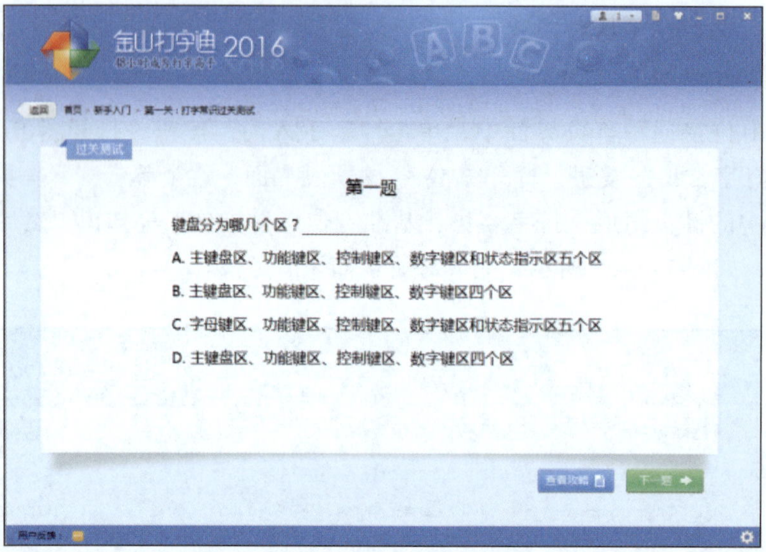

图 1-3-23 “过关测试”界面

2. 键位操作练习

在“新手入门”界面中，单击“字母键位”按钮进入“字母键位”练习界面，如图 1-3-24 所示，根据键位颜色提示，按指法要求敲击键位。完成此项练习后可以单击图 1-3-21 所示界面中的“数字键位”“符号键位”“键位纠错”按钮进行操作练习。反复练习后，应逐渐达到“盲打”的程度，即不需要看键盘就可以快速找到键位进行打字。

图 1-3-24　“字母键位”练习界面

步骤三　英文打字练习

1. 单词练习

键位练习结束后出现图 1-3-25 所示界面，单击“单词练习”按钮打开图 1-3-26 所示界面，按照正确指法完成单词练习。

图 1-3-25　“英文打字”界面

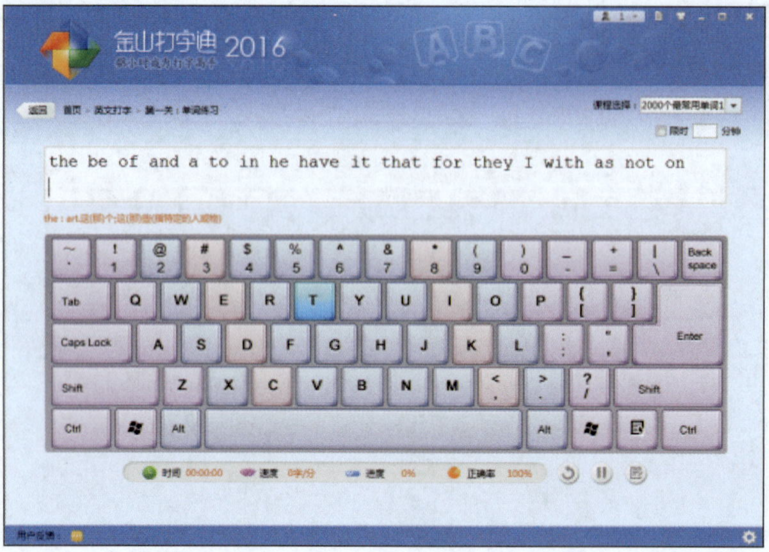

图 1-3-26 “单词练习”界面

2. 语句练习

单词练习结束后，在图 1-3-25 所示界面中单击“语句练习”按钮，打开图 1-3-27 所示界面，按照正确指法完成语句练习。

图 1-3-27 “语句练习”界面

3. 文章练习

在图 1-3-25 所示界面中单击“文章练习”按钮，进入图 1-3-28 所示界面，按照要求完成文章练习。

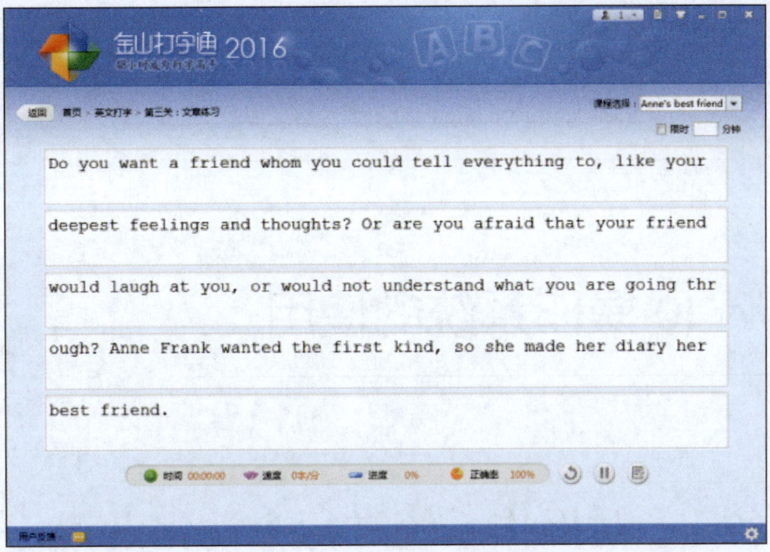

图 1-3-28 “文章练习”界面

步骤四　中文打字练习

对于中文打字练习，金山打字通提供了“拼音打字”和“五笔打字”两种练习功能，这里选择“拼音打字”。进入“拼音打字”界面，按照“拼音输入法”选项的提示切换到常用的中文输入法（如搜狗拼音输入法）后，可依次进行音节练习、词组练习和文章练习，其界面与英文打字相似。在练习时，注意熟练运用输入法的各种输入技巧，提高打字速度。

项目二
Windows 10 操作系统的使用

任务 1　对操作系统进行个性化设置——Windows 10 操作系统的认识

学习目标

知识目标：了解 Windows 10 操作系统的桌面组成及各部分功能。
技能目标：能对 Windows 10 操作系统进行个性化设置。

任务描述

Windows 10 操作系统是由微软公司研发的新一代跨平台操作系统，应用于计算机和平板电脑等设备，于 2015 年 7 月 29 日发行。Windows 10 操作系统在易用性和安全性方面有极大的提升，除了针对云服务、智能移动设备、自然人机交互等新技术进行融合外，还对固态硬盘、生物识别、高分辨率屏幕等硬件进行了优化完善与支持。Windows 10 操作系统主要有以下几个主要版本，分别是家庭版、专业版、企业版、教育版、专业工作站版、物联网核心版等。

本任务的主要内容是熟悉 Windows 10 操作系统的桌面组成及各部分功能，并对计算机名、系统外观、“开始”菜单和任务栏、输入法等进行个性化设置。

相关知识

一、Windows 10 操作系统的桌面

启动 Windows 10 操作系统后，屏幕上出现的整个区域称为桌面。它是用户使用计算机进行各种操作、运行各类程序软件以及完成各项任务的工作平台，如图 2-1-1 所示。

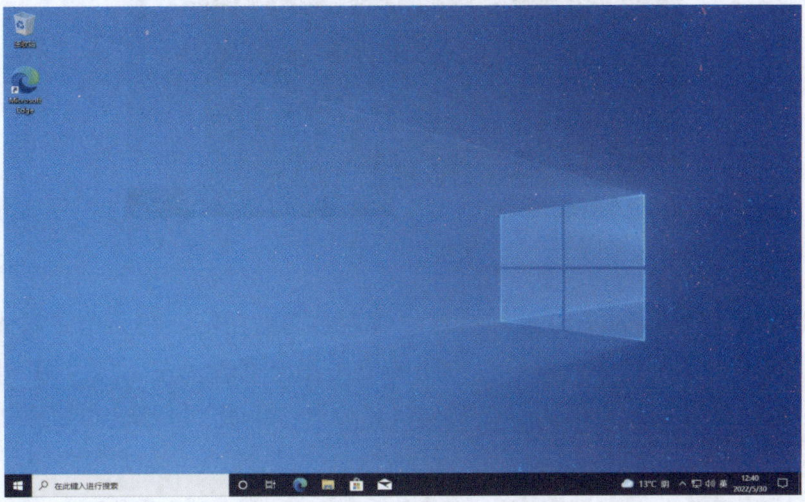

图 2-1-1 Windows 10 操作系统的桌面

Windows 10 操作系统的桌面主要包含以下元素。

1. 桌面图标

桌面的大部分区域主要用于摆放图标，Windows 10 操作系统初始桌面上只有回收站和 Microsoft Edge 两个图标（如果需要显示“计算机”“网络”等系统功能图标，需要对系统进行个性化设置）、各种软件自动生成或用户手动创建的快捷方式图标（其左下角有↗标志），以及用户直接保存在桌面上的文件图标。

需要注意的是，桌面实际上是系统盘中的一个特殊文件夹，因此一般不应将文件保存在桌面上。一方面，过多的文件占用系统盘空间，可能导致系统变慢；另一方面，一旦系统出现故障，在修复和重装系统过程中，这些文件也有可能被损坏或丢失。

2. “开始”按钮

在桌面环境中单击左下角的 Windows 图标，或按下键盘上的 Windows 徽标键，即可打开“开始”菜单，如图 2-1-2 所示。

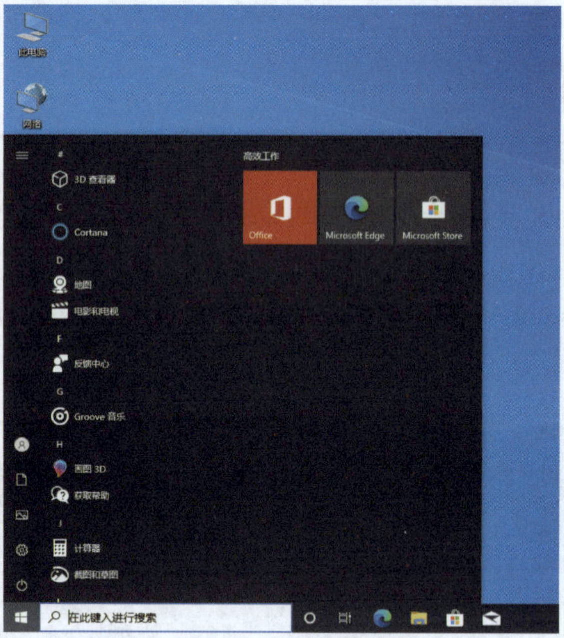

图 2-1-2 “开始”按钮和“开始”菜单

“开始”菜单是 Windows 10 操作系统中最为常用的功能。在菜单左侧依次为常用的应用程序列表，以及按照字母索引排序的应用程序列表，左下角为用户账户头像、文档、图片、设置以及开关机快捷选项，右侧则为“开始”屏幕，可将应用程序固定在“开始”屏幕中。

在“开始”菜单中，应用程序以名称中的首字母或拼音升序排列，单击排序字母可以显示排序索引，如图 2-1-3 所示，通过索引可以快速查找应用程序。

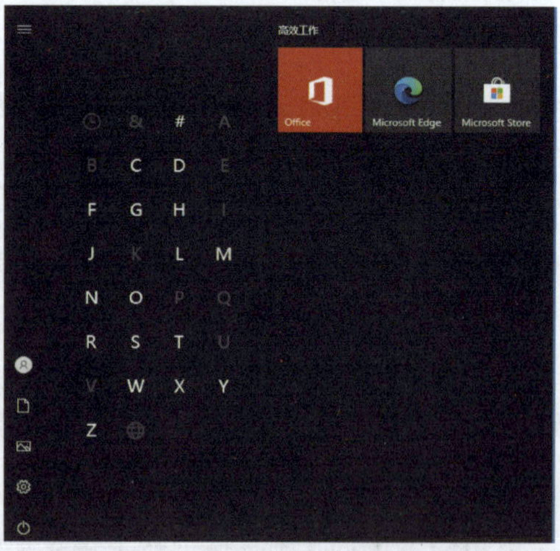

图 2-1-3 应用程序列表排序索引

“开始”菜单有两种显示方式，分别是默认的非全屏模式和全屏模式，同时，还可以在“开始”菜单边缘拖动鼠标调整“开始”菜单的大小。

小提示

在桌面空白处单击鼠标右键，选择“个性化”→“开始”，可自定义快捷选项列表以及设置全屏显示“开始”菜单等。

“开始”菜单右侧界面显示的类似于图标的图形方块，称为动态磁贴或磁贴，其功能与快捷方式类似，但是它的功能不仅局限于打开应用程序。动态磁贴有别于图标，因为动态磁贴中的信息是活动的，在任何时候都显示正在发生的变化。在“开始”菜单中，右键单击固定的动态磁贴或应用程序列表中的应用程序即可显示其功能菜单，如图 2–1–4 所示，其中可以选择从“开始”屏幕取消固定、调整大小、卸载、固定到任务栏以及关闭动态磁贴等选项。默认情况下动态磁贴最多有四种大小显示方式，拖动“开始”菜单中的动态磁贴可自由移动至“开始”菜单任意位置或分组中。

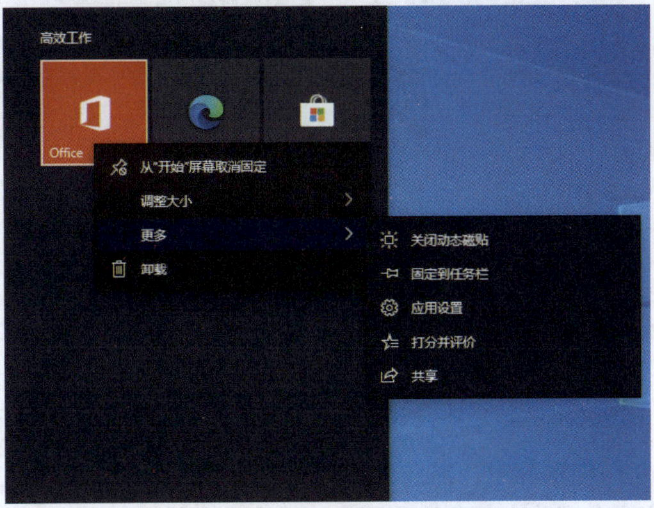

图 2-1-4 动态磁贴功能菜单

3. 任务栏

任务栏位于桌面最下方，所有打开的文件夹、文件、程序等都将在这里以标签形式出现，单击标签即可切换到相应窗口。为节省空间，多个同类标签（如多个文件夹）以折叠的形式显示在一起。鼠标移至标签上时，还可显示该窗口的缩略图，如图 2–1–5 所示。右键单击任务栏中的标签，在弹出的快捷菜单（见图 2–1–6）中列有“关闭所有窗口”等常用操作选项，以及最近使用文件的列表等。其中选择“固定到任务栏”选项后，则无论该程序是否打开，都将在任务栏中显示，未打开时显示为图标，便于用户进行快捷操作。

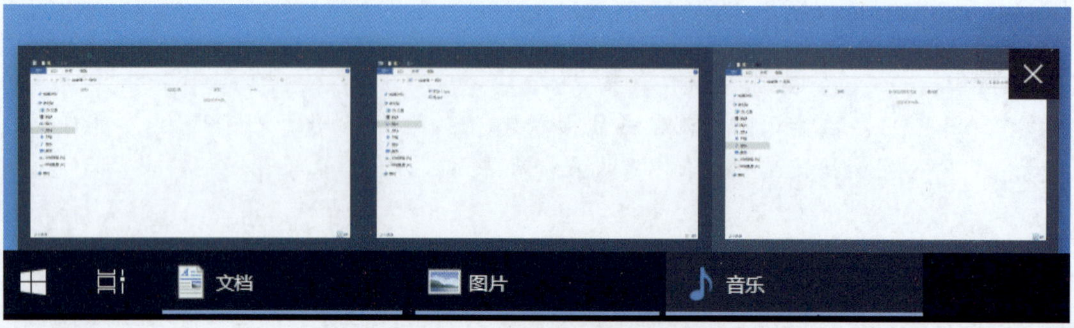

图 2-1-5　任务栏中的窗口缩略图

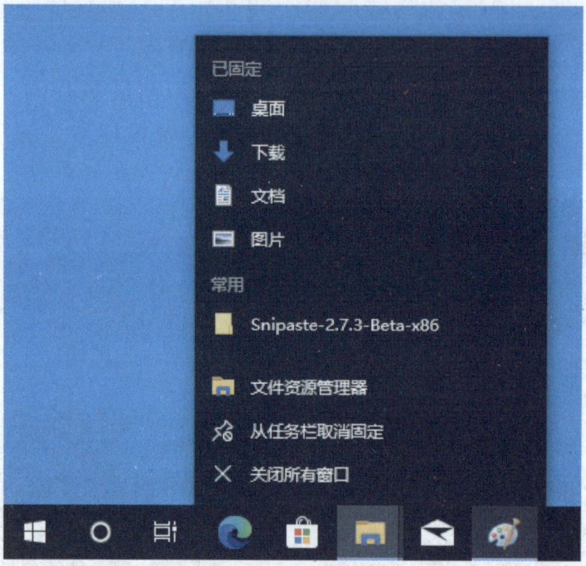

图 2-1-6　快捷菜单

在 Windows 10 操作系统中，在任务栏对应图标下面会根据系统主题颜色显示不同颜色的横线，以表示在当前桌面环境下该窗口或应用程序已被打开，如图 2-1-7 所示。

图 2-1-7　任务栏图标

4. 状态栏

状态栏在任务栏的右侧，主要用于显示语言工具栏、软件状态图标、系统时间等。

为避免状态栏中的软件图标过多，用户可以对每个在状态栏中出现的软件自行指定显示方式，包括仅在有通知时显示、始终显示和始终不显示，对于不显示的图标，可单击小三角按钮后在展开的列表中查看，如图 2-1-8 所示。

图 2-1-8　状态栏

5. 虚拟桌面

虚拟桌面是 Windows 10 操作系统中新增的功能，虚拟桌面是指操作系统可以有多个传统桌面环境，使用虚拟桌面功能可以突破传统桌面的使用限制，给用户更多的桌面使用空间，尤其是在打开窗口较多的情况下，可以把不同窗口放置于不同的桌面环境中使用。

按下快捷键 Win+Tab（Win 键在键盘的左下角）或者单击任务栏上的“任务视图”按钮即可打开虚拟桌面，如图 2-1-9 所示。在虚拟桌面中，可以把打开的窗口拖动到其他虚拟桌面中，也可以拖动窗口至“新建桌面”选项，虚拟桌面自动创建新虚拟桌

图 2-1-9　虚拟桌面

面并将该窗口移动至此虚拟桌面中。按下快捷键 Win+Ctrl+D 也能创建新虚拟桌面。删除多余的虚拟桌面只需单击虚拟桌面列表右上角的关闭按钮即可，也可以在需要删除的虚拟桌面环境中按下快捷键 Win+Ctrl+F4 即可删除，如果需要删除的虚拟桌面中有打开的窗口，则虚拟桌面自动将窗口移动到前一个虚拟桌面。

小提示

虚拟桌面的创建没有数量限制。此外，虚拟桌面的切换除了在虚拟桌面界面中选择外，还可以使用快捷键 Win+Ctrl+←/→进行快速切换。

二、Windows 10 操作系统的主题

Windows 10 操作系统的主题是微软 Windows 10 操作系统下图片、颜色和声音的组合，包括桌面壁纸、窗口边框颜色、开始菜单背景、鼠标指针和声音方案。某些 Windows 10 操作系统的主题也包括文件夹背景、桌面图标和屏幕保护程序等。

任务实施

步骤一　启动 Windows 10 操作系统

1. 打开显示器等外围设备的电源，按下主机箱上的开机按钮，启动计算机。

2. 计算机自检完成后会自动引导并进入 Windows 10 操作系统的登录界面，如图 2-1-10 所示，输入登录密码即可进入桌面。

小提示

如果一台计算机有多个用户，可以选择某一个用户进行登录，输入相应的密码后进入 Windows 10 操作系统界面。

步骤二　更改计算机名

如安装系统时未进行修改，系统默认的计算机名可能并不符合用户需要，特别是在局域网中可能不易识别。因此在初次使用时，可先按照需要对计算机名进行修改。其操作方法如下。

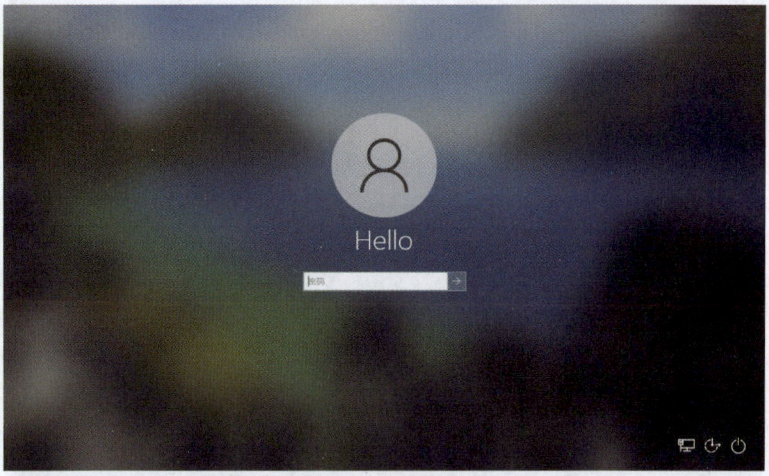

图 2-1-10 Windows 10 操作系统的登录界面

打开“开始”菜单，在“Windows 系统”文件夹中找到“此电脑”，在“此电脑”上单击鼠标右键，在弹出的快捷菜单中选择“更多”→“属性”选项，如图 2-1-11 所示，打开属性窗口，选择“重命名这台电脑”选项，在弹出的窗口中输入新的电脑名称，然后单击“下一页”按钮，如图 2-1-12 所示。弹出“重命名你的电脑”对话框，如图 2-1-13 所示，按照需要选择“立即重启”或“稍后重启”即可。

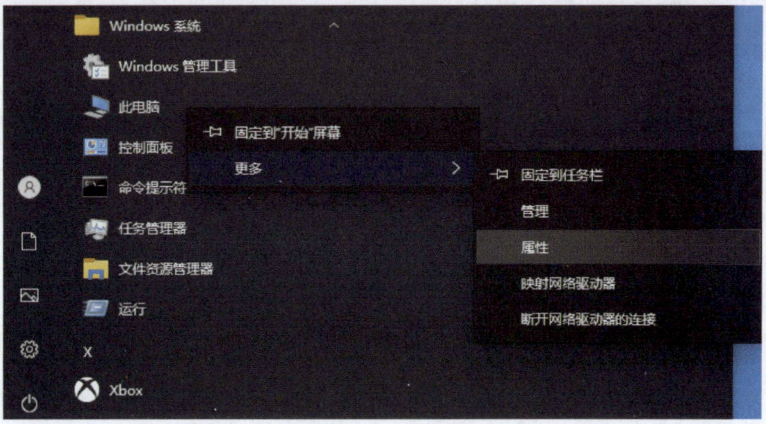

图 2-1-11 系统属性

步骤三 更改外观设置

1. 更改桌面主题

单击“开始”按钮，选择“设置”选项，选择“个性化”设置选项，打开“个性化”设置窗口，如图 2-1-14 所示，单击主题选项，选择喜欢的主题即可。也可以在微软应用商店中获取更多主题。

图 2-1-12 “重命名你的电脑”窗口

图 2-1-13 “重命名你的电脑”对话框

图 2-1-14 “个性化”设置窗口

小提示

在桌面上单击鼠标右键，在弹出的快捷菜单中选择“个性化”选项，可以快速打开“个性化”设置窗口。

在安装完成 Windows10 操作系统之后，初始桌面上只有回收站和 Microsoft Edge 两个图标，此时可以单击主题设置窗口右侧的“桌面图标设置”选项，弹出“桌面图标设置”对话框，如图 2-1-15 所示，勾选要在桌面上显示的图标，单击“确定”按钮即可。

图 2-1-15 “桌面图标设置”对话框

2. 进行自定义设置

在个性化设置窗口中，还可以对桌面背景、窗口颜色、锁屏界面、字体等进行自定义设置。例如，要调整窗口的配色可单击“颜色”选项，如图 2-1-16 所示，在弹出的窗口中进行设置。如所用计算机配置较低，可在此处将“透明效果”开关关闭，即可关闭窗口半透明特效，缓解系统资源被过多占用的情况。

步骤四　设置“开始”菜单和“任务栏”

在“个性化”设置窗口中，也可以对“开始”菜单和“任务栏”进行个性化设置。

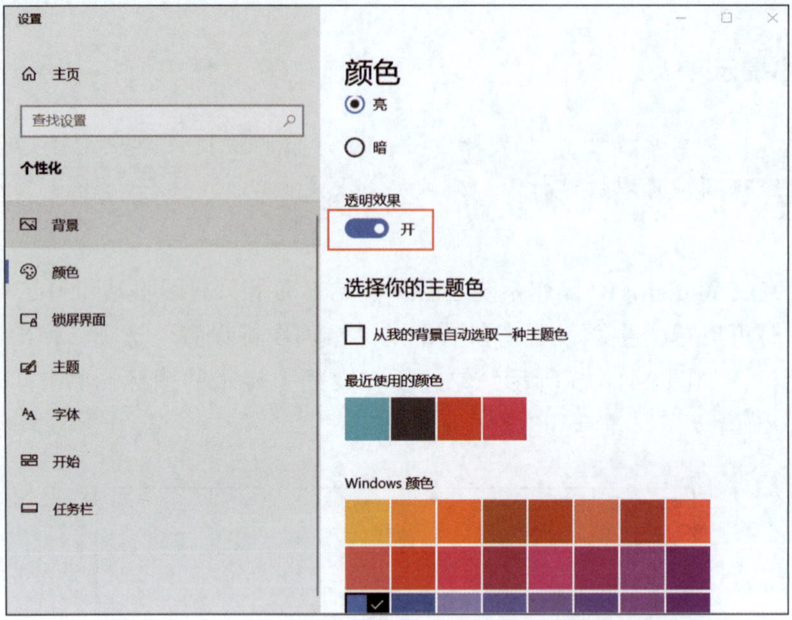

图 2-1-16　窗口颜色和透明效果设置

例如，可以打开或者关闭“在‘开始’菜单中显示应用列表和显示最近添加的应用等”，以及是否使用全屏菜单、哪些文件夹显示在“开始”菜单上等选项。

又如，在“任务栏”设置窗口中，可以对任务栏进行锁定任务栏、隐藏任务栏等个性化设置，如图 2-1-17 所示。

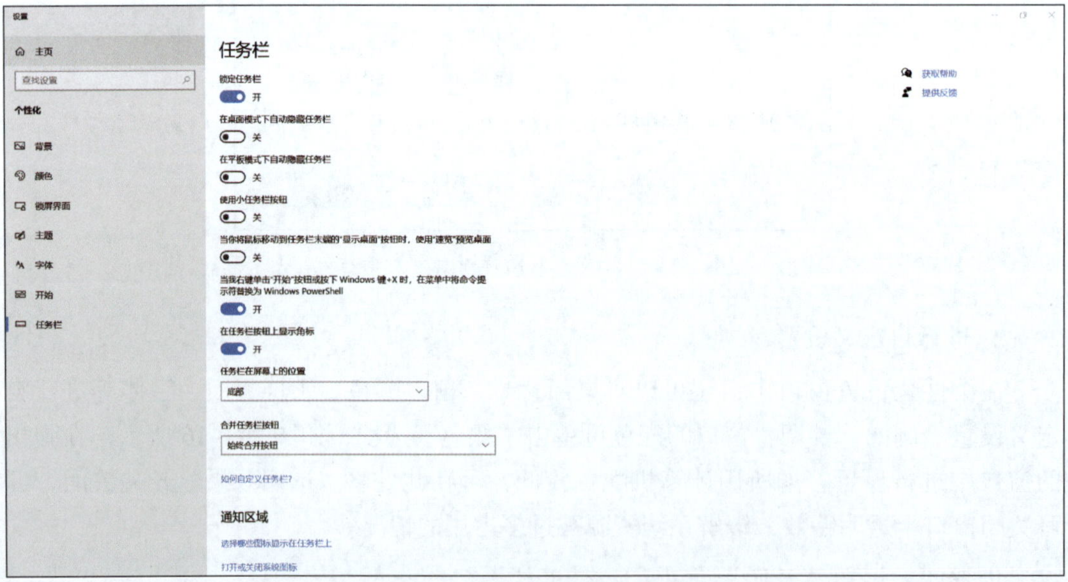

图 2-1-17　“任务栏”设置窗口

步骤五　更改输入法的默认设置

若 Windows 10 操作系统中安装了多种输入法，可选择其中一种作为默认的输入法，更改默认输入法的方法如下。

打开“开始”菜单中的“设置”选项，单击左侧的“语言”选项，再单击右侧的“键盘”选项，如图 2-1-18 所示，弹出“键盘”对话框，如图 2-1-19 所示，在“替代默认输入法”选项卡下选择默认的输入法即可。

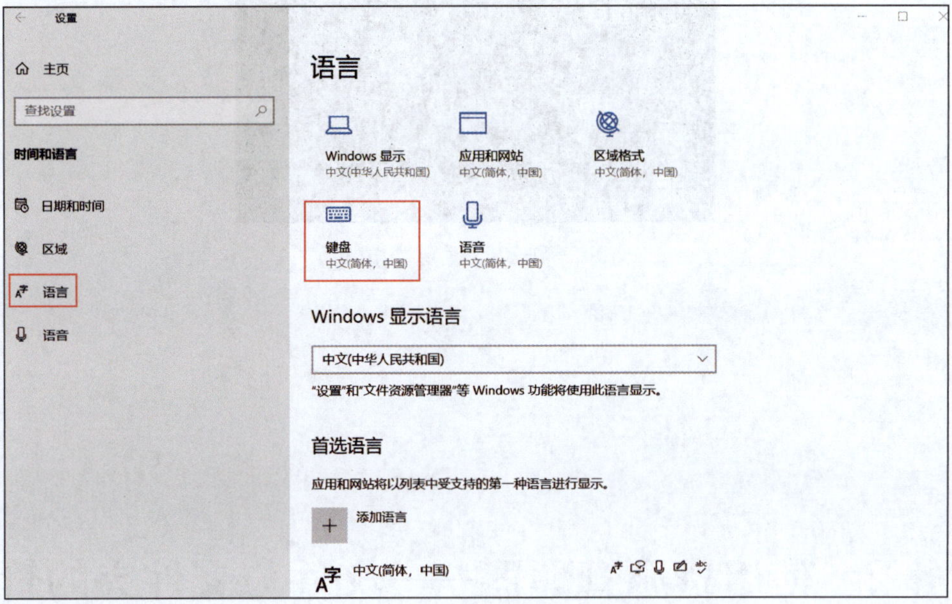

图 2-1-18　“语言”选项

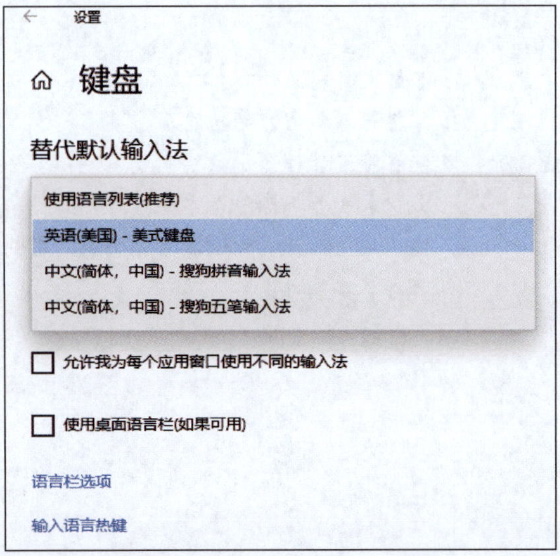

图 2-1-19　“键盘”对话框

步骤六　退出 Windows 10 操作系统

单击“开始”按钮，再单击“电源”按钮（见图 2-1-20），单击“关机”选项。待计算机完全关闭后断开电源。

图 2-1-20 “电源”按钮

任务 2　使用资源管理器——文件与文件夹的管理

学习目标

知识目标：1. 了解文件、文件夹、库的概念。

2. 掌握资源管理器的功能。

技能目标：1. 能在资源管理器中熟练完成文件和文件夹的查看、复制、剪切、粘贴、删除等基本操作。

2. 能正确使用资源管理器的库功能，完成库的查看、创建、管理等基本操作。

任务描述

资源管理器是 Windows 10 操作系统中最常用的工具之一，所有文件和文件夹的访问、管理都是通过资源管理器进行的。本任务首先了解文件、文件夹的概念，并通过以下操作熟悉资源管理器的使用：创建一个名为“图片资料”的文件夹，将教材配套资源中素材文件夹内的图片文件或教师指定的图片文件复制到该文件夹中，然后创建一个“资料库”，将“图片资料”文件夹纳入其中。

相关知识

一、文件和文件夹的基本概念

文件是指记录在存储介质（如磁盘、光盘、U 盘）上的一组相关信息的集合。在 Windows 操作系统中，任何程序和数据都是以文件的形式存在的。

在计算机中，用来协助人们管理一组相关文件的集合称为文件夹。文件夹是一个存储文件的实体，通过文件夹可以把不同的文件或文件夹分层、分组归类。

文件的名称通常由主文件名和扩展名组成，中间用“.”隔开。按照 Windows 操作系统的命名规定，主文件名可以是英文字符、汉字、数字，以及一些特殊符号。允许使用空格、加号（+）、逗号（,）、分号（;）、左方括号（[）、右方括号（]）和等号（=）等，但不能含有“\ / : * ? < > |”等字符。扩展名用于区分文件的类型，文件类型和扩展名的对应关系见表 2-2-1。

表 2-2-1　文件类型和扩展名的对应关系

文件类型	扩展名	文件类型	扩展名	文件类型	扩展名
压缩文件	rar	可执行文件	exe	Word 文档文件	docx
批处理文件	bat	文本文件	txt	Excel 表格文件	xlsx
备份文件	bak	帮助文件	hlp	图像文件	jpg
临时文件	tmp	位图文件	bmp	声音文件	wav

二、资源管理器

资源管理器是查看、管理、使用文件和文件夹最主要的工具，在 Windows 10 操作系统中打开任意文件夹，都将进入资源管理器界面。双击桌面上的“此电脑”快捷图标，或在“开始”菜单中单击“Windows 系统”中的“此电脑”选项，即可打开的资源管理器界面，如图 2-2-1 所示。

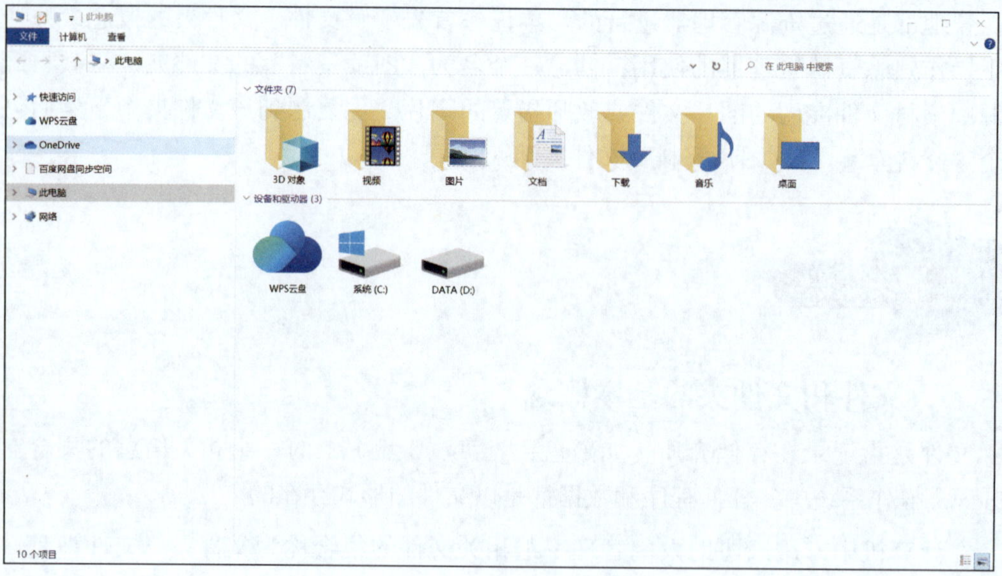

图 2-2-1　资源管理器界面

资源管理器的上部显示当前文件夹所在路径、搜索框、前进和后退按钮等。左侧显示常用的文件夹路径，下部显示当前所选定项目的状态信息，中间的大部分区域是资源管理器的主体，用于显示文件和文件夹列表。

1. 文件或文件夹的操作

在资源管理器中，对文件或文件夹的操作主要有选定、打开、删除、重命名等。

（1）选定

要选定单个文件或文件夹，直接使用鼠标左键单击（以下简称单击）其图标即可，也可使用键盘的方向键进行选择。

要选定多个连续的文件或文件夹，可单击所要选定的第一个文件或文件夹，然后按住 Shift 键，再单击最后一个文件或文件夹。如使用键盘操作，则移动光标到所要选定的第一个文件或文件夹上，然后按住 Shift 键，用方向键移动光标到最后一个文件或文件夹上。

要选定多个不连续的文件或文件夹，可单击所要选定的第一个文件或文件夹，然后按住 Ctrl 键，再依次单击其他的文件或文件夹即可。

（2）打开

要打开某个文件或文件夹，直接使用鼠标左键双击（以下简称双击）其图标即可，如使用键盘操作，可在选中该图标后按回车键。

（3）删除

要删除文件或文件夹，可将其选中后按 Delete 键即可。

（4）重命名

选中某个文件或文件夹后，再次单击，文件或文件夹名处即变为可修改状态，输入新名称后按回车键即可。

（5）使用右键快捷菜单

右键快捷菜单是 Windows 10 操作系统中的一个常用功能，用户可从中执行所需要的各项操作。在资源管理器中空白处单击鼠标右键（以下简称单击右键），可在快捷菜单中对当前窗口进行显示方式修改、排序、属性设置等操作。在文件或文件夹上单击右键，可在快捷菜单中对其进行以指定打开方式打开、复制、粘贴、删除等各项操作。一些常用的软件也会在右键快捷菜单中添加常用命令（如 WinRAR 软件右键菜单中的压缩和解压缩命令），方便用户使用。

小提示

在 Windows 10 操作系统中，删除文件或文件夹时，不会出现“确认”是否删除消息框，而是直接将其放入回收站。

进行删除操作时，直接按 Delete 键或在右键快捷菜单中选择“删除”，文件将进入回收站，如想找回，可到回收站中将其恢复。这种删除方式下，文件或文件夹并没有被真正从系统中删去，仍然占用系统空间。如需彻底删除，可在按 Delete 键或在右键快捷菜单中选择“删除”的同时按住 Shift 键。彻底删除会出现确认对话框，提示文件将永久性删除，操作时应注意查看。

2. 资源管理器的特色功能

（1）快速访问

用户可将访问较为频繁的文件夹加入“快速访问”中，以简化打开的操作步骤，其方法是按住鼠标左键，将文件夹拖拽到“快速访问”栏目中，或者在文件夹上单击鼠标右键，在弹出的快捷菜单中选择“固定到快速访问”选项即可，如图 2-2-2 所示。

（2）搜索框

资源管理器中的搜索框在菜单栏的右侧，如图 2-2-3 所示，可以灵活调节其宽窄。利用搜索框可以快速搜索文档、图片、程序、Windows 帮助等信息。搜索是动态的，从在搜索框中输入第一个字起，搜索工作就已经开始，大大提高了搜索效率。

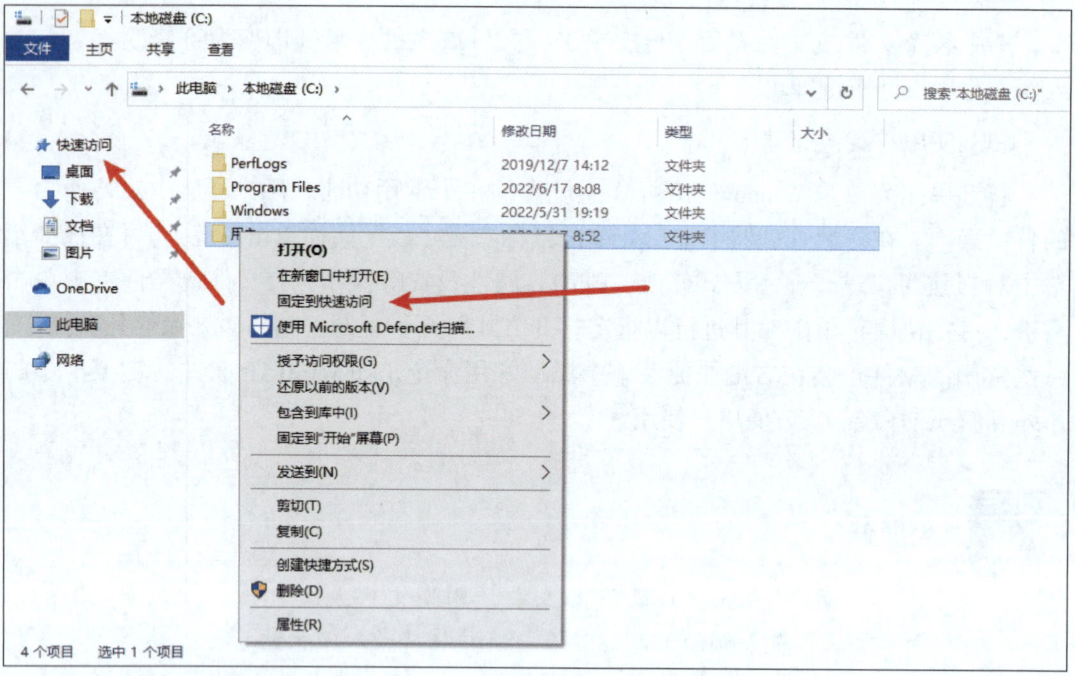

图 2-2-2　资源管理器中的“快速访问”

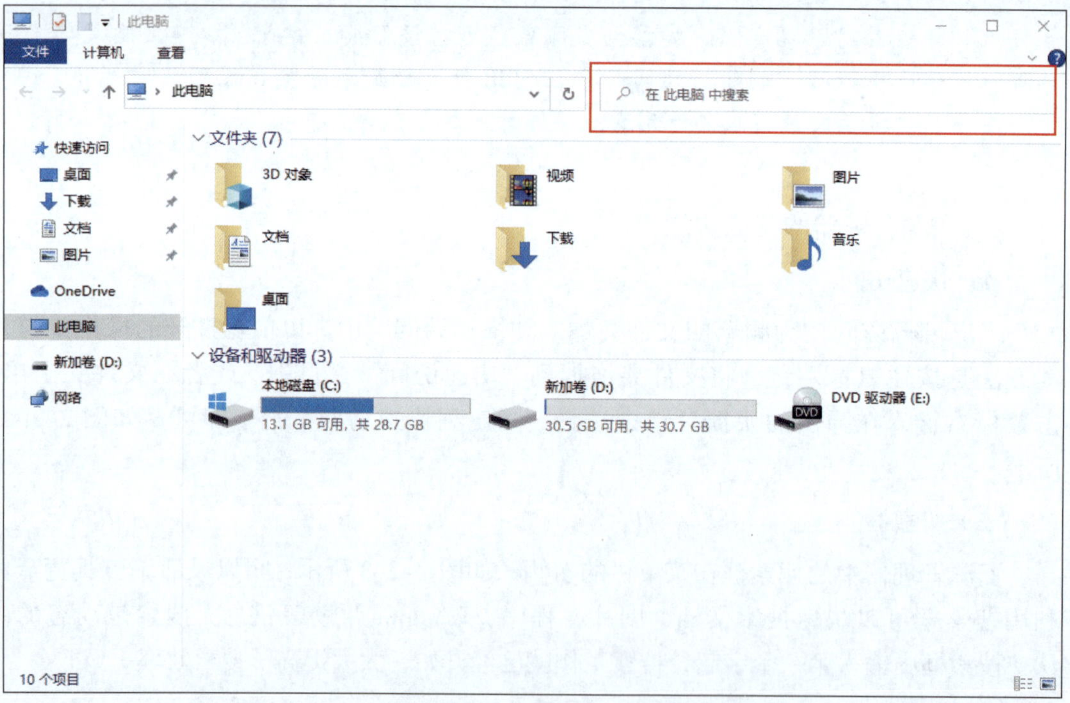

图 2-2-3　资源管理器中的“搜索框”

（3）地址栏

与之前的 Windows 操作系统版本相比，Windows 10 操作系统资源管理器的地址栏中为每一级目录都提供了下拉菜单小箭头按钮，单击这些小箭头按钮可以快速查看和选择指定目录中的其他文件夹，如图 2-2-4 所示。

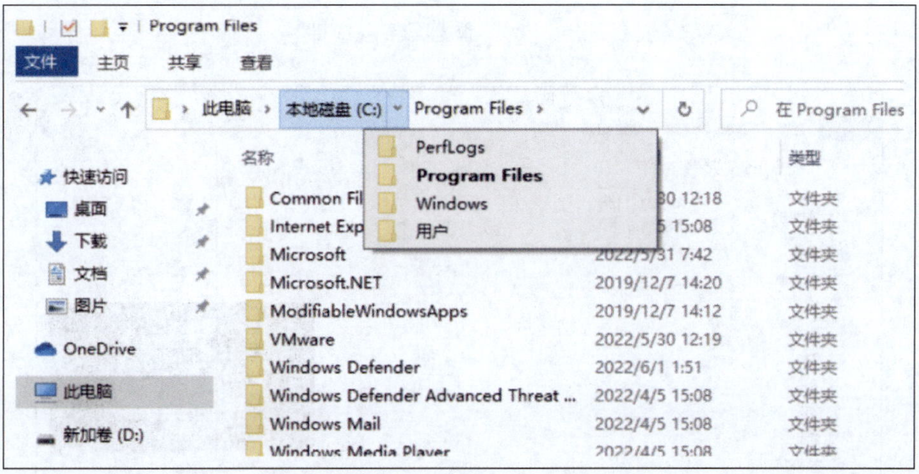

图 2-2-4　地址栏的目录下拉菜单

如果想要查看和复制当前的文件路径，只要在地址栏空白处单击鼠标左键，即可让地址栏以文本方式显示路径，如图 2-2-5 所示。

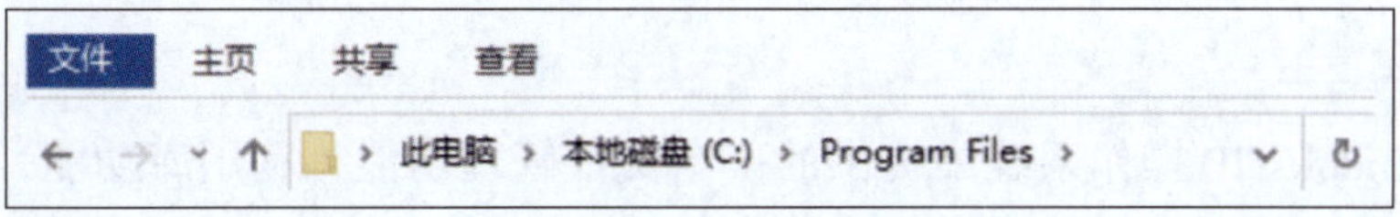

a）

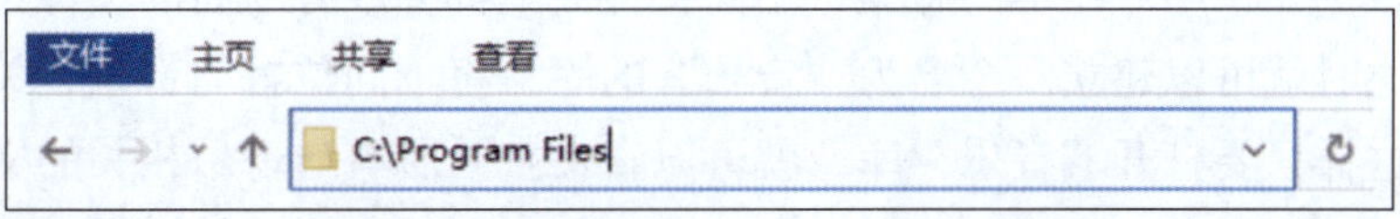

b）

图 2-2-5　地址栏的两种显示方式

a）文件夹方式　b）文本方式

（4）预览窗格

在资源管理器中，在“查看”菜单下单击“预览窗格”按钮，即可打开预览窗格功能，如图 2-2-6 所示。

资源管理器的预览窗格可以使用户在不打开文件的情况下直接预览文件内容，如图 2-2-7 所示，此功能仅支持部分格式的文件。

图 2-2-6 “预览窗格”按钮

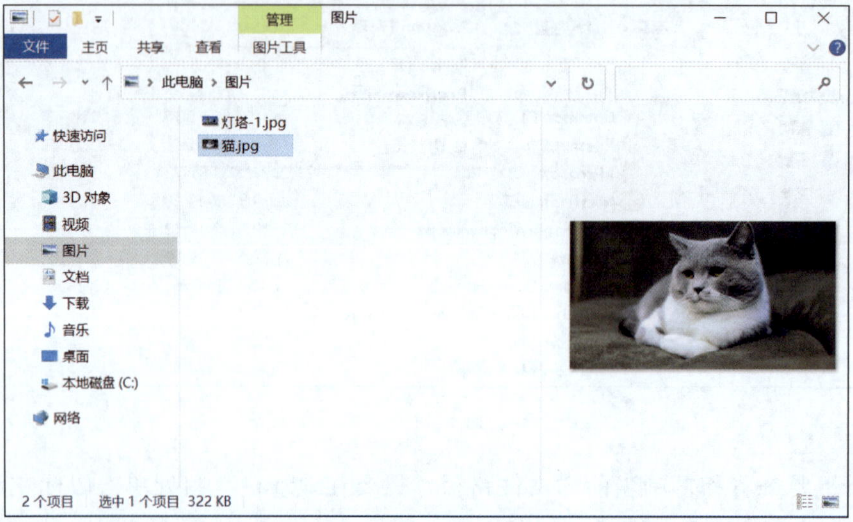

图 2-2-7 用预览窗格直接预览文件内容

（5）库

库是 Windows 10 操作系统中提供的一个文件管理功能，利用库功能，用户可以打破磁盘和文件夹存储位置的限制，将具有同一类特征的文件或文件夹归类到一起，便于管理和使用。例如，用户在不同磁盘、不同文件夹下都存放有歌曲的文件夹，逐一查看较为烦琐。这时就可以建立一个名为“音乐”的库，将不同位置与音乐相关的文件夹都纳入其中，这样只要打开“音乐”库，就可以直接查看所有与音乐相关的文件夹。

在库中除了按文件夹分组显示文件，也可以打破文件夹的限制，按照其他属性排列所有文件，如按修改日期、标记、类型等，可在库页面右侧的“排列方式”下拉菜单中选择，如图 2-2-8 所示。

小提示

Windows 10 操作系统默认不显示资料库，可以在资源管理器左侧导航栏空白处单击鼠标右键，选择“显示库（L）”即可。

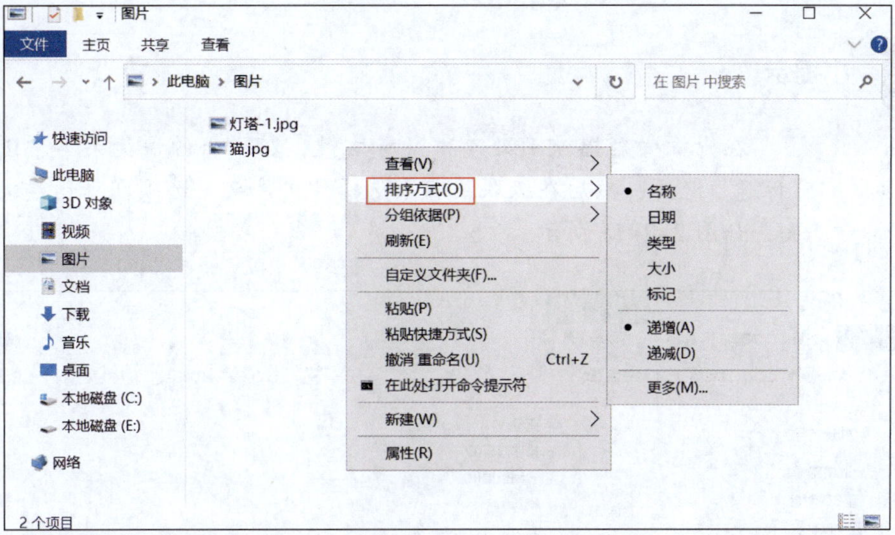

图 2-2-8　“排列方式”下拉菜单

任务实施

步骤一　创建“图片资料”文件夹

在桌面上双击“此电脑”图标，打开资源管理器窗口，然后双击目标磁盘图标（此处为 E 盘）将其打开。

选择“主页”选项卡下“新建”组中的“新建文件夹”选项，如图 2-2-9 所示。此时窗口中出现“新建文件夹”图标，并且名称框呈现蓝色的可编辑状态，输入文件名“图片资料”，如图 2-2-10 所示，按回车键确认即可完成文件夹的创建。

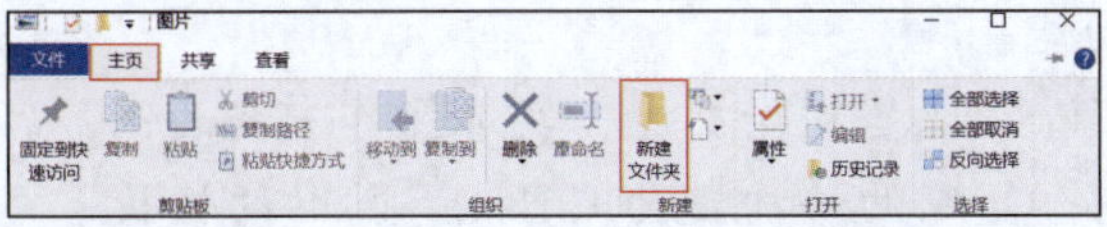

图 2-2-9　“新建文件夹”选项

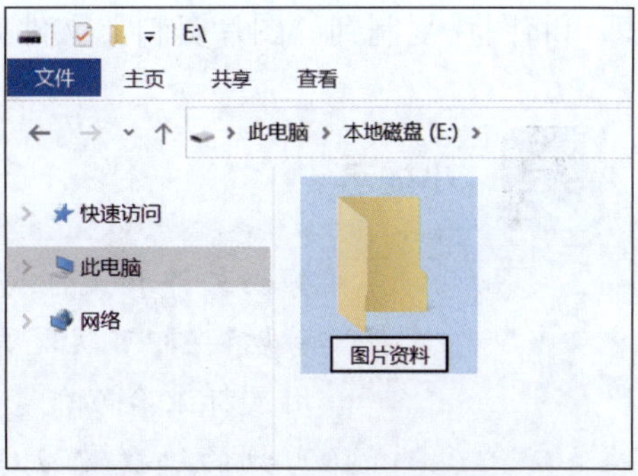

图 2-2-10　输入文件夹名称

小提示

在资源管理器空白处单击鼠标右键，在弹出的快捷菜单中选择“新建”选项，然后在级联菜单中选择“文件夹”选项即可创建文件夹，如图 2-2-11 所示。

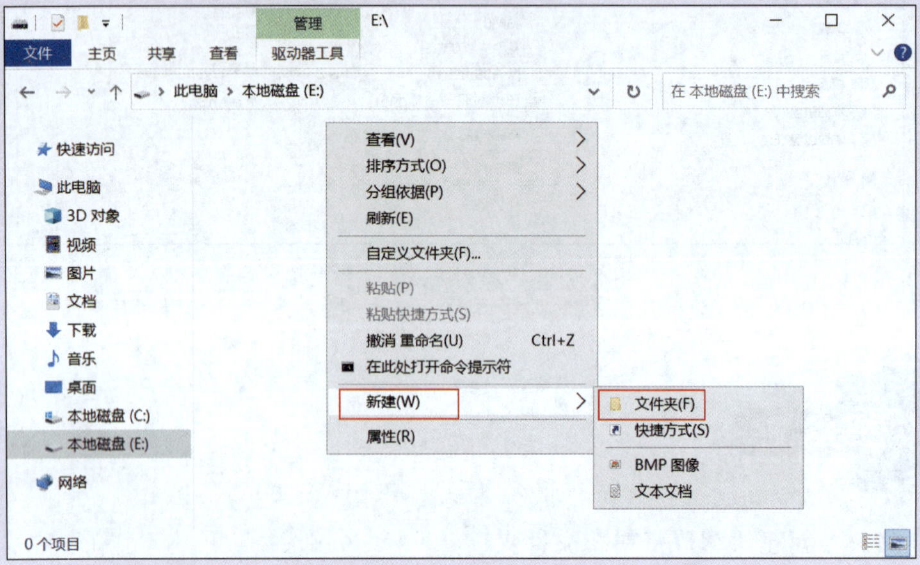

图 2-2-11　使用右键快捷菜单方式创建“文件夹”

步骤二　将文件复制到文件夹中

在素材文件夹中，选中准备复制的图片，再选择“主页”菜单中的“复制”选项，如图 2-2-12 所示，打开“图片资料”文件夹，选择“主页”菜单中的“粘贴”选项，即可将图片复制到“图片资料”文件夹中。

小提示

剪切文件和文件夹的方法与复制类似，由选择“复制”改为选择“剪切”，即可实现剪切功能。

用鼠标配合功能键也可以实现复制等功能，实际操作中更为高效。剪切的快捷键为 Ctrl+X，复制的快捷键为 Ctrl+C，粘贴的快捷键为 Ctrl+V。

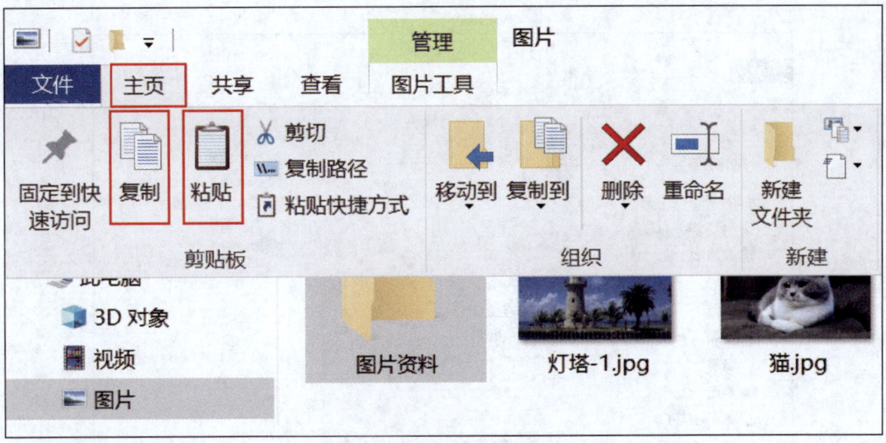

图 2-2-12　将图片复制到文件夹中

步骤三　在资源管理器中创建“资料库”

1. 在资源管理器左侧导航栏中选择“库”，单击“主页”菜单中的“新建项目”，选择“库”，并将其更名为“资料库”，一个新的空白库就创建完成了，如图 2-2-13 所示。

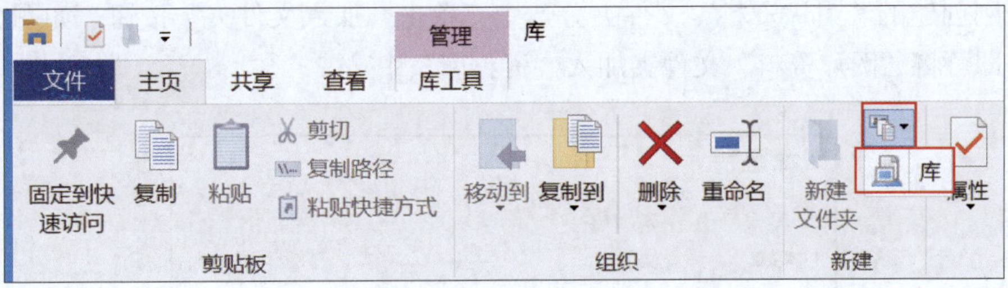

图 2-2-13　新建库

小提示

在图 2-2-14 所示库列表中的空白处单击鼠标右键，在弹出的快捷菜单中选择“新建”选项，再选择级联菜单中的“库”选项也可以创建库。

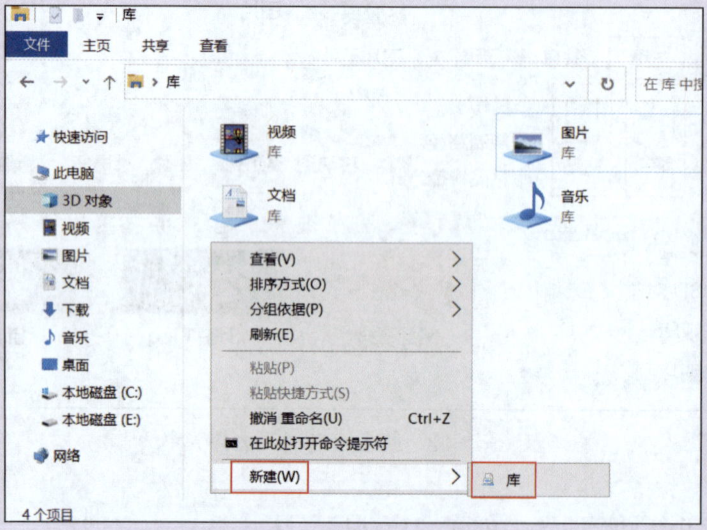

图 2-2-14 “新建库”效果图

2. 用鼠标右键单击“资料库”图标。在弹出的菜单中选择“属性”选项，弹出“资料库属性”对话框，如图 2-2-15 所示，在“库位置”窗口下单击“添加”按钮，找到刚刚创建的“图片资料”文件夹并选中，单击“加入文件夹”按钮，如图 2-2-16 所示，即可将“图片资料”文件夹加入“资料库”中。

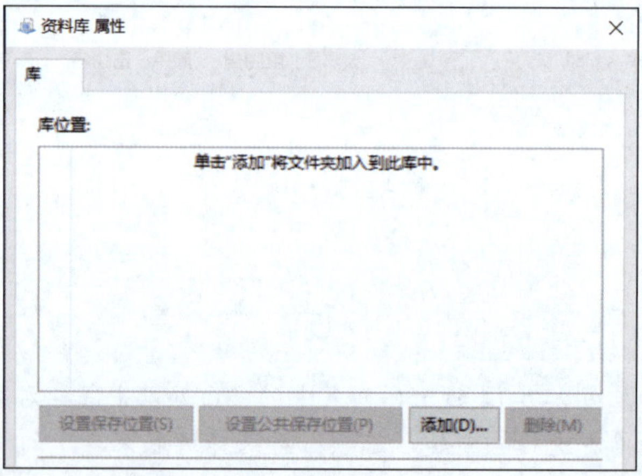

图 2-2-15 “资料库属性”对话框

步骤四　以不同显示方式查看库中的文件

将计算机中更多的文件夹纳入到“资料库”中。在“排列方式”下拉菜单中选择不同的排列方式，体会库与文件夹功能上的不同。

在“查看”菜单中选择不同的图标尺寸，观察对比显示效果，如图 2-2-17 所示。

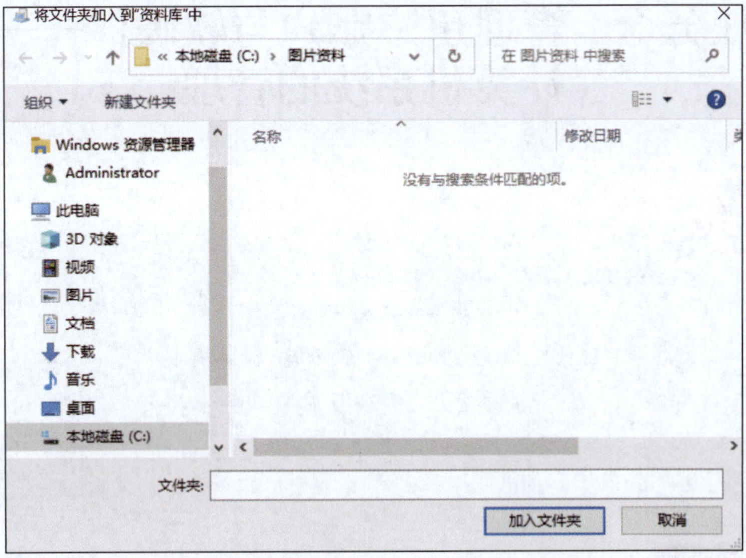

图 2-2-16　将文件夹加入到“资料库”中

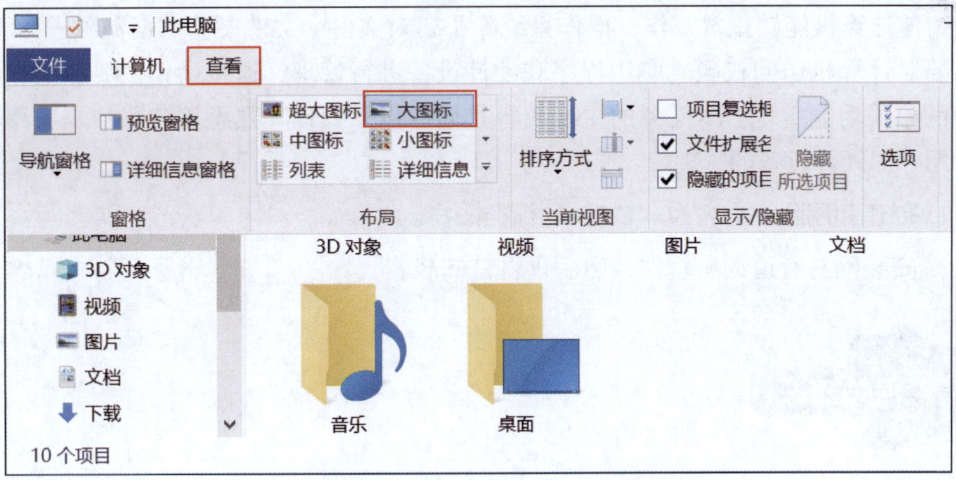

图 2-2-17　“大图标”选项

小提示

在预览图片时，选择“超大图标”或者“大图标”视图模式可以方便地查看大尺寸缩略图。

任务3　管理用户账户与软硬件——计算机系统的管理

学习目标

知识目标：1. 了解用户账户的含义。
　　　　　2. 了解驱动程序的作用。
技能目标：1. 能完成用户账户的创建、删除等操作。
　　　　　2. 能完成应用程序的安装和卸载。

任务描述

为使计算机能够正常工作，操作系统除了要对文件、文件夹等数据资源进行管理，还需要对计算机访问权限、应用程序和硬件设备进行管理，这些操作主要通过控制面板中的相关功能实现。本任务的主要内容是通过以下操作，熟悉用户账户、应用程序和常用外部硬件设备的管理。

1. 创建和删除一个名为“123”的标准账户。

2. 安装网易有道词典软件，然后再将其卸载。

相关知识

一、Windows 10 操作系统的用户账户

Windows 10 操作系统通过用户账户来识别不同的使用者，从而实现在同一台计算机上为不同使用者保存各自的个性化设置和计算机访问权限等信息。

Windows 10 操作系统有三种类型的账户，为用户提供不同级别的计算机控制权限。

1. 管理员账户

管理员账户可以对计算机进行最高级别的控制，具有最高权限。Windows 10 操作系统安装完成后会默认建立一个名为 Administrator 的管理员账户，在实际使用中，用户也可根据需要自行建立其他管理员账户。

2. 标准账户

标准账户适用于一般使用者。对于多人共用的计算机，一般可将管理员以外的其他使用者设为标准账户，限制部分高级权限，以避免计算机中某些重要设置未经管理员许可而遭到变更。

3. 来宾账户

来宾账户（即 guest 账户）主要提供给需要临时使用计算机的用户，不需要输入密码即可登录系统，该账户的权限比标准用户更低，无法对系统进行任何配置。

小提示

操作系统安装完成后，管理员账户常常是没有设置密码的，常有计算机病毒利用这一漏洞控制计算机的最高管理权限进行破坏性操作，应注意及时检查并设置密码。

二、应用程序管理

应用程序是指为了完成某项或某几项特定任务而被开发运行于操作系统之上的计算机程序。

可以通过 Windows 10 操作系统的控制面板来完成程序的卸载或更改工作。在控制面板中单击“程序”，选择“程序和功能”下的“卸载程序”选项，如图 2-3-1 所示，就可以打开图 2-3-2 所示的“卸载或更改程序”窗口。

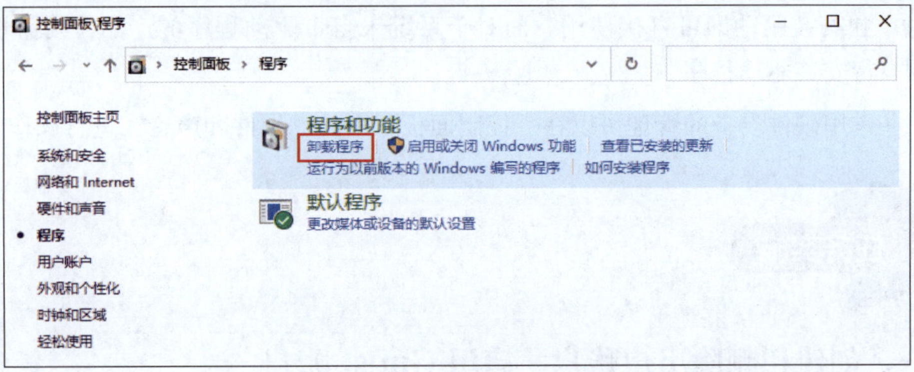

图 2-3-1　“程序”窗口

通过“卸载或更改程序”，除了卸载程序外，还可以对程序进行更改或修复，这主要决定于软件卸载程序的功能，有些软件的卸载程序中带有修复、更改的选项，如 Adobe Acrobat 等大型软件都可以在此处进行修复操作。

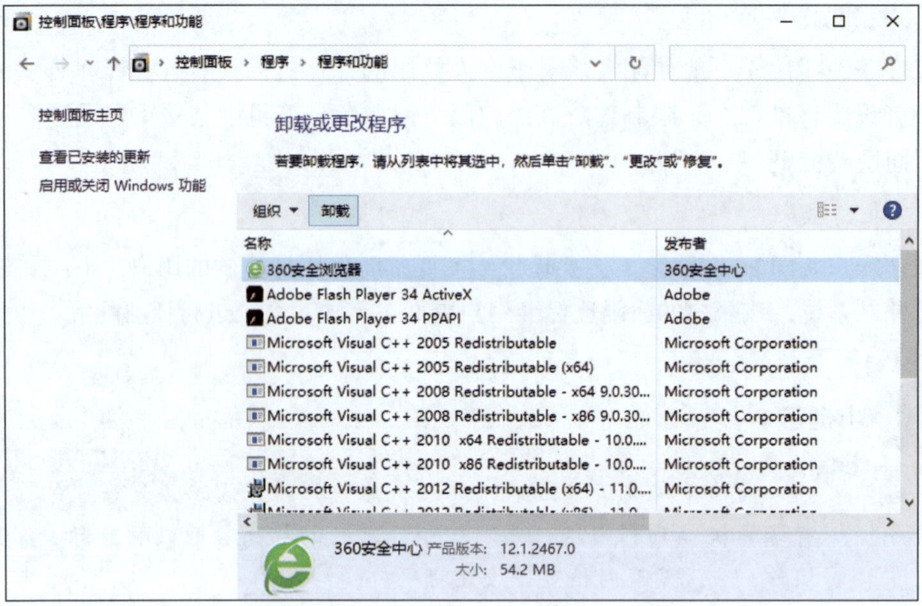

图 2-3-2 “卸载或更改程序”窗口

三、驱动程序和硬件设备管理

驱动程序是一种可以使操作系统与硬件设备通信的特殊程序，相当于硬件的接口，操作系统只有通过这个接口才能控制硬件设备的工作。如果某设备的驱动程序未能正确安装，则该设备不能正常工作。因此，驱动程序在系统中的地位十分重要，一般当操作系统安装完毕，首要的工作便是安装硬件设备的驱动程序。

Windows 10 操作系统中自带较多常用硬件设备的驱动程序，一些常用设备安装后无须再单独安装驱动即可直接使用。而对于系统未自带驱动程序的产品，则需根据产品说明自行安装驱动程序。

一些常用硬件设备的管理可以在“控制面板”中的“硬件和声音”进行操作。

任务实施

一、创建和删除用户账户、启用 Guest 账户

步骤一　选择用户账户

单击“开始”菜单中的“windows 系统”选项，在下拉菜单中选择“控制面板”，弹出“调整计算机的设置”窗口，在其中单击选择“用户账户”选项，如图 2-3-3 所示。

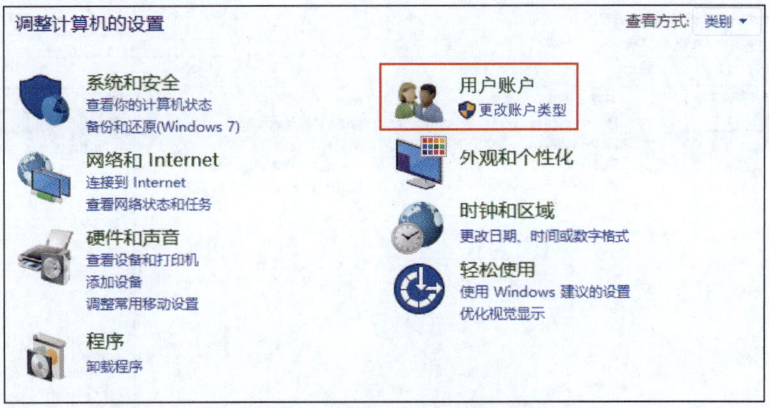

图 2-3-3 “调整计算机的设置”窗口

步骤二　创建账户

在弹出的“选择要更改的用户”窗口中，单击“在电脑设置中添加新用户”选项，如图 2-3-4 所示。

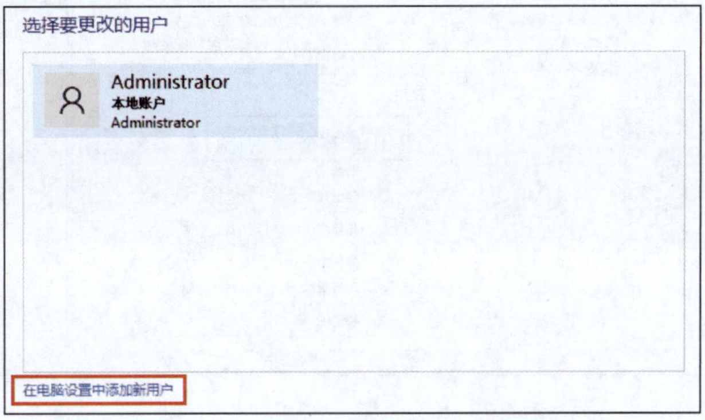

图 2-3-4 “选择要更改的用户”窗口

步骤三　为账户命名

在弹出的“设置”窗口中，选择“其他用户”下的“将其他人添加到这台电脑”选项，在弹出的“本地用户和组（本地）”窗口中，选择左侧“用户”选项，如图 2-3-5 所示，在中间窗口的空白处单击鼠标右键，选择“新用户”选项，如图 2-3-6 所示，在弹出的“新用户”窗口中，添加用户名为“123”的账户，其他保持默认设置，单击“创建”按钮完成创建，如图 2-3-7 所示。

步骤四　删除账户

选择新建的“123”用户账户，单击鼠标右键，选择“删除”选项，如图 2-3-8 所示，在弹出的“本地用户和组”对话框中，单击“是”按钮，删除用户，如图 2-3-9 所示。

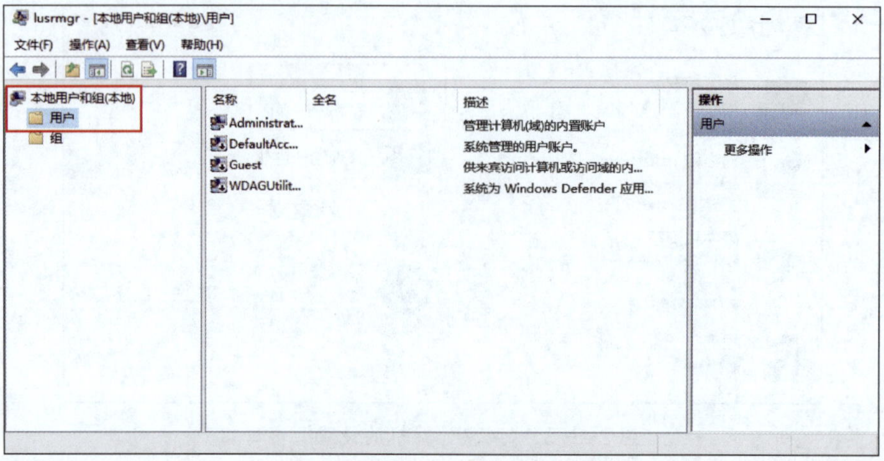

图 2-3-5 “本地用户和组（本地）”窗口

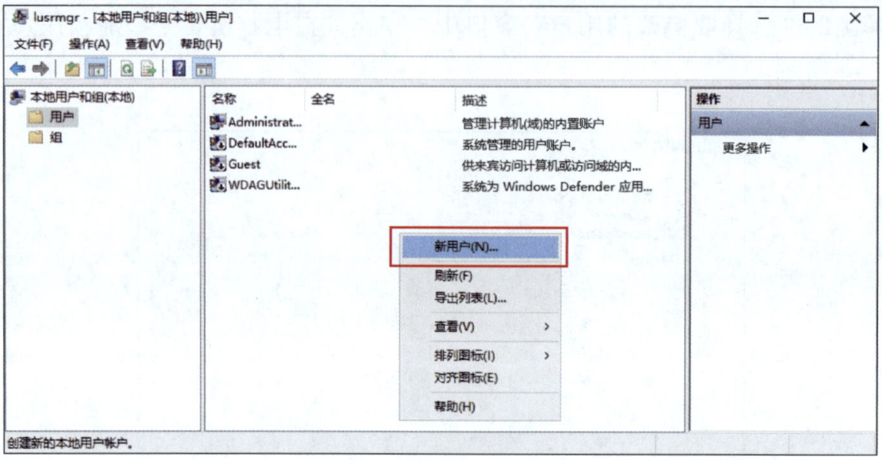

图 2-3-6 选择“新用户”选项

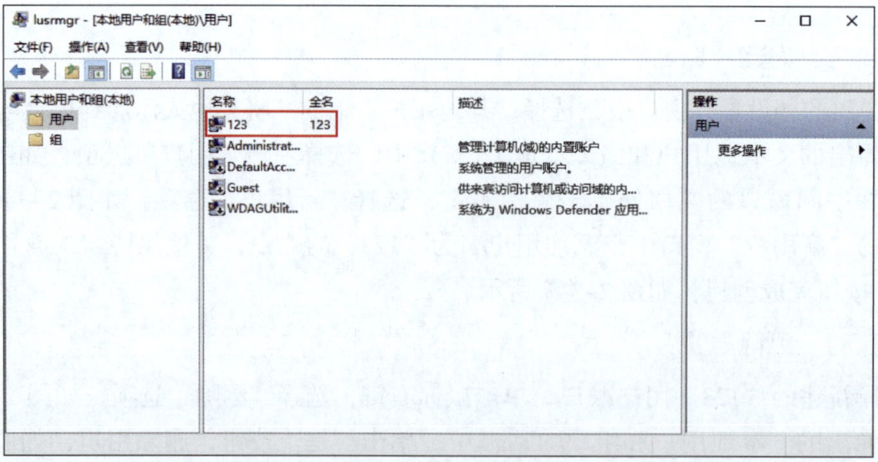

图 2-3-7 用户账户创建效果

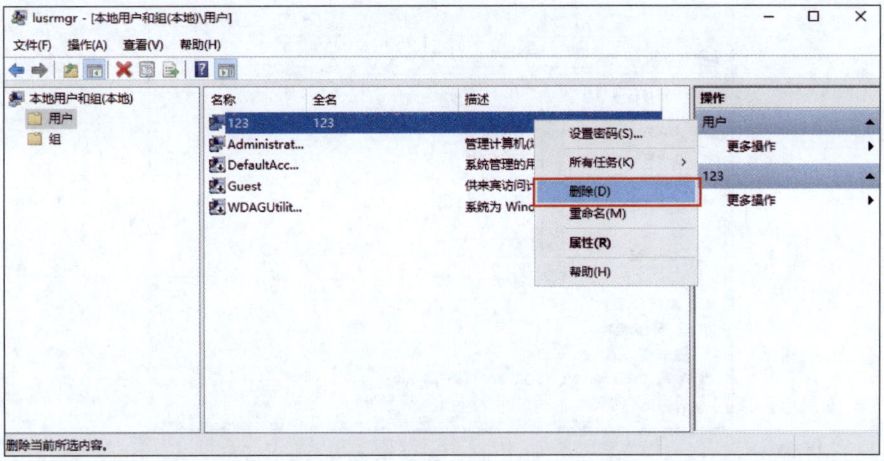

图 2-3-8　删除“123”账户

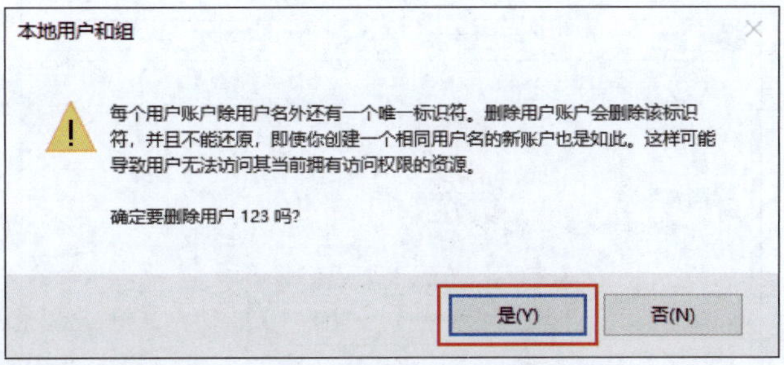

图 2-3-9　“本地用户和组”对话框

二、网易有道词典软件的安装与卸载

步骤一　运行安装程序

找到已从网上下载或教师准备好的安装程序，如图 2-3-10 所示，双击图标运行安装程序，如图 2-3-11 所示。

步骤二　设置安装路径等参数

在安装界面中选择安装路径和有关参数，直接单击“快速安装”可按默认参数、默认路径完成安装。如需更改安装位置，可单击右下角的“自定义安装”按钮，在展开的菜单中单击“安装位置”栏后的箭头图标，选择安装路径，然后再单击“快速安装”按钮开始安装软件，如图 2-3-12 所示。在下面的复选框中还可根据需要选择是否创建桌面快捷方式、是否开机启动等。用户协议默认勾选，单击其后的蓝色文字链接可查看协议的详细内容。

软件安装过程中将采用进度条的形式显示安装进度，并在页面中显示软件的功能介绍，如图 2-3-13 所示。

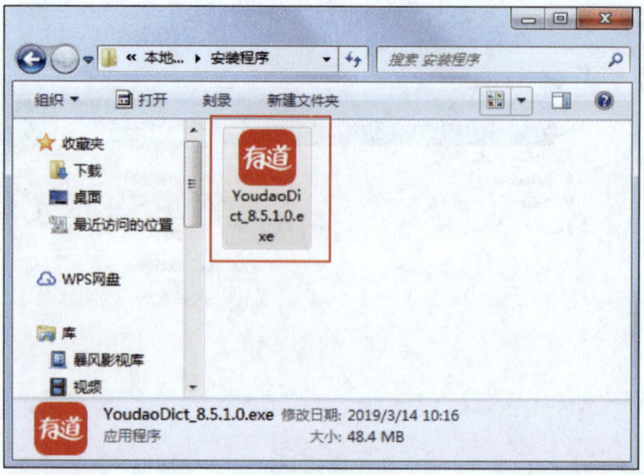

图 2-3-10　网易有道词典安装程序

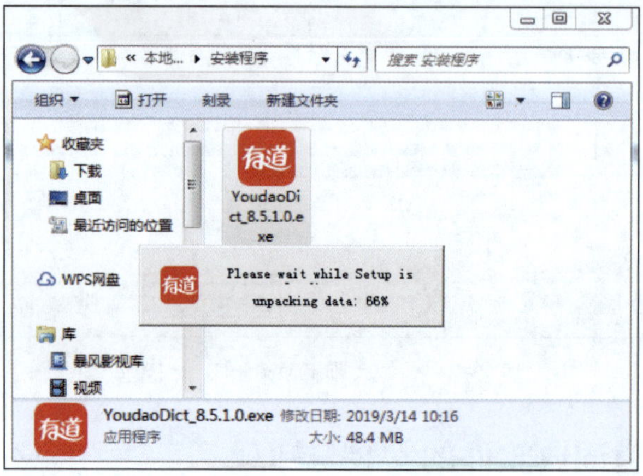

图 2-3-11　运行安装程序

图 2-3-12　选择安装路径

图 2-3-13 安装进度显示

步骤三 完成安装

安装完成后的界面如图 2-3-14 所示，单击“查词去”按钮即可运行该软件，如需直接退出，可单击右上角的关闭按钮。

图 2-3-14 安装完成后的界面

小提示

不同软件的安装界面各不相同，但基本安装过程大同小异，只需按照提示操作即可。一些软件出于商业目的，有时会在安装过程中捆绑一些非必要的软件或广告链接，这些选项还常常以默认勾选的形式出现，在安装过程中应注意阅读提示文字内容，对不需要的选项可取消勾选。

步骤四　卸载网易有道词典

在“开始”菜单中选择“控制面板”，在“控制面板”窗口中单击选择“程序”下的“卸载程序”选项，如图 2–3–15 所示，进入“卸载或更改程序”窗口，在其中找到“网易有道词典”图标，单击“卸载”按钮，如图 2–3–16 所示。在对话框中确认卸载后，弹出图 2–3–17 所示的“网易有道词典卸载”对话框，按照提示进行操作即可完成卸载。

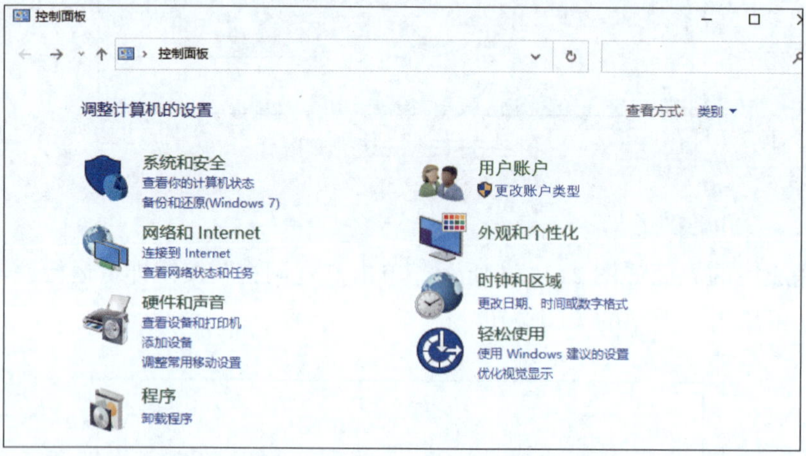

图 2-3-15　“控制面板”窗口中“卸载程序”选项

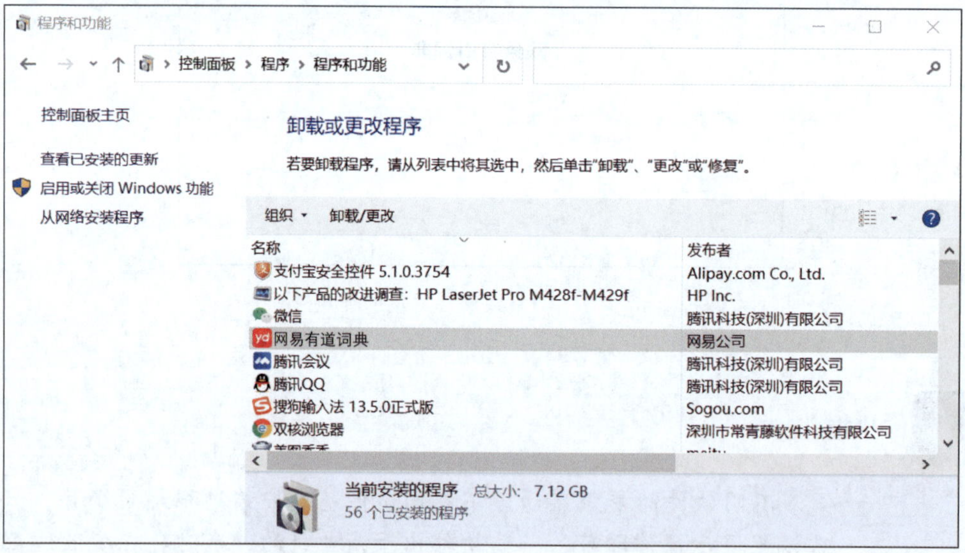

图 2-3-16　“卸载或更改程序”窗口

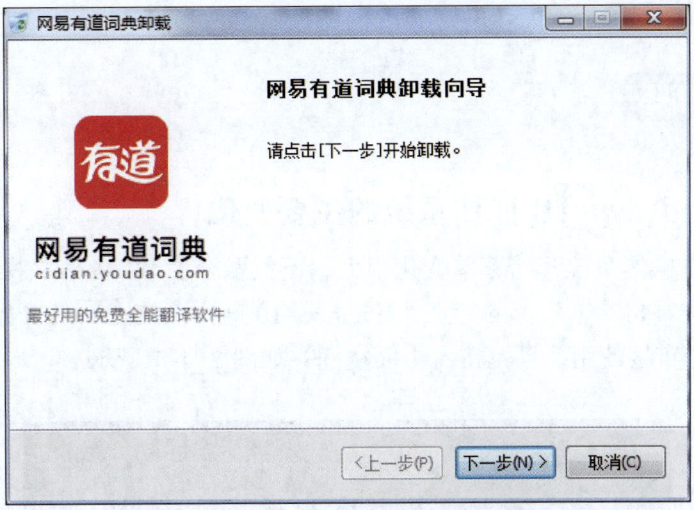

图 2-3-17 “网易有道词典卸载”对话框

任务 4 Windows 10 操作系统使用——操作系统的特色功能使用

学习目标

知识目标：了解 Windows 10 操作系统的主要功能特点。

技能目标：能在 Windows 10 操作系统中完成各项操作。

任务描述

本任务主要了解 Windows 10 操作系统的主要特点，并在 Windows 10 操作系统中完成任务中的操作内容。

相关知识

一、Windows 10 操作系统的主要变化

Windows 10 操作系统开始菜单变化很大，不仅融合了 Windows 7 操作系统的优点，也加入了 Windows 8 操作系统的特点，Windows 10 操作系统全新的开始菜单栏和应用列表，方便用户直接使用，且不挤占桌面空间，如图 2-4-1 所示。

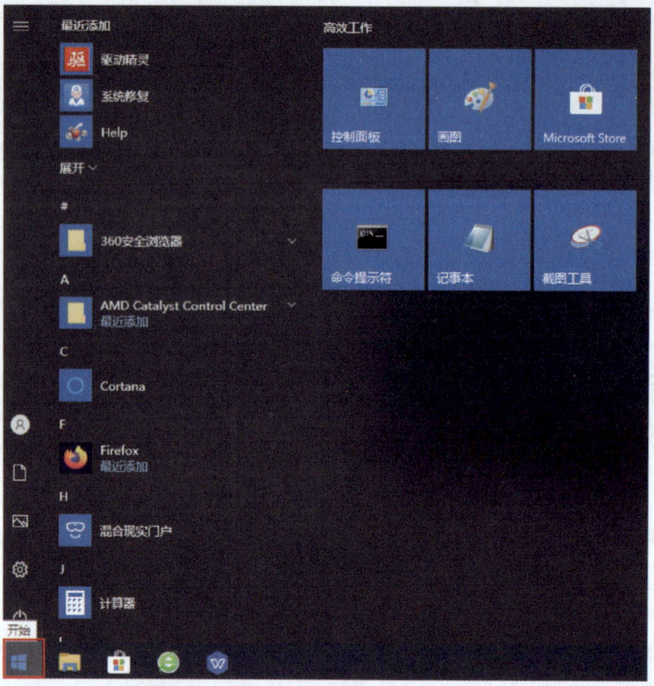

图 2-4-1　开始菜单和应用列表

Windows10 操作系统搭配了全新的 Microsoft Edge 浏览器，与之前的 IE 浏览器相比，它更换了全新渲染引擎，浏览网页的速度更快，如图 2-4-2 所示。

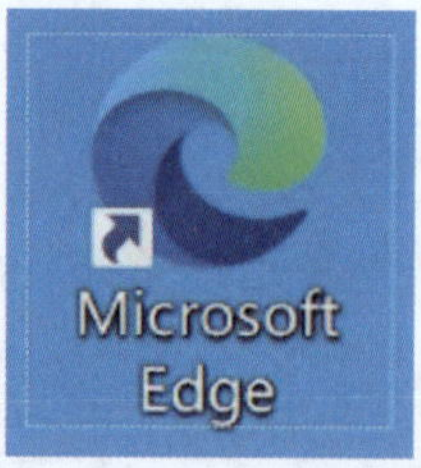

图 2-4-2　Microsoft Edge 浏览器

二、Windows 10 操作系统的主要特点

1. 安全性提升

Windows 10 操作系统内置了较以往功能更为强大的 Windows 安全中心（见图 2-4-3），对计算机提供全面、持续和实时的保护，以抵御电子邮件、应用、云和 Web 上的病毒、恶意软件和间谍软件威胁。同时，Windows 10 操作系统配合新的硬件功能，提供了更为丰富的安全功能，如借助摄像头实现的面部识别解锁、借助 GPS 等定位技术实现的遗失设备位置查找等。

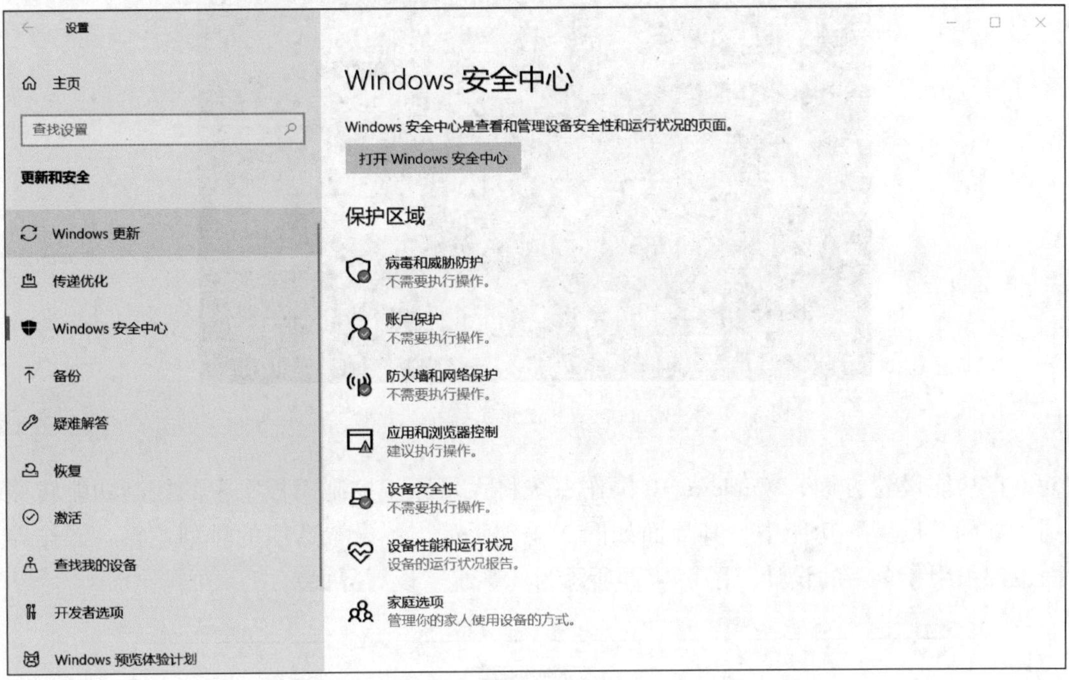

图 2-4-3 Windows 安全中心

2. Metro 风格界面

Windows 10 操作系统延续了微软公司从 Windows Phone 7 移动操作系统、Windows 8 操作系统起引入的 Metro 风格界面，以扁平化的设计为主要特征，与以往的版本相比有较大的区别。Windows 10 操作系统的“开始”菜单如图 2-4-4 所示，与 Windows 7 操作系统相比，在图标样式和界面配色等方面都有很大差别，其最大的区别是在传统的“开始”菜单内容右侧引入了“磁贴”功能。“磁贴”即图中大小不同的正方形、长方形大按钮，因按住鼠标左键拖动或单击时，有类似磁铁吸附的动画效果而得名。可将常用的软件或功能分类以磁贴的形式放在这里，方便用户访问。磁贴不仅是一个静态的图标，它还支持软件通过磁贴动态显示信息，如新闻类软件可在磁贴上实时显示最新的新闻图片，通信类软件可在磁贴上显示新消息提醒等。Windows 10 操作系统本

身已预置了日历、邮件、天气、图片、游戏、音乐等新功能。

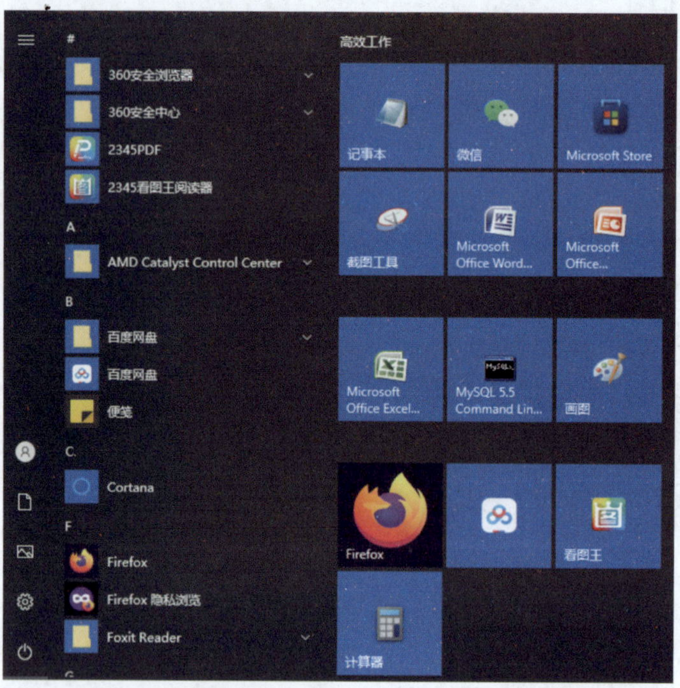

图 2-4-4　Windows 10 操作系统的“开始”菜单

在功能设置方面，Windows 10 操作系统将大量原“控制面板”中的控制功能转移到了新的“设置”功能中，其界面如图 2-4-5 所示，各设置选项的排列逻辑、操作界面也都采用了全新的设计，图 2-4-6 所示为“系统”设置界面。

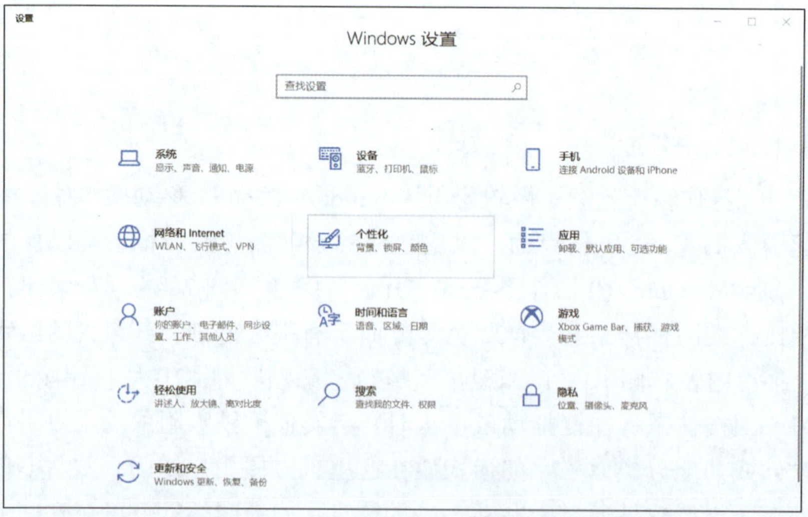

图 2-4-5　“Windows 设置”界面

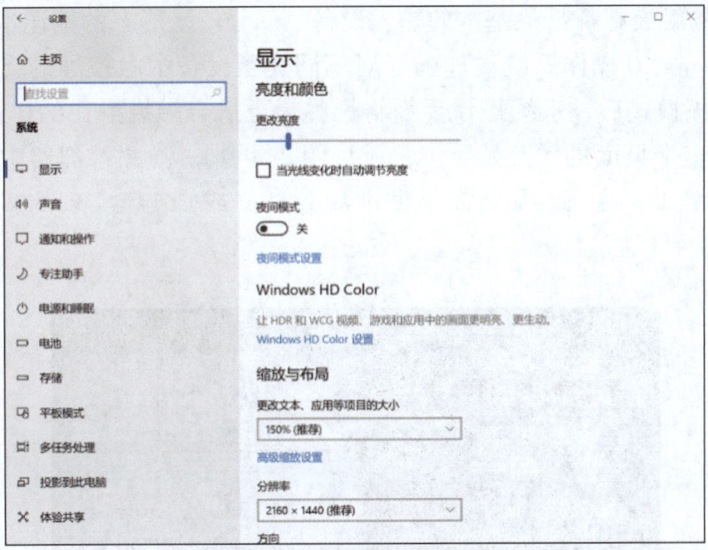

图 2-4-6 “系统”设置界面

3. 操作中心

Windows 10 操作系统中引入了“操作中心”功能，单击状态栏中图 2-4-7 所示的图标，即可打开操作中心。操作中心显示在整个屏幕的右侧，上方显示系统及应用软件推送的通知消息，下方为常用功能的控制按钮，如图 2-4-8 所示。

图 2-4-7 “操作中心”图标

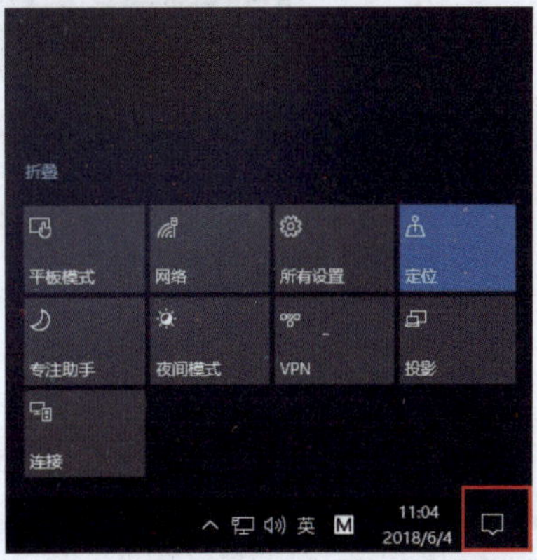

图 2-4-8 “操作中心”各项控制按钮

利用操作中心中的控制按钮，用户可以方便地完成网络设置、投影方式设置等常用操作，避免了逐级菜单点选或记忆快捷键的麻烦。而各项通知消息的集中展示和传统的状态栏弹窗相比，也给用户提供了更好的使用体验。

4. 触屏支持

随着技术的发展，触摸屏得到了越来越广泛的应用，除了手机外，平板电脑、二合一笔记本中的触摸屏都是最基本的输入设备，部分传统形态的笔记本中也采用了触摸屏，在 Windows 10 操作系统中加强了对不同类型设备中触摸屏的支持。在操作中心中切换为平板模式后，系统操作界面将调整为更适合触摸操作的样式，如“开始”菜单变为铺满整个桌面的“开始”屏幕（见图 2–4–9），资源管理器中的图标、列表间距加大，并增加复选框以代替需借助键盘上 Shift 或 Ctrl 键实现的多选功能等（见图 2–4–10）。

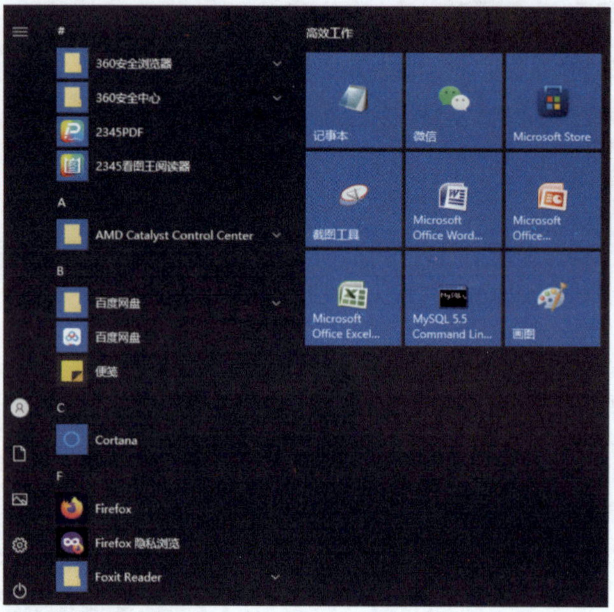

图 2–4–9 “开始”屏幕

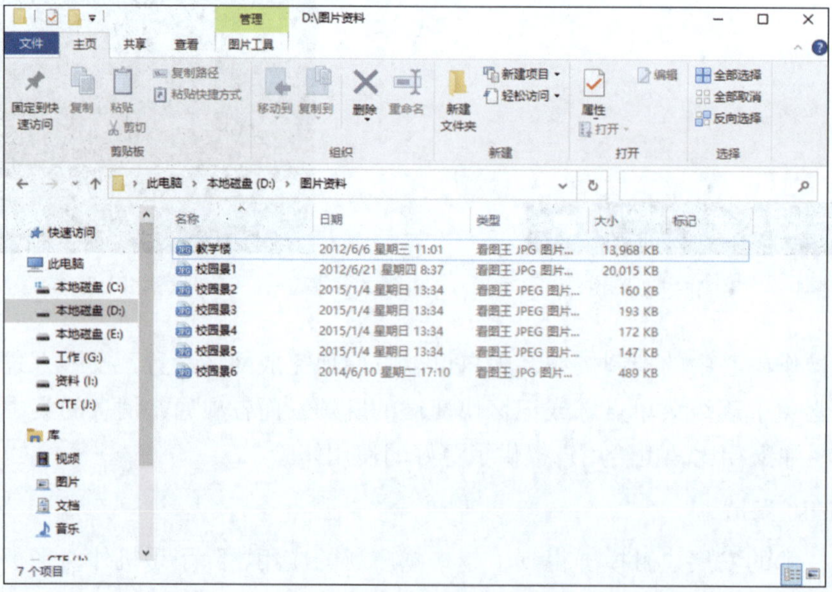

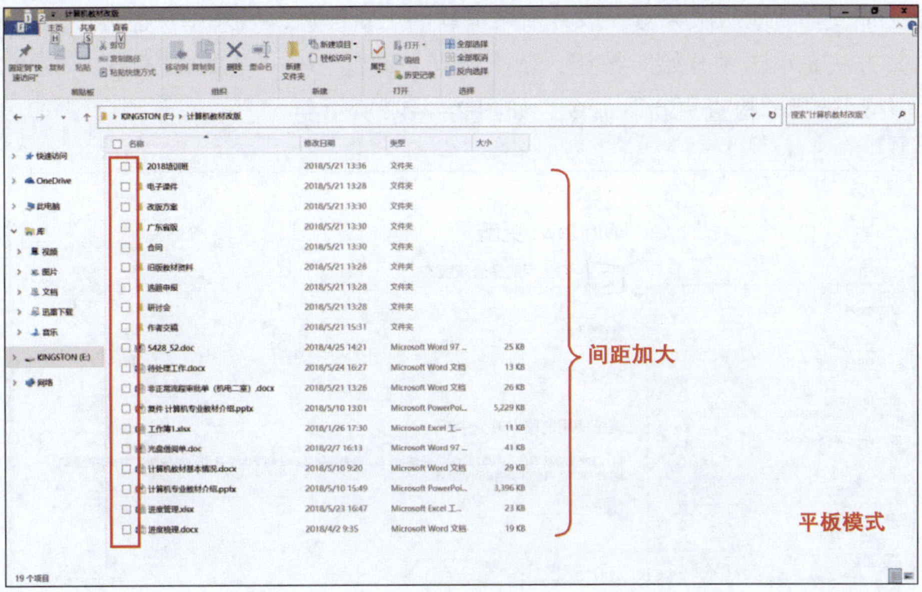

图 2-4-10　两种模式下资源管理器样式对比

使用触摸操作时，手指单击图标相当于单击鼠标左键，手指双击图标相当于双击鼠标左键，手指长按图标相当于单击鼠标右键。

5. 搜索功能和语音助手

Windows 10 操作系统提供了较以往更为强大的搜索功能，并且集成了 Cortana 语音助手功能，如图 2-4-11 所示。其搜索功能提供了更高的自由度和更大的搜索范围，如直接输入拼音即可检索到该读音汉字的结果，搜索结果除了系统中已有内容，还包括从互联网上搜索到的结果。

图 2-4-11　搜索和语音助手功能

而利用 Cortana 语音助手，用户可实现计算机功能的语音控制、文字的语音输入等。

6. 自动更新

Windows 7 及更早的 Windows XP 等版本的操作系统，也支持系统联网自动更新，但主要以安全补丁为主，而 Windows 10 操作系统则提供了更多功能方面的更新，如功能更新和质量更新。功能更新通常每年发布两次，包括新功能以及潜在问题的修复程序和安全更新。质量更新更频繁，主要包含小修复程序和安全更新。

Windows 10 操作系统的自动更新策略较为积极，

通常会及时、自动地从服务器获取并安装最新的更新信息，另外用户也可手动进行更新检查，其方法是单击“开始”按钮，依次选择“设置”→“更新和安全”→“Windows 更新”，然后选择“检查更新”命令，如图 2–4–12 所示。

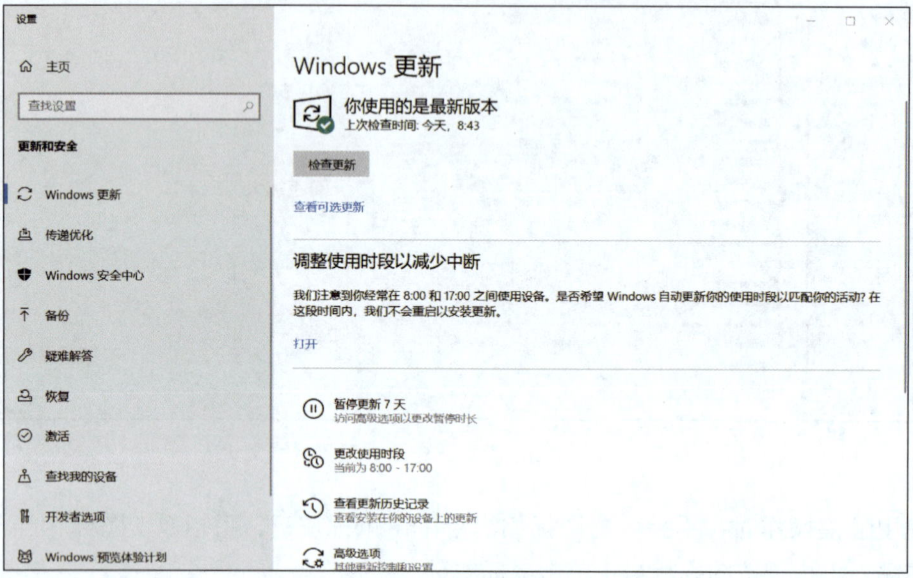

图 2–4–12 “Windows 更新”界面

小提示

Windows 10 操作系统默认自动下载并安装更新程序，而更新程序的部分安装操作将在计算机下次重启时自动执行，这样难免出现影响用户正常使用的情况，如在急需开机办公的时候，打开计算机，系统却需要占用较长时间完成更新等。在“Windows 更新”设置中，可通过“更改使用时段”“重新启动选项”“高级选项”等选项，对自动更新的执行时间进行设置，避免上述问题。

7. 应用商店

Windows 10 操作系统提供了应用商店功能（见图 2–4–13），用户可以在其中查找、安装各类应用。UWP（universal windows platform，Windows 通用平台）应用和传统的 exe 格式的软件相比，可以给用户提供更好的触摸屏使用体验，更适合在平板电脑或笔记本电脑的平板模式下使用。图 2–4–14 所示为 UWP 版本和传统版本两种爱奇艺客户端的界面对比。

图 2-4-13　应用商店

图 2-4-14　两种爱奇艺客户端的界面对比

任务实施

步骤一　开启自带屏幕录制

按下键盘中的快捷键 Win+R，在文本框中输入 psr.exe 后按回车键，即可开启 Windows 10 操作系统自带的录像功能，如图 2-4-15 所示。

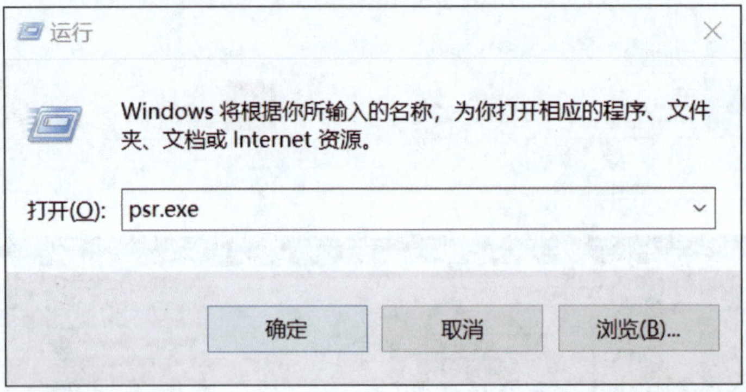

图 2-4-15　“运行”对话框

步骤二　新建虚拟桌面

按下键盘中的快捷键 Win+Tab，如图 2-4-16 所示，打开虚拟桌面切换界面，单击“新建桌面”按钮，如图 2-4-17 所示。

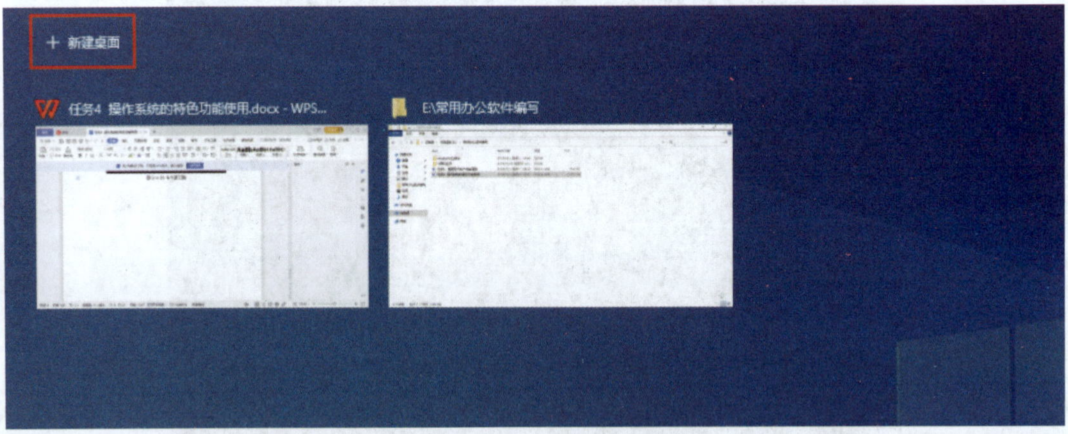

图 2-4-16　虚拟桌面选项

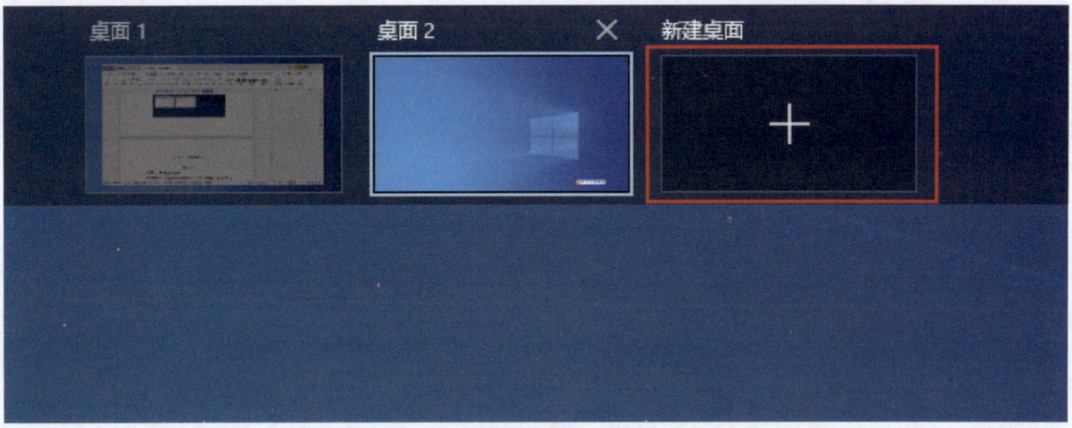

图 2-4-17　虚拟桌面（新建桌面）

步骤三　命令行支持 Ctrl+V

按下键盘中的组合键 Win+R，在文本框中输入 cmd 后按回车键，在命令窗口输入命令提示符“AppReadiness”，用鼠标选中输入的命令提示符“AppReadiness”，并使用快捷键 Ctrl+C 进行复制，然后在命令窗口中使用退格键删除输入的命令，再使用快捷键 Ctrl+V 粘贴剪贴板内容，如图 2-4-18 所示。

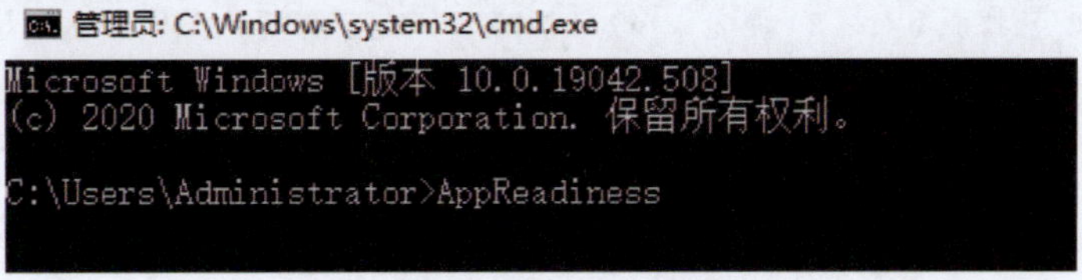

图 2-4-18　命令窗口图

项目三
Word 2021的使用

任务1　制作“牙膏的妙用”宣传页——Word 2021的基本操作

学习目标

知识目标：了解Word 2021的界面组成及其功能。

技能目标：1. 能完成Word 2021的新建、保存、关闭、退出等文件操作。

2. 能完成文档中文本的录入、选择、插入特殊符号等操作。

3. 能对文字字体、字号、颜色、缩进方式等进行设置。

任务描述

本任务在熟悉Word 2021基本操作界面的基础上，完成以下案例的制作。

“生活小窍门”栏目组要制作一张名为“牙膏的妙用”的宣传页，介绍除了用来刷牙以外，牙膏在生活中其他方面的使用技巧，要求题目采用醒目的红色字体，内容采用柔和的蓝色字体，每一项生活使用技巧的标题都使用“特殊符号”进行标记，“牙膏的妙用”宣传页效果如图3-1-1所示。

牙膏的妙用

如果你对牙膏的认识还停留在只能用来刷牙的观点上，那你实在是太OUT了。牙膏还有很多让我们意想不到的用途，快来看看吧，也许有一天能用得上哦!

★去锈：电熨斗用久了，其底部会积一层锈。可在电熨斗断电冷却的情况下，在底部抹上少许牙膏，用干净软布轻轻擦拭，即可将锈去除。

★擦镜片：手电筒的反光镜日久发黑会变黄，将牙膏涂在上面，3~5 分钟后，用细纱布涂抹少许牙膏轻擦，就可使其光亮如新。衣橱镜上有了污迹，可用绒布抹牙膏擦拭，污迹即可被擦净。手表蒙面上有毛道，浑浊不清，用少许牙膏涂于手表的蒙面，用软布反复擦拭，即可将其细小的划纹去除。

★清除茶渍：搪瓷茶杯中留下的茶垢和咖啡渍，可在杯内壁涂上牙膏后反复擦洗，一会儿就可以光亮如初。

★去水垢、污垢：水龙头下方容易留下水锈和水垢，涂上牙膏进行擦洗，很快就能清洗干净。用牙膏擦拭不锈钢器皿的表面，就能使其光亮如新。银器久置不用，表面会出现一层黑色的氧化层，只要用牙膏进行擦拭，即可变得银白光亮。

★其他日常家用：用牙膏贴画，既牢靠又不损坏墙壁。如要取下，只要用水湿润张贴部位，就可以很容易地将贴画取下来。

图 3-1-1　“牙膏的妙用”宣传页效果

相关知识

启动 Word 2021 后，默认新建一个名为“文档 1”的文档窗口，如图 3-1-2 所示，Word 2021 操作界面由快速访问工具栏、标题栏、选项卡、功能区、文档编辑区、状态栏和滚动条等部分组成。

一、选项卡和功能区

Word 2021 的各项命令均以选项卡的形式呈现，单击任意选项卡，即可在下方的功能区中显示执行各种不同功能的命令，这些命令分组排列，便于用户选用。例如，文件的打开、保存、打印等操作都集中在“文件”选项卡中；使用频率较高的剪贴板、

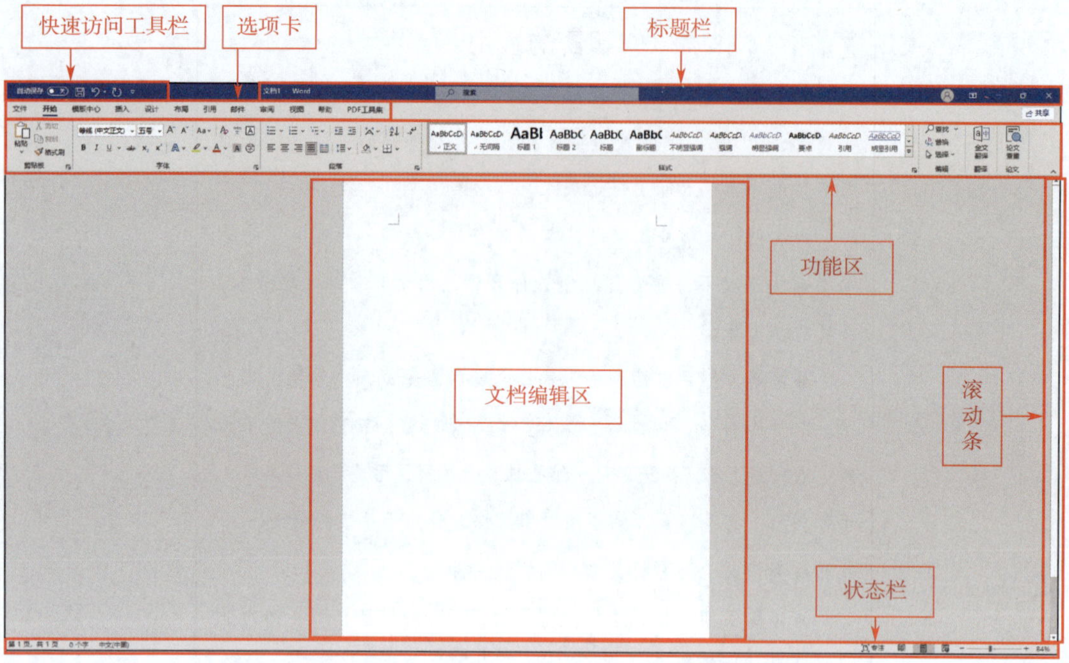

图 3-1-2 Word 2021 操作界面

字体、段落、样式等命令组，均集中在“开始”选项卡中；单击“布局”选项卡，可对文档中的页面属性、段落格式、排列方式等进行设置。

二、快速访问工具栏

通过快速访问工具栏，用户可以实现自动保存、保存、撤销、恢复、打印预览和快速打印等常用功能。

三、标题栏

标题栏显示当前打开文档的名称，在标题栏中间处 Word 2021 新增了 Microsoft 搜索框，如图 3-1-3 所示，用户可以快速检索到所需内容，只需输入搜索关键字，就会自动给出对应的功能，也可以自动搜索文内的关键字。在标题栏右侧有最小化、最大化（还原）和关闭三个按钮，可以快速执行相应功能。

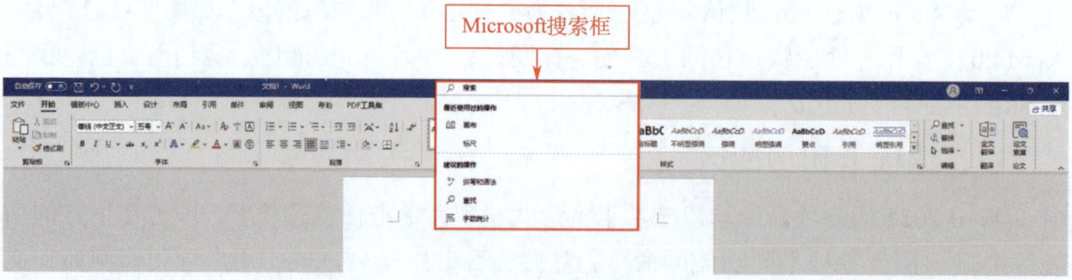

图 3-1-3 Microsoft 搜索框

四、文档编辑区

文档编辑区是用户工作的主要区域，用来实现文档的显示和编辑，默认编辑区的背景颜色为白色。在 Word 2021 中新增了深色窗口模式，在“文件”选项卡中单击“选项”按钮，在打开的“Word 选项”对话框中，如图 3-1-4 所示，单击“常规”按钮，单击“Office 主题”后面的倒三角形按钮，在下拉列表中将颜色改为黑色即可，深色窗口模式效果如图 3-1-5 所示。在“视图”选项卡中勾选“标尺”复选框后，可在文档编辑区上方和左侧显示水平标尺和垂直标尺，帮助用户定位。

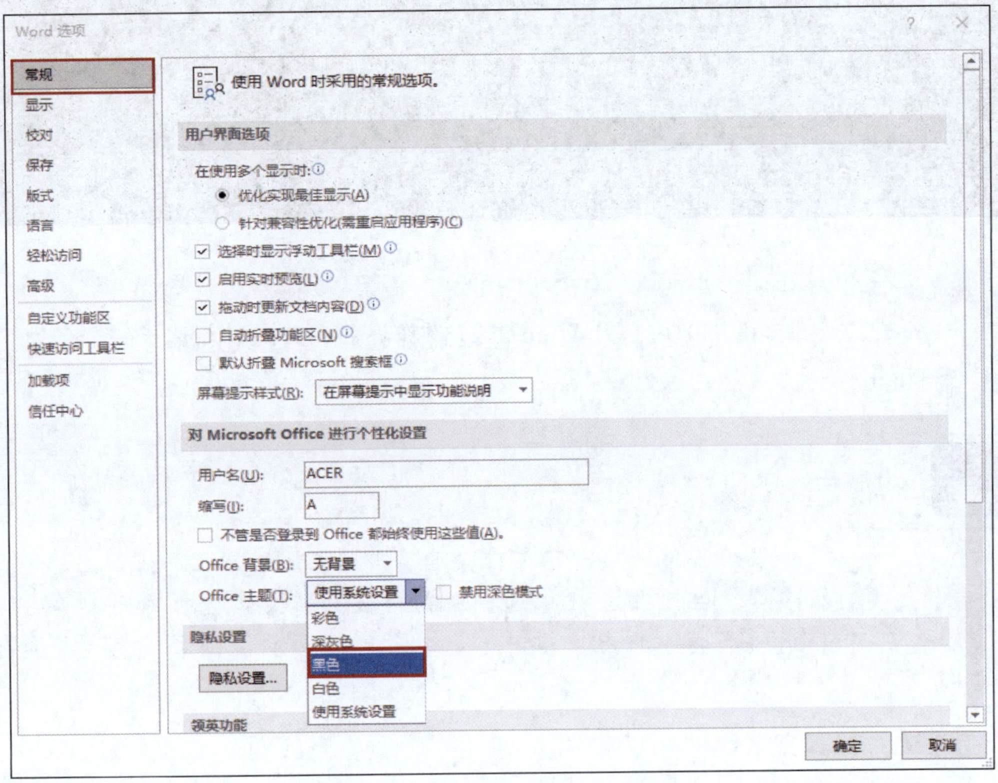

图 3-1-4　“Word 选项”对话框

五、状态栏

状态栏用于显示页码、字数、视图方式、显示比例和缩放等实时辅助信息。

任务实施

步骤一　启动 Word 2021

双击桌面上的 Word 2021 快捷图标，或者单击“开始”按钮，在搜索栏中输入关

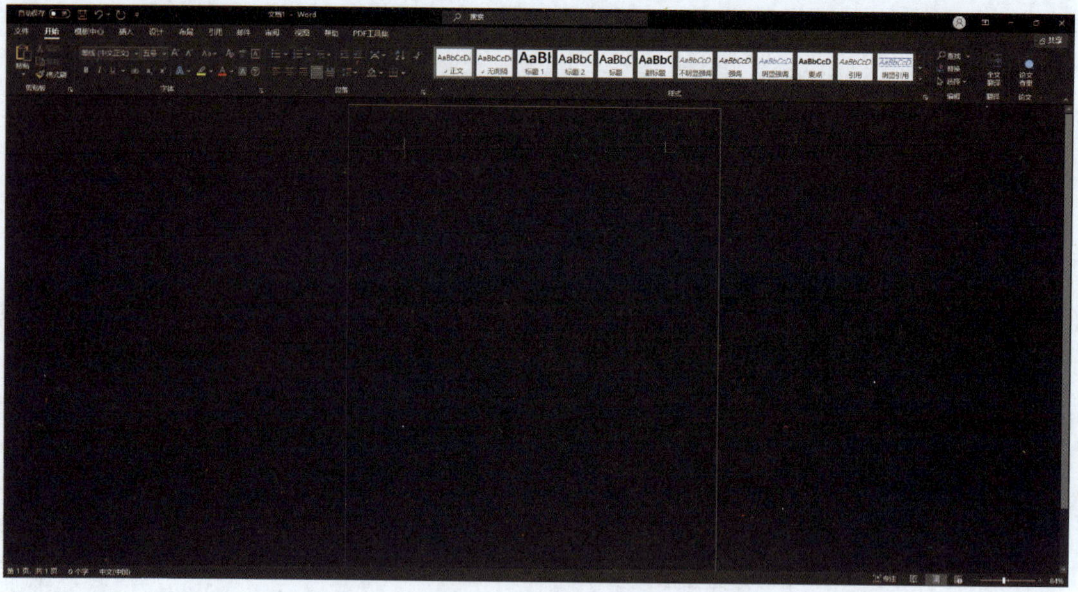

图 3-1-5　深色窗口模式效果

键词“Word”，按回车键，即可打开 Word 2021 操作界面，并同时新建了一个名为“文档 1”的文档。

小提示

如果想要再新建一篇文档，可单击“文件”选项卡，单击“新建”命令，在可用模板中选择所需模板，如仅需空白页面则单击“空白文档”按钮即可。

步骤二　录入文字信息

在文档编辑区中有一个闪烁的光标，用于定位，用户输入的文字将出现在光标所在位置。按照图 3-1-1 所示内容输入海报的文字内容。此时只需录入文字，暂不录入★等特殊符号。

小提示

在录入文字信息时，一段文字录入结束后，可按回车键换行，再录入下一段文字信息。

步骤三　编辑文字信息

1. 设置标题格式

选择标题文字“牙膏的妙用”，在“开始”选项卡中将其格式设置为“字体：黑体，字号：三号，字形：加粗，颜色：红色，对齐方式：居中”，标题设置效果如图 3–1–6 所示。

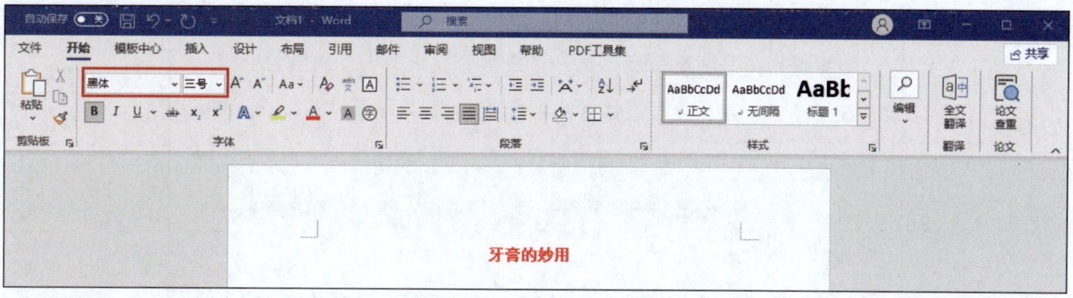

图 3–1–6　标题设置效果

小提示

在 Word 2021 中选择文字的方法有三种。

（1）鼠标拖动：将光标定位在要选择文字的前面（或后面），拖动鼠标至文字的后面（或前面），松开鼠标即可。

（2）鼠标双击：在所要选择的词中双击鼠标左键，软件将自动识别并选中该词。

（3）鼠标三击：在所要选择文字中连续单击鼠标左键三次，软件将选中整段文字。

2. 设置正文格式

选择除标题外的其余文字，在“开始”选项卡中将其格式设置为“字体：仿宋，字号：四号，颜色：蓝色”，设置段落首行缩进 2 字符，并将“去锈：”“擦镜片：”“清除茶渍：”“去水垢、污垢：”“其他日常家用：”这些文字设置为加粗，正文文字设置效果如图 3–1–7 所示。

3. 插入特殊符号

将光标定位在正文第二段段首，选择“插入”选项卡，单击“符号”按钮，在显示的列表中单击“其他符号”选项，如图 3–1–8 所示。打开“符号”对话框，如图 3–1–9 所示。选择★符号，单击“插入”按钮，然后单击“关闭”按钮，完成符号的插入。用同样的方法，在其余段落前插入★符号，如图 3–1–10 所示。

如果你对牙膏的认识还停留在只能用来刷牙的观点上，那你实在是太OUT了。牙膏还有很多让我们意想不到的用途，快来看看吧，也许有一天能用得上哦!

去锈：电熨斗用久了，其底部会积一层锈。可在电熨斗断电冷却的情况下，在底部抹上少许牙膏，用干净软布轻轻擦拭，即可将锈去除。

擦镜片：手电筒的反光镜日久发黑会变黄，将牙膏涂在上面，3~5 分钟后，用细纱布涂抹少许牙膏轻擦，就可使其光亮如新。衣橱镜上有了污迹，可用绒布抹牙膏擦拭，污迹即可被擦净。手表蒙面上有毛道，浑浊不清，用少许牙膏涂于手表的蒙面，用软布反复擦拭，即可将其细小的划纹去除。

清除茶渍：搪瓷茶杯中留下的茶垢和咖啡渍，可在杯内壁涂上牙膏后反复擦洗，一会儿就可以光亮如初。

去水垢、污垢：水龙头下方容易留下水锈和水垢，涂上牙膏进行擦洗，很快就能清洗干净。用牙膏擦拭不锈钢器皿的表面，就能使其光亮如新。银器久置不用，表面会出现一层黑色的氧化层，只要用牙膏进行擦拭，即可变得银白光亮。

其他日常家用：用牙膏贴画，既牢靠又不损坏墙壁。如要取下，只要用水湿润张贴部位，就可以很容易地将贴画取下来。

图 3-1-7　正文文字设置效果

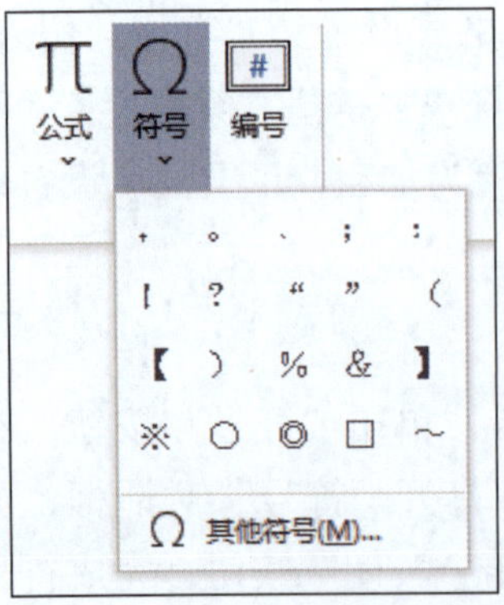

图 3-1-8　“符号”按钮

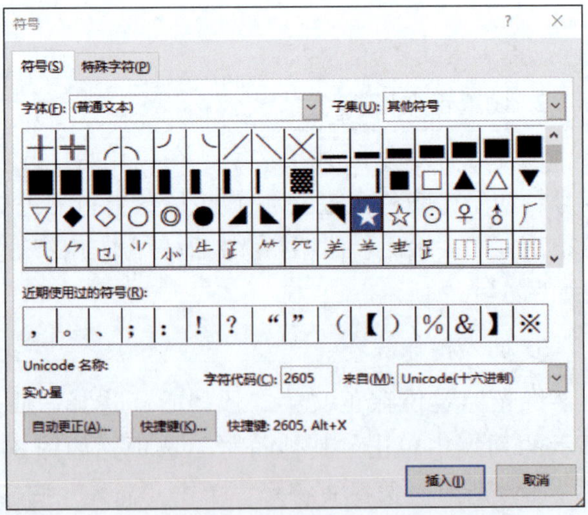

图 3-1-9　“符号”对话框

如果你对牙膏的认识还停留在只能用来刷牙的观点上，那你实在是太OUT了。牙膏还有很多让我们意想不到的用途，快来看看吧，也许有一天能用得上哦!

★去锈：电熨斗用久了，其底部会积一层锈。可在电熨斗断电冷却的情况下，在底部抹上少许牙膏，用干净软布轻轻擦拭，即可将锈去除。

★擦镜片：手电筒的反光镜日久发黑会变黄，将牙膏涂在上面，3~5 分钟后，用细纱布涂抹少许牙膏轻擦，就可使其光亮如新。衣橱镜上有了污迹，可用绒布抹牙膏擦拭，污迹即可被擦净。手表蒙面上有毛道，浑浊不清，用少许牙膏涂于手表的蒙面，用软布反复擦拭，即可将其细小的划纹去除。

★清除茶渍：搪瓷茶杯中留下的茶垢和咖啡渍，可在杯内壁涂上牙膏后反复擦洗，一会儿就可以光亮如初。

★去水垢、污垢：水龙头下方容易留下水锈和水垢，涂上牙膏进行擦洗，很快就能清洗干净。用牙膏擦拭不锈钢器皿的表面，就能使其光亮如新。银器久置不用，表面会出现一层黑色的氧化层，只要用牙膏进行擦拭，即可变得银白光亮。

★其他日常家用：用牙膏贴画，既牢靠又不损坏墙壁。如要取下，只要用水湿润张贴部位，就可以很容易地将贴画取下来。

图 3-1-10　插入★后的效果

小提示

在 Word 文档中如果需要录入相同的内容时，可以用复制命令快速完成。选中要复制的文字，按住 Ctrl 键的同时用鼠标将其拖放到目标位置即可复制选中的文字；也可以选中要复制的文字后按快捷键 Ctrl+C 复制，然后将光标定位到目标位置后，按快捷键 Ctrl+V 粘贴。

步骤四　保存文档

文字录入和编辑结束后，单击“文件”选项卡，选择“保存”命令，或按快捷键 Ctrl+S，打开“另存为”对话框，在对话框中设置文档保存位置、文件名和保存类型，如图 3-1-11 所示，然后单击“保存”按钮。

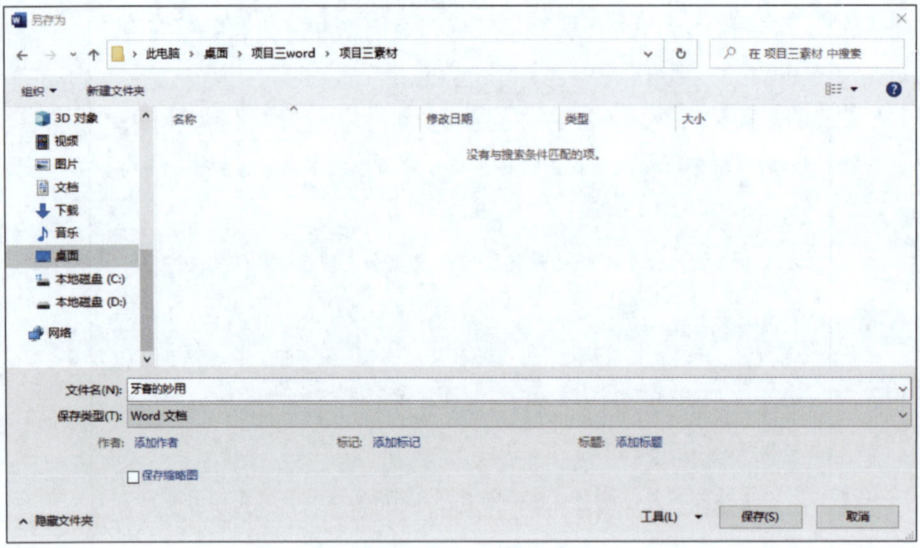

图 3-1-11　“另存为”对话框

小提示

Word 2007 及其之后的各个版本默认使用扩展名为“docx”的格式保存文档，而 Word 2007 之前各版本使用扩展名为“doc”的格式保存文档。因为文件格式的变化，早期版本的 Word 软件无法打开扩展名为“docx”的文档，如需兼顾旧版软件使用，可在保存文件时在“保存类型”下拉列表中选择“Word 97–2003 文档”（*.doc），将文件保存为旧版格式。但在旧版格式下，部分新的显示效果或功能可能无法正常使用。在后面的项目中学习的 Excel 和 PowerPoint 软件也有类似问题，使用时应加以注意。

步骤五　关闭文档并退出

文档编辑并保存完成后，如果不再进行其他操作，即可选择“文件”选项卡，单击“关闭”命令，或按快捷键 Ctrl+F4 将当前文档关闭。

Word 2021 程序使用完成后，可对整个程序进行关闭，选择“文件”选项卡，单击“退出”命令，或按快捷键 Alt+F4，也可直接单击窗口右上角的“关闭”按钮。

小提示

在执行关闭或退出命令时，如果打开的文档没有保存，会出现图 3-1-12 所示的提示信息，这时可根据实际情况进行选择，单击“保存”按钮将会保存当前修改的内容，单击“不保存”按钮则不会对修改内容进行保存。

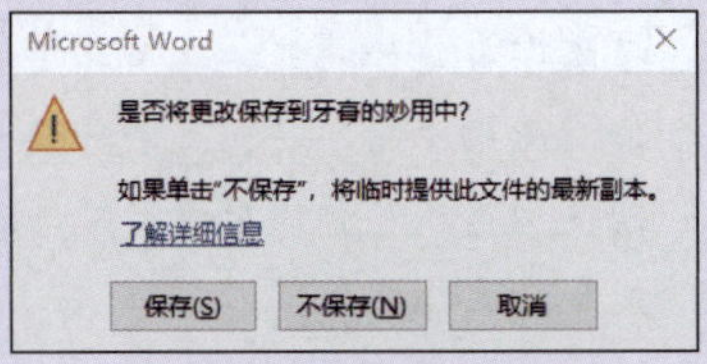

图 3-1-12　提示信息

当程序关闭后，如果想再次打开，可在文件所在文件夹中双击该文件，或在 Word 软件处于打开状态时，单击“文件”选项卡，再单击“打开”命令（快捷键为 Ctrl+O）弹出“打开”对话框，如图 3-1-13 所示。选择要打开的文件位置及文件名，再单击“打开”按钮即可。

图 3-1-13　“打开”对话框

任务 2　制作“环保建议书”宣传页——字符格式设置、查找替换与字数统计

学习目标

知识目标：1. 了解 Word 2021 中字符格式的设置方法。
2. 了解查找和替换功能的作用和用法。
3. 了解字数统计功能的作用和用法。

技能目标：1. 能对文档中的字符格式进行设置。
2. 能使用查找和替换功能对文档进行快速修改。
3. 能统计文档字数。

任务描述

本任务主要学习文本编辑的相关操作，并完成以下案例的制作。

某校学生社团为发动广大市民参与到环境保护的活动中来，决定制作一篇用于宣传的“环保建议书”，要求通过字符格式的设置突出重点文字，在文档的末尾添加日期，并在完成后核对字数，确认最终文稿不超过 600 字，“环保建议书”宣传页效果如图 3-2-1 所示。

相关知识

一、字符格式设置

在文档排版时，为使文字美观、醒目，常常需要对文字进行字符格式的设置。字符格式的设置包含字体、字号、加粗、倾斜、下画线、删除线、下标、上标、清除所有格式、拼音指南、字符边框、文本突出显示颜色、字体颜色、带圈字符等。

字符格式可以通过“开始”选项卡下“字体”组中的工具直接设置，如图 3-2-2 所示，也可以在“字体”对话框中设置。

在“开始”选项卡下单击“字体”组右下角的按钮 ，即可打开“字体”对话框，其内容说明如下。

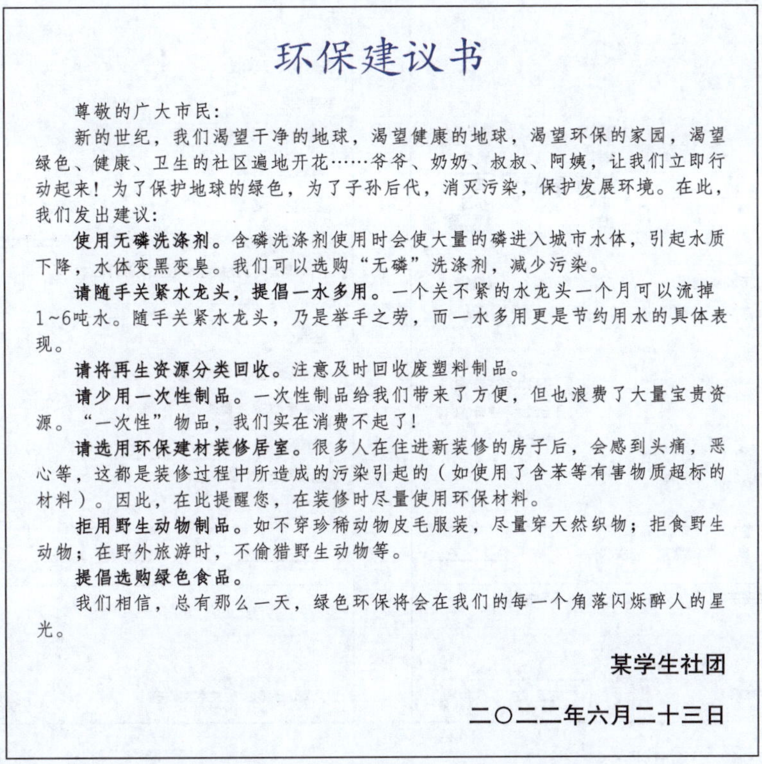

环保建议书

尊敬的广大市民：

新的世纪，我们渴望干净的地球，渴望健康的地球，渴望环保的家园，渴望绿色、健康、卫生的社区遍地开花……爷爷、奶奶、叔叔、阿姨，让我们立即行动起来！为了保护地球的绿色，为了子孙后代，消灭污染，保护发展环境。在此，我们发出建议：

使用无磷洗涤剂。含磷洗涤剂使用时会使大量的磷进入城市水体，引起水质下降，水体变黑变臭。我们可以选购“无磷”洗涤剂，减少污染。

请随手关紧水龙头，提倡一水多用。一个关不紧的水龙头一个月可以流掉1~6吨水。随手关紧水龙头，乃是举手之劳，而一水多用更是节约用水的具体表现。

请将再生资源分类回收。注意及时回收废塑料制品。

请少用一次性制品。一次性制品给我们带来了方便，但也浪费了大量宝贵资源。“一次性”物品，我们实在消费不起了！

请选用环保建材装修居室。很多人在住进新装修的房子后，会感到头痛，恶心等，这都是装修过程中所造成的污染引起的（如使用了含苯等有害物质超标的材料）。因此，在此提醒您，在装修时尽量使用环保材料。

拒用野生动物制品。如不穿珍稀动物皮毛服装，尽量穿天然织物；拒食野生动物；在野外旅游时，不偷猎野生动物等。

提倡选购绿色食品。

我们相信，总有那么一天，绿色环保将会在我们的每一个角落闪烁醉人的星光。

某学生社团

二〇二二年六月二十三日

图 3-2-1　“环保建议书”宣传页效果

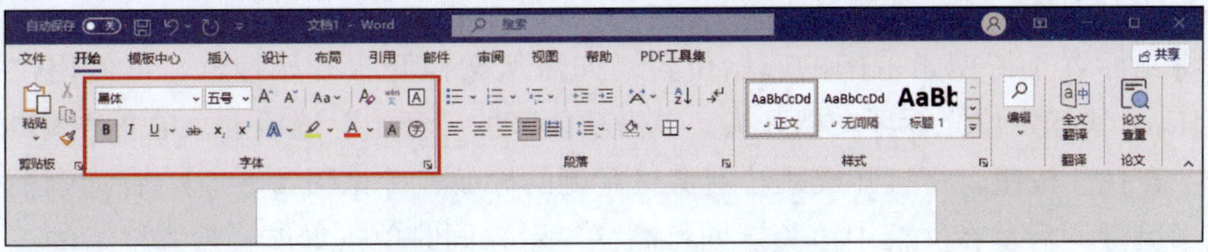

图 3-2-2　“开始”选项卡下“字体”组

1. “字体”选项卡

通过“字体”选项卡可以设置字体、字形、字号、字体颜色、下画线线型和下划线颜色、着重号等，如图 3-2-3 所示。

2. “高级”选项卡

在“高级”选项卡下可以设置文字的缩放、间距、位置等，如图 3-2-4 所示。

二、查找和替换

“查找”功能可以方便快捷地在冗长复杂的文档中找到特定的字词或短语，使用“替换”功能可以快速、批量地更正错误的字词或短语。

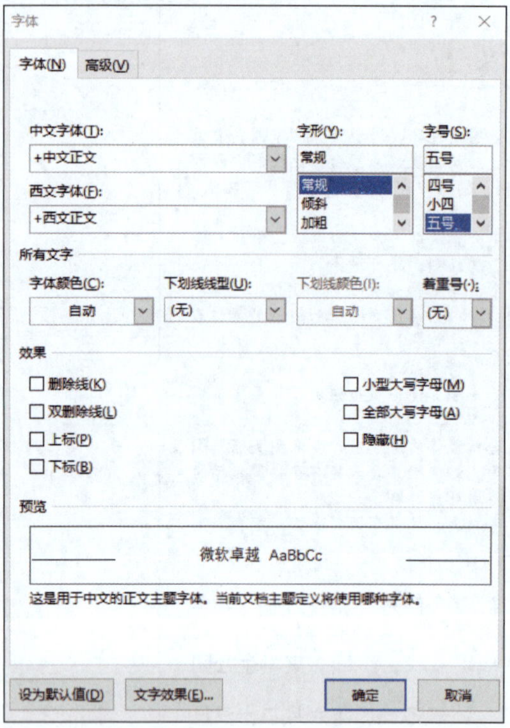

图 3-2-3 “字体”选项卡

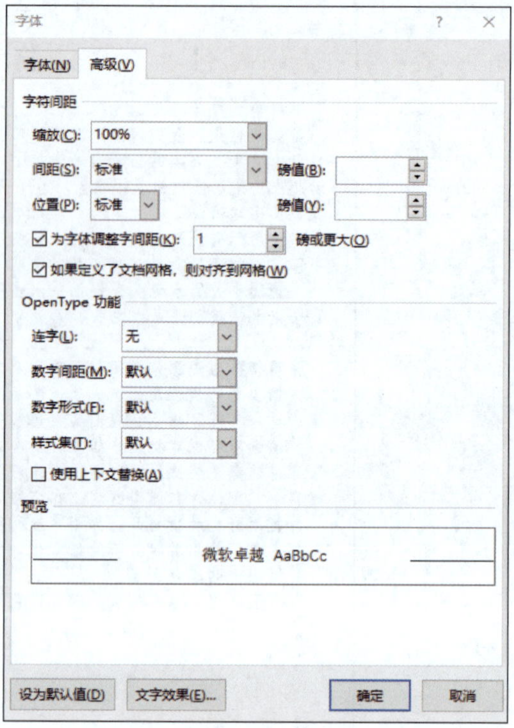

图 3-2-4 “高级”选项卡

1. 查找

将光标置于待搜索范围的起始位置，如需从文档开头开始搜索，可使用快捷键 Ctrl+Home 快速定位光标至文档开头。单击功能区的“开始”选项卡，单击“编辑”组中的“查找”按钮，将打开或跳转到窗口左侧的导航栏（见图 3-2-5）。在搜索框中输入搜索关键词后，在文档中该关键词将高亮显示，同时单击导航栏搜索框下的三个图标，可分别查看每个搜索结果在文档中的层次位置、所在页面和所在段落。

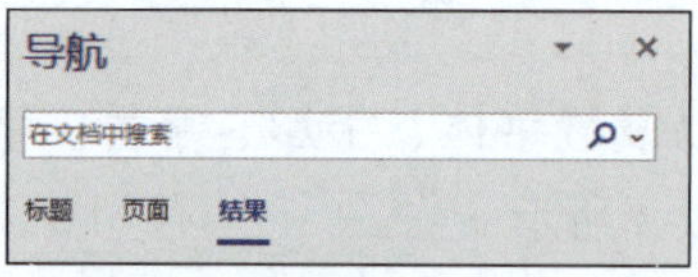

图 3-2-5 导航栏

2. 替换

将光标置于待搜索范围的起始位置。单击“替换”按钮将打开“查找和替换”对话框，如图 3-2-6 所示。在“查找内容”文本框中输入要查找的内容，在“替换为”文本框中输入要替换的内容，如有必要，单击“更多”按钮，可以指定“区分大小写”“区分前缀”“区分后缀”等选项，减小搜索范围，如图 3-2-7 所示。

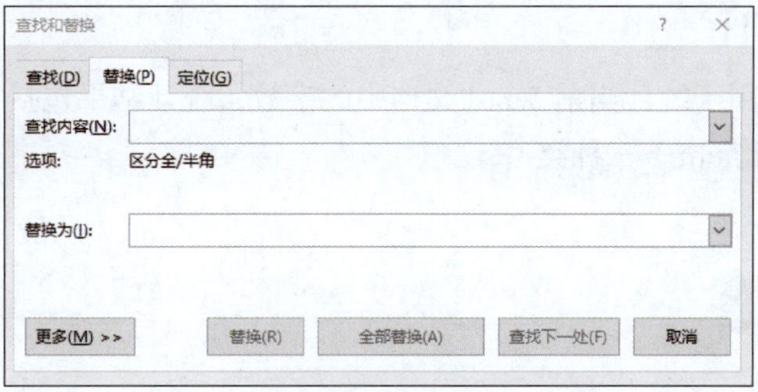

图 3-2-6 “查找和替换”对话框

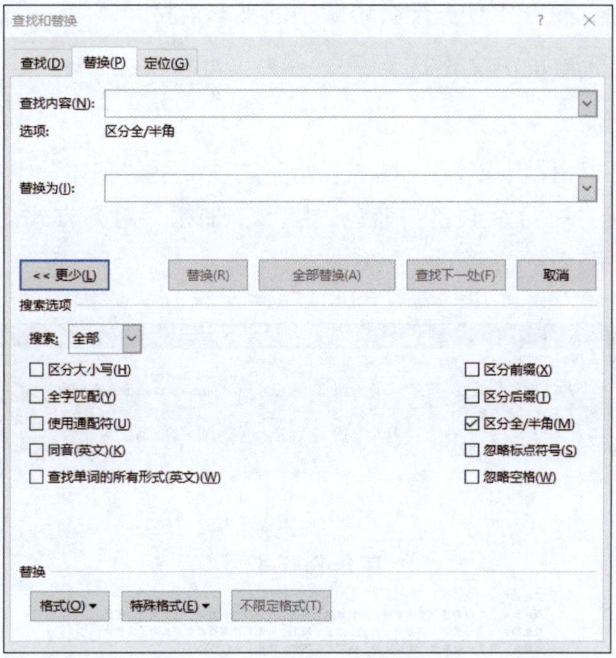

图 3-2-7　展开更多搜索选项

单击“查找下一处”按钮，文档中会突出显示与所搜索字词或短语匹配的第一个结果，单击“替换”按钮将对该结果进行替换；单击“全部替换”按钮，将替换所有匹配出的字词或短语；单击“查找下一处”按钮，则不进行替换该结果，而是跳转到下一个匹配的字词或短语处。

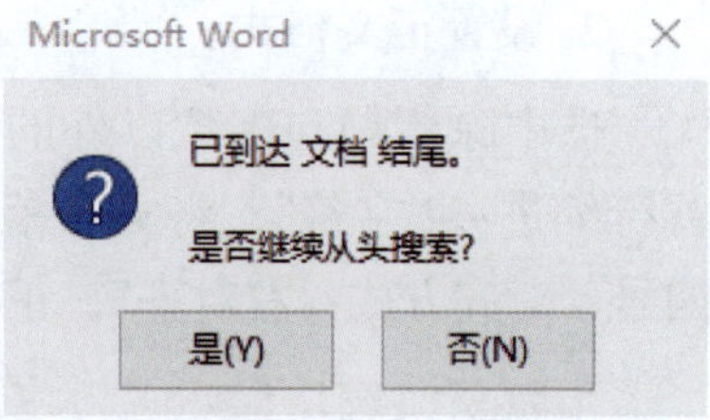

图 3-2-8　提示对话框

搜索完成后弹出图 3-2-8 所示的提示对话框，可根据实际需要选择“是”或“否”按钮。

三、字数统计

字数统计功能用于统计当前 Word 文档中的字数，统计结果包括字数、字符数（不计空格）、字数（计空格）三种类型。

任务实施

步骤一　启动 Word 2021 并打开文本素材

启动 Word 2021，打开本任务配套资源中的文本素材。

步骤二　设置标题及正文格式

1. 设置标题格式

选择标题文字“环保倡议书”，在“开始”选项卡下“字体”组中将其格式设置为“字体：楷体，字号：一号，颜色：蓝色，字形：加粗，对齐方式：居中”，标题设置效果如图 3-2-9 所示。

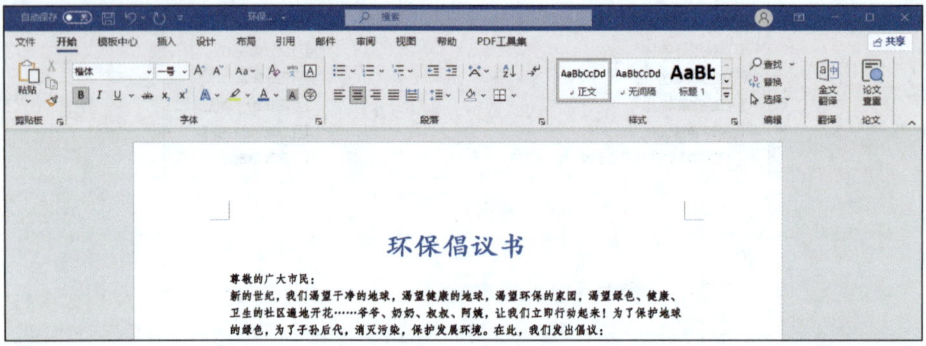

图 3-2-9　标题设置效果

2. 设置正文格式

选中除标题和落款以外的文字，将其格式设置为“字体：仿宋，字号：小四号，首行缩进：2 字符”，将文章落款“某学生社团”的格式设置为“字体：黑体，字号：四号，对齐方式：右对齐”，正文设置效果如图 3-2-10 所示。

步骤三　突出显示关键字

按住 Ctrl 键依次选中“使用无磷洗涤剂。”“请随手关紧水龙头，提倡一水多用。”“请将再生资源分类回收。”“请少用一次性制品。”“请选用环保建材装修居室。”“拒用野生动物制品。”“提倡选购绿色食品。”这些文字内容，单击“开始”选项卡中“字体”组中的“加粗”按钮，使文字加粗显示，突出显示关键字的效果如图 3-2-11 所示。

环保倡议书

尊敬的广大市民：

新的世纪，我们渴望干净的地球，渴望健康的地球，渴望环保的家园，渴望绿色、健康、卫生的社区遍地开花……爷爷、奶奶、叔叔、阿姨，让我们立即行动起来！为了保护地球的绿色，为了子孙后代，消灭污染，保护发展环境。在此，我们发出倡议：

使用无磷洗涤剂。含磷洗涤剂使用时会使大量的磷进入城市水体，引起水质下降，水体变黑变臭。我们可以选购“无磷”洗涤剂，减少污染。

请随手关紧水龙头，提倡一水多用。一个关不紧的水龙头一个月可以流掉1~6吨水。随手关紧水龙头，乃是举手之劳，而一水多用更是节约用水的具体表现。

请将再生资源分类回收。注意及时回收废塑料制品。

请少用一次性制品。一次性制品给我们带来了方便，但也浪费了大量宝贵资源。“一次性”物品，我们实在消费不起了！

请选用环保建材装修居室。很多人在住进新装修的房子后，会感到头痛，恶心等，这都是装修过程中所造成的污染引起的（如使用了含苯等有害物质超标的材料）。因此，在此提醒您，在装修时尽量使用环保材料。

拒用野生动物制品。如不穿珍稀动物皮毛服装，尽量穿天然织物；拒食野生动物；在野外旅游时，不偷猎野生动物等。

提倡选购绿色食品。

我们相信，总有那么一天，绿色环保将会在我们的每一个角落闪烁醉人的星光。

某学生社团

图 3-2-10　正文设置效果

环保倡议书

尊敬的广大市民：

新的世纪，我们渴望干净的地球，渴望健康的地球，渴望环保的家园，渴望绿色、健康、卫生的社区遍地开花……爷爷、奶奶、叔叔、阿姨，让我们立即行动起来！为了保护地球的绿色，为了子孙后代，消灭污染，保护发展环境。在此，我们发出倡议：

使用无磷洗涤剂。含磷洗涤剂使用时会使大量的磷进入城市水体，引起水质下降，水体变黑变臭。我们可以选购“无磷”洗涤剂，减少污染。

请随手关紧水龙头，提倡一水多用。一个关不紧的水龙头一个月可以流掉1~6吨水。随手关紧水龙头，乃是举手之劳，而一水多用更是节约用水的具体表现。

请将再生资源分类回收。注意及时回收废塑料制品。

请少用一次性制品。一次性制品给我们带来了方便，但也浪费了大量宝贵资源。“一次性”物品，我们实在消费不起了！

请选用环保建材装修居室。很多人在住进新装修的房子后，会感到头痛，恶心等，这都是装修过程中所造成的污染引起的（如使用了含苯等有害物质超标的材料）。因此，在此提醒您，在装修时尽量使用环保材料。

拒用野生动物制品。如不穿珍稀动物皮毛服装，尽量穿天然织物；拒食野生动物；在野外旅游时，不偷猎野生动物等。

提倡选购绿色食品。

我们相信，总有那么一天，绿色环保将会在我们的每一个角落闪烁醉人的星光。

某学生社团

图 3-2-11　突出显示关键字的效果

步骤四　查找和替换

对照图 3-2-1 所示效果可以发现，文本素材中使用的是“倡议”一词，而作品效果和任务要求使用的是“建议”一词，可用查找和替换功能进行批量修改。

将光标置于文章开始位置，在“开始”选项卡中单击“替换”按钮，打开“查找和替换”对话框，如图 3-2-12 所示，在“查找内容”文本框中输入“倡议”，在“替换为”文本框中输入“建议”，单击“全部替换”按钮，弹出图 3-2-13 所示的提示对话框，单击“确定”按钮完成替换，替换后的效果如图 3-2-14 所示。

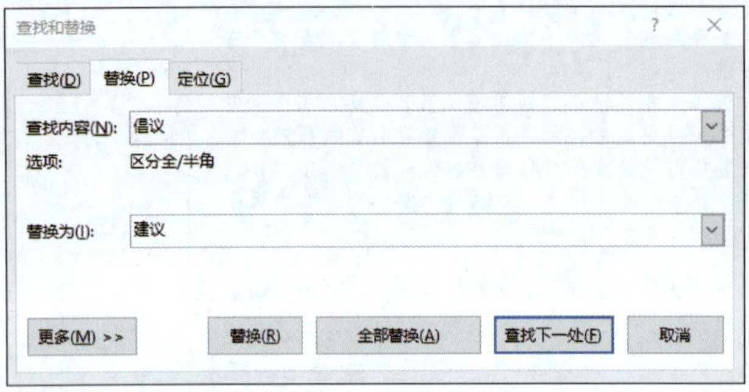

图 3-2-12　“查找和替换”对话框

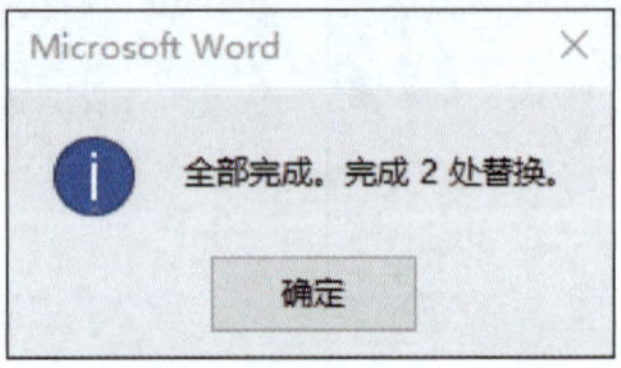

图 3-2-13　提示对话框

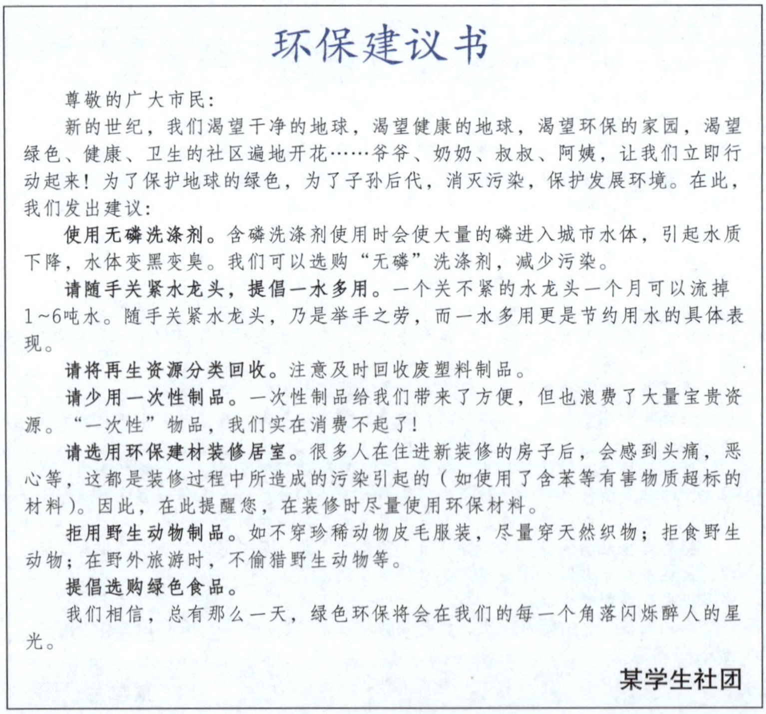

环保建议书

尊敬的广大市民：

新的世纪，我们渴望干净的地球，渴望健康的地球，渴望环保的家园，渴望绿色、健康、卫生的社区遍地开花……爷爷、奶奶、叔叔、阿姨，让我们立即行动起来！为了保护地球的绿色，为了子孙后代，消灭污染，保护发展环境。在此，我们发出建议：

使用无磷洗涤剂。含磷洗涤剂使用时会使大量的磷进入城市水体，引起水质下降，水体变黑变臭。我们可以选购“无磷”洗涤剂，减少污染。

请随手关紧水龙头，提倡一水多用。一个关不紧的水龙头一个月可以流掉1~6吨水。随手关紧水龙头，乃是举手之劳，而一水多用更是节约用水的具体表现。

请将再生资源分类回收。注意及时回收废塑料制品。

请少用一次性制品。一次性制品给我们带来了方便，但也浪费了大量宝贵资源。“一次性”物品，我们实在消费不起了！

请选用环保建材装修居室。很多人在住进新装修的房子后，会感到头痛，恶心等，这都是装修过程中所造成的污染引起的（如使用了含苯等有害物质超标的材料）。因此，在此提醒您，在装修时尽量使用环保材料。

拒用野生动物制品。如不穿珍稀动物皮毛服装，尽量穿天然织物；拒食野生动物；在野外旅游时，不偷猎野生动物等。

提倡选购绿色食品。

我们相信，总有那么一天，绿色环保将会在我们的每一个角落闪烁醉人的星光。

某学生社团

图 3-2-14　替换后的效果

步骤五 添加日期和字数统计

1. 添加日期

将光标放在文章落款处，在“插入”选项卡中单击“日期和时间”按钮，弹出“日期和时间”对话框，如图 3-2-15 所示，对照任务要求选择相应格式，单击“确定”按钮，且将日期设置为右对齐。

2. 字数统计

将光标置于文档中任意位置，在“审阅”选项卡中单击“字数统计”按钮，弹出“字数统计”对话框，如图 3-2-16 所示。由统计信息可知，文档字数符合要求（600 字以内）。

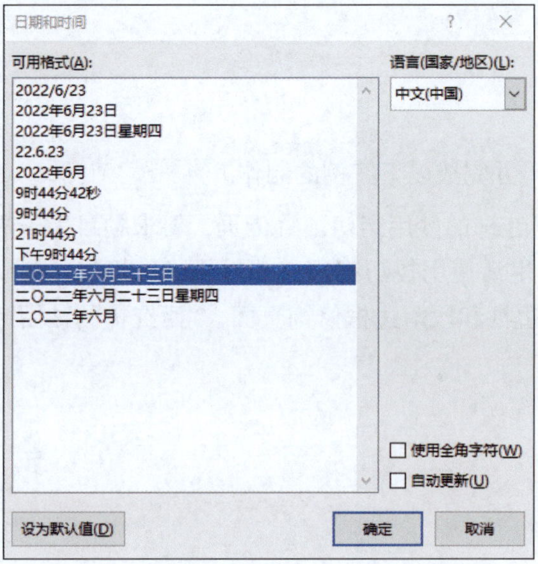

图 3-2-15 “日期和时间”对话框

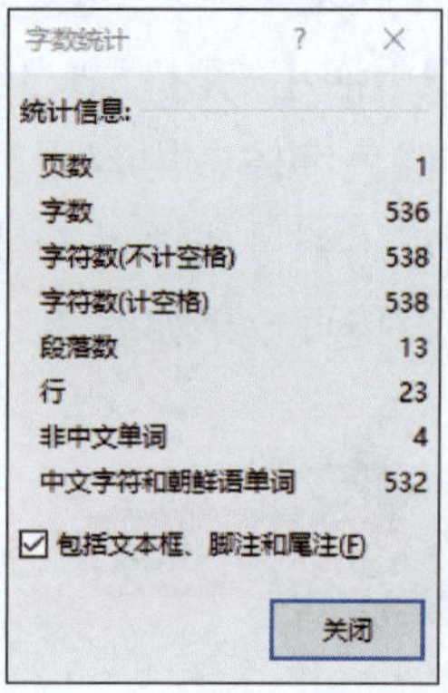

图 3-2-16 “字数统计”对话框

步骤六 保存文档并退出

将文件命名为“环保建议书”，保存并关闭 Word 2021 程序。

任务 3　制作“西红柿的妙用窍门”宣传页——段落修饰、项目符号 / 编号与边框底纹设置

学习目标

知识目标：了解 Word 2021 中段落格式的分类和设置方法。

技能目标：1. 能设置段落的缩进和对齐方式。

2. 能对段落进行项目符号、编号、底纹、边框的设置。

任务描述

本任务主要学习段落设置的有关操作，并完成以下案例的制作。

“生活小窍门”节目组要制作一张“西红柿的妙用窍门”宣传页，要求题目采用醒目的红色字体，内容用黑色字体，每一项生活使用技巧都用特殊符号进行标记，每项妙用都用编号或项目符号标记，并用页面边框和段落边框修饰页面，“西红柿的妙用窍门”宣传页效果如图 3–3–1 所示。

相关知识

Word 2021 中段落的格式可以分为两类，一类是结构性格式，会影响文本整体结构的属性，如对齐、缩进、制表位等；另一类是装饰性格式，会影响文本外观的属性，如底纹、边框、编号和项目符号等。

一、结构性格式

1. 缩进

缩进包括段落首行缩进、段落整体缩进和悬挂缩进（即除首行外，其他行全部缩进）。

选中段落或将光标置于段首，通过“开始”选项卡下“段落”组中的“减少缩进量”与“增加缩进量”进行设置，可以快速实现段落的整体缩进，如图 3–3–2 和图 3–3–3 所示。

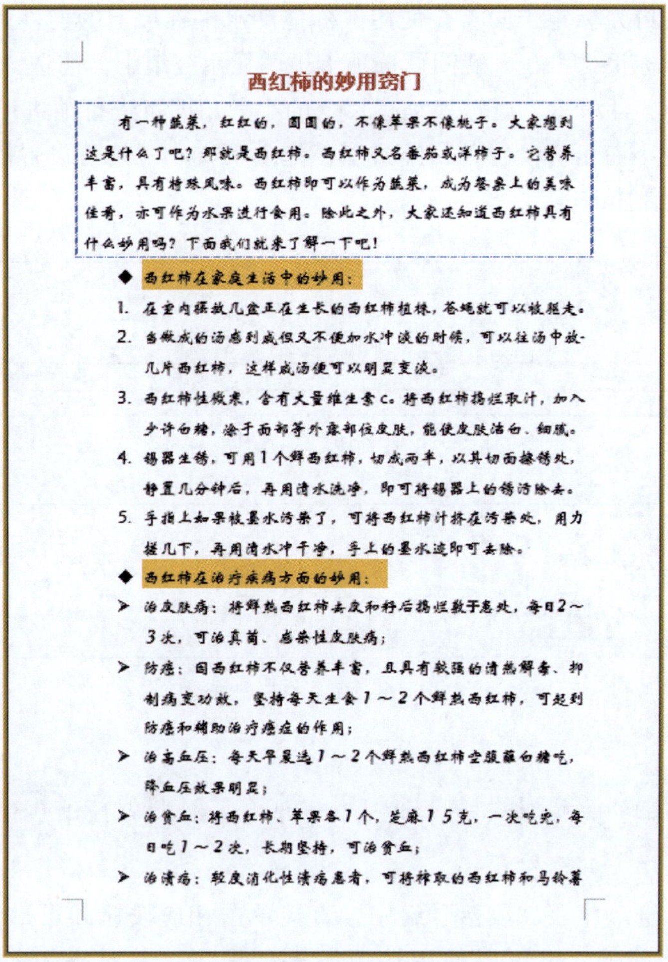
西红柿的妙用窍门

有一种蔬菜，红红的，圆圆的，不像苹果不像桃子。大家想到这是什么了吧？那就是西红柿。西红柿又名番茄或洋柿子。它营养丰富，具有特殊风味。西红柿即可以作为蔬菜，成为餐桌上的美味佳肴，亦可作为水果进行食用。除此之外，大家还知道西红柿具有什么妙用吗？下面我们就来了解一下吧！

◆ 西红柿在家庭生活中的妙用：

1. 在室内摆放几盆正在生长的西红柿植株，苍蝇就可以被驱走。
2. 当做成的汤感到咸但又不便加水冲淡的时候，可以往汤中放几片西红柿，这样咸汤便可以明显变淡。
3. 西红柿性微寒，含有大量维生素C。将西红柿捣烂取汁，加入少许白糖，涂于面部等外露部位皮肤，能使皮肤洁白、细腻。
4. 锡器生锈，可用1个鲜西红柿，切成两半，以其切面擦锈处，静置几分钟后，再用清水洗净，即可将锡器上的锈污除去。
5. 手指上如果被墨水污染了，可将西红柿汁挤在污染处，用力搓几下，再用清水冲干净，手上的墨水迹即可去除。

◆ 西红柿在治疗疾病方面的妙用：

➢ 治皮肤病：将鲜熟西红柿去皮和籽后捣烂敷于患处，每日2～3次，可治真菌、感染性皮肤病；

➢ 防癌：因西红柿不仅营养丰富，且具有较强的清热解毒、抑制病变功效，坚持每天生食1～2个鲜熟西红柿，可起到防癌和辅助治疗癌症的作用；

➢ 治高血压：每天早晨选1～2个鲜熟西红柿空腹蘸白糖吃，降血压效果明显；

➢ 治贫血：将西红柿、苹果各1个，芝麻15克，一次吃完，每日吃1～2次，长期坚持，可治贫血；

➢ 治溃疡：轻度消化性溃疡患者，可将榨取的西红柿和马铃薯

图 3-3-1　“西红柿的妙用窍门”宣传页效果

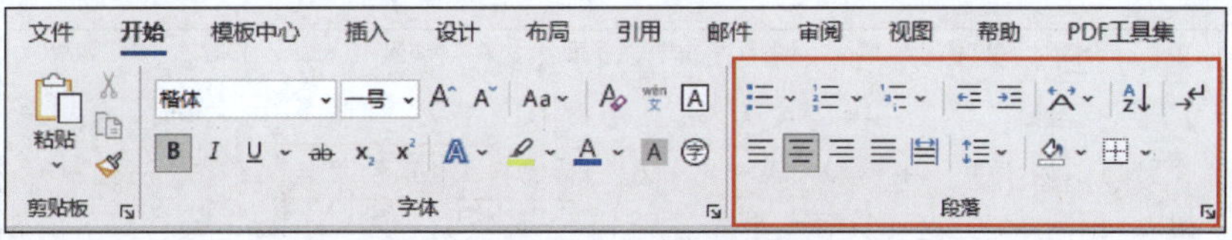

图 3-3-2　“开始”选项卡下“段落”组

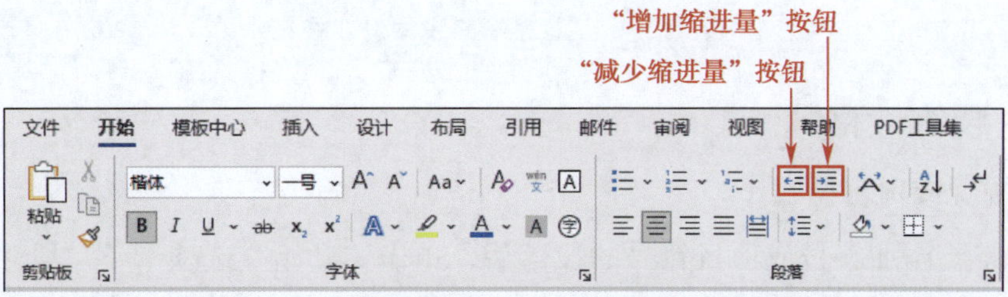

图 3-3-3　“减少缩进量”与“增加缩进量”按钮

选中段落或将光标置于段首，使用鼠标拖动水平标尺上的控件可进行缩进设置。如界面中未显示标尺，可在“视图”选项卡下“显示”组中，勾选“标尺”复选框打开标尺，如图 3-3-4 所示。通过拖动标尺上的小三角即可进行缩进设置，如图 3-3-5 所示。拖动上方小三角可设置首行缩进量，拖动下方小三角可设置段落整体缩进量，两者配合可实现悬挂缩进。

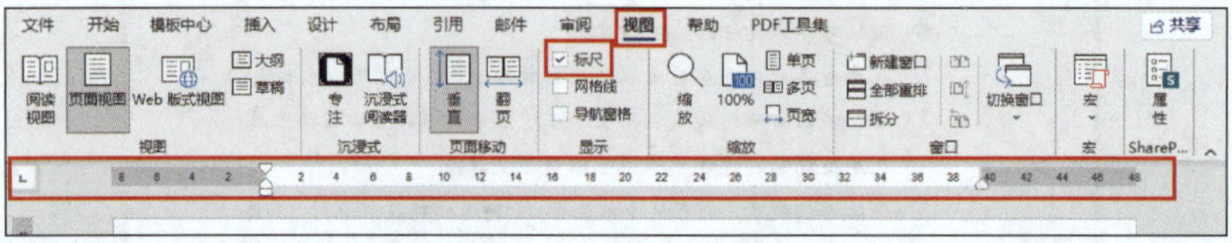

图 3-3-4　勾选“标尺”复选框

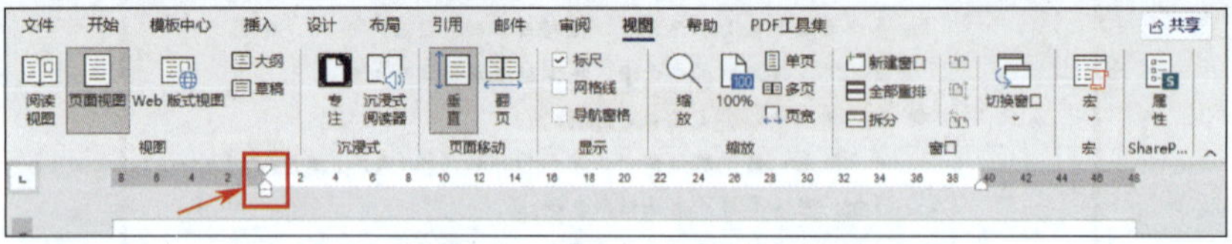

图 3-3-5　标尺的控制按钮

2. 对齐

Word 2021 中提供了五种对齐方式，分别是“左对齐”“居中”“右对齐”“两端对齐”和“分散对齐”。

在“开始”选项卡下“段落”组中，直接单击相应按钮即可进行对齐设置，如图 3-3-6 所示。此外，也可以使用快捷键进行设置：左对齐为 Ctrl+L、右对齐为 Ctrl+R、居中为 Ctrl+E、两端对齐为 Ctrl+J、分散对齐为 Ctrl+Shift+J。

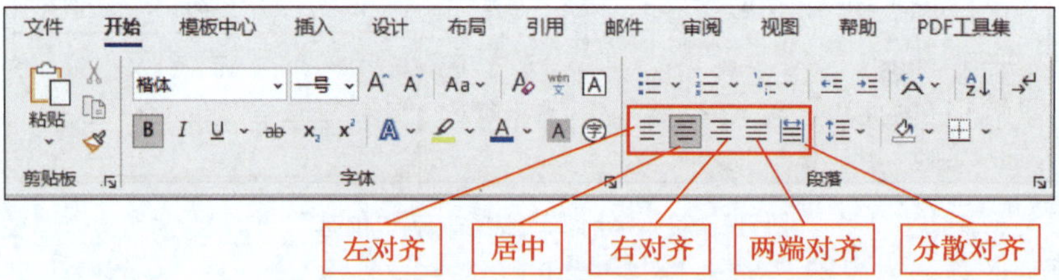

图 3-3-6　“段落”组中的对齐按钮

二、装饰性格式

1. 编号或项目符号

选择需要添加编号或项目符号的段落后，单击“开始”选项卡下“段落”组中的“编号”或“项目符号”按钮，如图 3-3-7 所示，即可为段落添加默认的编号或项目符号。

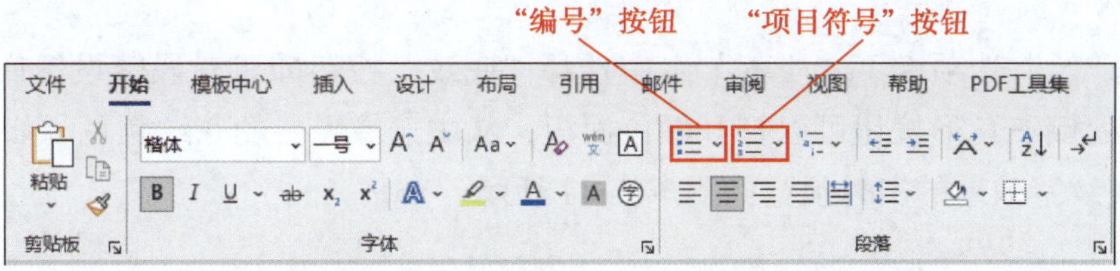

图 3-3-7　“编号”和“项目符号”按钮

单击按钮右侧的倒三角形按钮打开下拉菜单，可根据需要选择编号或项目符号的其他样式，分别如图 3-3-8 和图 3-3-9 所示。

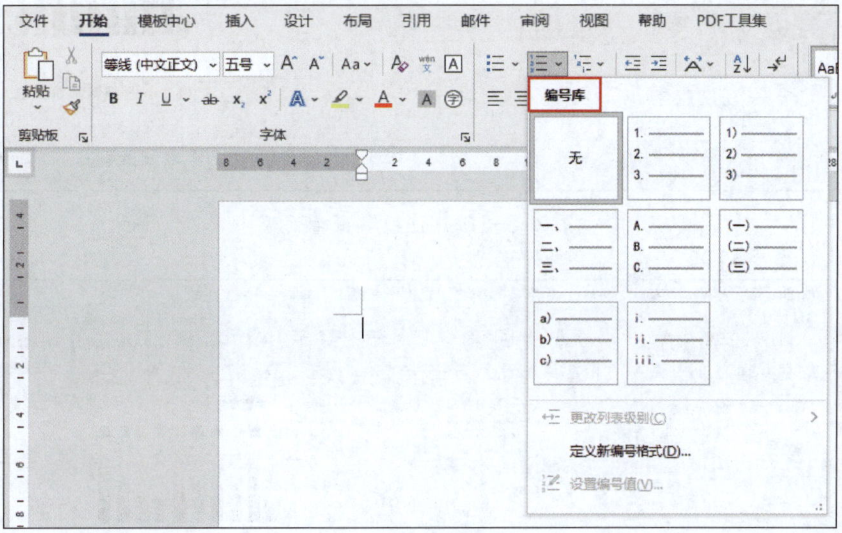

图 3-3-8　“编号”下拉菜单项目

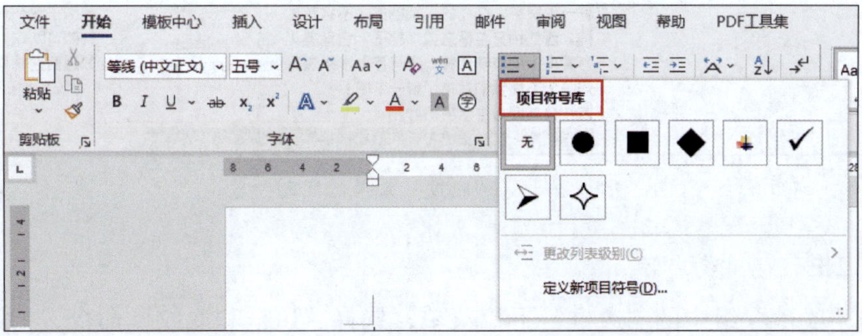

图 3-3-9　“项目符号”下拉菜单项目

插入编号或项目符号后，在其后输入内容，每输入完一项内容后，按回车键转入下一项内容的输入，所有内容输入完成后，在最后的空行中再按一次回车键，即可结束编号或项目符号的自动添加。

2. 底纹

在“开始”选项卡下“段落”组中选择“底纹”按钮即可对段落设置底纹，单击按钮右侧的倒三角形按钮可以打开颜色面板，从中选择需要的底纹颜色，如图 3–3–10 所示，“底纹”效果的实时预览如图 3–3–11 所示。

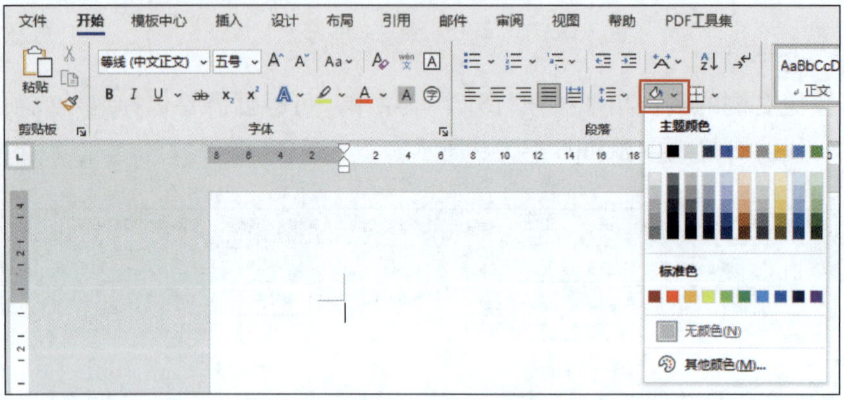

图 3–3–10 “底纹”颜色面板

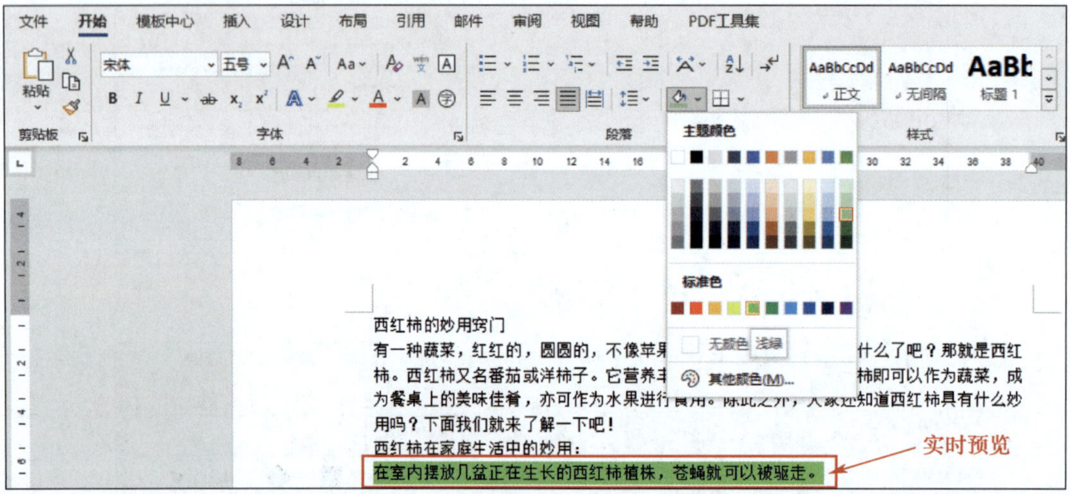

图 3–3–11 “底纹”效果的实时预览

3. 边框

单击“段落”组中的“边框”下拉菜单，选择“边框和底纹”命令，如图 3–3–12 所示。打开“边框和底纹”对话框，在对话框中可对边框和底纹的各个参数进行设置。右侧的“应用于”下拉列表用于选择设置的生效范围，单击“选项”按钮可以调整边框与段落文本之间的距离，如图 3–3–13 所示。

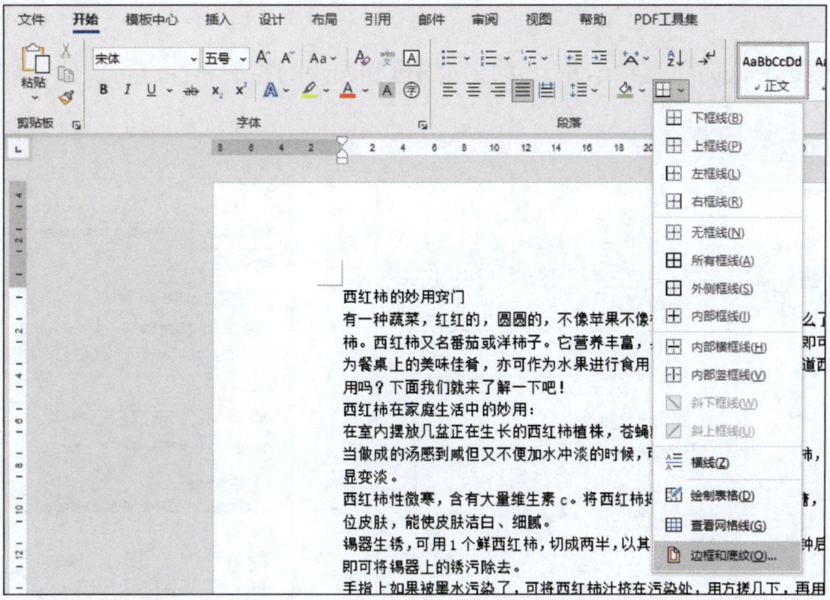

图 3-3-12　“边框”下拉列表项目

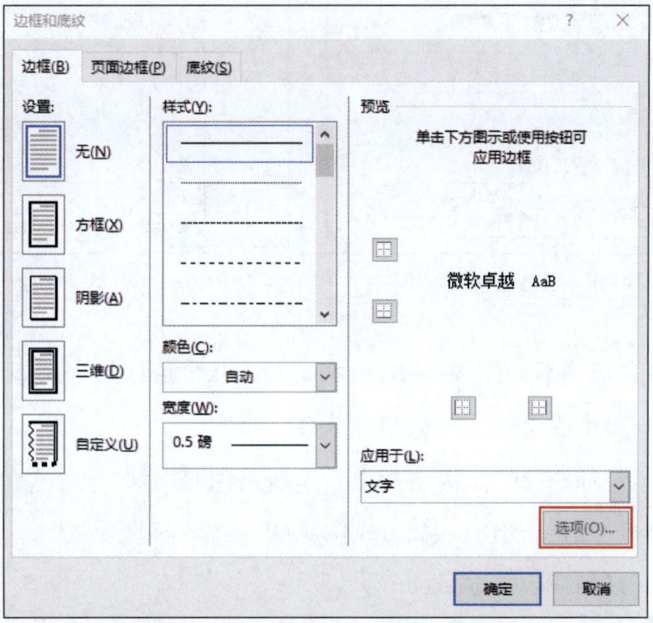

图 3-3-13　“边框和底纹”对话框

三、“段落”对话框

除了使用功能区各个按钮进行快速设置外，用户还可以使用“段落”对话框进行更多段落参数设置。单击“段落”组右下角的箭头图标即可打开“段落”对话框，如图 3-3-14 所示，“段落”对话框中包含“缩进和间距”“换行和分页”“中文版式”三个选项卡。

在“缩进和间距”选项卡中，可以对缩进和间距的相关属性进行设置，如图 3-3-15 所示。

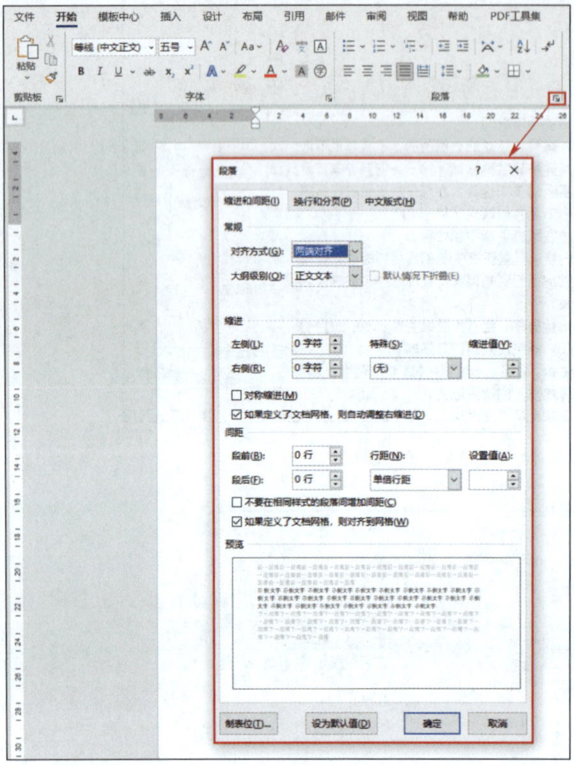

图 3-3-14 打开“段落”对话框

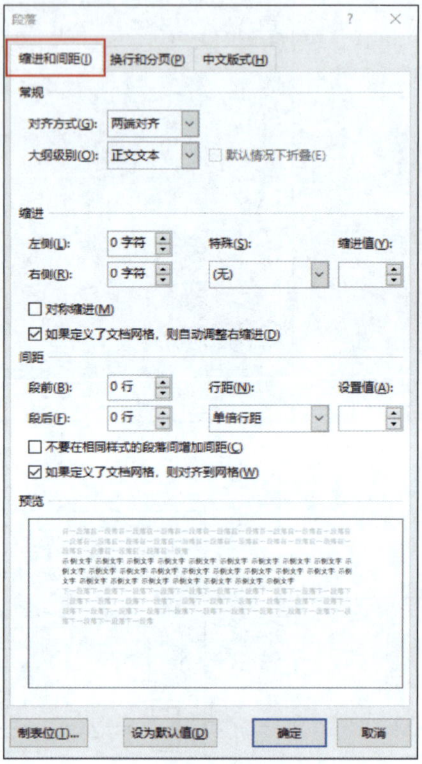

图 3-3-15 “缩进和间距”选项卡

“换行和分页”选项卡如图 3-3-16 所示，其中几个选项的含义如下。

孤行控制——防止段落的一行被单独放在一页中。

与下段同页——强制使一个段落与下一个段落同时出现。

段中不分页——防止一个段落被分到两页中。

段前分页——强制在段落前自动分页。

取消行号——不在文档中显示行号。

取消断字——不在指定段落内断字。

在“中文版式”选项卡中可以对中文特有的格式进行设置，如西文单词的处理、同一行内文本的对齐方式等，如图 3-3-17 所示。

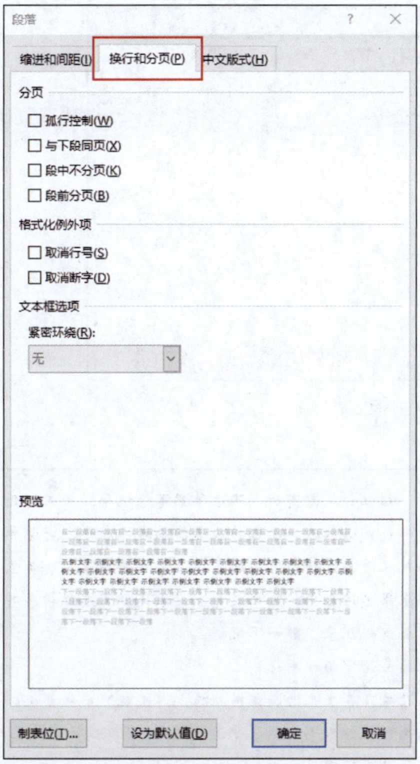

图 3-3-16　“换行和分页”选项卡

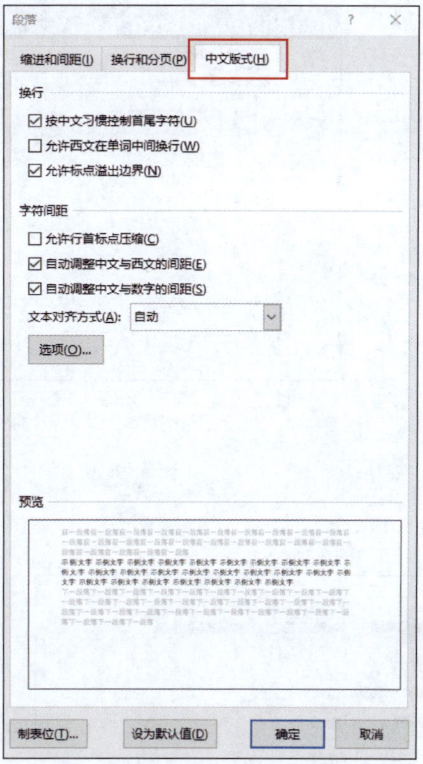

图 3-3-17　“中文版式”选项卡

任务实施

步骤一　启动 Word 2021 并打开文本素材

启动 Word 2021，打开本任务配套资源中的文本素材。

步骤二　编辑文字信息

1. 设置标题格式

选择标题文字“西红柿的妙用窍门”，在“开始”选项卡中将其格式设置为“字体：黑体，字号：小二号，字形：加粗，颜色：深红色，对齐方式：居中”，标题设置效果如图 3-3-18 所示。

2. 设置正文格式

选择除标题外的其余文字，在“开始”选项卡中将其格式设置为“字体：华文新魏，字号：四号，颜色：黑色，首行缩进：2 字符，行距：固定值 25 磅”，段落设置如图 3-3-19 所示，正文文字设置效果如图 3-3-20 所示。

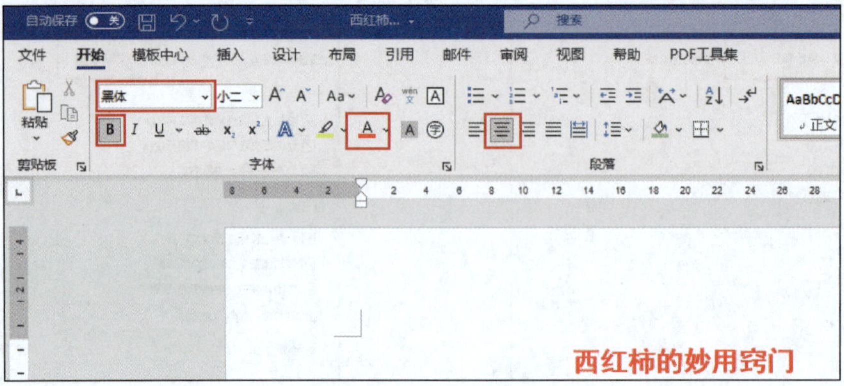

图 3-3-18　标题设置效果

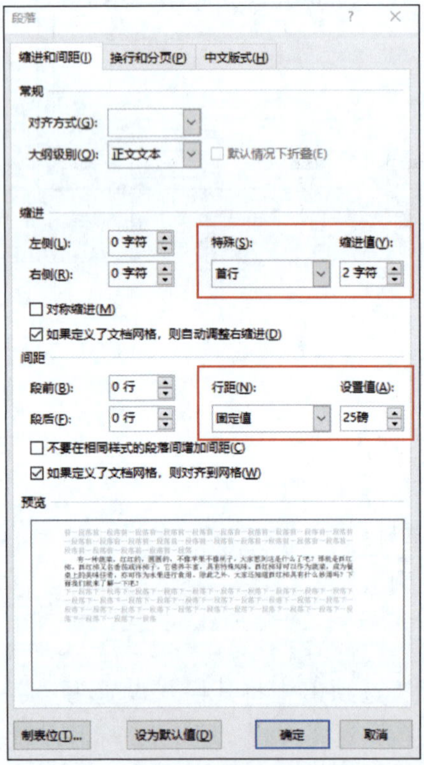

图 3-3-19　段落设置

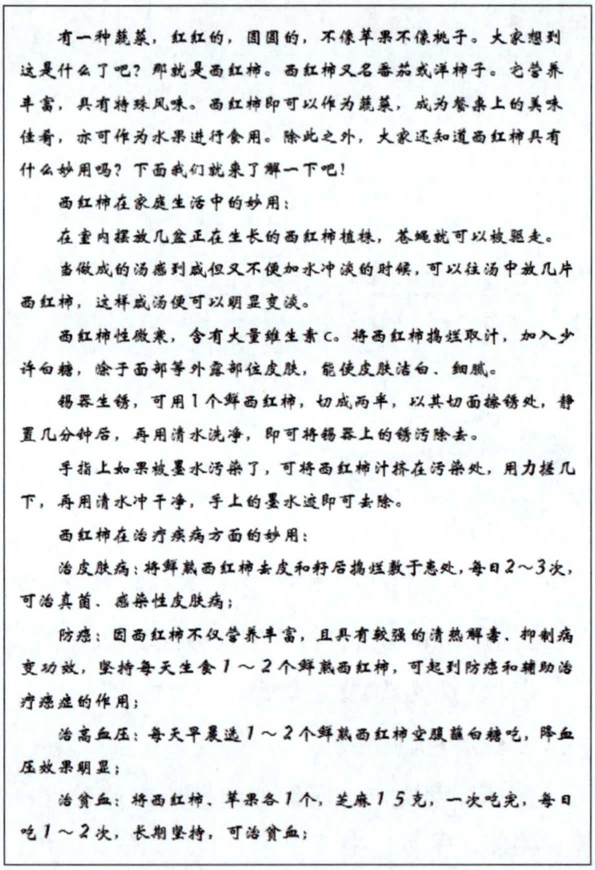

有一种蔬菜，红红的，圆圆的，不像苹果不像桃子。大家想到这是什么了吧？那就是西红柿。西红柿又名番茄或洋柿子。它营养丰富，具有特殊风味。西红柿即可以作为蔬菜，成为餐桌上的美味佳肴，亦可作为水果进行食用。除此之外，大家还知道西红柿具有什么妙用吗？下面我们就来了解一下吧！

西红柿在家庭生活中的妙用：

在室内摆放几盆正在生长的西红柿植株，苍蝇就可以被驱走。

当做成的汤感到咸但又不便加水冲淡的时候，可以往汤中放几片西红柿，这样咸汤便可以明显变淡。

西红柿性微寒，含有大量维生素 C。将西红柿捣烂取汁，加入少许白糖，涂于面部等外露部位皮肤，能使皮肤洁白、细腻。

锡器生锈，可用 1 个鲜西红柿，切成两半，以其切面擦锈处，静置几分钟后，再用清水洗净，即可将锡器上的锈污除去。

手指上如果被墨水污染了，可将西红柿汁挤在污染处，用力搓几下，再用清水冲干净，手上的墨水迹即可去除。

西红柿在治疗疾病方面的妙用：

治皮肤病：将鲜熟西红柿去皮和籽后捣烂敷于患处，每日 2～3 次，可治真菌、感染性皮肤病；

防癌：因西红柿不仅营养丰富，且具有较强的清热解毒、抑制病变功效，坚持每天生食 1～2 个鲜熟西红柿，可起到防癌和辅助治疗癌症的作用；

治高血压：每天早晨选 1～2 个鲜熟西红柿空腹蘸白糖吃，降血压效果明显；

治贫血：将西红柿、苹果各 1 个，芝麻 15 克，一次吃完，每日吃 1～2 次，长期坚持，可治贫血；

图 3-3-20　正文文字设置效果

步骤三　设置项目符号和编号

1. 选中文字“西红柿在家庭生活中的妙用：”和“西红柿在治疗疾病方面的妙用：”，在文字前面加入项目符号，项目符号设置如图 3-3-21 所示，项目符号设置效果如图 3-3-22 所示。

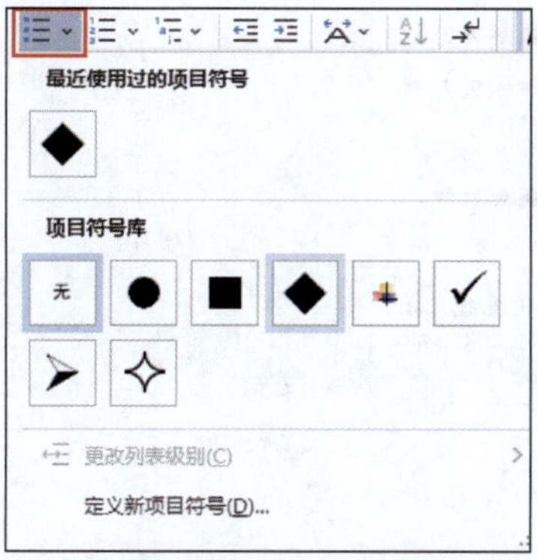

图 3-3-21　项目符号设置

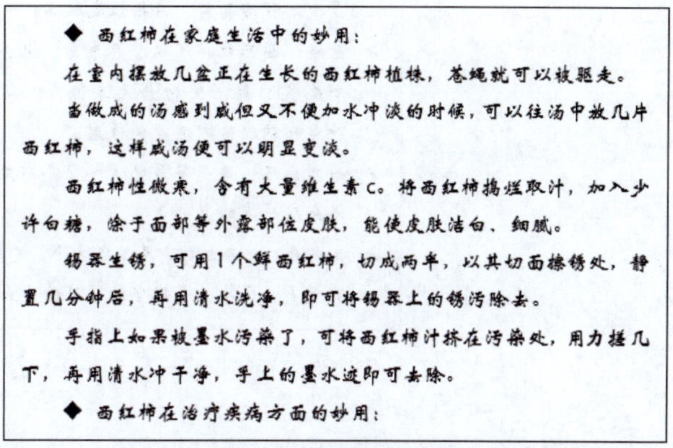
◆ 西红柿在家庭生活中的妙用：
在室内摆放几盆正在生长的西红柿植株，苍蝇就可以被驱走。
当做成的汤感到咸但又不便加水冲淡的时候，可以往汤中放几片西红柿，这样咸汤便可以明显变淡。
西红柿性微寒，含有大量维生素 C。将西红柿捣烂取汁，加入少许白糖，涂于面部等外露部位皮肤，能使皮肤洁白、细腻。
锡器生锈，可用 1 个鲜西红柿，切成两半，以其切面擦锈处，静置几分钟后，再用清水洗净，即可将锡器上的锈污除去。
手指上如果被墨水污染了，可将西红柿汁挤在污染处，用力搓几下，再用清水冲干净，手上的墨水迹即可去除。
◆ 西红柿在治疗疾病方面的妙用：

图 3-3-22　项目符号设置效果

2. 选择文字“西红柿在家庭生活中的妙用：”和“西红柿在治疗疾病方面的妙用：”中间的所有段落，在其文字前加入编号，编号设置如图 3-3-23 所示，编号设置效果如图 3-3-24 所示。

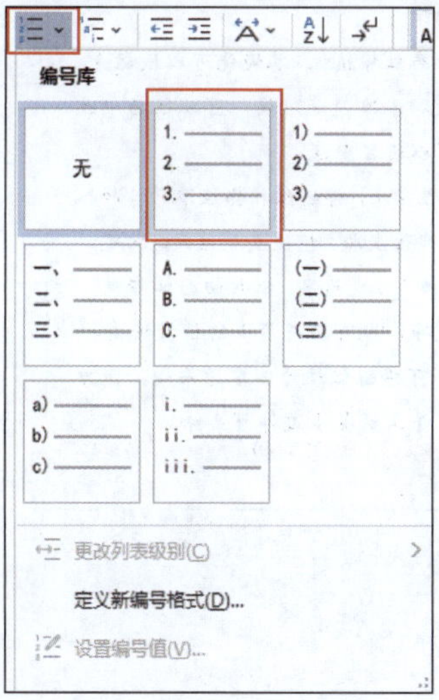

图 3-3-23　编号设置

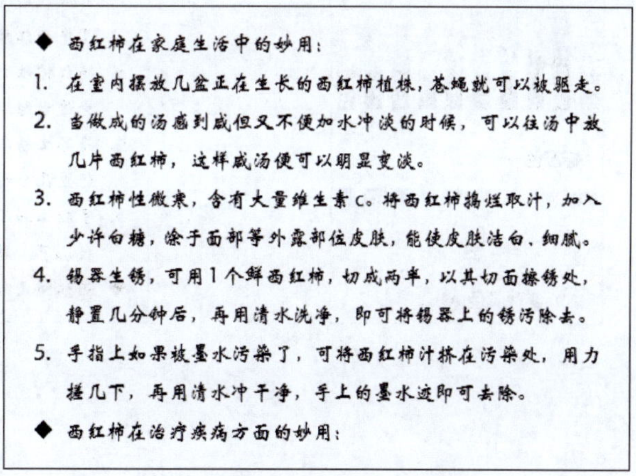
◆ 西红柿在家庭生活中的妙用：
1. 在室内摆放几盆正在生长的西红柿植株，苍蝇就可以被驱走。
2. 当做成的汤感到咸但又不便加水冲淡的时候，可以往汤中放几片西红柿，这样咸汤便可以明显变淡。
3. 西红柿性微寒，含有大量维生素 C。将西红柿捣烂取汁，加入少许白糖，涂于面部等外露部位皮肤，能使皮肤洁白、细腻。
4. 锡器生锈，可用 1 个鲜西红柿，切成两半，以其切面擦锈处，静置几分钟后，再用清水洗净，即可将锡器上的锈污除去。
5. 手指上如果被墨水污染了，可将西红柿汁挤在污染处，用力搓几下，再用清水冲干净，手上的墨水迹即可去除。
◆ 西红柿在治疗疾病方面的妙用：

图 3-3-24　编号设置效果

3. 选择文字“西红柿在治疗疾病方面的妙用：”后面的所有段落文字，在文字前加入项目符号，项目符号设置效果如图 3-3-25 所示。

◆ 西红柿在治疗疾病方面的妙用：

➢ 治皮肤病：将鲜熟西红柿去皮和籽后捣烂敷于患处，每日2～3次，可治真菌、感染性皮肤病；

➢ 防癌：因西红柿不仅营养丰富，且具有较强的清热解毒、抑制病变功效，坚持每天生食1～2个鲜熟西红柿，可起到防癌和辅助治疗癌症的作用；

➢ 治高血压：每天早晨选1～2个鲜熟西红柿空腹蘸白糖吃，降血压效果明显；

➢ 治贫血：将西红柿、苹果各1个，芝麻15克，一次吃完，每日吃1～2次，长期坚持，可治贫血；

图 3-3-25　项目符号设置效果

步骤四　设置边框和底纹

1. 设置底纹

选择文字“西红柿在家庭生活中的妙用：”和“西红柿在治疗疾病方面的妙用：”，添加底纹颜色“橙色”，底纹设置如图 3-3-26 所示，底纹设置效果如图 3-3-27 所示。

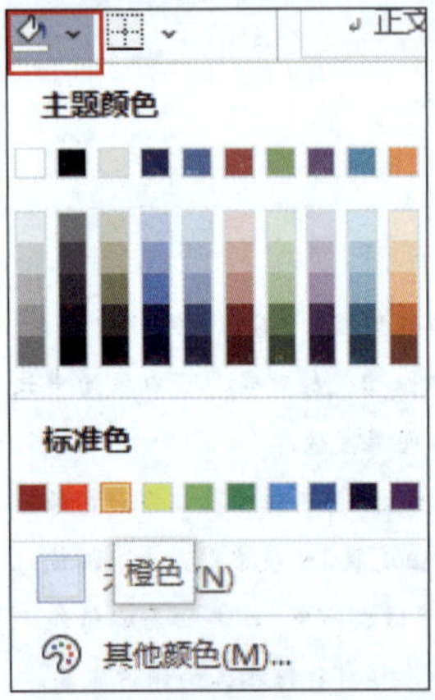

图 3-3-26　底纹设置

◆ 西红柿在家庭生活中的妙用：

1. 在室内摆放几盆正在生长的西红柿植株，苍蝇就可以被驱走。
2. 当做成的汤感到咸但又不便加水冲淡的时候，可以往汤中放几片西红柿，这样咸汤便可以明显变淡。
3. 西红柿性微寒，含有大量维生素 C。将西红柿捣烂取汁，加入少许白糖，涂于面部等外露部位皮肤，能使皮肤洁白、细腻。
4. 锡器生锈，可用 1 个鲜西红柿，切成两半，以其切面擦锈处，静置几分钟后，再用清水洗净，即可将锡器上的锈污除去。
5. 手指上如果被墨水污染了，可将西红柿汁挤在污染处，用力搓几下，再用清水冲干净，手上的墨水迹即可去除。

◆ 西红柿在治疗疾病方面的妙用：

图 3-3-27　底纹设置效果

2. 设置边框

选择第一段文字，添加段落边框，段落边框设置如图 3-3-28 所示，段落边框设置效果如图 3-3-29 所示；页面边框设置如图 3-3-30 所示，页面边框设置效果如图 3-3-1 所示。

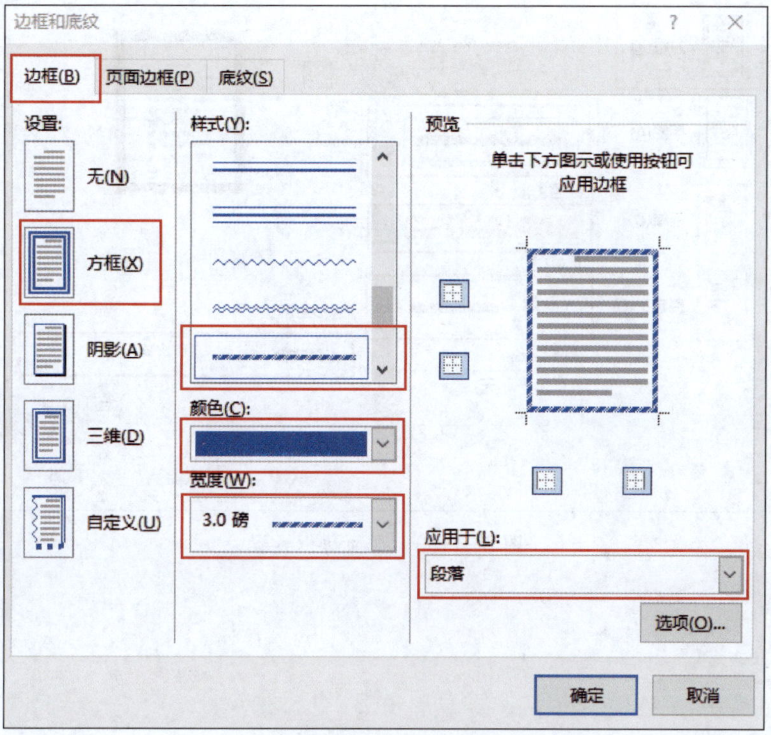

图 3-3-28　段落边框设置

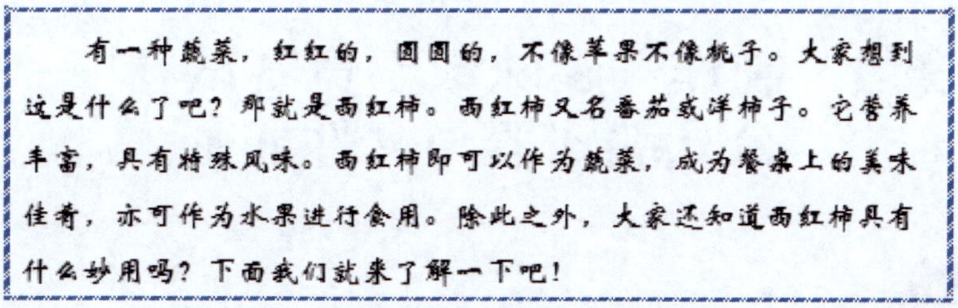

有一种蔬菜，红红的，圆圆的，不像苹果不像桃子。大家想到这是什么了吧？那就是西红柿。西红柿又名番茄或洋柿子。它营养丰富，具有特殊风味。西红柿即可以作为蔬菜，成为餐桌上的美味佳肴，亦可作为水果进行食用。除此之外，大家还知道西红柿具有什么妙用吗？下面我们就来了解一下吧！

图 3-3-29　段落边框设置效果

步骤五　保存文档并退出

将文件命名为“西红柿的妙用窍门”，保存并关闭 Word 2021 程序。

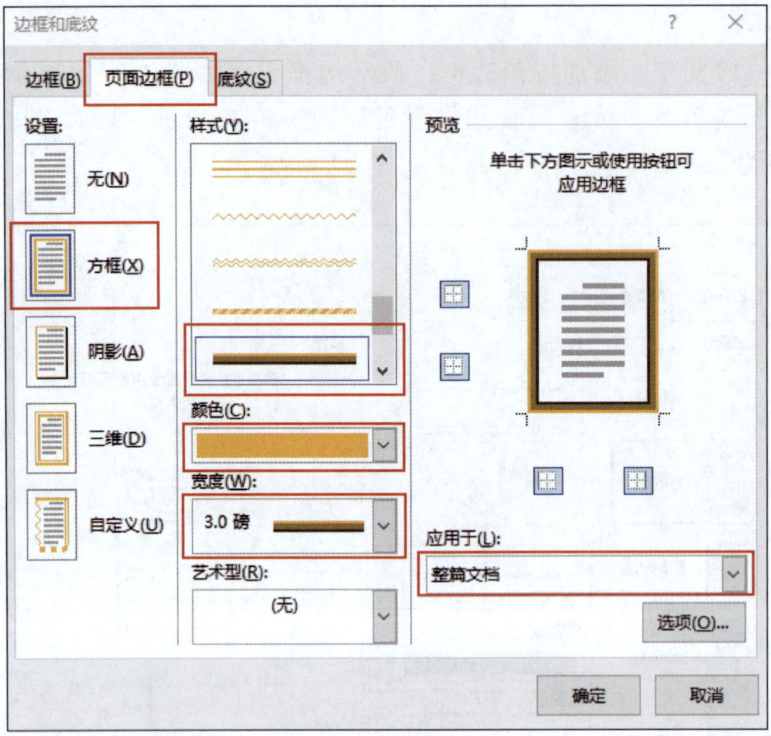

图 3-3-30　页面边框设置

任务 4　制作“趣味数学竞赛试卷”——公式编辑器与文件加密

学习目标

知识目标：1. 了解公式编辑器的作用和用法。

2. 了解 Word 2021 的文档加密方法。

技能目标：1. 能使用公式编辑器输入公式。

2. 能对 Word 文档进行加密。

任务描述

在编辑文档时，有时会遇到需要输入公式的情况，直接输入公式较为不便，可使用公式编辑器完成。对于需要保密的文件，Word 2021 提供了加密功能以保证其安全。本任务在学习这两项功能的基础上，完成以下案例的制作。

××高中一年级为了激发学生学习、钻研数学知识的兴趣，提高学生的数学素养，拓展学生的知识面，决定举办一次数学学科趣味知识竞赛活动，现需要制作一份趣味数学竞赛试卷，为了醒目，需要将试卷的标题做成渐变的文字效果，并且给文档添加密码保护，“趣味数学竞赛试卷”效果如图 3-4-1 所示。

“浸润数学文化　乐享数学生活”数学周

高一年级趣味数学竞赛试卷

（试卷满分 100 分，时间 30 分钟）

1. 兄弟共有 45 元钱，如果老大增加 2 元钱，老二减少 2 元钱，老三增加到原来的 2 倍，老四减少到原来的 1/2，这时四人的钱同样多，原来每人各有多少钱？（10 分）

2. 桌子上原来有 12 根点燃的蜡烛，先被风吹灭了 3 根，不久又一阵风吹灭了 2 根，最后桌子上还剩几根蜡烛呢？（10 分）

3. 若将 24 个人排成 6 列，要求 5 个人为一列，你知道应该怎样来排列吗？（10 分）

4. 五四三二一，打一数学名词。（5 分）

5. 牛顿为什么既被称为物理学家又被称为数学家，在数学上有何成就，答出一点既全分。（5 分）

6. 把“我爱伟大的祖国”这句话反复书写，问第 600 个字应写什么。（5 分）

7. 五条直线相交，最多能有多少个交点？（5 分）

8. 方程 $\log_2 x=3\cos x$ 共有多少组解？（10 分）

9. $\cos^2 75° + \cos^2 15° + \cos^2 75° \cos^2 15°$ 的值是？（10 分）

10. 一元二次不等式速算（总计 30 分）

(1)$x^2-4x+5<0$　　(2)$-x^2+2x-3>0$　　(3)$x^2-3x-10>0$

(4)$y\frac{1}{\sqrt{x^2+x-12}}$　　(5)$y=\sqrt{-2x^2+12x-18}$

图 3-4-1　“趣味数学竞赛试卷”效果

相关知识

一、公式编辑器

公式编辑器是一种工具软件，与常见的文字处理软件和演示程序配合使用，能够在各种文档中加入复杂的数学公式和符号，可用在编辑试卷、书籍等方面。

插入公式编辑器的方法是：单击“插入”选项卡下“符号”组中的“公式”按钮 π，如图 3-4-2 所示。此时在文档中出现公式编辑框，提示用户“在此处键入公式。”，如图 3-4-3 所示。

图 3-4-2 “公式”按钮

图 3-4-3 公式编辑框

单击公式编辑框即可直接输入内容，在“公式”选项卡（见图 3-4-4）中，可以选择各种常用的公式符号，以及各类常用的函数公式模板。

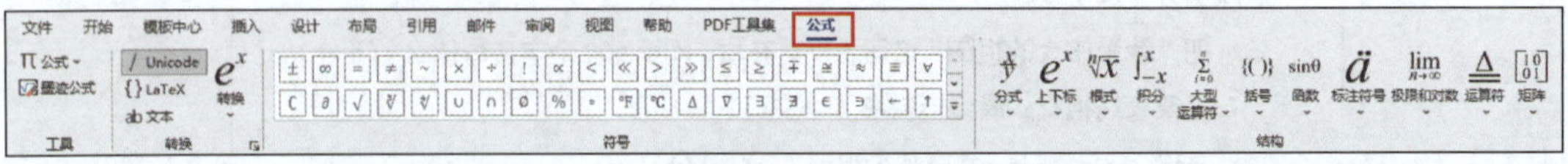

图 3-4-4 “公式”选项卡

此外，单击图 3-4-2 中“公式”按钮的下拉按钮，还可以在下拉列表中直接选择常用的公式，并插入到当前文档中。

二、密码保护

有时为了提高文档内容的私密性，需要为文档设置密码。

在“文件”选项卡中选择“信息”命令，单击右侧的“保护文档”按钮，在弹出的下拉菜单中选择“用密码进行加密”命令，如图 3–4–5 所示。此时会弹出“加密文档”对话框，在此输入要设置的密码信息，如图 3–4–6 所示。单击“确定”按钮后，此时会提示用户再次输入密码进行确认，当文档关闭后重新打开文档时，就会提示输入密码，如图 3–4–7 所示，输入正确的密码才能打开文档，否则将无法打开文档。

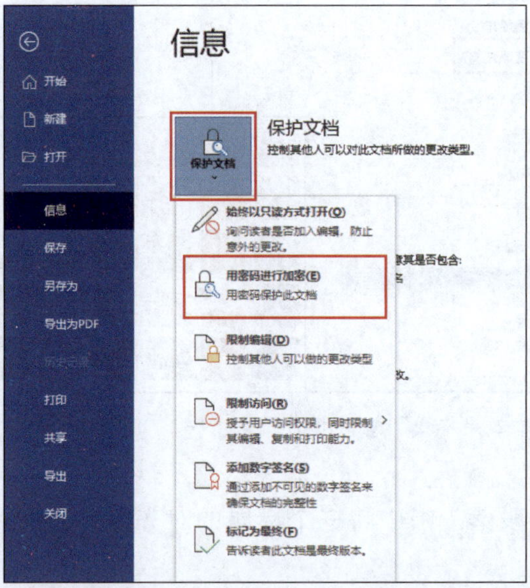

图 3–4–5　用密码进行加密

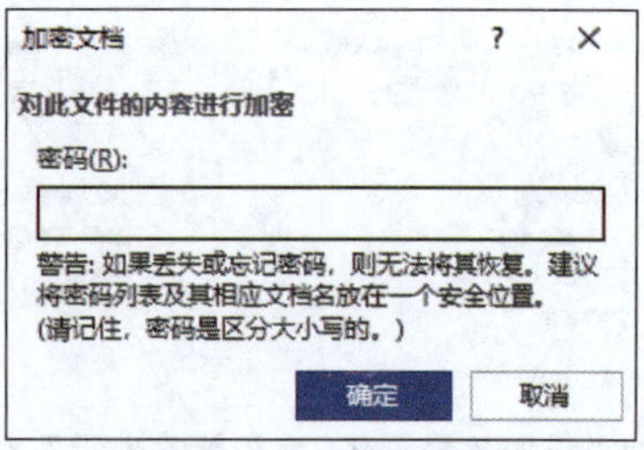

图 3–4–6　“加密文档”对话框

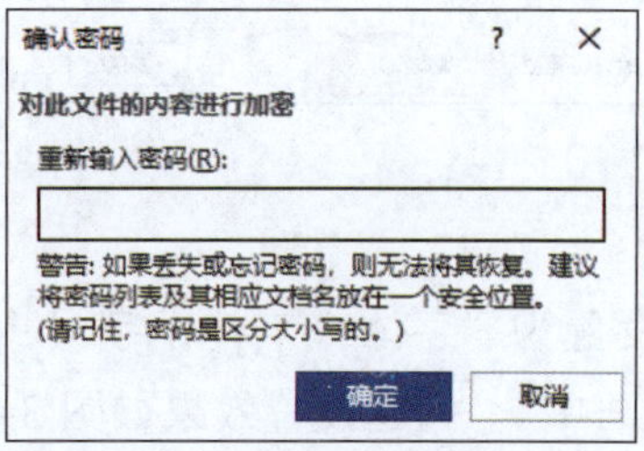

图 3–4–7　“确认密码”对话框

任务实施

步骤一　启动 Word 2021 并打开文本素材

启动 Word 2021，打开本任务配套资源中的文本素材。

步骤二　设置标题及正文格式

1. 设置标题格式

在文档编辑区选中副标题文字“‘浸润数学文化　乐享数学生活’数学周”，在“字体”对话框中，将其格式设置为“字体：楷体，字号：小二，字形：加粗”，单击“字体”对话框中的“文字效果”按钮，打开“设置文本效果格式”对话框，添加“中等渐变 – 个性色 1”渐变效果，如图 3–4–8 所示。

在文档编辑区选中标题文字“高一年级趣味数学竞赛试卷”，在“开始”选项卡下“字体”组中，将其格式设置为“字体：黑体，字号：一号，字形：加粗”，如图 3–4–9 所示。再选中三级标题文字“(试卷满分 100 分，时间 30 分钟)”，将其格式

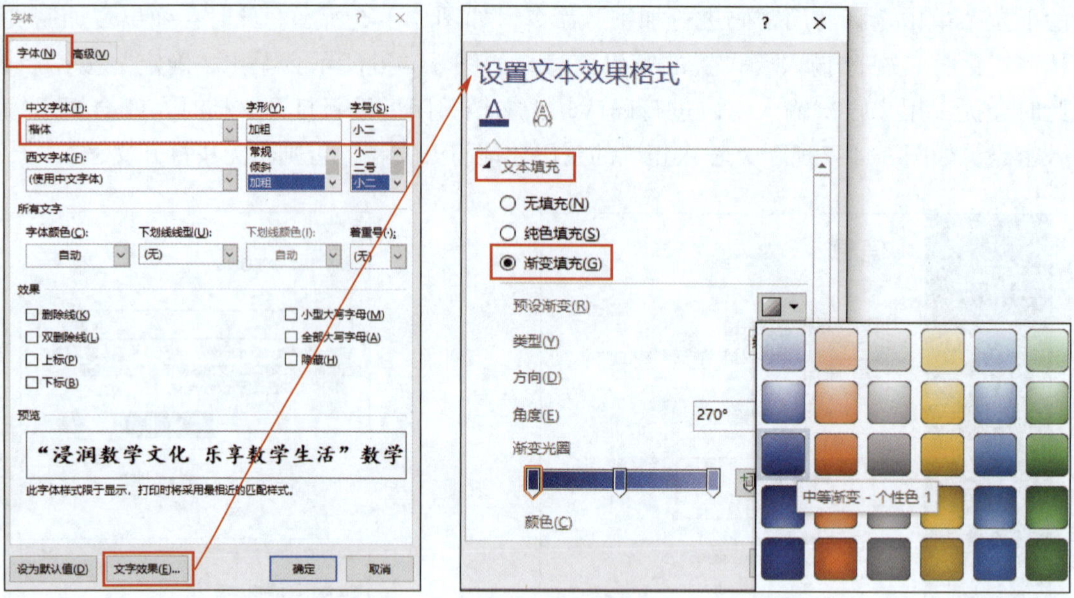

图 3-4-8 “设置文本效果格式”对话框

设置为“字体：宋体，字号：小四”，在“段落”组中将三个标题的对齐方式设置为“居中”，标题设置效果如图 3-4-10 所示。

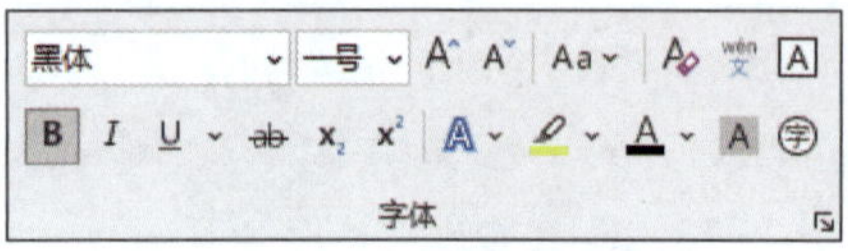

图 3-4-9 设置标题字体

图 3-4-10 标题设置效果

2. 设置正文格式

选中除标题外的正文文字，利用“字体”对话框将正文设置为“字体：宋体，字号：小四”，如图 3-4-11 所示。

选中正文“8. 方程 log2x=3cosx 共有多少组解?”中的数字“2”，在“开始”选项卡下“字体”组中单击 ↘ 按钮，打开“字体”对话框，勾选“下标”复选框，如图 3-4-12 所示，将数字“2”设置为下标，下标设置效果如图 3-4-13 所示。

用与上一步相同的方法。选中正文“9. cos275 度 +cos215 度 +cos275 度 cos215 度的值是?”中的数字“2”，在“开始”选项卡下“字体”组中单击 ↘ 按钮，打开“字体”对话框，勾选“上标”复选框，将数字“2”设置为上标，上标设置效果如图 3-4-14 所示。

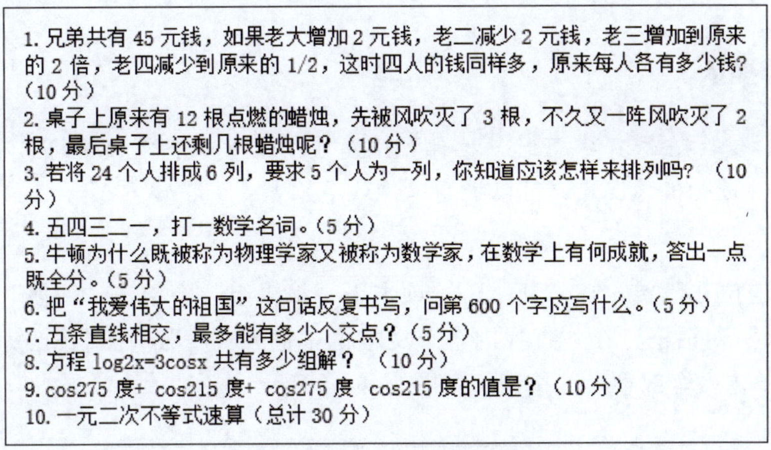
1. 兄弟共有 45 元钱，如果老大增加 2 元钱，老二减少 2 元钱，老三增加到原来的 2 倍，老四减少到原来的 1/2，这时四人的钱同样多，原来每人各有多少钱?（10 分）
2. 桌子上原来有 12 根点燃的蜡烛，先被风吹灭了 3 根，不久又一阵风吹灭了 2 根，最后桌子上还剩几根蜡烛呢？（10 分）
3. 若将 24 个人排成 6 列，要求 5 个人为一列，你知道应该怎样来排列吗？（10 分）
4. 五四三二一，打一数学名词。（5 分）
5. 牛顿为什么既被称为物理学家又被称为数学家，在数学上有何成就，答出一点既全分。（5 分）
6. 把“我爱伟大的祖国”这句话反复书写，问第 600 个字应写什么。（5 分）
7. 五条直线相交，最多能有多少个交点？（5 分）
8. 方程 log2x=3cosx 共有多少组解？（10 分）
9. cos275 度+ cos215 度+ cos275 度 cos215 度的值是？（10 分）
10. 一元二次不等式速算（总计 30 分）

图 3-4-11　设置正文字体

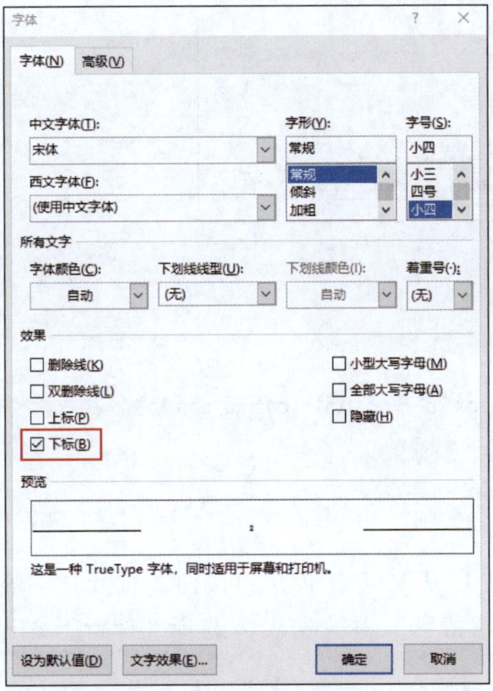

图 3-4-12 “字体”对话框

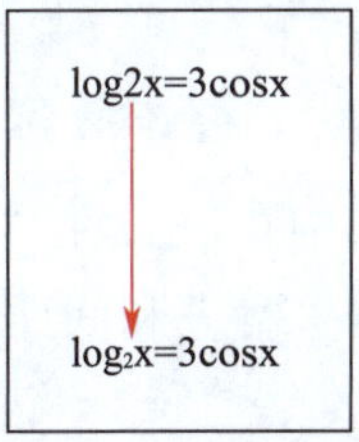

图 3-4-13　下标设置效果

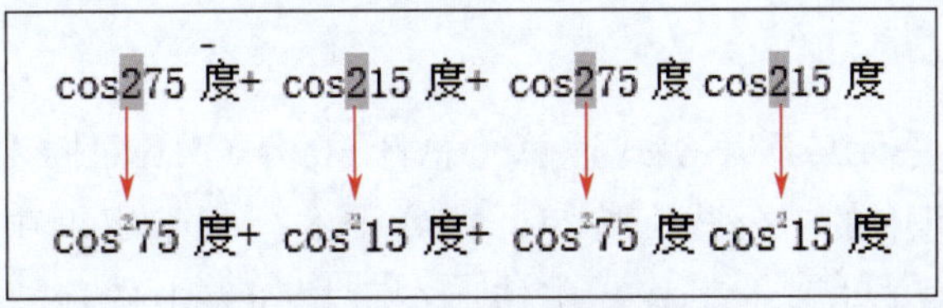

图 3-4-14　上标设置效果

小提示

在选择字符时，按住 Ctrl 键可以选中多个不相邻的字符，同时进行格式设置，可以提高工作效率。

将光标定位在段首，在“开始”选项卡下“编辑组”中单击“替换”按钮，打开“查找和替换”对话框，在“查找内容”文本框中输入“度”，在“替换为”文本框中输入“°”，单击“全部替换”按钮，如图 3–4–15 所示。

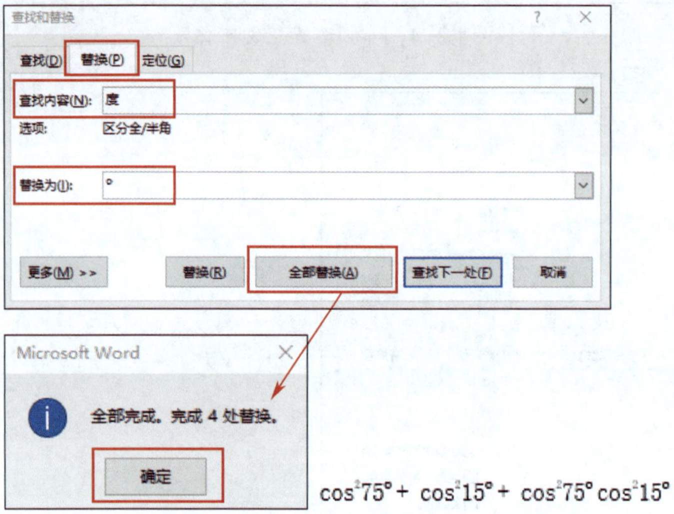

图 3–4–15 “查找和替换”对话框

步骤三　修饰段落

1. 选中正文，在“开始”选项卡下“段落”组中单击 ↘ 按钮，打开“段落”对话框，在“缩进和间距”选项卡中单击“特殊”下拉列表，选择“首行，缩进值 2 字符”。

2. 在“段落”对话框中，将正文行间距设置为“1.5 倍行距”，段落设置如图 3–4–16 所示，单击“确定”按钮完成设置，修饰段落后的效果如图 3–4–17 所示。

步骤四　输入公式

1. 在正文“10. 一元二次不等式速算（总计 30 分）”下面插入公式。单击“插入”选项卡下“符号”组中的“公式”按钮，在弹出的公式编辑框中先录入序号“(1)”，在“公式”工具栏中单击“上下标”按钮，在下拉列表中选择“x^2”，如图 3–4–18 所示，再录入“$-4x+5<0$”，插入公式后的效果如图 3–4–19 所示。

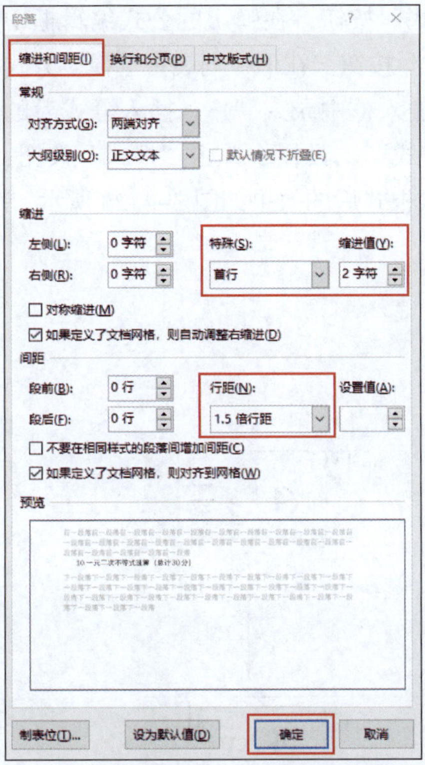

图 3-4-16　段落设置

1. 兄弟共有 45 元钱，如果老大增加 2 元钱，老二减少 2 元钱，老三增加到原来的 2 倍，老四减少到原来的 1/2，这时四人的钱同样多，原来每人各有多少钱?（10 分）

2. 桌子上原来有 12 根点燃的蜡烛，先被风吹灭了 3 根，不久又一阵风吹灭了 2 根，最后桌子上还剩几根蜡烛呢？（10 分）

3. 若将 24 个人排成 6 列，要求 5 个人为一列，你知道应该怎样来排列吗?（10 分）

4. 五四三二一，打一数学名词。（5 分）

5. 牛顿为什么既被称为物理学家又被称为数学家，在数学上有何成就，答出一点既全分。（5 分）

6. 把“我爱伟大的祖国”这句话反复书写，问第 600 个字应写什么。（5 分）

7. 五条直线相交，最多能有多少个交点？（5 分）

8. 方程 $\log x=3\cos x$ 共有多少组解？（10 分）

9. $\cos^2 75° + \cos^2 15° + \cos^2 75° \cos^2 15°$ 的值是？（10 分）

10. 一元二次不等式速算（总计 30 分）

图 3-4-17　修饰段落后的效果

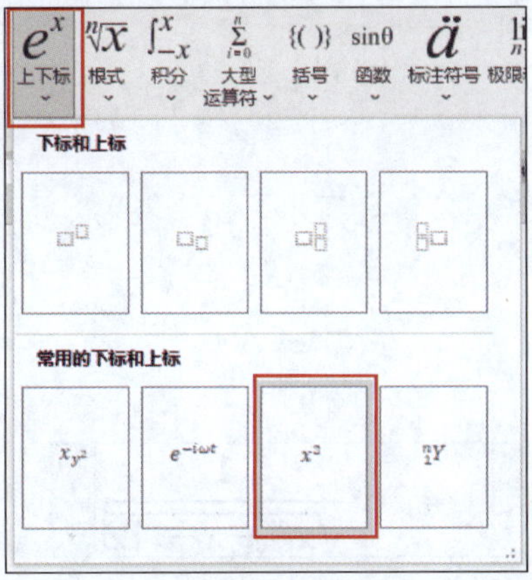

图 3-4-18　“上下标”按钮

（1）$x^2-4x+5<0$

图 3-4-19　插入公式后的效果

2. 用与上一步相同的方法，在公式编辑框中继续录入公式，如图 3-4-20 所示。

(1)$x^2-4x+5<0$　　(2)$-x^2+2x-3>0$　　(3)$x^2-3x-10>0$

图 3-4-20　继续录入公式

3. 单击“插入”选项卡下“符号”组中的“公式”按钮，在弹出的公式编辑框中先录入序号“(4)”，在“公式”工具栏中单击“分式”按钮，在下拉列表中选择“分式(竖式)”，如图 3-4-21 所示。在公式编辑框的分子输入框中录入“1”，插入分式后的效果如图 3-4-22 所示。再单击分母输入框，在“公式”工具栏中单击“根式”按钮，在下拉列表中选择“平方根”，录入“x^2+x-12”，插入根式后的效果如图 3-4-23 所示。

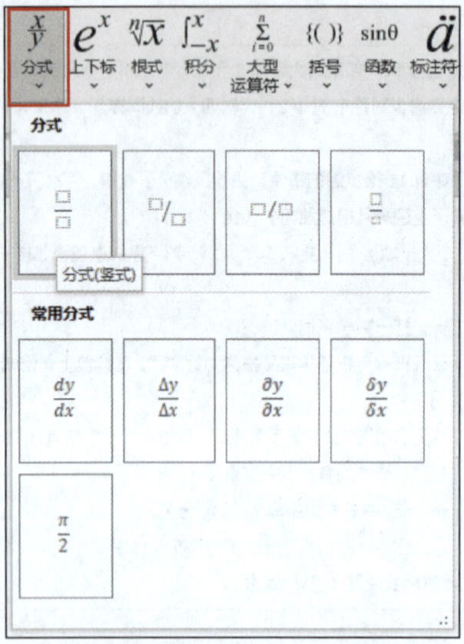

图 3-4-21 “分式”按钮

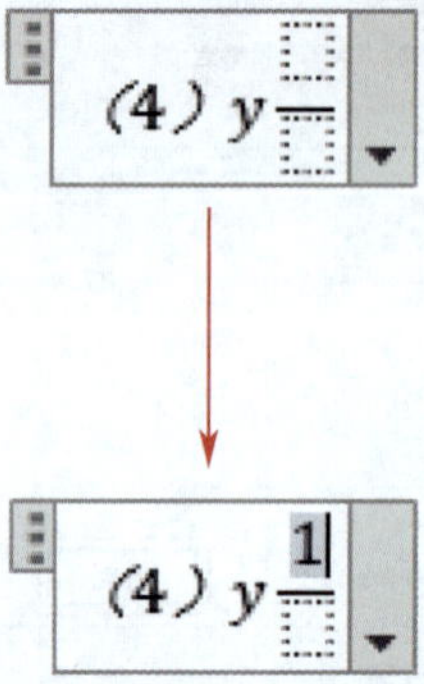

图 3-4-22 插入分式后的效果

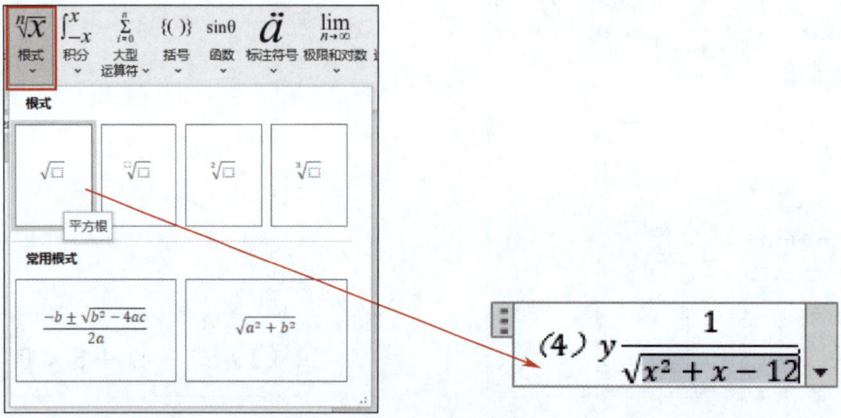

图 3-4-23 插入根式后的效果

4. 用与上一步相同的方法，在公式编辑框中继续录入公式，如图 3-4-24 所示。

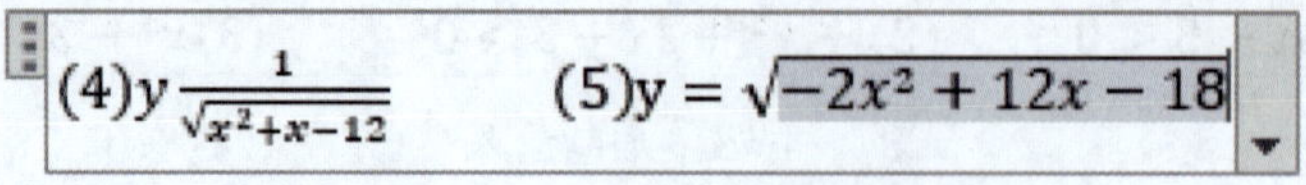

图 3-4-24 继续录入公式

步骤五　设置密码

在“文件”选项卡中选择“信息”命令，单击右侧的“保护文档”按钮，在弹出的下拉菜单中选择“用密码进行加密”，打开“加密文档”对话框，如图 3-4-25 所示，在“密码”框中输入密码“123”，再次输入密码确认无误后单击“确定”按钮完成密码设置。当此文档关闭后，重新打开时需要输入密码“123”方能打开。

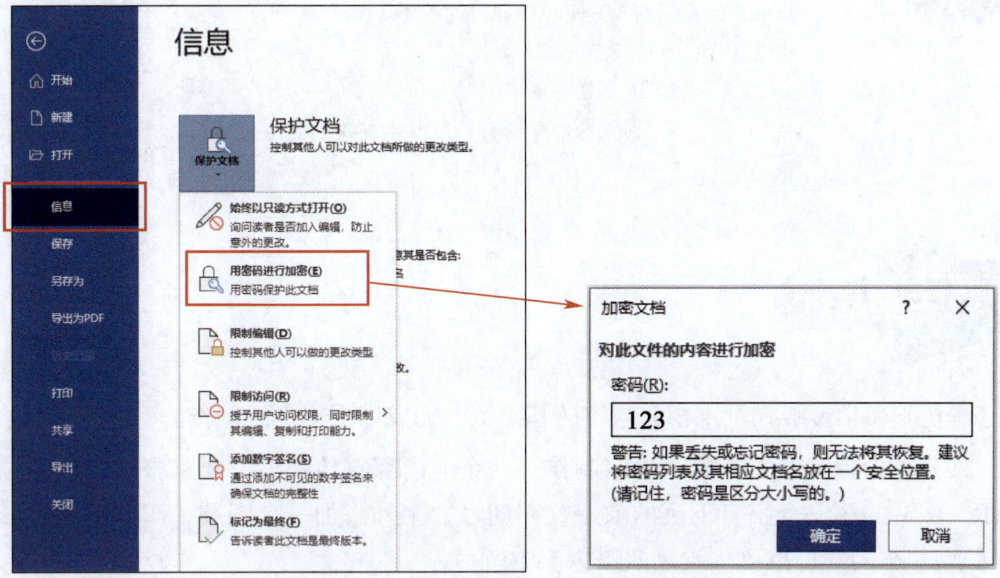

图 3-4-25　用密码进行加密的设置方法

小提示

如果设置完密码的文档不再需要密码时，可以将密码删除。双击带密码的文档，输入正确密码后进入文档编辑界面，在“文件”选项卡中选择“信息”命令，单击右侧的“保护文档”按钮，在弹出的下拉菜单中选择“用密码进行加密”，打开“加密文档”对话框，删除对话框中的密码，单击“确定”按钮，再保存文件即可删除密码。

步骤六　保存文档并退出

将文件命名为“趣味数学竞赛试卷”，保存并关闭 Word 2021 程序。

任务5　制作“车间宣传报道”——设置中文版式与分栏

学习目标

知识目标：了解 Word 2021 文档中文版式的种类。

技能目标：1. 能设置分栏。

2. 能设置首字下沉。

3. 能使用拼音指南、带圈字符等中文版式功能。

任务描述

本任务在学习版式设置相关内容的基础上，完成以下案例的制作。

某公司为提升企业形象，决定制作一期企业内部宣传报道，要求报道的内容分栏显示，文章的第一个字有下沉的效果，在期号数字外添加一个圆圈，车间的名称分两行显示，“车间宣传报道”效果如图 3–5–1 所示。

相关知识

一、分栏设置

在 Word 2021 中，当设置的纸张较大时，每一行的内容太长，不便于阅读，这时可以利用分栏功能将内容分成几列显示，分栏时可以对整页进行操作，也可以只对文档中的一部分内容进行操作。设置多栏版式时，标尺会显示每栏宽度与它们之间的距离，拖动标尺可以调整分栏宽度与它们之间的间距。

如图 3–5–2 所示，在“布局”选项卡中单击“栏”按钮，在下拉列表中单击“更多栏”命令，弹出图 3–5–3 所示的“栏”对话框。

二、首字下沉

首字下沉是指将文档中段落的第一个文字放大，并进行下沉或悬挂设置，以凸显段落或整篇文档的位置。在“插入”选项卡下“文本”组中单击“首字下沉”按钮，在下拉列表中单击“首字下沉选项”选项，弹出图 3–5–4 所示的“首字下沉”对话框，可以根据需要设置下沉文字的字体或下沉行数等。

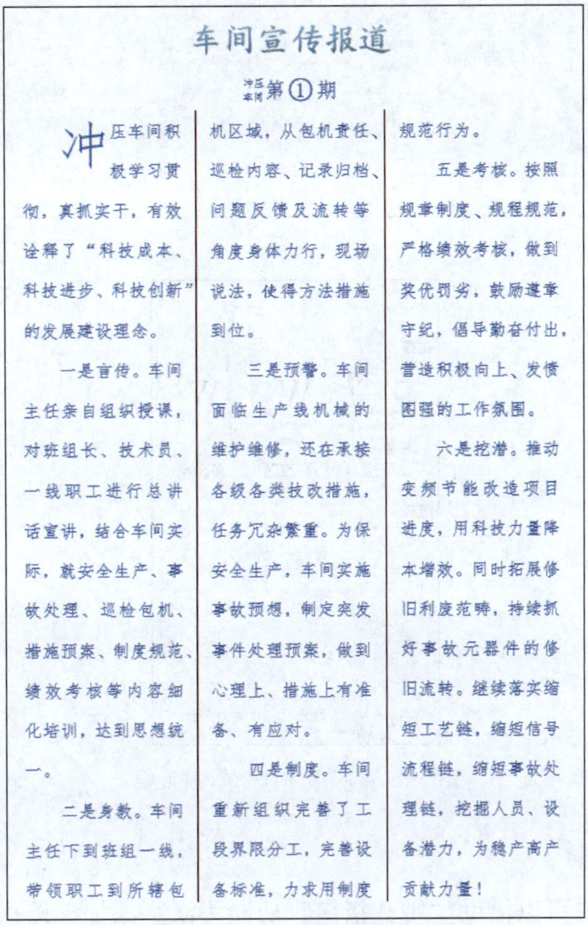

车间宣传报道

冲压车间第①期

冲压车间积极学习贯彻，真抓实干，有效诠释了“科技成本、科技进步、科技创新”的发展建设理念。

一是宣传。车间主任亲自组织授课，对班组长、技术员、一线职工进行总讲话宣讲，结合车间实际，就安全生产、事故处理、巡检包机、措施预案、制度规范、绩效考核等内容细化培训，达到思想统一。

二是身教。车间主任下到班组一线，带领职工到所辖包机区域，从包机责任、巡检内容、记录归档、问题反馈及流转等角度身体力行，现场说法，使得方法措施到位。

三是预警。车间面临生产线机械的维护维修，还在承接各级各类技改措施，任务冗杂繁重。为保安全生产，车间实施事故预想，制定突发事件处理预案，做到心理上、措施上有准备、有应对。

四是制度。车间重新组织完善了工段界限分工，完善设备标准，力求用制度规范行为。

五是考核。按照规章制度、规程规范，严格绩效考核，做到奖优罚劣，鼓励遵章守纪，倡导勤奋付出，营造积极向上、发愤图强的工作氛围。

六是挖潜。推动变频节能改造项目进度，用科技力量降本增效。同时拓展修旧利废范畴，持续抓好事故元器件的修旧流转。继续落实缩短工艺链，缩短信号流程链，缩短事故处理链，挖掘人员、设备潜力，为稳产高产贡献力量！

图 3-5-1　“车间宣传报道”效果

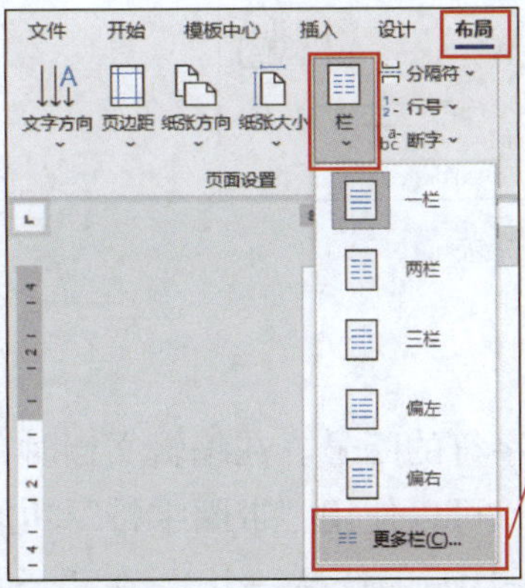

图 3-5-2　分栏的设置

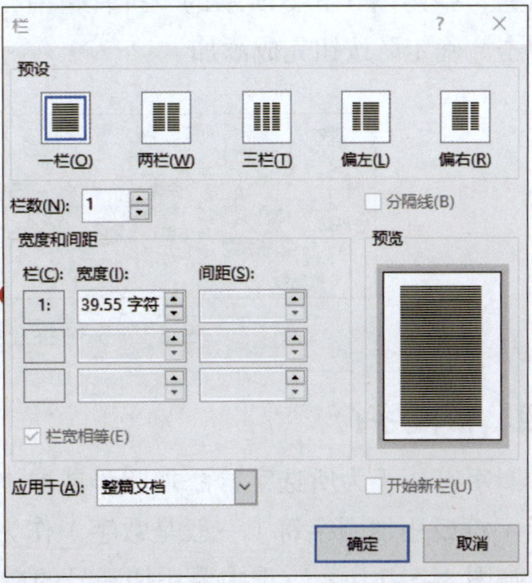

图 3-5-3　“栏”对话框

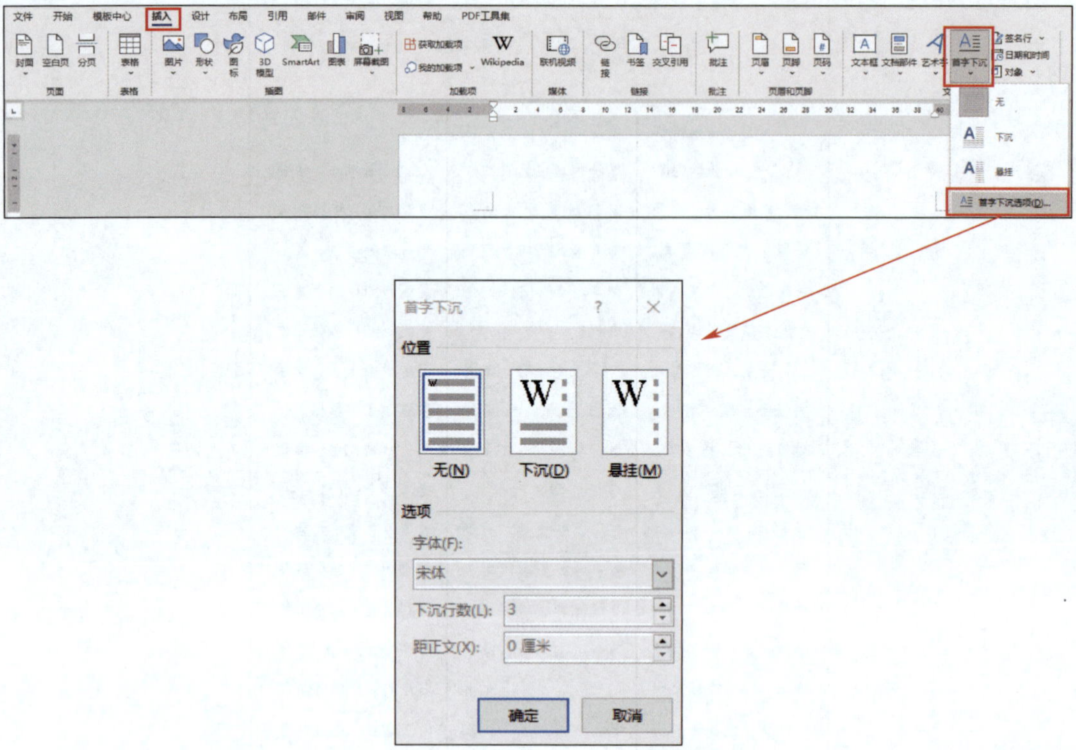

图 3-5-4 “首字下沉”对话框

三、拼音指南

在文档中，用户可以借助“拼音指南”功能为汉字添加汉语拼音，如图 3-5-5 所示。选中需要添加汉语拼音的汉字，在“开始”选项卡下“字体”组中单击“拼音指南”按钮，弹出图 3-5-6 所示的“拼音指南”对话框，在其中确认所选汉字的读音正确后单击“确定”按钮完成添加。

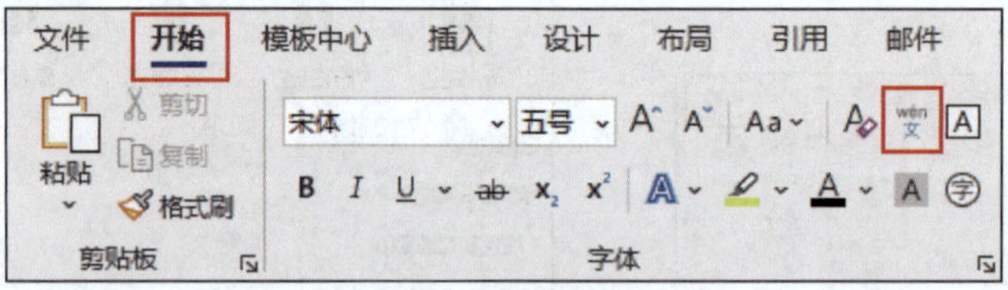

图 3-5-5 “拼音指南”按钮

四、带圈字符

带圈字符用于为所选字符添加圈号或取消所选字符的圈号。在编辑文档时，想突出显示字符或用加圈字符（一般是数字）作为编号，可以使用“带圈字符”功能进行设置。如图 3-5-7 所示，选中要添加圈号的文字（一次只能选择一个），在“开始”选

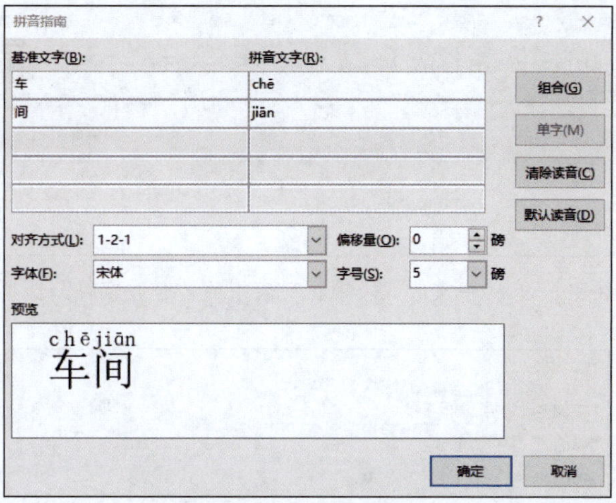

图 3-5-6　“拼音指南”对话框

项卡下“字体”组中单击“带圈字符”按钮，弹出图 3-5-8 所示的“带圈字符”对话框。选中样式和圈号后单击“确定”按钮即可完成添加。

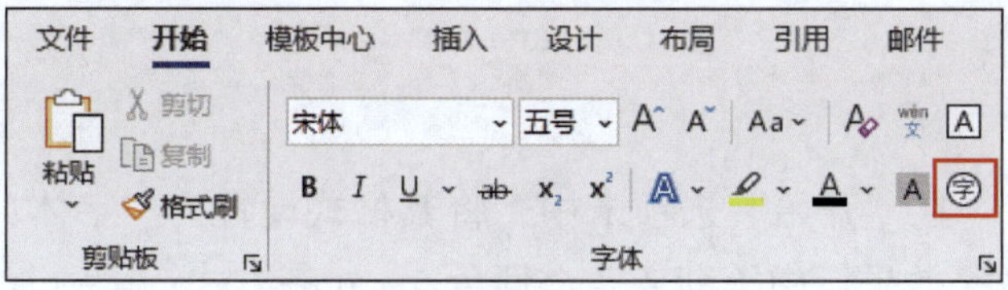

图 3-5-7　“带圈字符”按钮

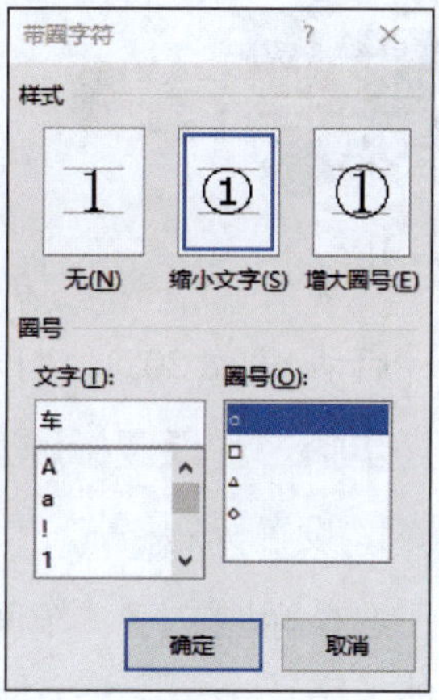

图 3-5-8　“带圈字符”对话框

五、合并字符

合并字符用于将多个字符合并为一个字符显示，用于一些特殊的版式设计。在选择合并字符时，最多只能选择六个字符；也可以不事先选择字符，然后在窗口中输入要合并的字符内容。

选中要合并的字符，在“开始”选项卡下“段落”组中单击“中文版式”按钮，在下拉列表中选择“合并字符”选项，如图 3-5-9 所示，打开图 3-5-10 所示的“合并字符”对话框，设置完成后，单击“确定”按钮即可完成添加。

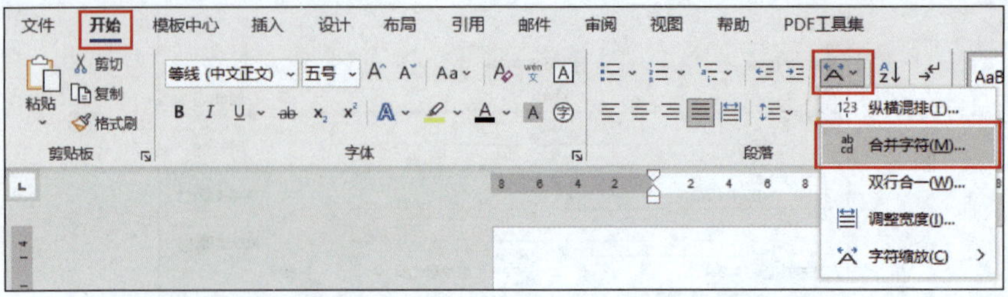

图 3-5-9 “中文版式”下拉列表中的“合并字符”选项

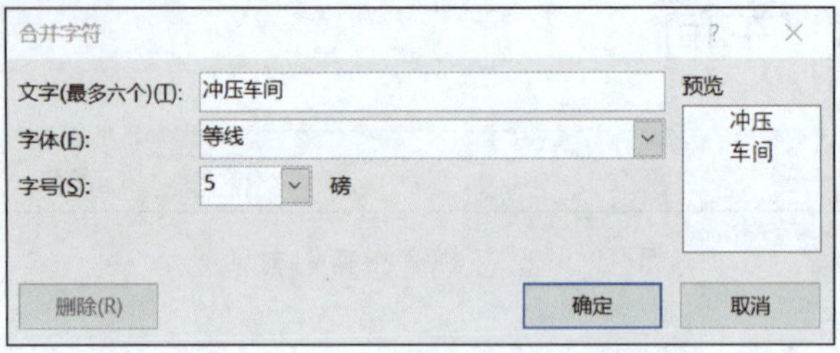

图 3-5-10 “合并字符”对话框

任务实施

步骤一 启动 Word 2021 并打开文本素材

启动 Word 2021，打开本任务配套资源中的文本素材。

步骤二 设置标题及正文格式

1. 设置标题格式

选择标题文字“车间宣传报道”，在“开始”选项卡中，将其格式设置为“字体：楷体，字号：一号，字形：加粗，文字效果：中等渐变 – 个性色 5，对齐方式：居中”，将副标题的格式设置为“字体：仿宋，字号：三号，颜色：蓝色，对齐方式：居中”。

2. 设置正文格式

选中除标题以外的正文，将格式设置为“字体：仿宋，字号：四号，颜色：蓝色，首行缩进：2 字符”，文字格式设置效果如图 3–5–11 所示。

步骤三 修饰版式

1. 将光标定位在第一自然段，在“插入”选项卡下“文本”组中选择“首字下沉”按钮，下沉行数为 2 行。

2. 选中副标题中的文字“冲压车间”，在“开始”选项卡下“段落”组中单击“中文版式”按钮，在下拉菜单中选择“合并字符”。

3. 选中副标题中的数字“1”，在“开始”选项卡下“字体”组中单击“带圈字符”按钮，弹出“带圈字符”对话框，选择样式和圈号后，单击“确定”按钮。

4. 选中除标题以外的所有正文，在“布局”选项卡下“页面设置”组中单击“栏”按钮，在下拉列表中选择“更多栏”，设置三栏并加分割线，分栏设置效果如图 3-5-12 所示。

车间宣传报道

冲压车间第 1 期

冲压车间积极学习贯彻，真抓实干，有效诠释了“科技成本、科技进步、科技创新”的发展建设理念。

一是宣传。车间主任亲自组织授课，对班组长、技术员、一线职工进行总讲话宣讲，结合车间实际，就安全生产、事故处理、巡检包机、措施预案、制度规范、绩效考核等内容细化培训，达到思想统一。

二是身教。车间主任下到班组一线，带领职工到所辖包机区域，从包机责任、巡检内容、记录归档、问题反馈及流转等角度身体力行，现场说法，使得方法措施到位。

三是预警。车间面临生产线机械的维护维修，还在承接各级各类技改措施，任务冗杂繁重。为保安全生产，车间实施事故预想，制定突发事件处理预案，做到心理上、措施上有准备、有应对。

四是制度。车间重新组织完善了工段界限分工，完善设备标准，力求用制度规范行为。

五是考核。按照规章制度、规程规范，严格绩效考核，做到奖优罚劣，鼓励遵章守纪，倡导勤奋付出，营造积极向上、发愤图强的工作氛围。

六是挖潜。推动变频节能改造项目进度，用科技力量降本增效。同时拓展修旧利废范畴，持续抓好事故元器件的修旧流转。继续落实缩短工艺链，缩短信号流程链，缩短事故处理链，挖掘人员、设备潜力，为稳产高产贡献力量！

图 3-5-11　文字格式设置效果

车间宣传报道

冲压车间第①期

冲压车间积极学习贯彻，真抓实干，有效诠释了“科技成本、科技进步、科技创新”的发展建设理念。

一是宣传。车间主任亲自组织授课，对班组长、技术员、一线职工进行总讲话宣讲，结合车间实际，就安全生产、事故处理、巡检包机、措施预案、制度规范、绩效考核等内容细化培训，达到思想统一。

二是身教。车间主任下到班组一线，带领职工到所辖包机区域，从包机责任、巡检内容、记录归档、问题反馈及流转等角度身体力行，现场说法，使得方法措施到位。

三是预警。车间面临生产线机械的维护维修，还在承接各级各类技改措施，任务冗杂繁重。为保安全生产，车间实施事故预想，制定突发事件处理预案，做到心理上、措施上有准备、有应对。

四是制度。车间重新组织完善了工段界限分工，完善设备标准，力求用制度规范行为。

五是考核。按照规章制度、规程规范，严格绩效考核，做到奖优罚劣，鼓励遵章守纪，倡导勤奋付出，营造积极向上、发愤图强的工作氛围。

六是挖潜。推动变频节能改造项目进度，用科技力量降本增效。同时拓展修旧利废范畴，持续抓好事故元器件的修旧流转。继续落实缩短工艺链，缩短信号流程链，缩短事故处理链，挖掘人员、设备潜力，为稳产高产贡献力量！

图 3-5-12　分栏设置效果

步骤四　保存文档并退出

将文件命名为“车间宣传报道”，保存并关闭 Word 2021 程序。

任务6　制作“工资调整表”——表格的创建与编辑

学习目标

知识目标：了解 Word 2021 文档中的表格功能。

技能目标：1. 能在 Word 文档中创建表格。

2. 能对表格进行插入、删除、移动、合并或拆分单元格等基本操作。

任务描述

本任务在学习 Word 2021 中对表格进行基本编辑操作的基础上，完成以下案例的制作。

某公司要对员工进行考核，根据考核结果调整下一年的工资，现需制作一个表格，体现员工的基本信息、前五年的考核结果、本年度的考核结果及调整后的月薪，“工资调整表”效果如图 3–6–1 所示。

相关知识

表格由若干的行与列构成，行与列的交叉点形成单元格，在单元格中可以录入文本、数字或插入图片等。在学习、工作中表格应用非常广泛，它能将数据清晰且直观地组织起来，方便用户比较、分析和运算。

一、插入表格

插入表格有三种方法，分别如下。

1. 在“插入”选项卡中单击“表格”按钮，拖动鼠标选中所需行和列的数量，释放鼠标即可在页面中插入相应的表格，如图 3–6–2 所示。

2. 在“插入”选项卡中单击“表格”按钮，选择“插入表格”命令，弹出“插入表格”对话框，如图 3–6–3 所示。分别设置表格行数与列数，并根据需要选择“固定列宽”“根据内容调整表格”或“根据窗口调整表格”选项，完成后单击“确定”

工资调整表

姓　名		部　门		职　位	
性　别		出生年月		入职日期	
毕业学校		专　业		学　历	
服务年资	年	月	现支月薪		
前×年考核	第一年				
	第二年				
	第三年				
	第四年				
	第五年				
本 年 考 核					
分数			等级		
按 调 整					
职位		调整额		调整后的月薪	
核　　定					
职位			月薪		
审 核 意 见					

图 3-6-1　“工资调整表”效果

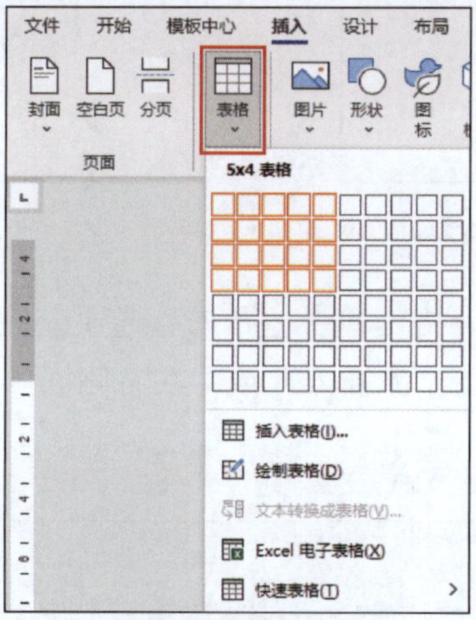

图 3-6-2　插入表格

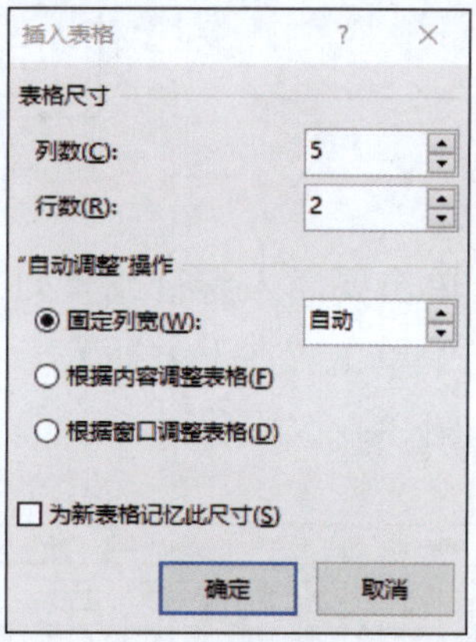

图 3-6-3　“插入表格”对话框

按钮。

3. 在“插入”选项卡中单击“表格”按钮，选择“绘制表格”命令，此时鼠标光标变成铅笔形状，拖动鼠标左键绘制表格边框、行与列。绘制完成后，按 Esc 键或者在“布局”选项卡中单击“绘制表格”按钮取消表格绘制状态。

二、表格的编辑

1. 插入行或列

在已有表格中插入行或列有以下两种方法。

（1）右键单击要插入整行或整列处相邻的任意单元格，在快捷菜单中指向“插入”命令，并在级联菜单中选择“在左侧插入列”“在右侧插入列”“在上方插入行”或“在下方插入行”命令即可，如图 3-6-4 所示。

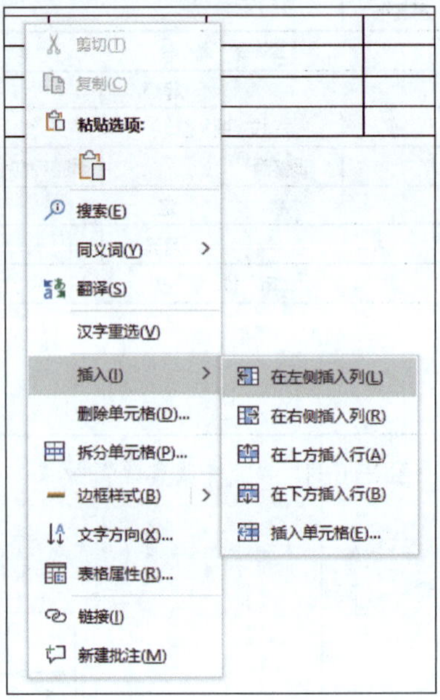

图 3-6-4　右键快捷菜单插入行或列设置

（2）单击要插入整行或整列处相邻的任意单元格，单击“布局”选项卡，在“行和列”组中单击“在上方插入”“在下方插入”“在左侧插入”或“在右侧插入”按钮即可，如图 3-6-5 所示。

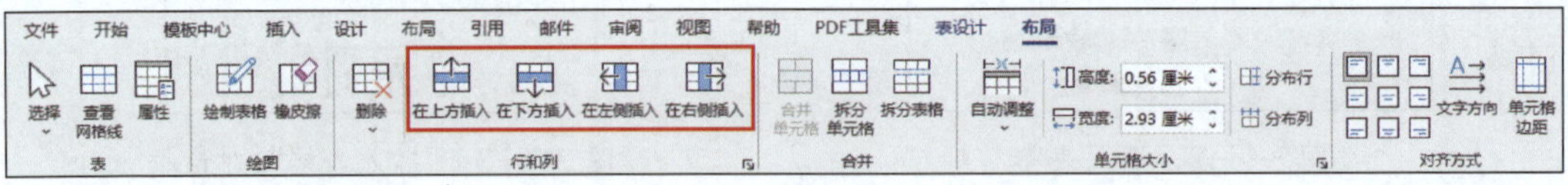

图 3-6-5　从“布局”选项卡中插入行或列

2. 删除行或列

删除已有表格中的某行或某列有以下两种方法。

（1）右键单击被选中的整行或整列，在快捷菜单中选择“删除单元格”命令，在弹出的“删除单元格”对话框中选择“删除整行”或“删除整列”，单击“确定”按钮，如图 3-6-6 所示。

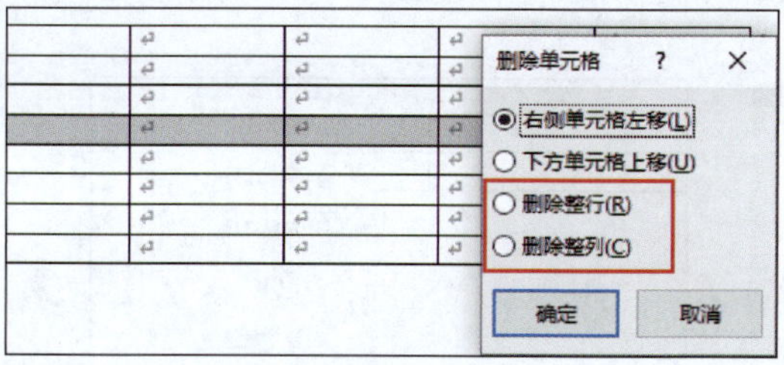

图 3-6-6 “删除单元格”对话框

（2）在表格中单击需要删除的整行或整列中的任意一个单元格，单击“布局”选项卡，在“行和列”组中单击“删除”下拉按钮，在下拉菜单中选择“删除行”或“删除列”命令，如图 3-6-7 所示。

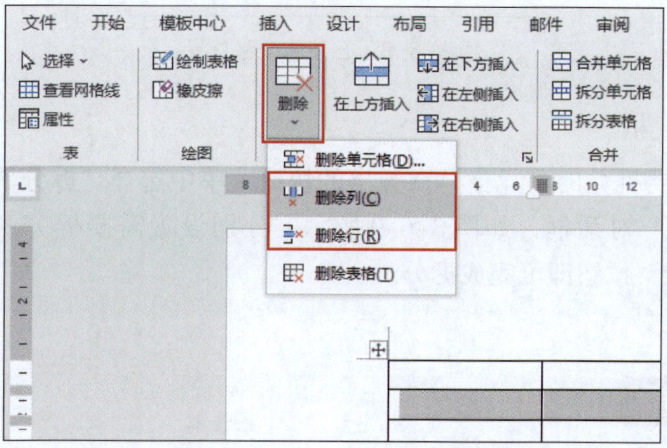

图 3-6-7 从“布局”选项卡中删除行或列

3. 表格的移动和缩放

（1）表格的移动

将鼠标光标指向表格的左上角，出现图标时，按住鼠标左键拖动到目标位置后松开鼠标左键即可移动表格。

（2）表格的缩放

将鼠标光标指向表格右下角（小方块处）时，出现“ ”图标，按住鼠标左键进行拖动，当表格达到合适大小时松开鼠标左键即可完成表格缩放。

4. 合并单元格

在 Word 2021 中，可以将表格中两个或两个以上的单元格合并成一个单元格，以便使制作出的表格更符合用户要求。

选择表格中需要合并的两个或两个以上的单元格，单击鼠标右键，在弹出的快捷菜单中单击“合并单元格”选项即可，如图 3-6-8 所示。

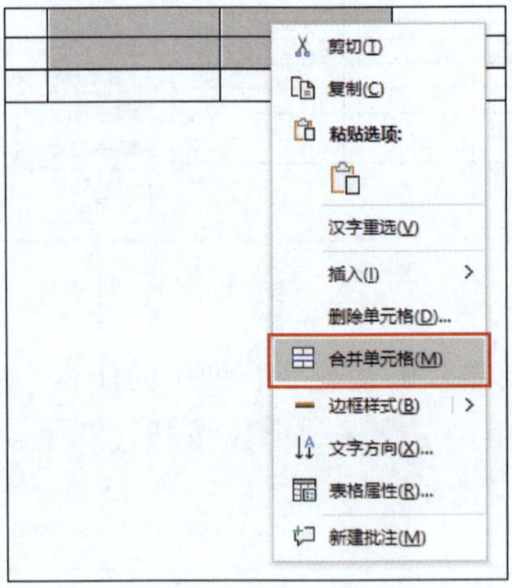

图 3-6-8　合并单元格设置

5. 拆分单元格

右键单击需要拆分的单元格，在弹出的快捷菜单中选择“拆分单元格”命令，打开“拆分单元格”对话框，如图 3-6-9 所示，分别设置需要拆分的“列数”和“行数”，单击“确定”按钮即可完成拆分。

任务实施

步骤一　启动 Word 2021 并绘制表格

启动 Word 2021，将光标定位到文档中要插入表格的位置，在“插入”选项卡中单击“表格”按钮，在下拉列表中选择“插入表格”命令，在弹出“插入表格”对话框中，如图 3-6-10 所示，输入列数 6、行数 17，效果如图 3-6-11 所示。

步骤二　合并单元格

选择表格中需要合并的两个或两个以上的单元格，单击鼠标右键，在弹出的菜单中选择“合并单元格”命令，合并后调整行高，合并单元格效果如图 3-6-12 所示。

步骤三　录入表格内容并设置格式

在单元格中录入表格内容，选中整个表格，将文字格式设置为“字体：宋体，字号：五号”，在表格上方录入表格标题文字“工资调整表”，将文字格式设置为“字体：黑体，字号：二号，字形：加粗，段落格式：居中，加下画线”，输入文字效果如

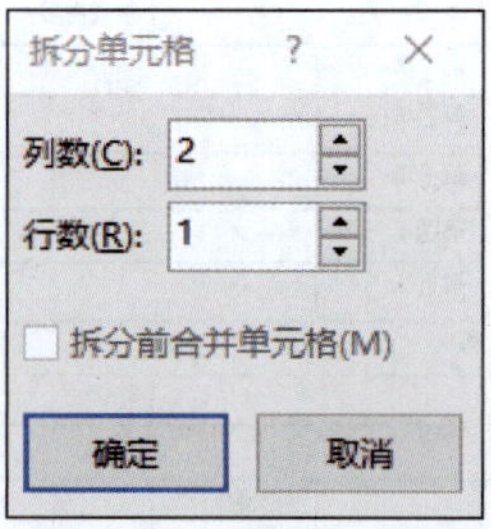

图 3-6-9 “拆分单元格”对话框

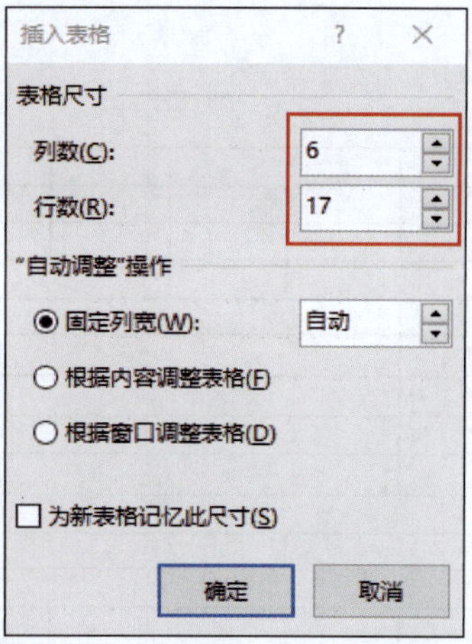

图 3-6-10 “插入表格”对话框

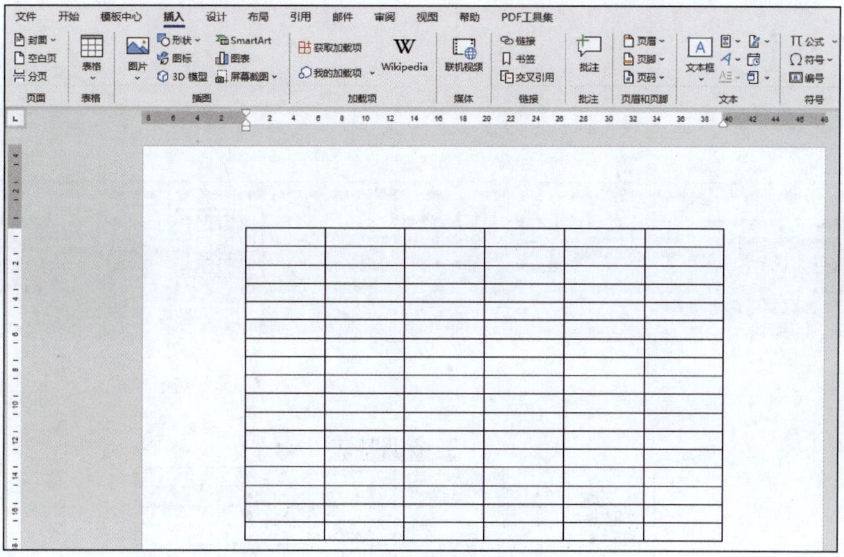

图 3-6-11　插入 6 列、17 行表格的效果

图 3-6-13 所示。

步骤四　将表格内容水平居中

选中整个表格，单击“布局”选项卡，在“对齐方式”组中单击“水平居中”按钮，水平居中效果如图 3-6-14 所示。

步骤五　保存文档并退出

将文件命名为“工资调整表”，保存并关闭 Word 2021 程序。

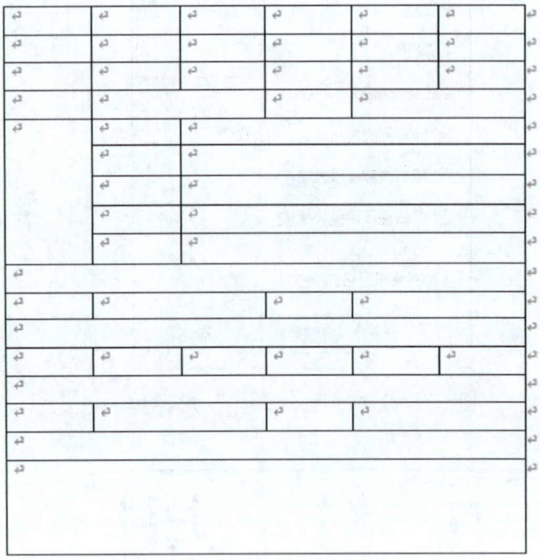

图 3-6-12　合并单元格效果

工资调整表

姓　名		部　门		职　位	
性　别		出生年月		入职日期	
毕业学校		专　业		学　历	
服务年资	年　月		现支月薪		
前×年考核	第一年				
	第二年				
	第三年				
	第四年				
	第五年				
本 年 考 核					
分数			等级		
按 调 整					
职位		调整额		调整后的月薪	
核　定					
职位			月薪		
审 核 意 见					

图 3-6-13　输入文字效果

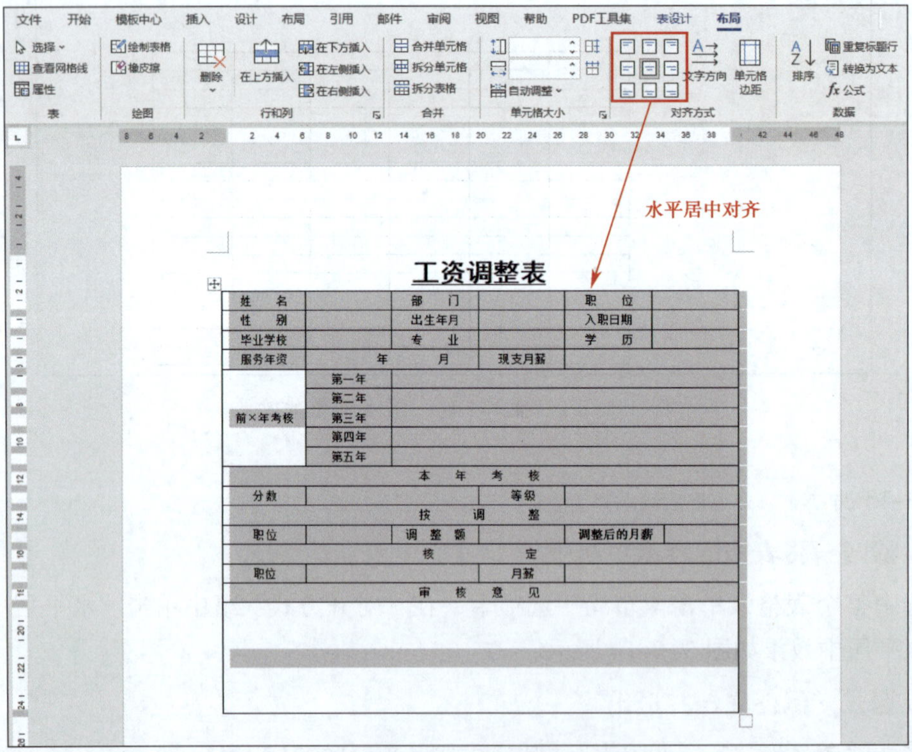

图 3-6-14　水平居中效果

任务 7　制作“课程表”——修饰表格

学习目标

知识目标：1. 了解斜线表头的绘制方法。
　　　　　2. 了解表格的修饰方法。

技能目标：1. 能绘制斜线表头。
　　　　　2. 能对表格边框、底纹等样式进行设置。

任务描述

Word 2021 除了支持表格的基本编辑功能，还能对表格的样式进行美化修饰，从而提高文档的美感。本任务在学习表格基本修饰功能的基础上，完成以下案例的制作。

“学习小窍门”节目组为提升学生的学习积极性，要制作关于“课程表”的专题节目，现需制作一个课程表样例在节目中展示，要求标题用醒目的颜色和字体，采用斜线表头，表格内容符合实际课程安排，使用表格样式、边框及底纹等设置美化表格，“课程表”效果如图 3-7-1 所示。

课 程 表

星期 节次 课程	星期一	星期二	星期三	星期四	星期五
第 1-2 节					
第 3-4 节					
第 5-6 节					
第 7-8 节					

图 3-7-1　“课程表”效果

相关知识

一、绘制斜线表头

在制作表格时，常会遇到图 3-7-1 中左上角单元格这样需要在表格中绘制斜线的情况。

1. 绘制一条斜线表头

将光标定位在表格第一个单元格中，单击“表设计”选项卡，单击“边框”下拉列表，在显示的列表中单击“斜下框线”命令。在单元格内输入表头的文字，通过空格键和回车键调整文字的位置。

2. 绘制两条、多条斜线表头

单击“插入”选项卡，单击“形状”按钮，在显示的列表中选择“直线”，绘制斜线。如果绘画的斜线颜色与表格不一致，可调整斜线的颜色，其方法是选中画好的斜线，在“形状格式”选项卡下“形状轮廓”中选择需要设置的颜色。在单元格内输入表头文字，通过空格键和回车键调整文字的位置。

二、设置边框和底纹

Word 中对表格的修饰，除字体格式外，主要通过对边框和底纹的设置来实现。其中，对边框主要是设置边框线的线型、线宽及颜色；对底纹主要是设置表格底纹的填充和图案。

选中要编辑的单元格或整个表格，在“表设计”选项卡中，可在“表格样式”组中直接选择若干预设的表格样式。如需自行设计，也可在“表格样式”和“边框”组中单击“边框”或“底纹”按钮进行设置。单击“底纹”按钮可选择不同的底纹颜色。在“边框”组中单击“边框”按钮，在下拉菜单中快速选择线条类型，也可以选择“边框和底纹”，可弹出图 3-7-2 所示的“边框和底纹”对话框，再进行详细设置。

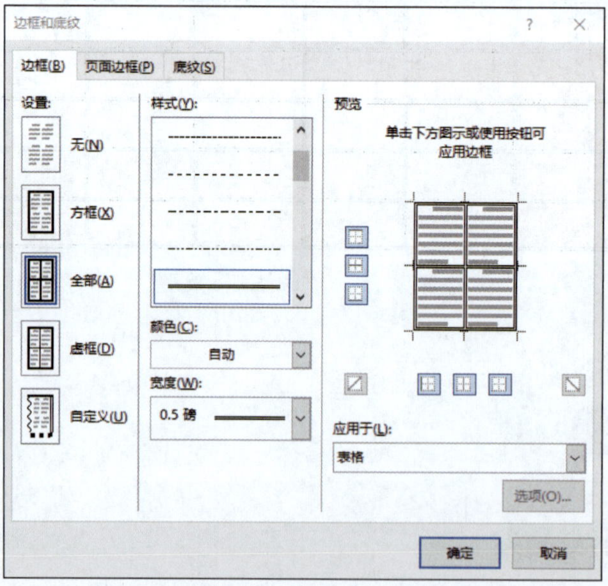

图 3-7-2 “边框和底纹”对话框

在“样式”列表中可选择边框的线型样式（如双横线、点线等样式）；在“颜色”下拉列表中可选择边框使用的颜色；在“宽度”下拉列表中可选择边框线型的宽度尺寸。在“预览”区域，通过单击某个方向的边框按钮也可以方便地设置是否显示该边框。在左侧“设置”区可直接选择边框的类型，其选项具体含义如下。

无——被选中的单元格或整个表格不显示边框。

方框——只显示被选中的单元格或整个表格的四周边框。

全部——显示被选中的单元格或整个表格的所有边框。

虚框——被选中单元格或整个表格四周为粗边框，内部为细边框。

自定义——用户根据实际需要自定义设置边框的显示状态。

任务实施

步骤一　启动 Word 2021

启动 Word 2021 并输入文字“课程表”。

步骤二　设置标题格式

选择标题文字“课程表”，在“开始”选项卡中将其格式设置为“字体：黑体，字号：小一，字形：加粗，颜色：红色，对齐方式：居中，下画线：双下画线”，如图 3–7–3 所示。

步骤三　插入表格

将光标定位在第二段段首，在“插入”选项卡中单击“表格”按钮，在显示的列表中单击“插入表格”选项。打开“插入表格”对话框，列数设置为 6、行数设置为 5，单击“确定”按钮，如图 3–7–4 所示。

步骤四　绘制斜线表头

在左上角单元格内利用“直线”形状绘制两条斜线，然后录入文字“星期”“节次”“课程”，通过空格键和回车键调整其位置。选择文字，将其格式设置为“字体：黑体，字号：小五，字形：加粗，颜色：黑色”。再录入表格中的其他文字，将其格式设置为“字体：黑体，字号：四号，字形：加粗，颜色：黑色”，如图 3–7–5 所示。

步骤五　设置表格样式

1. 选中表格，在“表设计”选项卡下“表格样式”组中单击“中等深浅网格 3- 着色 6”，如图 3–7–6 所示。

2. 单击“表设计”选项卡，在“边框”中将其格式设置为“笔样式：双实线，笔

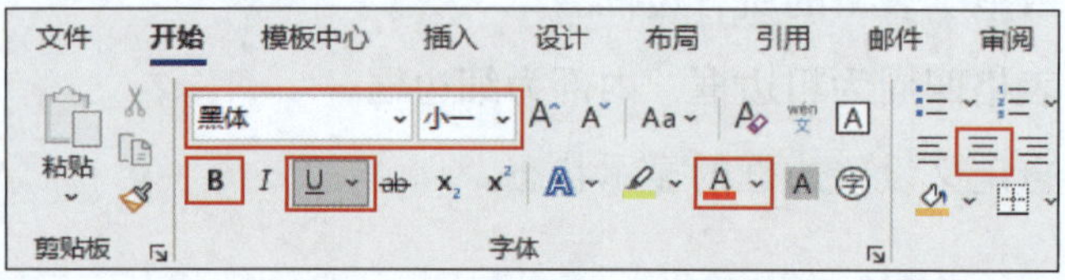

图 3-7-3　标题格式设置

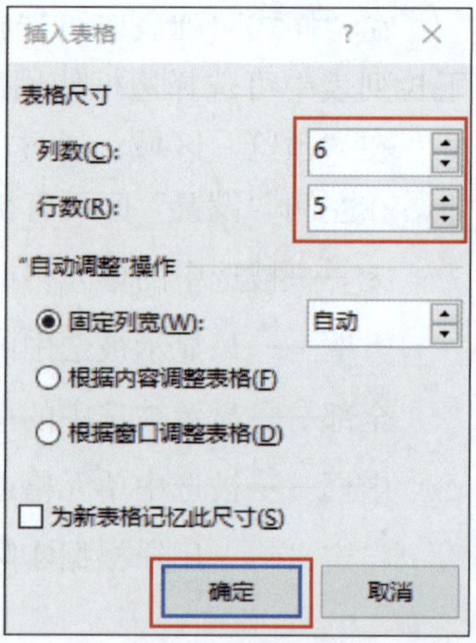

图 3-7-4　“插入表格”对话框

课 程 表

星期 节次 课程	星期一	星期二	星期三	星期四	星期五
第 1–2 节					
第 3–4 节					
第 5–6 节					
第 7–8 节					

图 3-7-5　为两条斜线表头添加文字

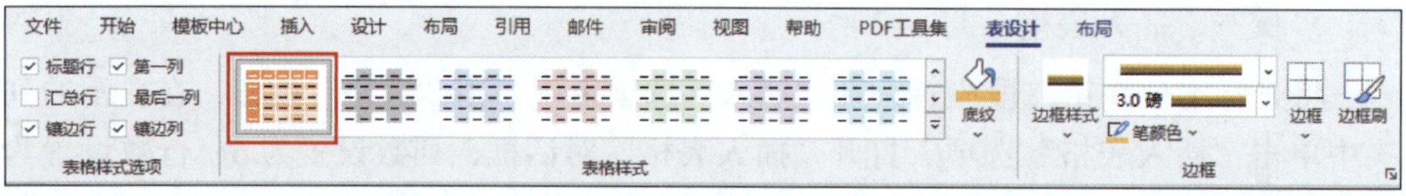

图 3-7-6　添加表格样式

画粗细：0.5 磅”，如图 3-7-7 所示，边框设置效果如图 3-7-8 所示。

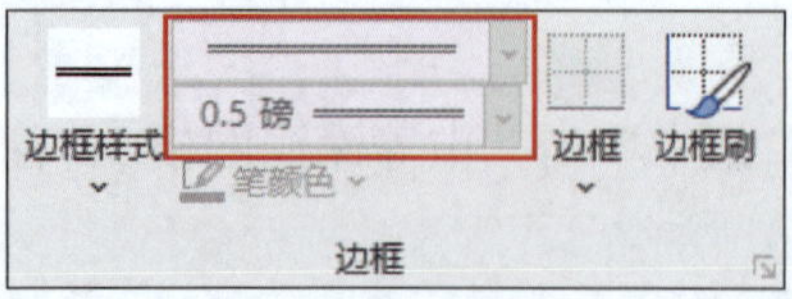

图 3-7-7　边框设置

课 程 表

星期 节次 课程	星期一	星期二	星期三	星期四	星期五
第 1–2 节					
第 3–4 节					
第 5–6 节					
第 7–8 节					

图 3-7-8　边框设置效果

步骤六 保存文档并退出

将文件命名为“课程表”，保存并关闭Word 2021程序。

任务8 制作“古诗译文板报”——图文混排

学习目标

知识目标：了解图文插入及排版方法。

技能目标：1. 能完成插入艺术字、文本框等操作。

2. 能完成插入图片、形状等操作。

3. 能完成图片环绕、叠放顺序等设置。

任务描述

图文混排是指在一篇文档中将图片和文字的位置按照设计的需要灵活布局。本任务利用Word 2021的图文混排功能，完成以下案例的制作。

“学习小窍门”节目组为了提升学生的学习积极性，激发学生的创作能力，要制作一期关于“古诗译文板报设计”的专题节目，现需制作一个样例在节目中展示，要求标题用具有立体效果的艺术字，正文内容既要有图片，又要有文字，同时还要应用文本框、图片环绕等进行美化，“古诗译文板报”设计效果如图3-8-1所示。

相关知识

一、图文混排工具

Word 2021提供了文本框、艺术字、图片、形状等多种工具，为实现图文混排提供了极大便利。

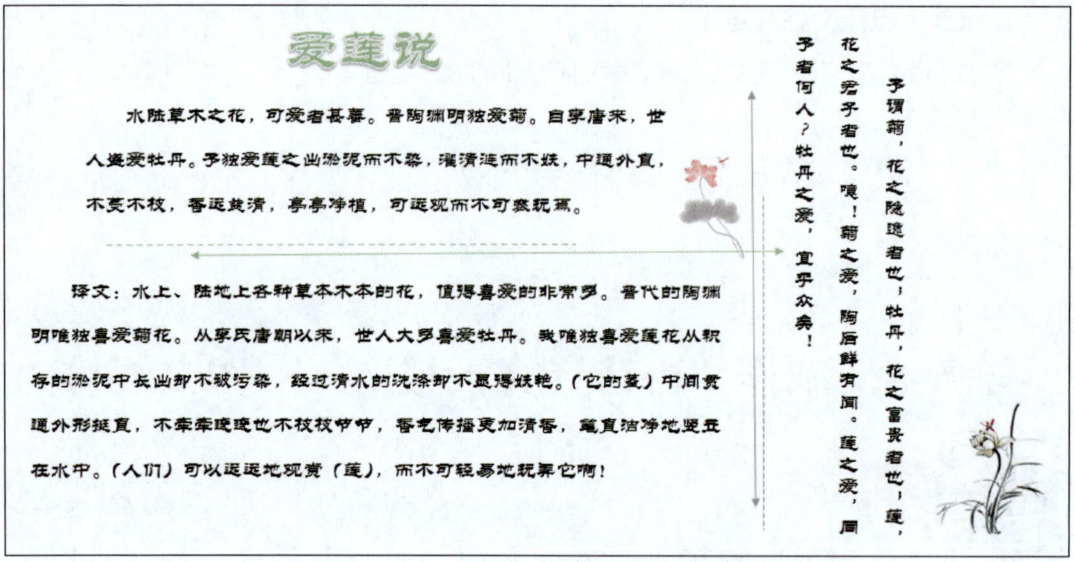

图 3-8-1 “古诗译文板报”设计效果

1. 文本框

单击“插入”选项卡，在“文本框”下拉列表中单击一种预设的文本框样式，即可插入一个文本框，如图 3-8-2 所示。此外，也可以单击“绘制横排文本框”或“绘制竖排文本框”命令，在文档中拖动“十”字光标直接绘制文本框。在文本框中，可直接进行文字、图片等的编辑。文本框独立于文档主体内容，可自由移动位置，设置格式、边框和背景样式等，为用户灵活设计文档的版式提供支持。

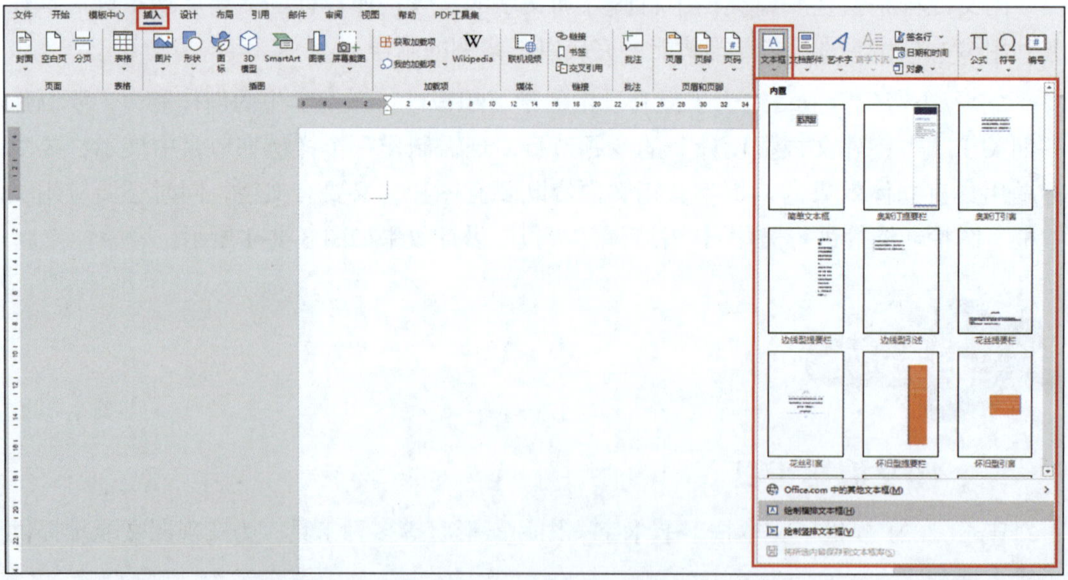

图 3-8-2 “文本框”列表

2. 艺术字

艺术字可设置与“字体”不同的样式和格式的文字。单击“插入”选项卡，在“艺术字”下拉列表中单击选择一种预设的艺术字样式（见图 3-8-3），将在文档中插入一个带有艺术字的文本框，在其中将“请在此放置您的文字”删除，输入所需文字即可。

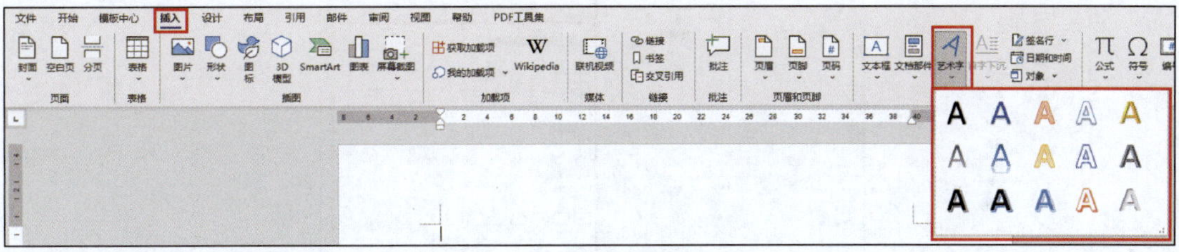

图 3-8-3 “艺术字”列表

3. 图片

Word 2021 支持在文档中插入图片。在“插入”选项卡下单击“图片”按钮，在下拉列表（见图 3-8-4）中选择“此设备”，在弹出的“插入图片”对话框中选择图片所在位置，选择“图片”文件，单击“插入”按钮，即可插入图片。单击插入的图片，在图 3-8-5 所示“图片格式”选项卡下可以对图片样式进行进一步设置。

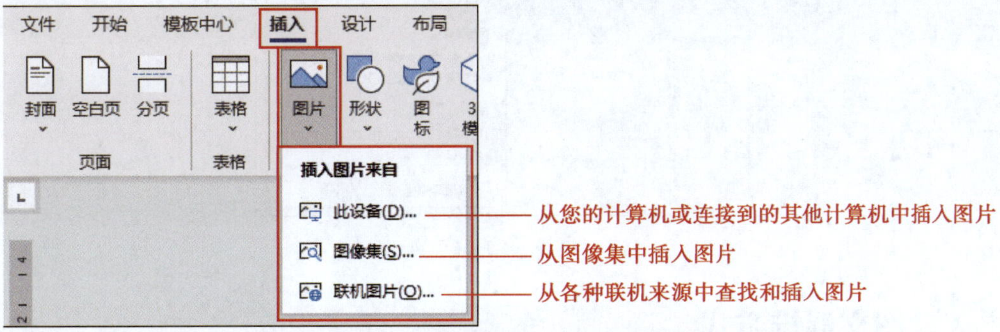

图 3-8-4 “图片”下拉列表

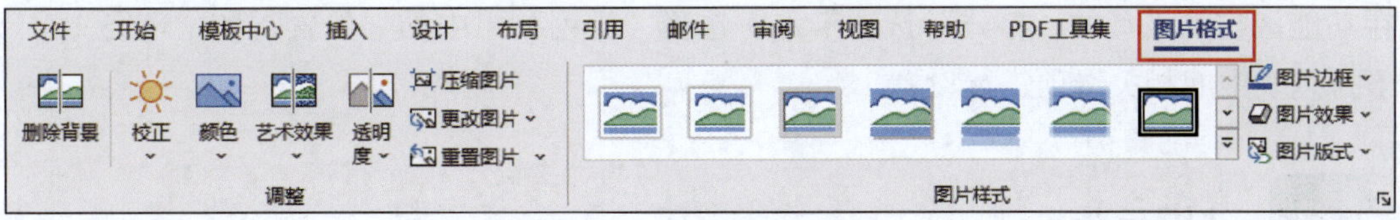

图 3-8-5 图片格式设置

4. 形状

Word 2021 中预置了若干不同样式的形状，常用于在文档中制作流程图、添加注解框以及绘制简单图形等。

插入形状的方法是：单击“插入”选项卡，在“形状”下拉列表中单击所需绘制的图形，如图 3-8-6 所示。

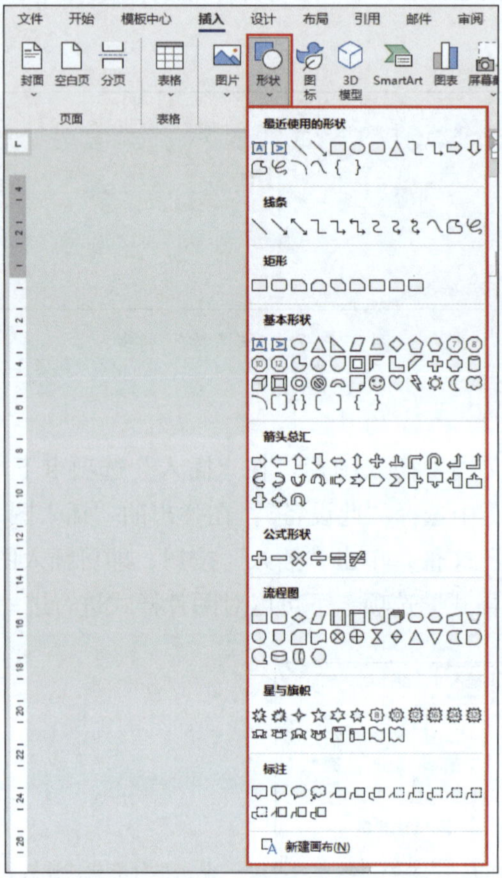

图 3-8-6 “形状”列表

二、图文混排方式

文本框、艺术字、图片、形状等在文档中的排布方式，可以在单击选中该元素后，在功能区相关工具的“格式”选项卡下，选择“排列”组中的“位置”和“环绕文字”下拉列表中的相关选项进行设置。

小提示

也可在相应元素上单击鼠标右键，在弹出的快捷菜单中选择“环绕文字”命令，然后在展开的级联菜单中选择需要的类型。

“位置”列表中相关命令的用途如图 3-8-7 所示。

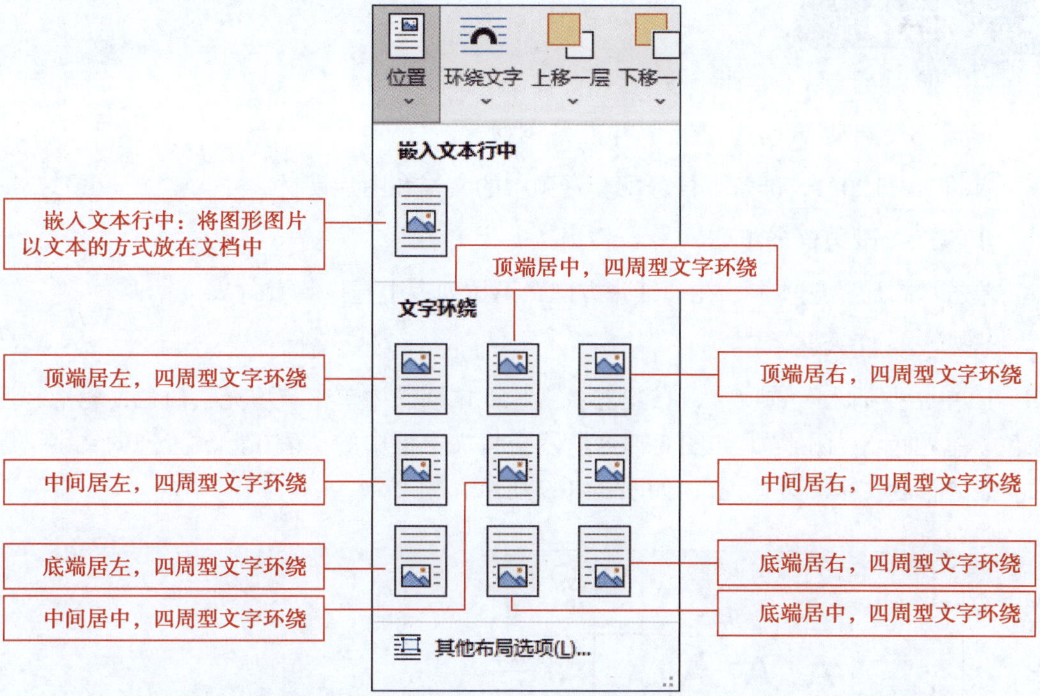

图 3-8-7　“位置”列表中相关命令的用途

“环绕文字”菜单中的相关命令用途如下。

嵌入型：将图形图片以文本的方式放在文档中。

四周型：文本内容围绕在图形图片四周，图形图片占据一个长方形区域。

紧密型环绕：文本内容紧贴在图形图片边缘排列。

穿越型环绕：文本内容穿越图形图片进行排列。

上下型环绕：文本内容排列在图形图片的上下。

衬于文字下方：将图形图片放在文本内容下面。

浮于文字上方：将图形图片放在文本内容上面。

对于多个元素叠放时，还可根据需要设置其叠放顺序，具体方法是：选中该元素后单击鼠标右键，在弹出的快捷菜单中选择“置于顶层”或“置于底层”，在级联菜单中选择需要的层次即可。

任务实施

步骤一　启动 Word 2021 并准备素材

启动 Word 2021，准备本任务配套资源中的文本和图片素材。

步骤二　设置横向纸张

单击“布局”选项卡，在“纸张方向”下拉列表中选择“横向”。

步骤三　插入艺术字

1. 单击“插入”选项卡，在“艺术字”下拉列表中单击“填充：白色；轮廓：水绿色，主题色 5；阴影”，如图 3-8-8 所示。将文本框中的“请在此放置您的文字”删除，录入标题文字“爱莲说”，如图 3-8-9 所示。

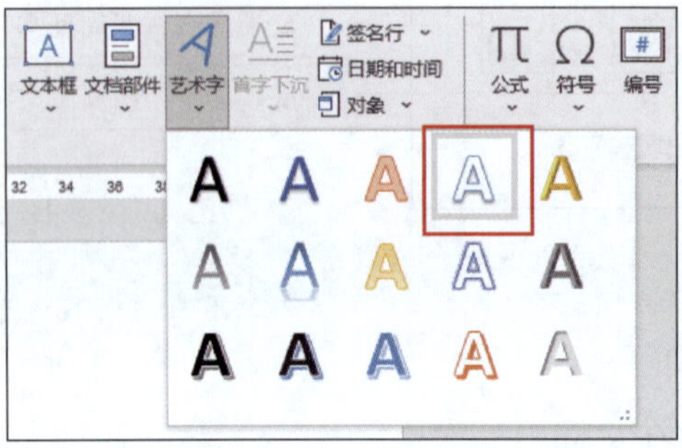

图 3-8-8　选择艺术字样式

图 3-8-9　创建艺术字

2. 单击文字“爱莲说”，将其格式设置为“字体：华文隶书；字号：小初；字形：加粗；颜色：绿色，个性色 6，淡色 40%”。单击“文本效果和版式”按钮，在下拉列表中将“轮廓”的颜色改为“白色”，如图 3-8-10 所示。

步骤四　图文环绕设置

选中“爱莲说”外部框线，单击鼠标右键，在弹出的快捷菜单中选择“环绕文字”，然后单击“上下型环绕”选项，并调整其位置，如图 3-8-11 所示。

步骤五　插入横排文本框

1. 单击“插入”选项卡，在“文本框”下拉列表中单击“绘制横排文本框”命令，在文本框中粘贴素材中的第一段文字，即图 3-8-1 中左上部内容。将其字体格式设置为“字体：华文隶书，字号：四号”，段落格式设置为“首行缩进：2 字符，行距：单倍行距”，如图 3-8-12 所示。

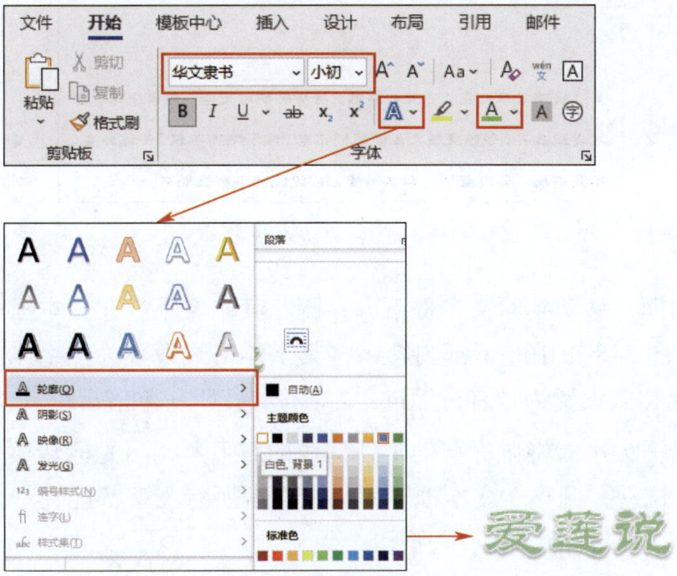

图 3-8-10　设置“爱莲说”艺术字效果

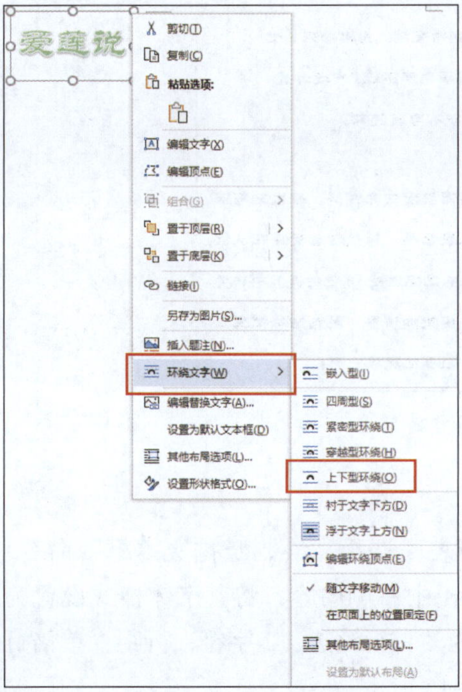

图 3-8-11　图文环绕设置

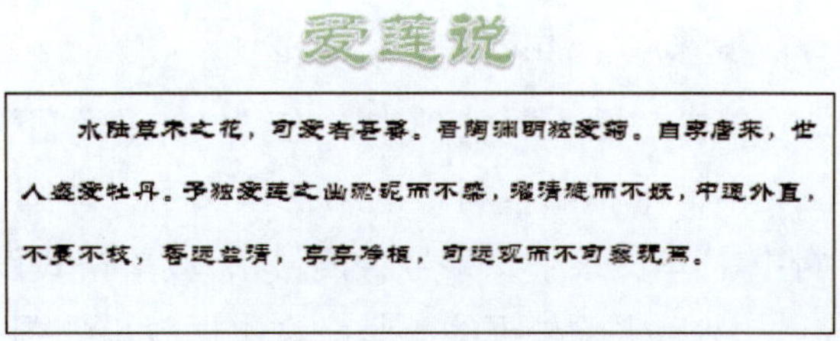

图 3-8-12　创建文本框

2. 选择“文本框”的外框线，单击鼠标右键，在弹出的快捷菜单中单击“设置形状格式”命令，在弹出的“设置形状格式”对话框中单击“线条颜色”按钮，选择“无线条”选项，无边框线效果如图 3-8-13 所示。

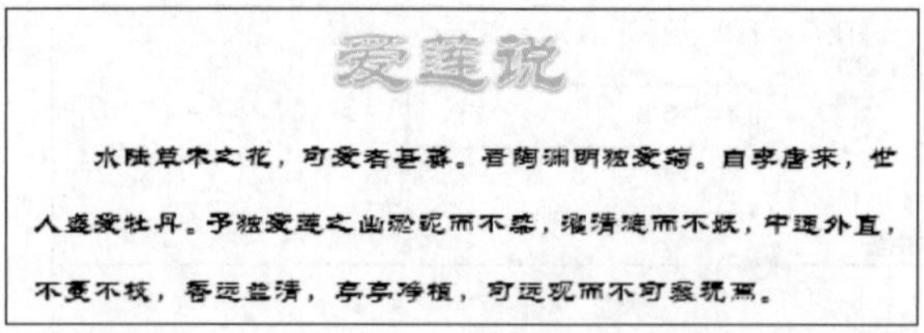
爱莲说

水陆草木之花，可爱者甚蕃。晋陶渊明独爱菊。自李唐来，世人甚爱牡丹。予独爱莲之出淤泥而不染，濯清涟而不妖，中通外直，不蔓不枝，香远益清，亭亭净植，可远观而不可亵玩焉。

图 3-8-13　无边框线效果

3. 复制文本框，移动到原文本框下方，删除其中文字。在文本框中粘贴素材中的第二段文字，即图 3-8-1 中左下部内容。将其字体格式设置为“字体：华文隶书，字号：四号”，段落格式设置为“首行缩进：2 字符，行距：单倍行距”。

4. 调整文本框大小，将鼠标移动至外框线的右下角，当光标转换成双箭头时，拖动鼠标左键向外拉动，调整“文本框”大小，直至所有文字都能在“文本框”中显示为止，文本框设置效果如图 3-8-14 所示。

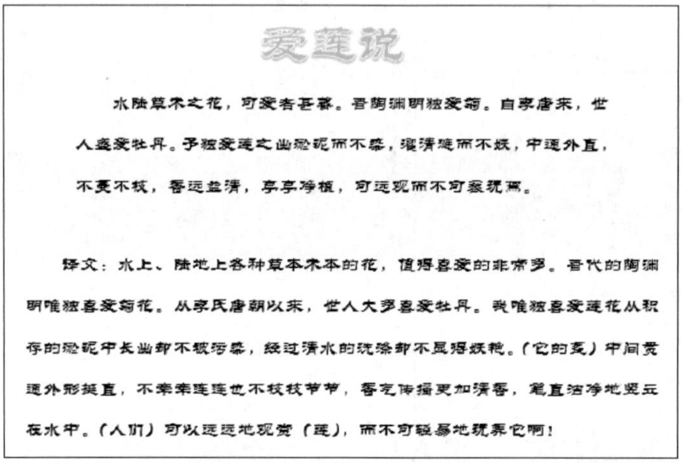
爱莲说

水陆草木之花，可爱者甚蕃。晋陶渊明独爱菊。自李唐来，世人甚爱牡丹。予独爱莲之出淤泥而不染，濯清涟而不妖，中通外直，不蔓不枝，香远益清，亭亭净植，可远观而不可亵玩焉。

译文：水上、陆地上各种草本木本的花，值得喜爱的非常多。晋代的陶渊明唯独喜爱菊花。从李氏唐朝以来，世人大多喜爱牡丹。我唯独喜爱莲花从积存的淤泥中长出却不被污染，经过清水的洗涤却不显得妖艳。（它的茎）中间贯通外形挺直，不牵牵连连也不枝枝节节，香气传播更加清香，笔直洁净地竖立在水中。（人们）可以远远地观赏（莲），而不可轻易地玩弄它啊！

图 3-8-14　文本框设置效果

步骤六　插入竖排文本框

单击“插入”选项卡，在“文本框”下拉列表中选择“绘制竖排文本框”命令。在文本框中粘贴素材中的第三段文字，即图 3-8-1 中右侧内容，将其字体格式设置为“字体：华文隶书，字号：四号”，段落格式设置为“首行缩进：2 字符，行距：单倍行距”，然后去除外框线，竖排文本框效果如图 3-8-15 所示。

步骤七　插入图片并设置叠放顺序

1. 单击“插入”选项卡中的“图片”按钮，在下拉列表中选择“此设备”，在打开的“插入图片”对话框中选择素材文件中的“莲花 1”图片，如图 3-8-16 所示。

2.“图片”的默认混排方式是嵌入型，不能自由移动。选择“莲花 1”图片，单击

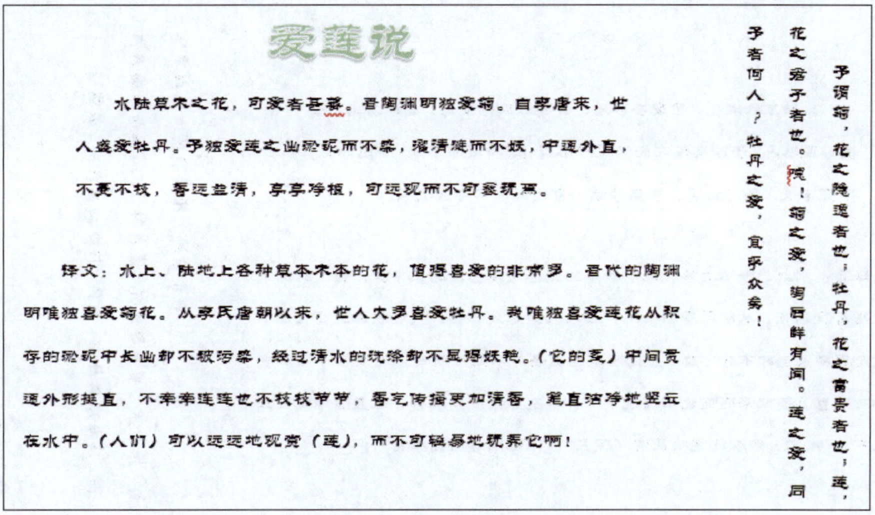

图 3-8-15　竖排文本框效果

鼠标右键，在弹出的快捷菜单中选择“环绕文字”选项，在“环绕文字”的级联菜单中单击“四周型”选项，调整其位置。

3. 选择“莲花 1”图片，将鼠标移动至外框线的右下角，当光标转换为双箭头时按住鼠标左键向外拖动，调整图片大小。

4. 选择“莲花 1”图片，单击鼠标右键，在快捷菜单中单击“置于底层”级联菜单中的“置于底层”命令，如图 3-8-17 所示。

图 3-8-16　选择图片素材

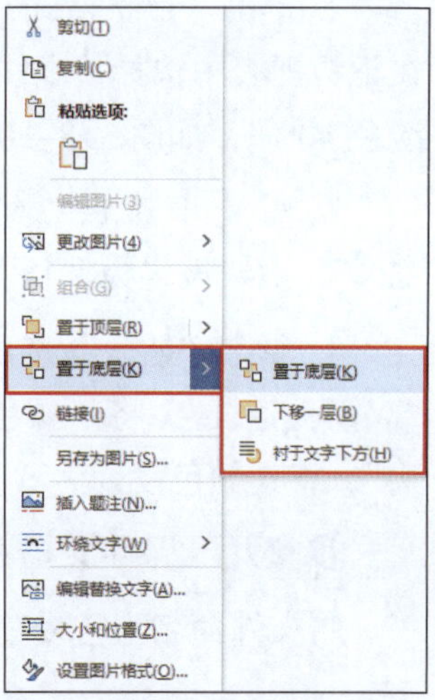

图 3-8-17　调整叠放顺序

5. 重复上述步骤，插入“莲花 2”图片，叠放顺序设置效果如图 3-8-18 所示。

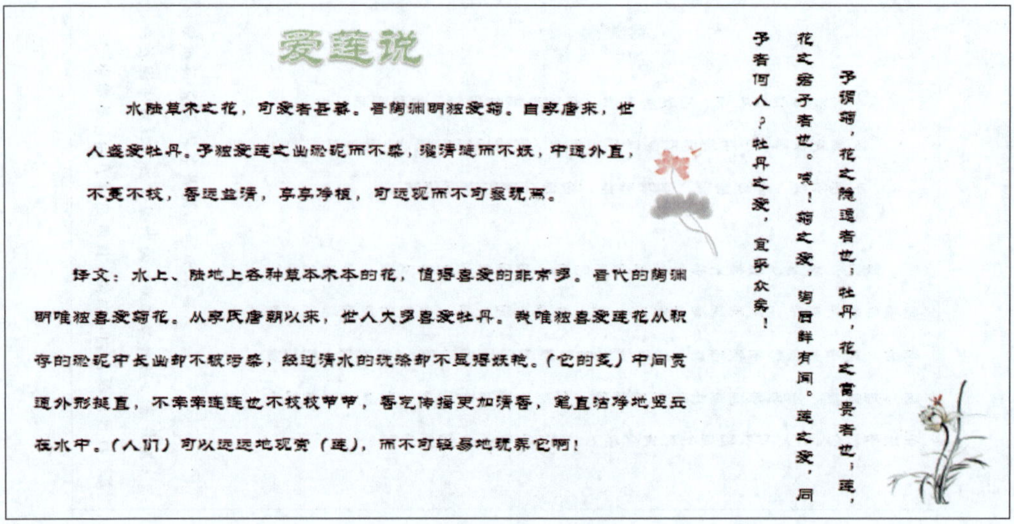

图 3-8-18　叠放顺序设置效果

步骤八　插入形状

1. 单击“插入”选项卡，在“形状”下拉列表中单击“直线”选项，绘制一条直线，如图 3-8-19 所示。

图 3-8-19　绘制一条直线

2. 单击“形状格式”选项卡下“形状样式”组中的“形状轮廓”按钮右侧的箭头，在下拉列表中选择“虚线”，单击“短画线”选项，将其颜色设置为“绿色，个性色 6，淡色 40%”，如图 3-8-20 所示。

3. 重复步骤 1、2 绘制竖线，将其形状轮廓颜色设置为“白色，背景 1，深色 35%”，虚线设置为“长画线”，如图 3-8-21 所示。

4. 单击“插入”选项卡，在“形状”选项中单击“双箭头直线”选项，绘制横向“双箭头直线”，将其颜色设置为“绿色，个性色 6，淡色 40%”，然后绘制纵向“双箭头”，将其颜色设置为“白色，背景 1，深色 35%”，效果如图 3-8-1 所示。

步骤九　保存文档并退出

将文件命名为“爱莲说板报”，保存并关闭 Word 2021 程序。

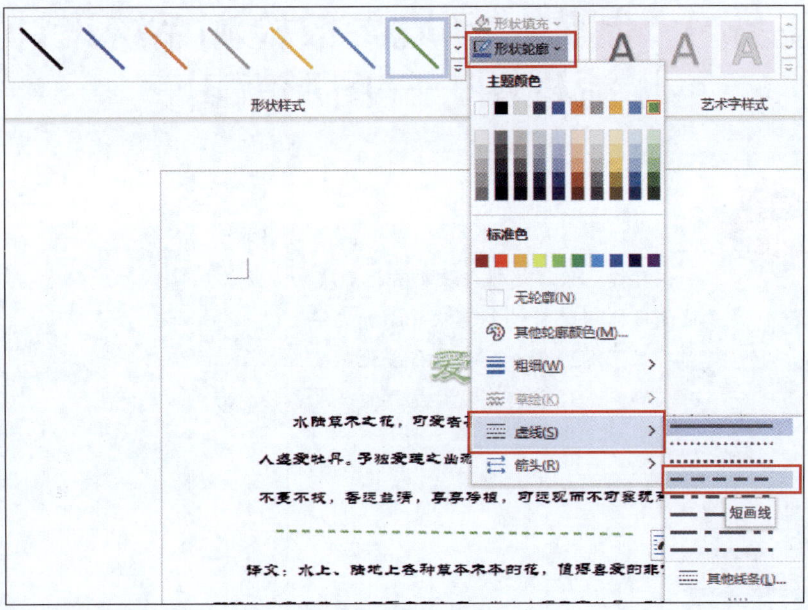

图 3-8-20　添加短画线效果

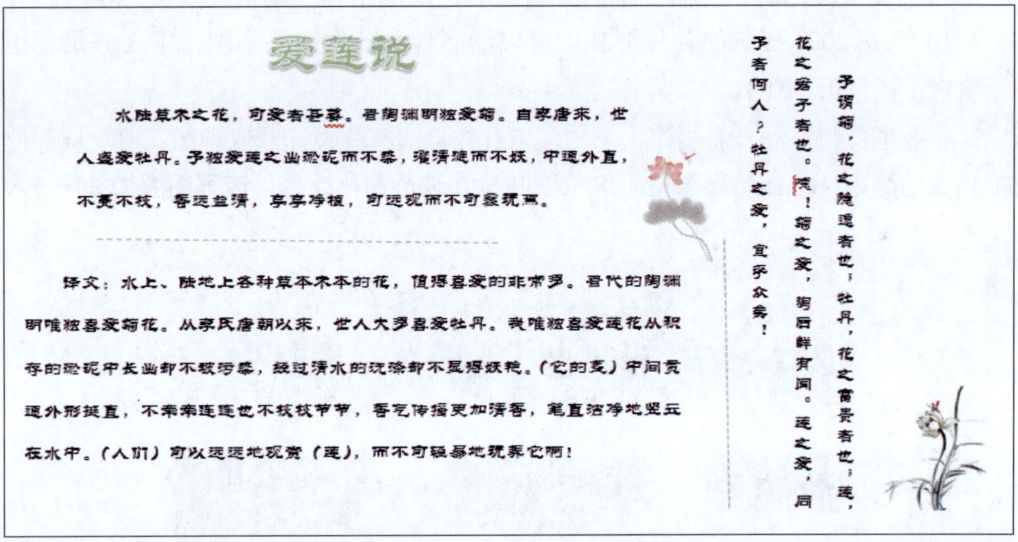

图 3-8-21　添加长画线效果

任务 9　制作“环境参数检测系统设计”流程图——图形编辑

学习目标

知识目标：了解编辑形状及美化形状的方法。

技能目标：1. 能绘制形状并添加文字。

2. 能对形状进行美化。

3. 能将形状按需要组合成各种图形。

任务描述

工作中编写文档时，常需要绘制关系图表达层次结构、逻辑关系、工作流程等信息，利用 Word 2021 提供的各种形状，可以绘制各种各样的关系图，本任务是利用形状完成以下案例的制作。

某企业推广新产品，需制作一个“环境参数检测系统设计”流程图，要求标题使用象征环保的绿色，主体流程图使用形状绘制，并进行美化处理，流程图效果如图 3-9-1 所示。

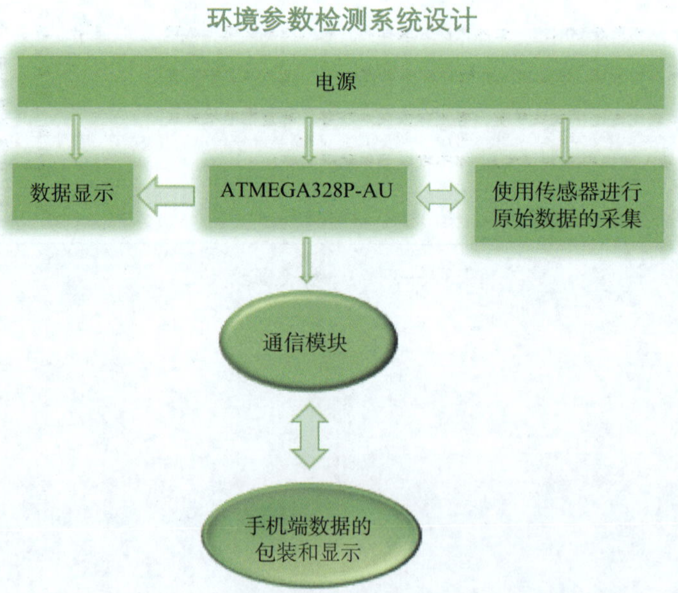

图 3-9-1　流程图效果

相关知识

一、绘制基本图形

单击“插入”选项卡中的“形状”下拉列表，显示可绘制的所有形状，如图 3-9-2 所示，根据需要选择一种形状，鼠标光标变成“+”形，在工作区中按住鼠标左键不放，沿对角线进行拖动，达到所需大小后松开鼠标左键，即可完成形状的绘制。

二、编辑图形

1. 编辑形状或顶点

插入形状后，在“形状格式”选项卡中单击“编辑形状”下拉列表中的“更改形状”选项，在级联菜单中可以更改为其他形状，也可以对形状顶点位置进行编辑，如图 3-9-3 所示。

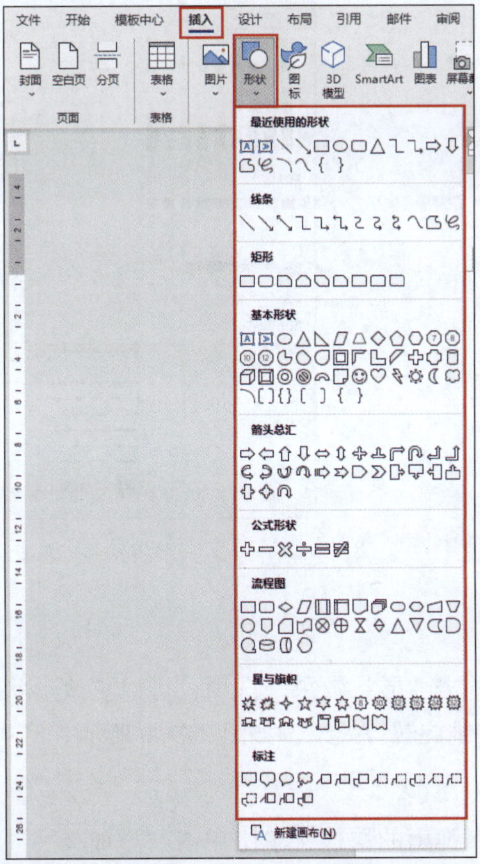

图 3-9-2　“形状”列表

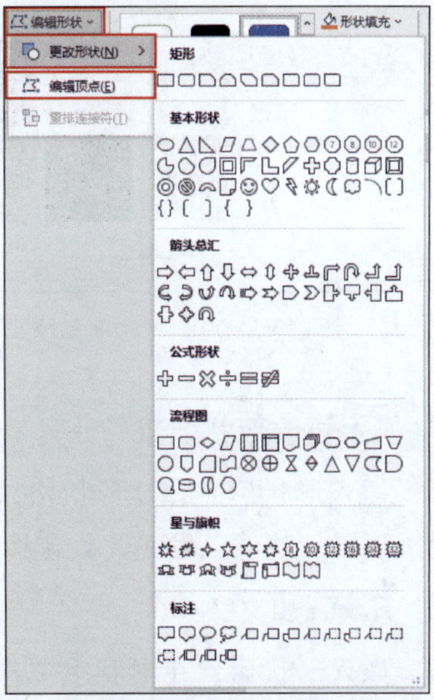

图 3-9-3　编辑形状

2. 填充形状

插入形状后，在“形状格式”选项卡中单击“形状填充”选项，可以更改形状填充颜色、图片、渐变、纹理等，如图 3–9–4 所示。

3. 更改形状轮廓

插入形状后，在“形状格式”选项卡中单击“形状轮廓”选项，可以更改形状轮廓颜色、粗细、虚线等，如图 3–9–5 所示。

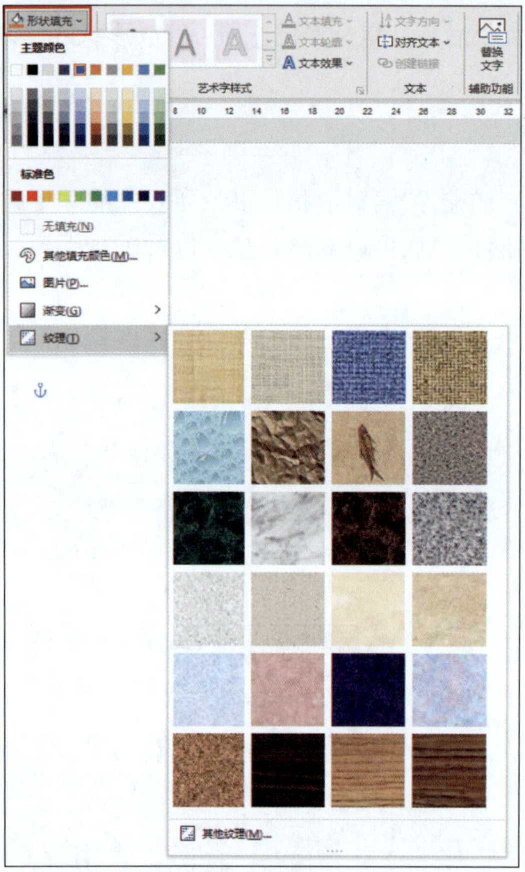

图 3-9-4 “形状填充”列表

图 3-9-5 “形状轮廓”列表

4. 更改形状效果

插入形状后，在“形状格式”选项卡中单击“形状效果”选项，可以更改形状预设、阴影、映像、发光、柔化边缘、棱台、三维旋转等效果，如图 3–9–6 所示。

5. 添加文字

插入形状后，在形状上单击鼠标右键，在弹出的快捷菜单中单击“添加文字”命令，此时图形中出现光标，在光标处输入文字即可添加文字。

三、组合图形

形状绘制完成后，为了方便整体移动，可以对形状进行组合。按住 Ctrl 键，单击鼠标左键，依次单击需要组合的形状，然后单击鼠标右键，在弹出的快捷菜单中单击“组合”级联菜单中的“组合”命令，如图 3-9-7 所示。

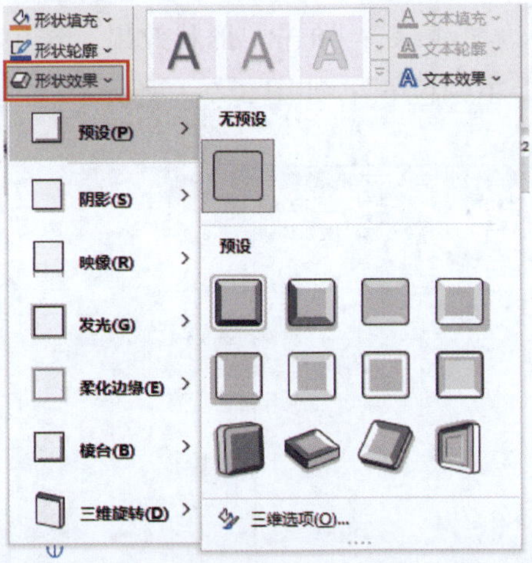

图 3-9-6 形状效果

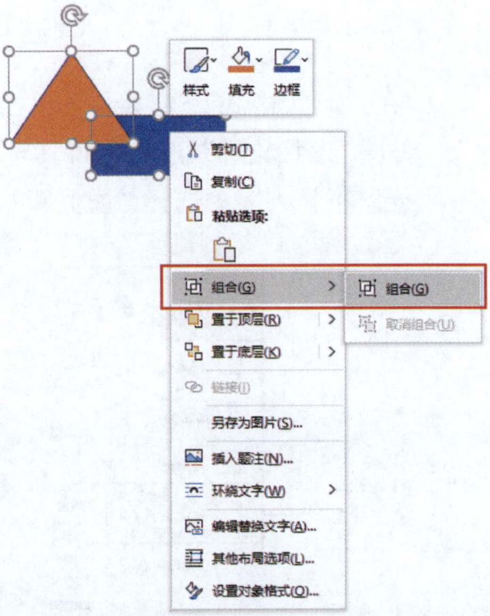

图 3-9-7 “组合”命令

小提示

为方便用户更快捷地制作各种精美的关系图，Word 2021 还提供了一个称为 SmartArt 的功能，可以看作是一组关系图的模板，利用 SmartArt 可以便捷地制作各种精美的图表，其具体用法将在项目五中进一步学习。

任务实施

步骤一 启动 Word 2021 并编辑标题

启动 Word 2021，输入标题文字“环境参数检测系统设计”，将其格式设置为“字体：黑体，字号：四号，颜色：浅绿，字形：加粗，段落格式：居中”。

步骤二 绘制“矩形”形状

1. 单击“插入”选项卡，在“形状”下拉列表中单击“矩形”形状，绘制矩形，如图 3–9–8 所示。

图 3–9–8 绘制矩形

2. 在“形状格式”选项卡下单击“形状填充”选项，将其填充颜色设置为“浅绿”；单击“形状轮廓”选项，将其轮廓颜色设置为“浅绿”；单击“形状效果”选项，在“发光”下拉列表中选择“发光：11 磅；绿色，主题色 6”，如图 3–9–9 所示。

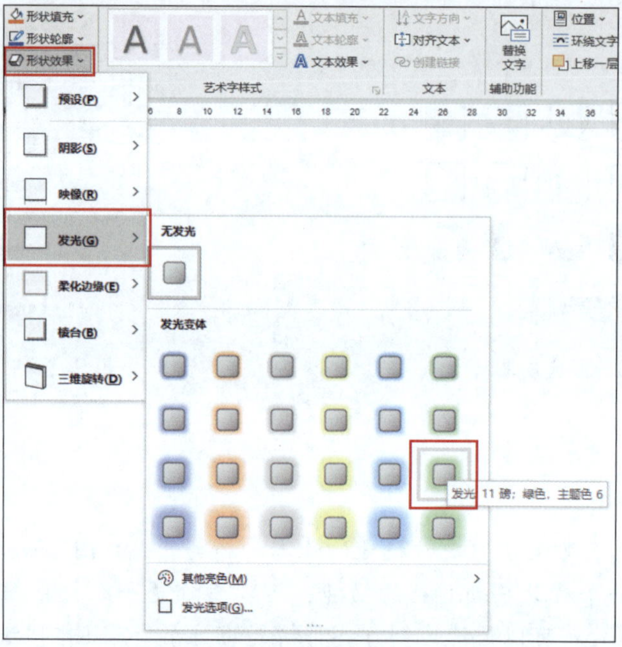

图 3–9–9 设置形状发光效果

3. 选中矩形后单击鼠标右键，在弹出的快捷菜单中单击“添加文字”选项，输入文字“电源”，将其颜色设置为“黑色”，如图 3–9–10 所示。

步骤三 复制“矩形”形状

1. 按住 Ctrl 键，移动光标至矩形形状上，光标右侧显示“+”，按下鼠标左键拖动矩形进行复制，然后调整其大小。

2. 输入文字“数据显示”“ATMEGA328P–AU”“使用传感器进行原始数据的采集”，如图 3–9–11 所示。

图 3-9-10　添加文字

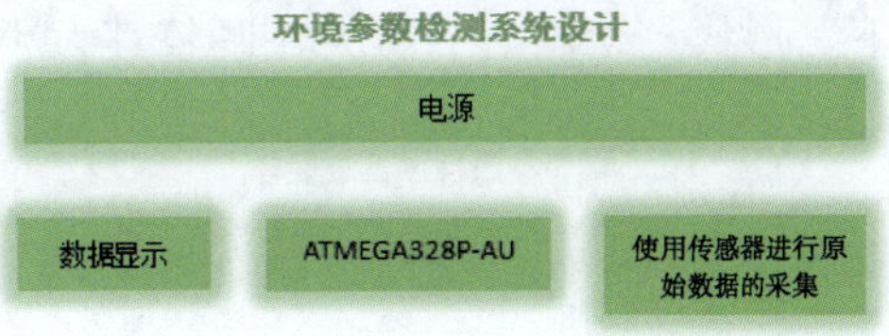

图 3-9-11　复制形状并添加文字

步骤四　绘制“椭圆”形状

1. 单击“插入”选项卡，在“形状”下拉列表中单击“椭圆”选项，绘制椭圆，如图 3-9-12 所示。

2. 在“形状格式”选项卡下单击“形状填充”选项，将其填充颜色设置为“浅绿”；单击“形状轮廓”选项，将其轮廓颜色设置为“浅绿”；单击“形状效果”选项，在“棱台”下拉列表中单击“圆形”选项。

3. 选中形状，单击鼠标右键，在弹出的快捷菜单中单击“添加文字”选项，输入文字“通信模块”，将其颜色设置为“黑色”，如图 3-9-13 所示。

步骤五　复制“椭圆”形状

1. 按住 Ctrl 键，移动光标至椭圆形状上，光标右侧显示“+”号，按下鼠标左键拖动椭圆进行复制。

2. 输入文字“手机端数据的包装和显示”。

3. 在“形状格式”选项卡下单击“形状效果”选项，在“棱台”下拉列表中单击“柔圆”选项，如图 3-9-14 所示。

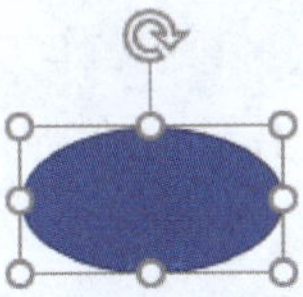

图 3-9-12　绘制椭圆

图 3-9-13　圆形棱台效果

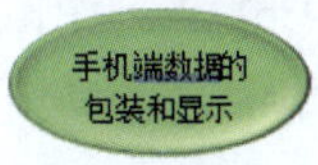

图 3-9-14　柔圆棱台效果

步骤六　插入箭头

1. 单击“插入”选项卡，在“形状”下拉列表中单击“箭头：下”形状，绘制箭头并调整其大小，如图 3-9-15 所示。

2. 单击“插入”选项卡，在“形状”下拉列表中单击“箭头：左”形状，绘制箭头并调整其大小，如图 3-9-16 所示。

3. 在“形状格式”选项卡下“插入形状”组中，左侧列出了各种形状，单击形状右下角的倒三角形按钮，展开其他形状下拉列表，在“箭头总汇”中单击“箭头：上下”形状，绘制上下箭头并调整其大小，如图 3-9-17 所示。

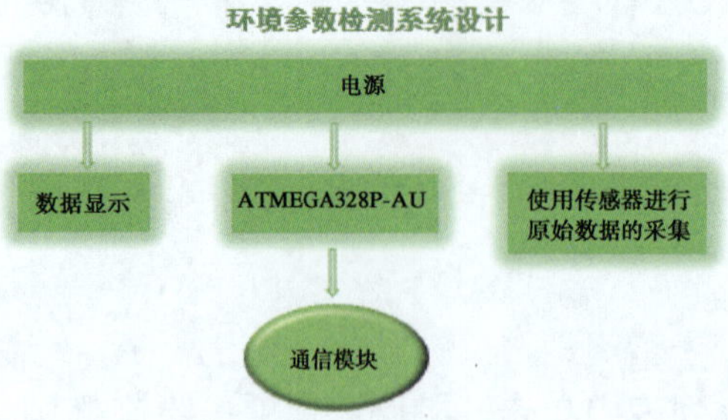

图 3-9-15　绘制下箭头

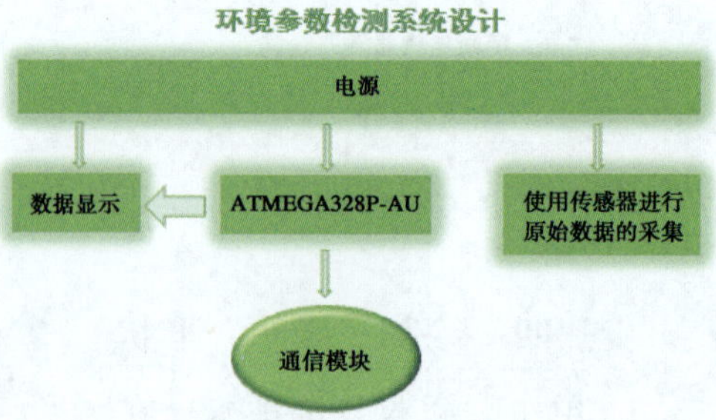

图 3-9-16　绘制左箭头

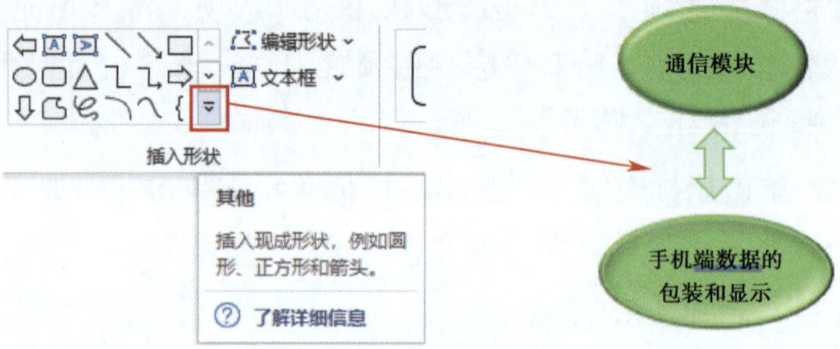

图 3-9-17　其他形状列表

4. 重复步骤 3，单击“箭头：左右”，绘制左右箭头并调整其大小，如图 3-9-1 所示。

步骤七　组合形状

上述步骤完成后的流程图由多个图形组成，如需移动位置，操作会较为烦琐。这时可使用 Word 2021 提供的“组合”功能将这些图形组合为一个整体。其操作方法是：按住 Ctrl 键，用鼠标左键依次单击需要组合的形状，然后单击鼠标右键，在弹出的快捷菜单中单击“组合”级联菜单中的“组合”命令即可。

步骤八　保存文档并退出

将文件命名为“环境参数检测系统流程”，保存并关闭 Word 2021 程序。

任务 10 制作文章目录——样式和目录的使用

学习目标

知识目标：1. 了解样式的功能和使用方法。
2. 了解目录的功能和使用方法。

技能目标：1. 能新建和修改样式。
2. 能应用样式功能设置文档格式。
3. 能使用目录功能为文档自动生成目录。

任务描述

在编辑文档时，一般需要规范文章的格式，使用样式功能可以方便地对文档的格式进行统一修改。对于篇幅较大的文档，常常需要制作目录以便查看，Word 2021 提供了自动生成目录的功能。本任务在学习样式和目录使用方法的基础上，完成以下案例的制作。

某单位现需对一篇文章进行格式设置并生成目录，要求格式统一、层次清晰、目录完整（含页码），“目录”效果如图 3–10–1 所示。

相关知识

一、样式

样式是 Word 2021 提供的一个非常实用的功能，当文档中特定内容使用同一种格式时就可以使用样式，通过样式对一段文字使用设定好的字体、颜色、大小等格式进行修饰，当需要对使用该样式的文字格式进行统一修改时，直接修改样式信息即可，从而避免了逐一修改的麻烦。

在 Word 2021 中，样式分为字符样式和段落样式两种。字符样式是指由样式名称来标识的字符格式的组合，它提供字符的字体、字号、字体颜色和文字效果等。字符样式仅作用于段落中选定的字符。段落样式是指由样式名称来标识的一套字符格式和段落格式，包括字体、制表位、边框、段落等。一旦用户创建了某种段落样式，就可以选定一个段落或多个段落并使用该样式。

目　录

图 3-10-1　“目录”效果

1. 新建样式

单击“开始”选项卡下“样式”组右下角的按钮，弹出“样式”列表，单击左下角按钮新建样式，如图 3-10-2 所示。

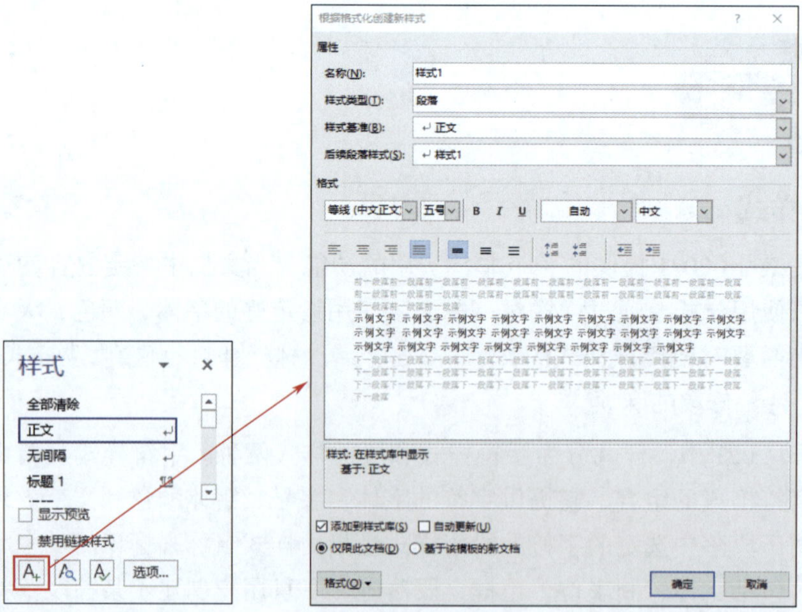

图 3-10-2　新建样式

2．修改样式

单击“开始”选项卡下“样式”组中右下角的按钮 ，在“样式”列表中单击“标题 1”右侧的按钮，在下拉列表中单击“修改”命令，打开“修改样式”对话框，如图 3-10-3 所示。

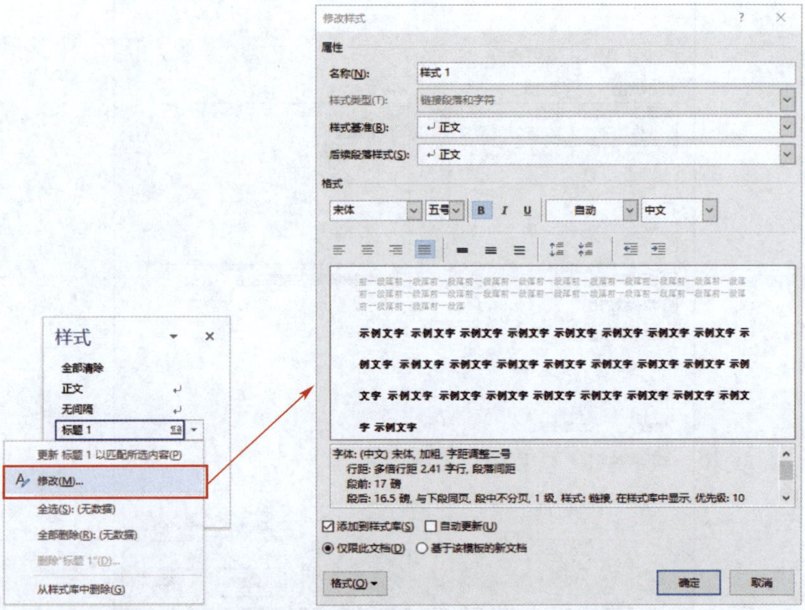

图 3-10-3 “修改样式”对话框

3．设置样式格式

在“修改样式”对话框中单击“格式”按钮，可以设置字体、段落、制表位、边框、语言、图文框、编号、快捷键、文字效果等属性，如图 3-10-4 所示。

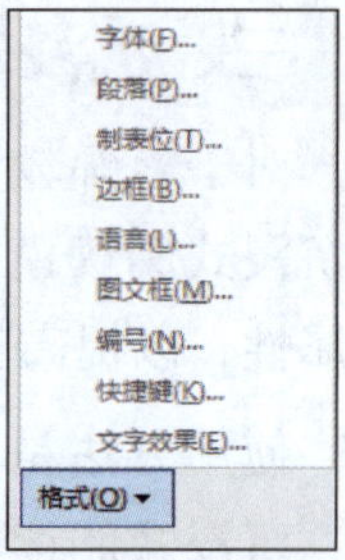

图 3-10-4　格式菜单

4．更改样式

选择需要更改样式的文字，单击“开始”选项卡，在“样式”组中选择所需标题样式，如图 3-10-5 所示。

图 3-10-5 “样式”组中的标题样式

二、目录

在图书和杂志中，为了方便读者了解和查找其中内容，一般在正文前需要加入目录。

插入目录前需要对文稿中的文字设置样式，单击“引用”选项卡，在“目录”组中单击“目录”下拉按钮，在展开的下拉菜单中单击“自定义目录”命令，打开“目录”对话框，如图 3–10–6 所示。在“目录”对话框中可以设置显示页码、页码右对齐、制表符前导符、格式、显示级别等属性。

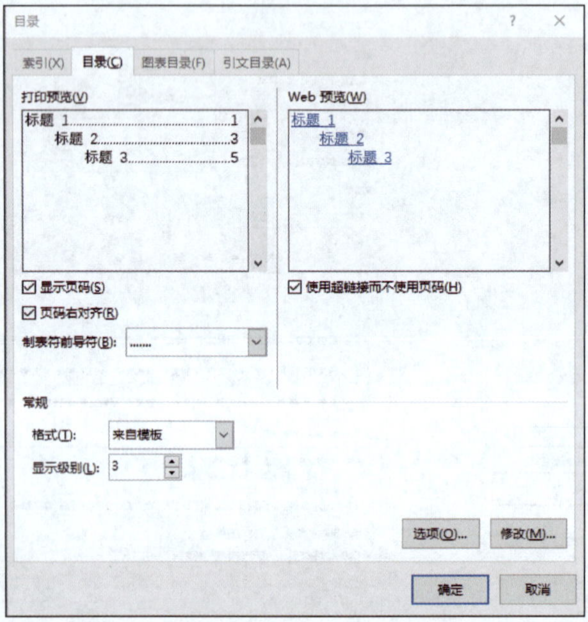

图 3–10–6 “目录”对话框

三、沉浸式阅读器

对于篇幅较大的文档，为了方便用户排除干扰，专心阅读，在 Word 2021 中提供了沉浸式阅读模式，在这种阅读模式下可以调整列宽、页面颜色、行焦点、文字间距等属性，以提高工作时的专注度，不受其他因素影响，还可以把文本大声朗读出来。

使用方法是单击“视图”选项卡下“沉浸式”组中的“沉浸式阅读器”按钮，打开“沉浸式阅读器”工具栏，如图 3–10–7 所示，例如，将行焦点设置为“五行”，沉浸式阅读效果如图 3–10–8 所示。

任务实施

步骤一　启动 Word 2021

启动 Word 2021，并打开素材文件。

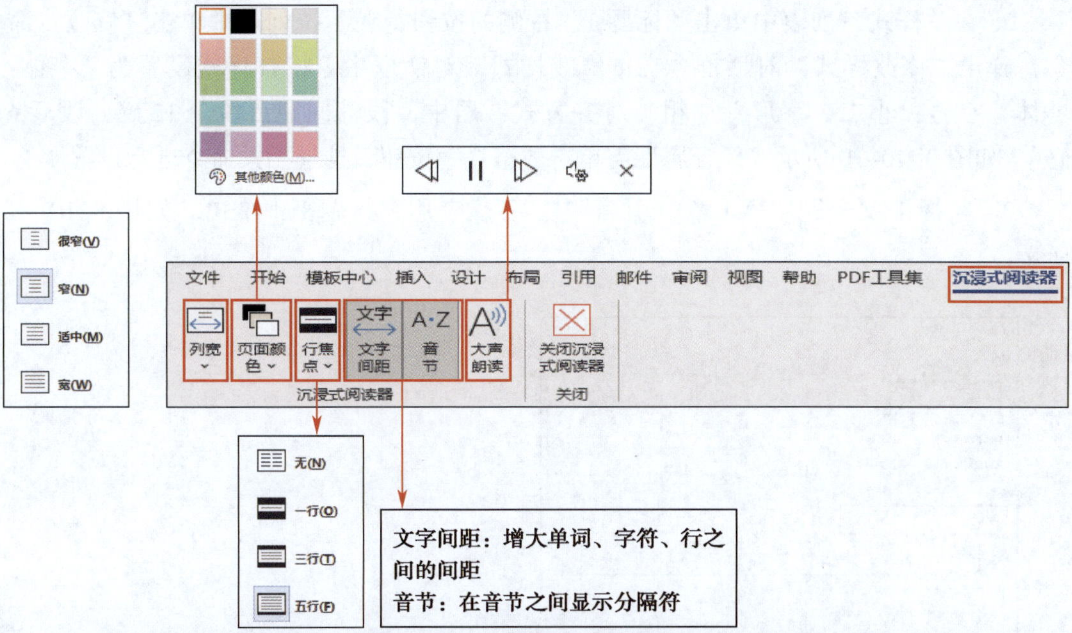

图 3-10-7 “沉浸式阅读器”工具栏

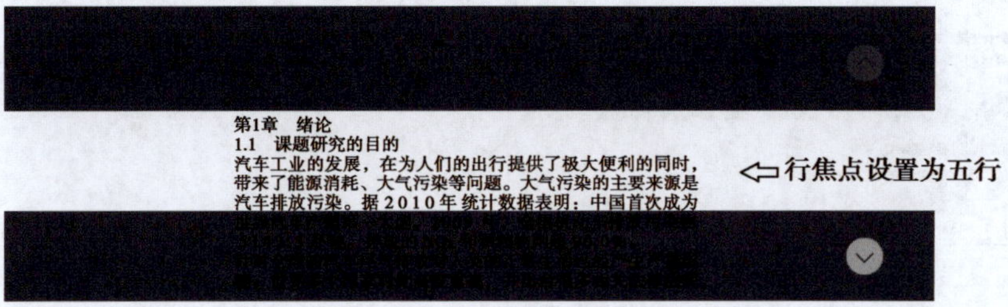

图 3-10-8 沉浸式阅读效果

步骤二 设置样式

1. 单击“开始”选项卡，在“样式”组中单击右下角的按钮 ，如图 3-10-9 所示。

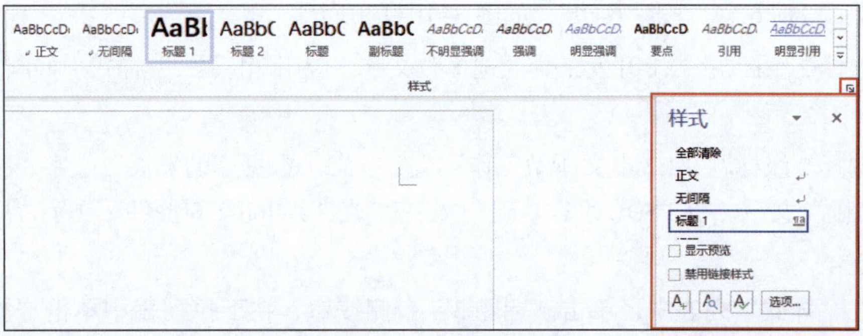

图 3-10-9 “样式”对话框

2. 在“样式”列表中单击“标题 1”右侧的按钮，在下拉列表中单击“修改”命令，弹出“修改样式”对话框。在“修改样式”对话框中，将其格式设置为“字体：黑体，字号：小二，字形：加粗，对齐方式：居中，段落间距：段前 12 磅、段后 6 磅”，如图 3-10-10 所示，部分属性需单击“格式”按钮，选择相关命令进行设置。

3. 选择 1 级标题“第 1 章　引言”文字，应用“标题 1”样式，如图 3-10-11 所示。

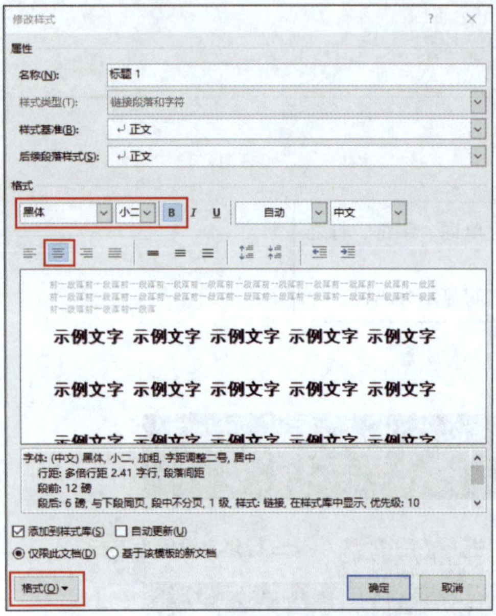

图 3-10-10　“标题 1”样式设置

图 3-10-11　1 级标题设置

4. 选择 1 级标题“第 2 章　数据库概论”文字和“第 3 章　数据库开发工具”文字，应用“标题 1”样式。

5. 在“样式”列表中单击“标题 2”右侧按钮，在下拉列表中单击“修改”命令。在“修改样式”对话框中，将其格式设置为“字体：黑体，字号：小三，字形：加粗，段落间距：段前 6 磅、段后 6 磅”，如图 3-10-12 所示。

6. 选择 2 级标题“1.1 开发工具的选择”文字，应用“标题 2”样式，如图 3-10-13 所示。

7. 选择 2 级标题“1.2 本文所做工作”文字、“2.1 数据库的发展”文字、“2.2 数据库理论基础”文字、“2.3 SQL 语言基础”文字和“3.1 Delphi 6.0 控件”文字，应用“标题 2”样式。

8. 在“样式”列表中，单击“标题 3”右侧按钮，在下拉列表中单击“修改”命令。在“修改样式”选项卡中，将其格式设置为“字体：黑体，字号：四号，字形：

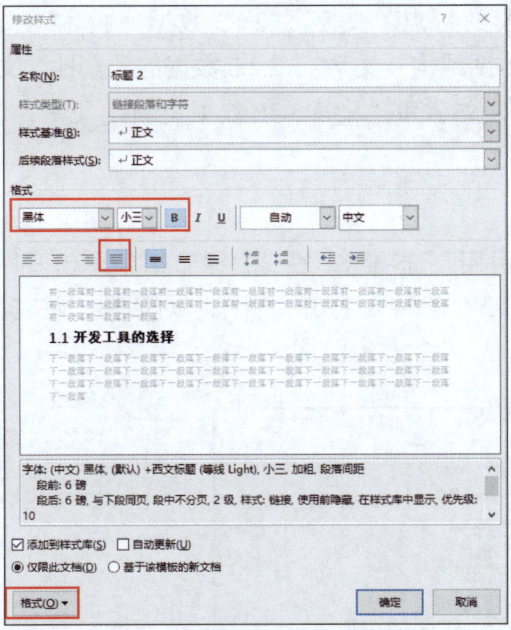

图 3-10-12 “标题 2”样式设置

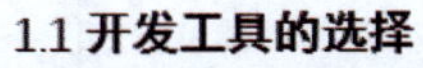

图 3-10-13 2 级标题设置

加粗，段落间距：段前 4 磅、段后 4 磅”，如图 3-10-14 所示。

9. 选择 3 级标题“2.1.1 数据库的发展”文字，应用“标题 3”样式，如图 3-10-15 所示。

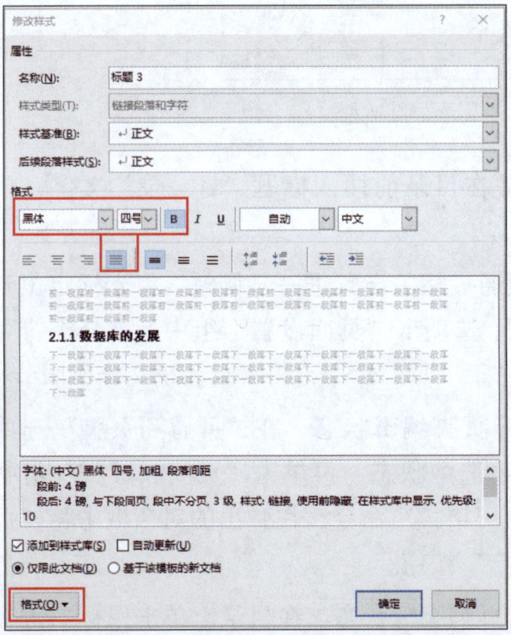

图 3-10-14 “标题 3”样式设置

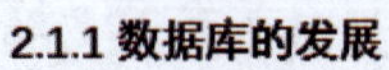

图 3-10-15 3 级标题设置

10. 选择3级标题“2.1.2 数据库阶段的特点”文字、“2.1.3 数据库技术”文字、“2.2.1 数据库模型”文字、“2.2.2 数据库体系结构”文字、“2.2.3 数据的独立性”文字、“2.3.1 SQL 简介”文字、“2.3.2 SQL 查询”文字和“2.3.3 SQL 数据更新”文字，应用“标题 3”样式。

步骤三　设置目录

1. 将光标定位到文章开头，单击“引用”选项卡，在“目录”组中单击“目录”下拉按钮，在下拉列表中单击“自定义目录”命令，打开“目录”对话框，将其格式设置为“正式”，如图 3-10-16 所示。

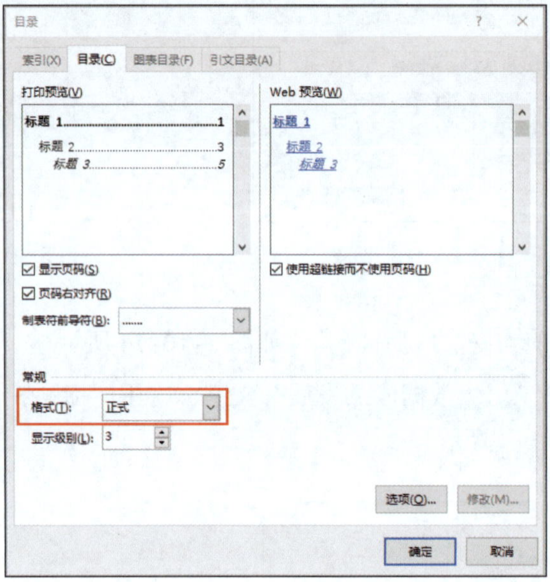

图 3-10-16 “目录”对话框

2. 单击“确定”按钮，生成目录，并在目录前插入标题“目　录”文字，采用“标题 1”样式。

3. 通常正文在目录后需另起一页，可通过相关设置进一步调整。将光标定位到正文标题“第 1 章　引言”前，单击“布局”选项卡“页面设置”组中的“分隔符”命令，在下拉菜单中单击“分节符”组中的“下一页”命令，将目录和正文分成两节。

4. 在正文首页下方页码处双击，打开页脚编辑状态。在“页眉和页脚”选项卡“导航”组中单击“上一条”命令使其取消选中状态。再单击“页眉和页脚”组中的“页码”命令，在下拉菜单中单击“设置页码格式”命令，在弹出的对话框中将“页码编号”“起始页码”设为 1，然后单击“确定”按钮。

5. 双击页面正文部分任意位置，退出页脚编辑状态。在目录上单击鼠标右键，在快捷菜单中选择“更新域”命令，在弹出的对话框中选择“只更新页码”单选框，然后单击“确定”按钮，更新目录中的页码。目录的最终效果如图 3-10-1 所示。

步骤四　沉浸式阅读

单击“视图”选项卡中“沉浸式阅读器”按钮，打开“沉浸式阅读”工具栏，将“行焦点”设置为三行，增加文字间距，沉浸式阅读效果如图 3-10-17 所示。

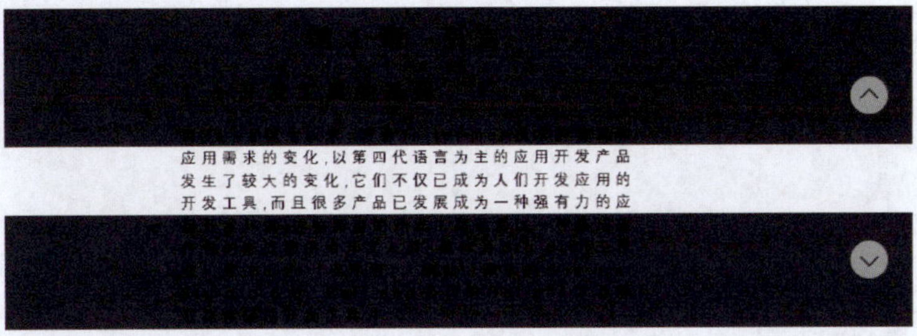

图 3-10-17　沉浸式阅读效果

步骤五　保存文档并退出

保存文件并关闭 Word 2021 程序。

任务 11　制作试卷模板——模板的创建、文档的页面设置及打印

学习目标

知识目标：了解模板的功能和创建方法。

技能目标：1. 能创建预设模板和自定义模板。

2. 能完成文档的页面设置及打印操作。

任务描述

对于一些有标准格式或共性特征的文档，Word 2021 提供了模板功能，用户可以利

用模板快速创建文档，避免重复操作。本任务在学习模板使用方法、文档打印相关知识的基础上，完成以下案例的制作。

某院校为规范学校考试试卷格式，需要制作一份通用的试卷模板，方便教师出题使用，试卷模板效果如图 3-11-1 所示。

图 3-11-1　试卷模板效果

相关知识

模板就是将各种类型的文档预先编排成一种文档框架，包括一些固定的文字内容以及所要使用的样式等。Word 2021 有预置模板供用户使用，也允许用户创建自定义的 Word 模板，以适合实际工作的需要。

一、预置模板

打开 Word 2021 文档，单击“文件”选项卡下的“新建”命令，展开“新建”窗口，如图 3-11-2 所示，在此窗口中显示了若干系统预设的模板，用户可根据需要选择一种模板，例如选择“信函”，将展示出多种信函模板，选择一种即可打开该模板，如图 3-11-3 所示，在该模板中输入文字内容，单击“另存为”命令，保存文档即可。

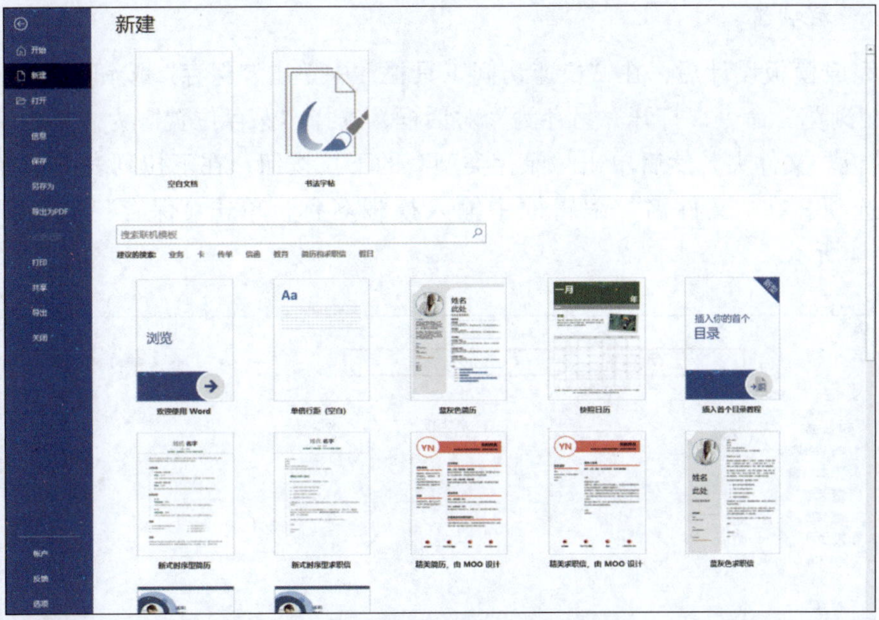

图 3-11-2 “新建”窗口

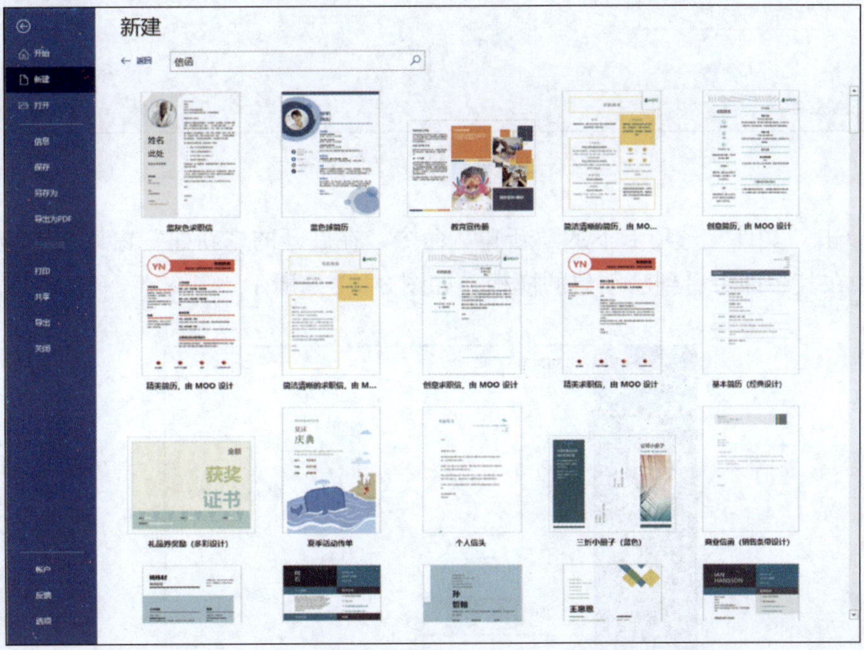

图 3-11-3 选择“信函”模板

二、自定义模板

Word 2021 允许用户根据实际需要自行创建模板，其创建和使用方法如下。

1. 打开 Word 2021 文档窗口，在当前文档中设计自定义模板所需要的元素，如文本、图片、样式等。

2. 完成模板设计后，在“快速访问工具栏”中单击“保存”按钮，在“另存为”中单击“浏览”命令，打开“另存为”对话框，选择“保存位置”为“文档－自定义 Office 模板”文件夹，然后单击“保存类型”的下拉按钮，在下拉列表中选择“Word 模板”选项。在“文件名”编辑框中输入模板名称，单击“保存”按钮即可，如图 3-11-4 所示。

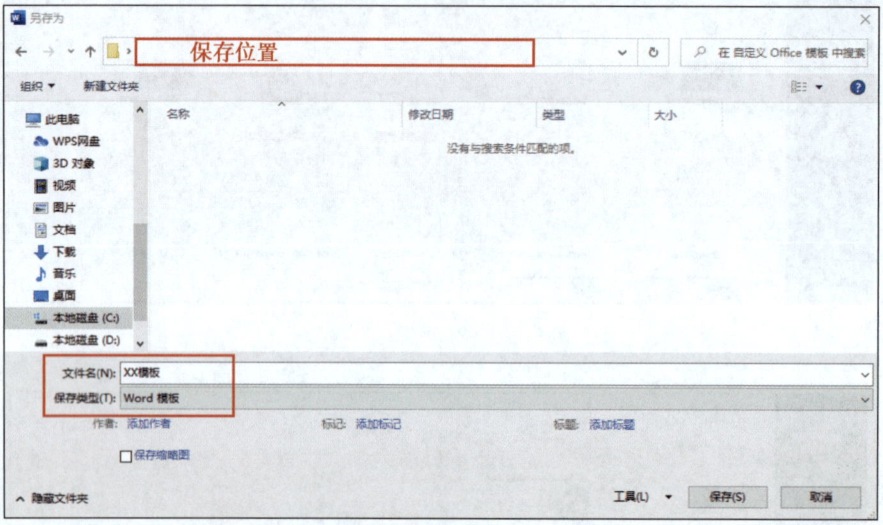

图 3-11-4 “另存为”对话框

3. 单击“文件”选项卡下的“新建”命令，在展开的“新建”窗口中单击“个人”选项卡，在其中即可看到已创建的模板，如图 3-11-5 所示。

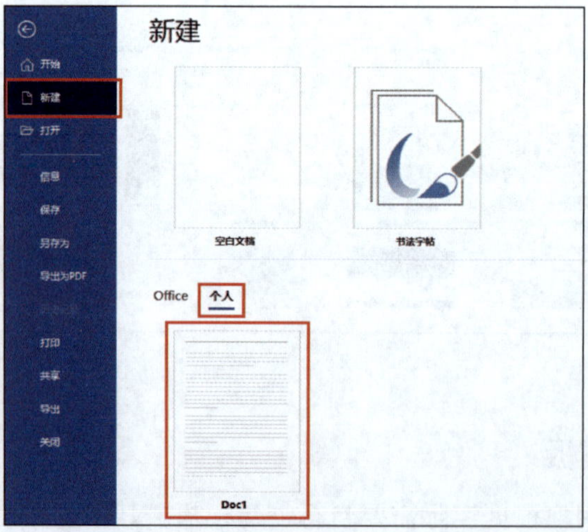

图 3-11-5 “新建”窗口

小提示

在 Word 2021 窗口中单击“模板中心”选项卡，在其功能区中（见图 3–11–6）可以快速在线搜索人资行政、求职简历、教学工具、法律合同、职场办公等常用的办公模板。例如，在“法律合同”组中选择“房屋合同”，即可弹出“模板中心”对话框，单击“免费”按钮，即可在展开的列表中选择所需模板，如图 3–11–7 所示。

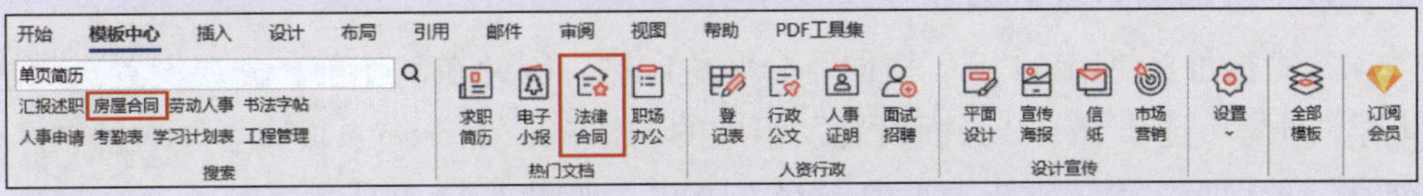

图 3–11–6　“模板中心”选项卡

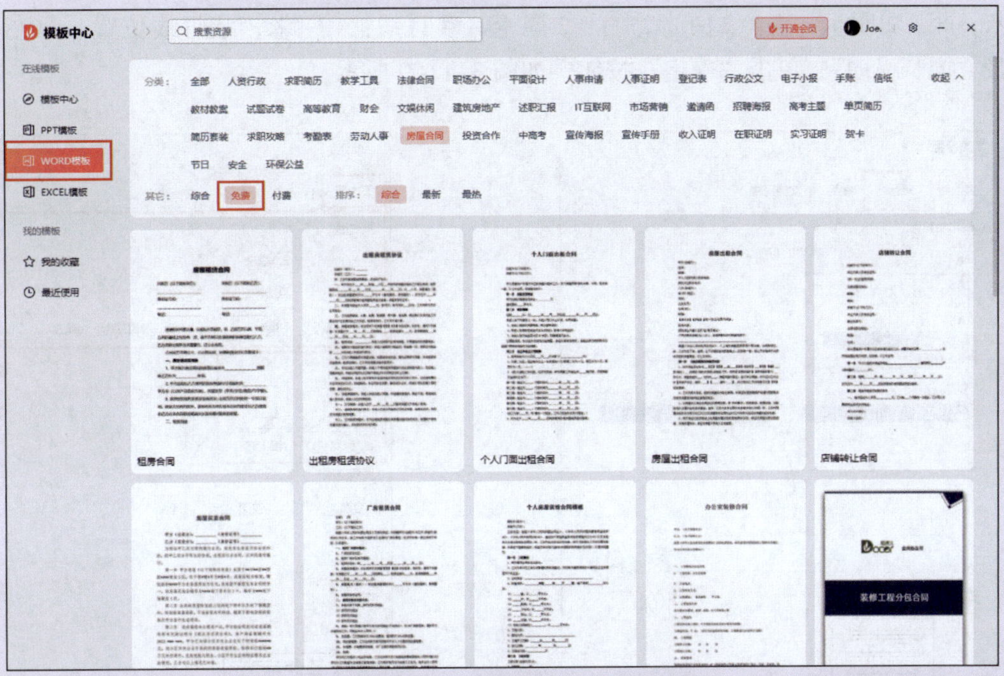

图 3–11–7　“模板中心”对话框

任务实施

步骤一　启动 Word 2021 并新建模板文件

1. 启动 Word 2021，在“文件”选项卡下单击“新建”命令。

2. 在弹出的“新建”窗口中选择“空白文档”，即可进入模板文档窗口。

步骤二　设置页面格式

1. 试卷通常使用 B4 纸、横向、分两栏印刷。因此在制作前，先要设置页面格式。单击“布局”选项卡下“页面设置”组中的按钮，打开“页面设置”对话框，单击“纸张”选项卡，设置纸张大小为“B4（JIS）”，如图 3-11-8 所示。

2. 在“页面设置”对话框中单击“页边距”选项卡，设置页边距为“上：2.5 厘米，下：2 厘米，左：3 厘米，右：2 厘米，装订线：1 厘米，装订线位置：靠左，纸张方向：横向”，单击“确定”按钮，如图 3-11-9 所示。

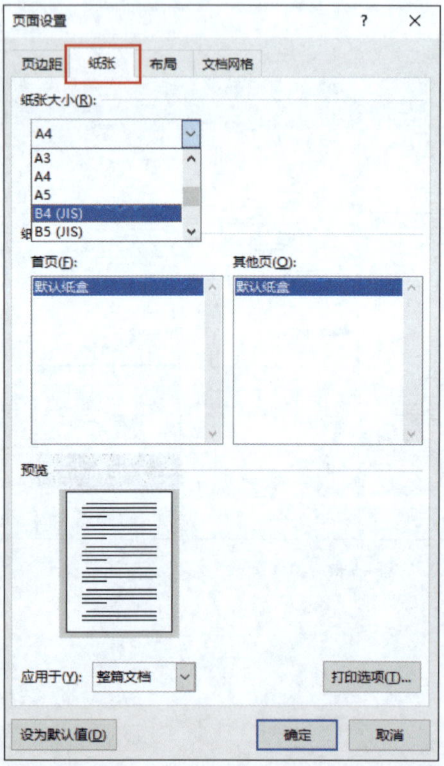

图 3-11-8　纸张设置

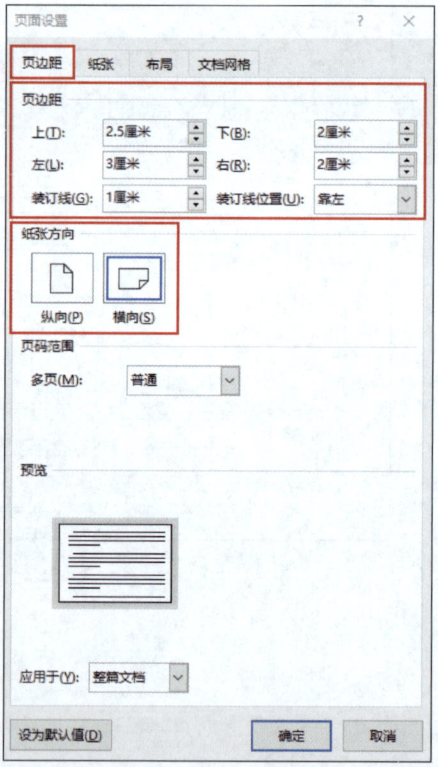

图 3-11-9　页边距设置

步骤三　利用文本框制作密封线

1. 在“插入”选项卡下“文本”组中单击“文本框”按钮，在下拉列表中选择“绘制竖排文本框”命令，如图 3-11-10 所示。在文档左边页边距外侧拖绘出一个文本框，并输入文字及下画线，如图 3-11-11 所示。

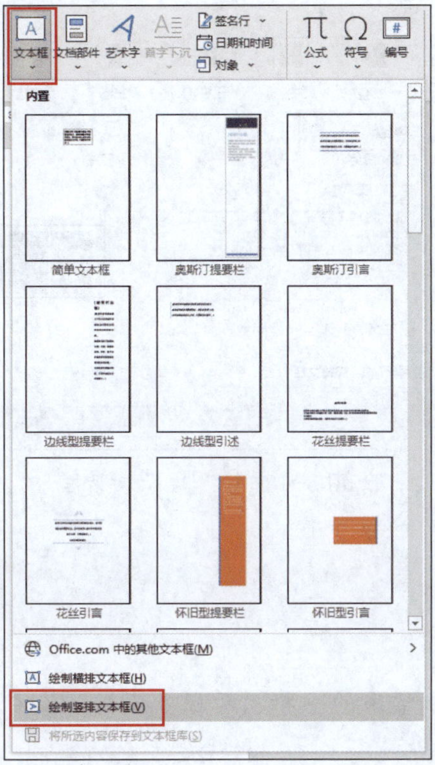

图 3-11-10　“文本框”列表

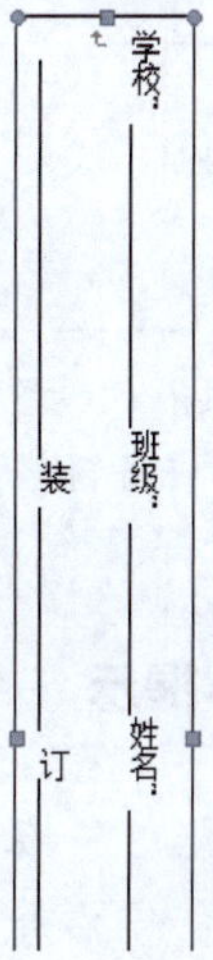

图 3-11-11　文本框内容

小提示

由于 Word 2021 中的下画线出现在一行开头时不能显示出来，所以可在装订线开头任意多输入一个字，然后设置该字的颜色为“白色”，并将其隐藏起来。

2. 右击文本框，在弹出的快捷菜单中选择“设置形状格式”命令，在弹出的“设置形状格式”任务窗格中单击“形状选项”按钮，设置填充为“无填充”，设置线条为“无线条”，如图 3-11-12 所示。

步骤四　设置试卷分栏样式

在“布局”选项卡中单击“栏”按钮，单击“更多栏”命令，打开“栏”对话框，选择分栏样式，设置栏数为“2”，单击“确定”按钮，如图 3-11-13 所示。

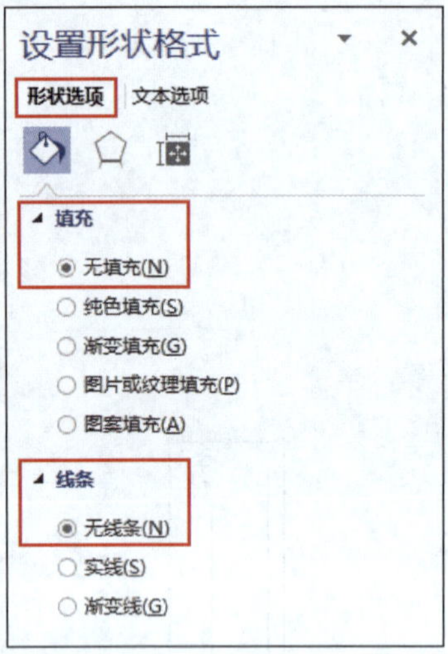

图 3-11-12　“设置形状格式”任务窗格

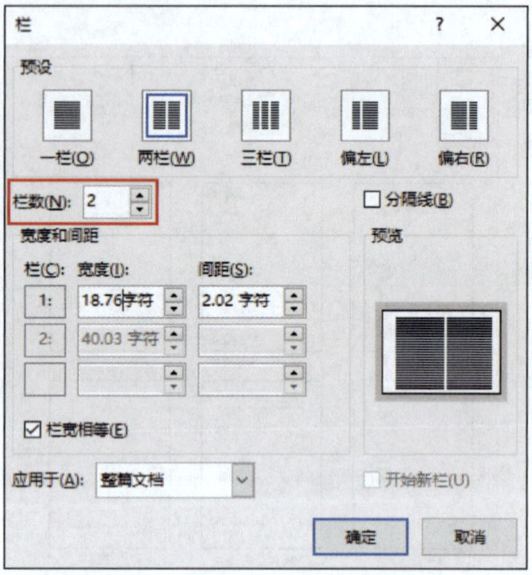

图 3-11-13　“栏”对话框

小提示

在“栏”下拉列表中已列出常用的一栏、两栏、三栏、偏左、偏右等预设选项，以方便用户使用。

步骤五　编辑页脚

1. 试卷分两栏，每栏下面都应该有页码及总页码。在“插入”选项卡中单击“页脚”按钮，在下拉列表中单击“编辑页脚”命令，进入页脚编辑状态。

2. 在页脚左栏处输入字符“第 1 页共 2 页”，在页脚右栏处输入字符“第 2 页共 2 页”，如图 3-11-14 所示。

图 3-11-14　编辑页脚

步骤六　制作试卷标题

1. 在“插入”选项卡中单击“页眉”按钮，单击“编辑页眉”命令，进入页眉编辑状态。

2. 输入试卷标题，设置其格式为“字体：黑体，字号：三号，字形：加粗，对齐方式：居中”，换行后输入副标题，设置其格式为“字体：宋体，字号：四号，对齐方式：居中”，如图 3–11–15 所示。

图 3–11–15　设置页眉

步骤七　保存为模板

1. 单击“文件”选项卡中的“另存为”命令，弹出“另存为”对话框，选择保存位置，输入文件名为“试卷模板”，将保存类型设置为“Word 模板”，单击“保存”按钮，如图 3–11–16 所示。

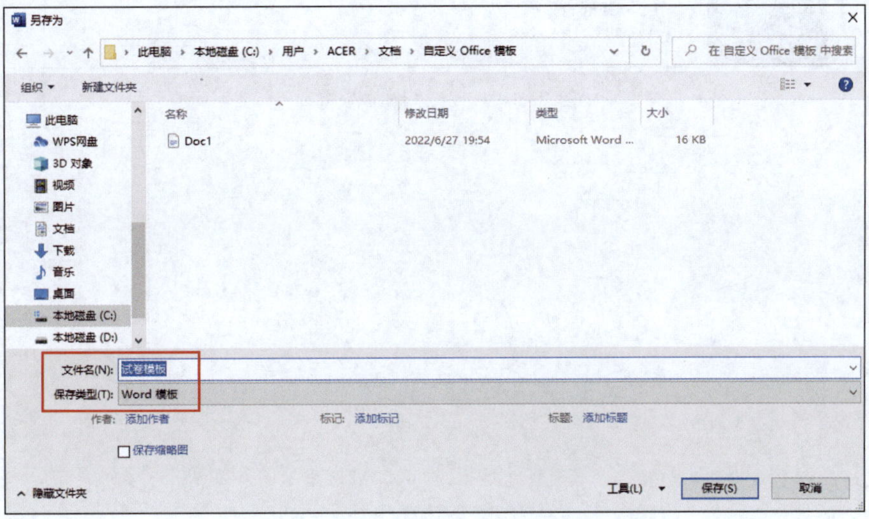

图 3–11–16　“另存为”对话框

2. 当需要使用试卷模板时，可单击“文件”选项卡中的“新建”命令，在“新建”窗口中单击“个人”选项，单击“试卷模板”文件，即可新建一份空白试卷文档。

步骤八　打印试卷及退出

新建一个“试卷模板”文档，在文档中录入试卷内容，单击“文件”选项卡中的“打印”命令，展开“打印”窗口，如图 3–11–17 所示，设置打印份数、打印页面等参数，单击“打印”按钮即可打印试卷。

打印完成后，关闭 Word 2021 程序。

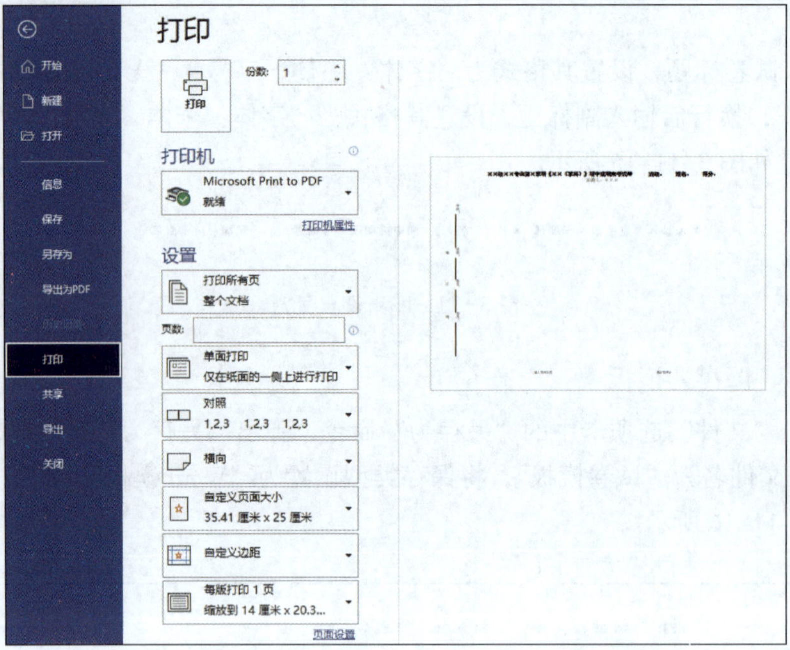
打印
开始
新建
打开
信息
保存
另存为
导出为PDF
打印
共享
导出
关闭
份数: 1
打印
打印机
Microsoft Print to PDF
就绪
打印机属性
设置
打印所有页
整个文档
页数:
单面打印
仅在纸面的一侧上进行打印
对照
1,2,3 1,2,3 1,2,3
横向
自定义页面大小
35.41 厘米 x 25 厘米
自定义边距
每版打印 1 页
缩放到 14 厘米 x 20.3...
页面设置

图 3-11-17 “打印”窗口

项目四
Excel 2021 的使用

任务 1　制作“2022 年台历”——Excel 2021 界面组成及模板应用

学习目标

知识目标：1. 了解 Excel 2021 界面组成及其具有的功能。
2. 了解 Excel 2021 模板应用。
3. 了解 Excel 的常用术语。

技能目标：1. 能完成 Excel 2021 的启动与保存操作。
2. 能完成 Excel 2021 模板的创建与修改操作。

任务描述

本任务在学习 Excel 2021 模板应用方法的基础上，完成以下案例的制作。

某公司在 2021 年末需要为每位员工制作一本 2022 年台历，要求利用 Excel 2021 模板快速完成 2022 年台历的制作，2022 年 1 月份台历的完成效果如图 4-1-1 所示。

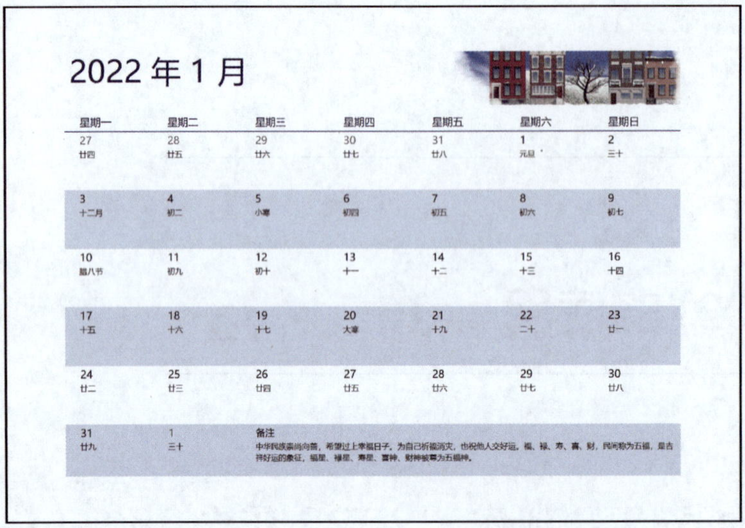

图 4-1-1　2022 年 1 月份台历的完成效果

相关知识

一、Excel 2021 操作界面的组成

启动 Excel 2021 后，自动创建一个名为“工作簿 1”的空白表格文件，其操作界面如图 4-1-2 所示，由快速访问工具栏、选项卡、标题栏、功能区、编辑栏、工作表编辑区、工作表标签、行号、列号、状态栏等部分组成。

1. 快速访问工具栏

该工具栏位于工作界面的左上角，包含一组用户使用频率较高的工具，如“保存”“撤销”和“恢复”。用户可单击“快速访问工具栏”右侧的下三角形按钮，在展开的列表中选择要在其中显示或隐藏的工具按钮。

2. 选项卡与功能区

选项卡与功能区位于标题栏的下方，Excel 2021 将用于处理数据的所有命令组织在不同的选项卡中。单击不同的选项卡标签可切换功能区中显示的工具命令。在每个选项卡中，命令又被分类放置在不同的组中。组的右下角通常会有一个对话框启动器按钮，用于打开与该组命令相关的对话框，以便用户对要进行的操作做进一步的设置。

3. 编辑栏

编辑栏主要用于输入和修改活动单元格中的数据。在工作表的某个单元格中输入数据时，编辑栏会同步显示输入的内容。

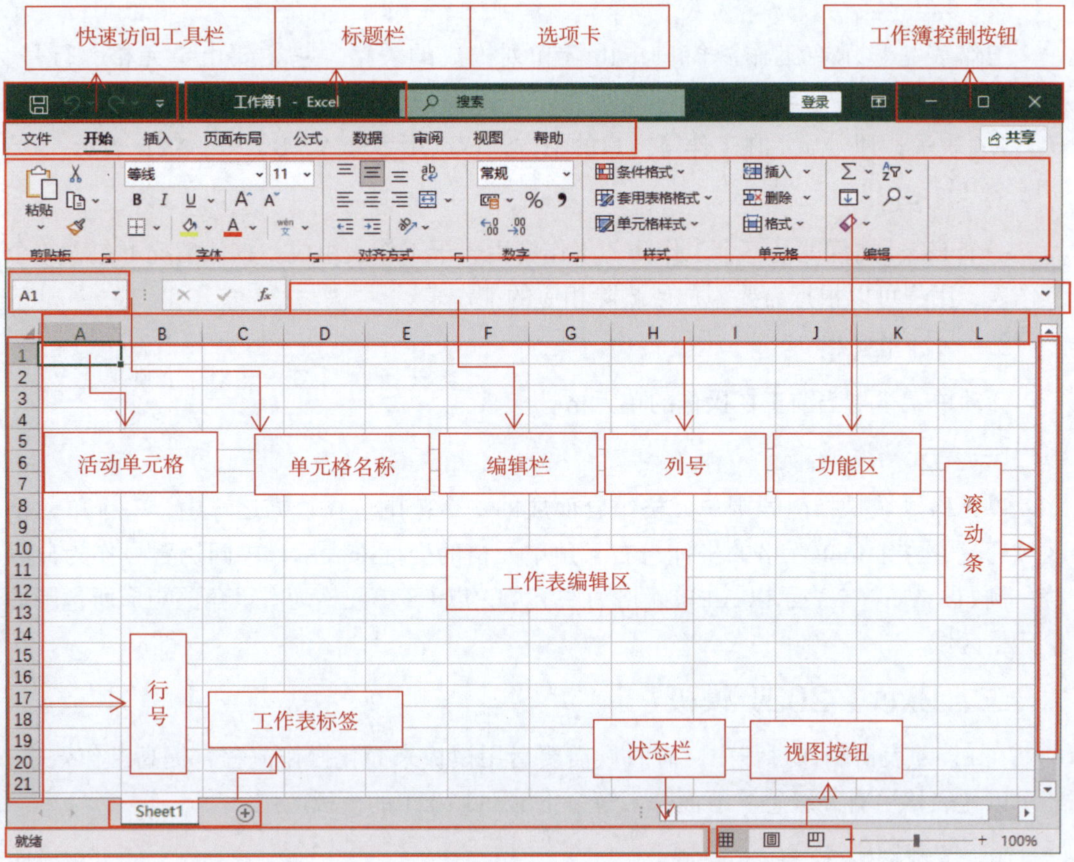

图 4-1-2　Excel 2021 的操作界面

4. 工作表编辑区

工作表编辑区用于显示或编辑工作表中的数据。

5. 工作表标签

工作表标签位于工作簿窗口的左下角，默认名称为 Sheet1，单击 Sheet1 右侧的按钮 ⊕ 可创建新的工作表，默认名称为 Sheet2，以此类推，可创建多个工作表，单击不同的工作表标签可在工作表之间进行切换。

二、Excel 常用术语

1. 单元格

单元格是 Excel 工作簿的最小组成单位，所有数据都存储在单元格中。工作表编辑区中每一个长方形的小格就是一个单元格，每一个单元格都可以用其所在的行号和列号进行标识，如 A1 单元格表示位于 A 列第 1 行的单元格。

2. 工作表

工作表是显示在工作簿窗口中由行和列构成的表格。它主要由单元格、行号、列号和工作表标签等组成。行号显示在工作簿窗口的左侧，依次用数字 1、2、…、1048576 表示；列号显示在工作簿窗口的上方，依次用字母 A、B、…、XFD 表示。

3. 工作簿

一个 Excel 文件就是一个工作簿，工作簿由若干工作表组成。默认情况下包含一个工作表，用户可以根据需要添加或删除相应的工作表。

4. 活动单元格

活动单元格指当前正在操作的单元格。

5. 单元格区域

单元格区域是指由若干单元格组合而成的一个范围。在数据运算中，一个单元格区域通过它左上角单元格的坐标与右下角单元格的坐标来表示，中间用冒号作为分隔符。例如，A4：C8 表示以 A4 单元格为左上角，以 C8 单元格为右下角的矩形所包围的单元格区域。

三、Excel 2021 模板

在 Excel 表格制作过程中，有时候需要套用模板来简化操作流程，提高工作效率，还可以让表格更有高级感。下面来了解一下 Excel 2021 的模板应用。

1. 搜索模板

（1）打开 Excel 2021 中的“新建”窗口，如图 4-1-3 所示，在搜索栏中输入想要的模板类型并单击回车键，在下方会显示搜索的模板样式，如图 4-1-4 所示。

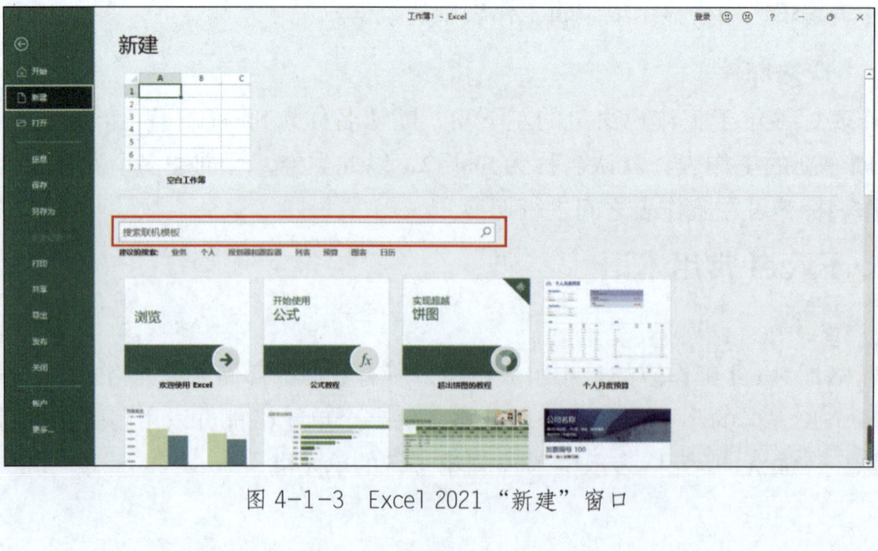

图 4-1-3　Excel 2021“新建”窗口

图 4-1-4　Excel 2021“搜索”模板效果

（2）单击所选择的模板，出现“创建”模板窗口，如图 4-1-5 所示，然后单击“创建”按钮，就可以直接在 Excel 2021 中使用这个模板了。

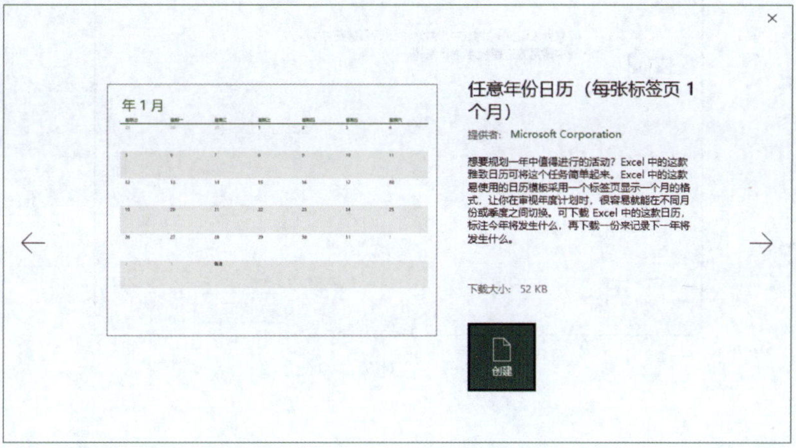

图 4-1-5　“创建”模板窗口

2. 插入模板

单击“插入”选项卡下的“文本”按钮，在下拉列表中选择“对象”命令，如图 4-1-6 所示，打开“对象”对话框，如图 4-1-7 所示，单击“由文件创建”选项卡，单击“浏览”按钮，打开“浏览”对话框，如图 4-1-8 所示，选择模板文件，单击“确定”按钮即可插入模板。

3. 制作模板

新建一个 Excel 2021 工作簿，在一个工作表中编辑模板内容，可以添加表格样式、单元格格式以及编辑公式等，然后单击“保存”按钮，选择保存类型为“Excel 模板”

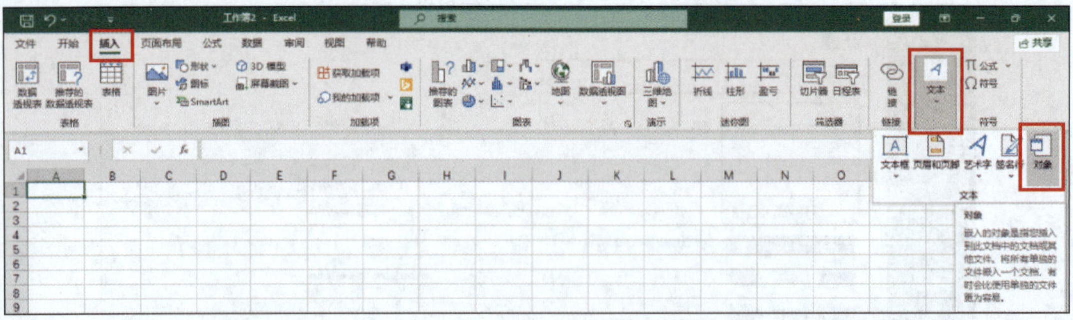

图 4-1-6　插入“对象”操作

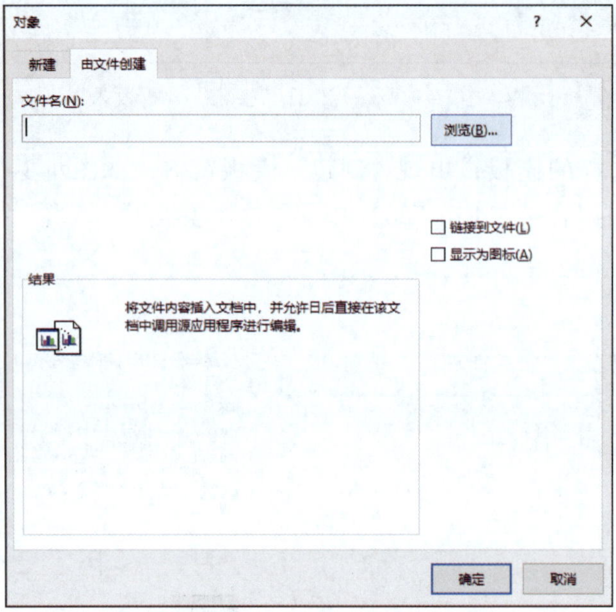

图 4-1-7　“对象”对话框

即可。

这样就制作好一个 Excel 2021 模板了，需要使用它时，直接打开该模板后编辑即可。

任务实施

步骤一　启动 Excel 2021

在桌面上双击 Excel 2021 图标，或者单击“开始”按钮，在搜索栏中输入“Excel”，打开 Excel 2021 操作界面。此时会自动新建一个名为“工作簿 1”的工作簿。

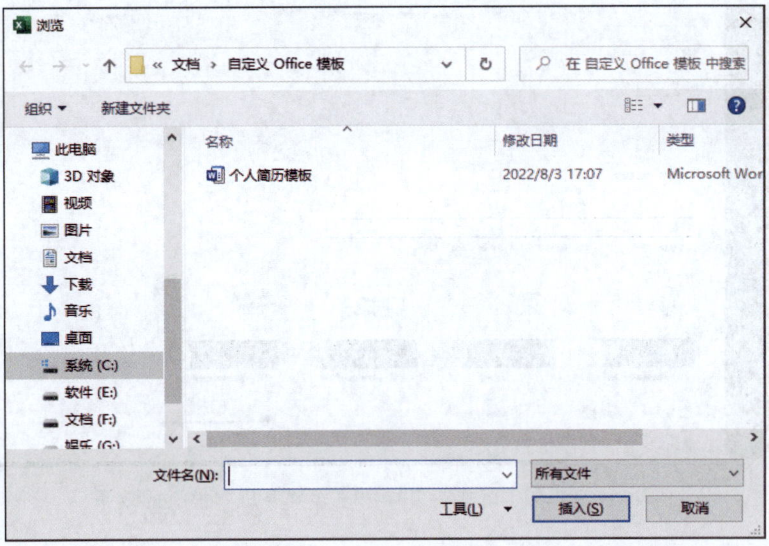

图 4-1-8 “浏览”对话框

小提示

如果想要再新建一个工作簿，可单击“文件”选项卡下的“新建”按钮，在右侧的“新建”栏下选择“空白工作簿”即可。此外，对于已有的 Excel 文件，直接双击文件图标即可将其打开。

步骤二　创建“台历”模板

启动 Excel 2021 后，单击“文件”选项卡下的“新建”命令，在右侧窗格的“搜索”框中输入“台历”文本，如图 4-1-9 所示，单击按钮，在搜索框下方可显示搜索到的与台历相关的模板，如图 4-1-10 所示，单击“具有季节性插图的任意年份日历”台历模板，弹出图 4-1-11 所示的“创建”模板窗口，单击“创建”按钮，在 Excel 2021 工作区中显示台历模板内容，共有 12 个工作表，分别显示 12 个月的日期，如图 4-1-12 所示。

步骤三　修改模板内容

1. 如图 4-1-13 所示，在文档编辑窗口右侧的“日历设置”项目中，设置“输入年份：2022，一周开始之日：星期一”，如图 4-1-14 所示，日历的日期发生变化，如图 4-1-15 所示。

2. 在日期下面写上农历日期值，如图 4-1-16 所示。

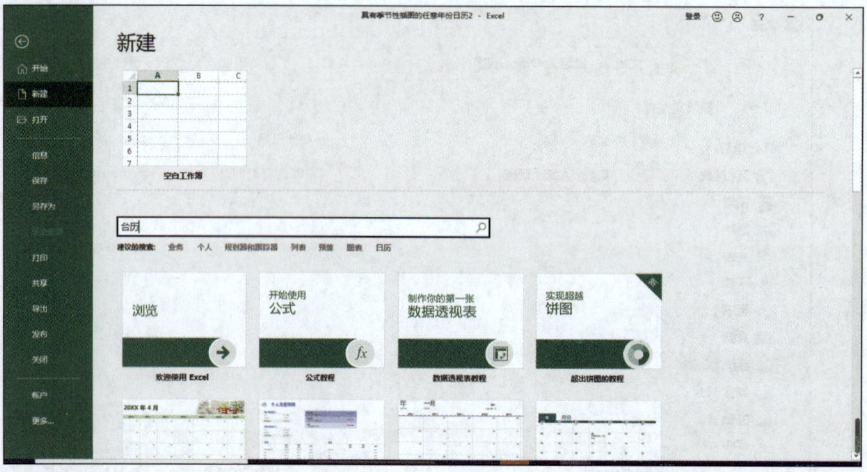

图 4-1-9　在“新建”窗口中搜索“台历”模板的效果

图 4-1-10　搜索“台历”模板后的效果

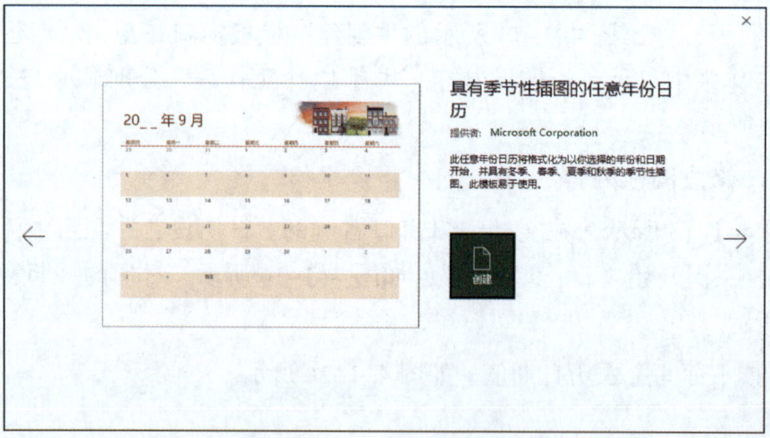

图 4-1-11　“创建”模板窗口

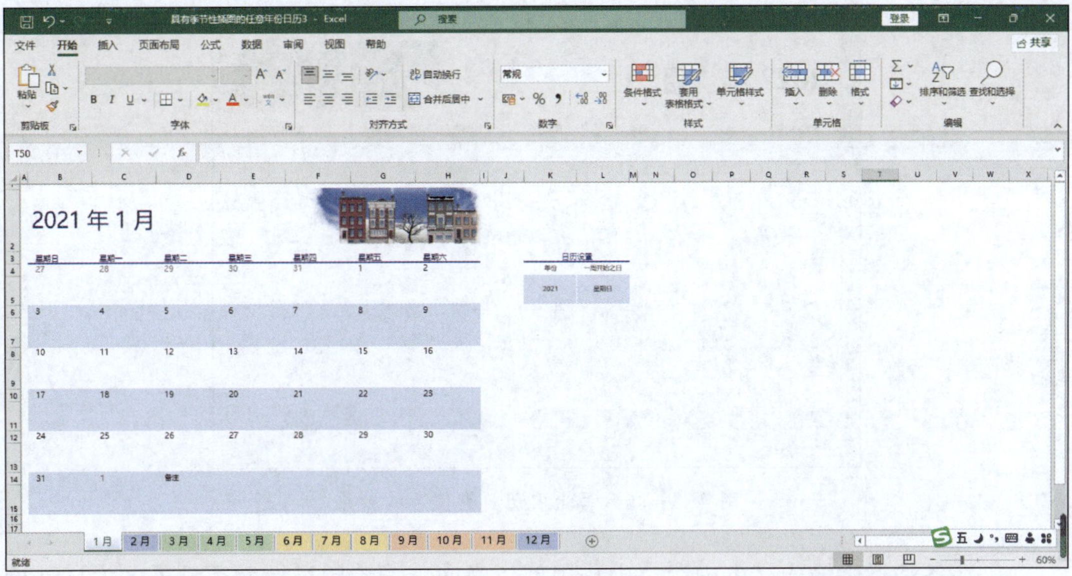

图 4-1-12　“具有季节性插图的任意年份日历”台历 1 月份模板效果

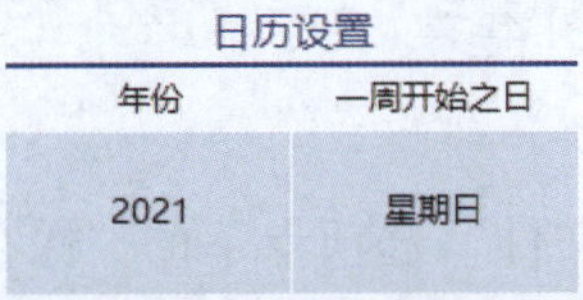

图 4-1-13　“日历设置”项目

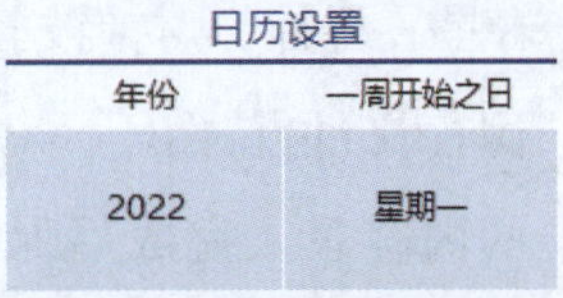

图 4-1-14　“日历设置”项目设置后

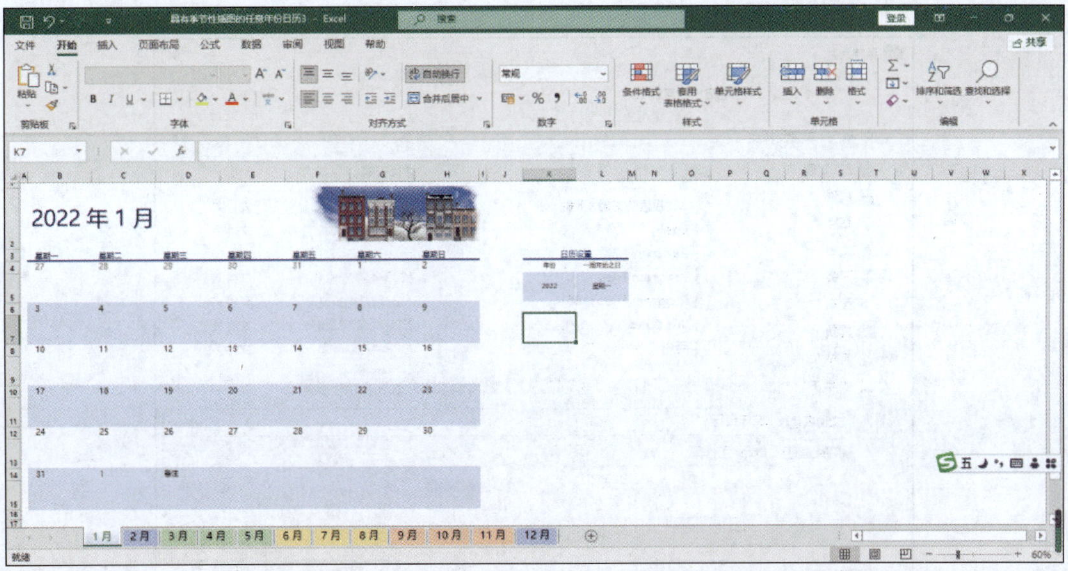

图 4-1-15　“日历设置”项目设置后的效果

图 4-1-16　写上农历日期值后的效果

3. 在备注栏中输入文本内容“中华民族崇尚向善，希望过上幸福日子。为自己祈福消灾，也祝他人交好运。福、禄、寿、喜、财，民间称为五福，是吉祥好运的象征，福星、禄星、寿星、喜神、财神被尊为五福神。”，如图 4-1-1 所示。

步骤四　保存文件并退出

工作表中的内容录入完成后保存文件，单击“文件”选项卡下的“保存”命令，在右侧选项中单击“浏览”项，弹出“另存为”对话框，在对话框中设置文件保存位置及文件名“22 年台历”，如图 4-1-17 所示，单击“保存”按钮即可。

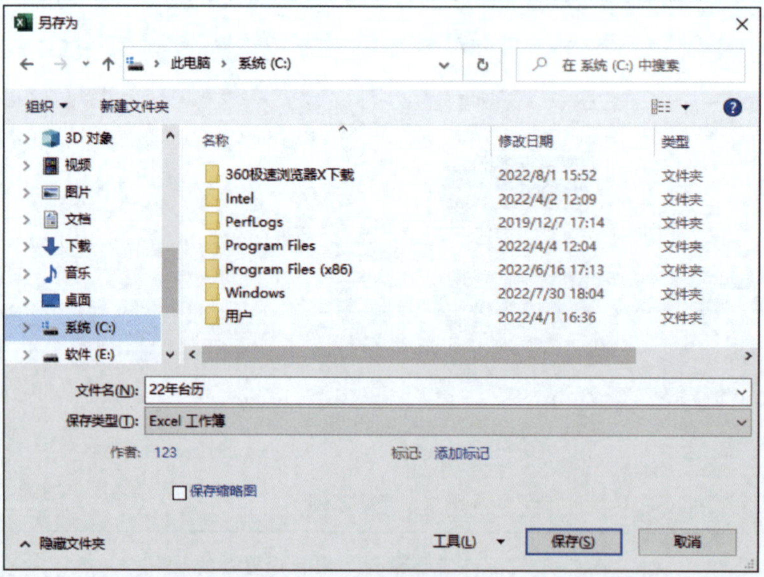

图 4-1-17　“另存为”对话框

任务 2 创建“员工信息登记表”——Excel 2021 的文件操作及数据录入

学习目标

知识目标：1. 了解 Excel 2021 操作界面的组成及其功能。

2. 了解 Excel 2021 常用名词术语及数字的格式。

技能目标：1. 能在 Excel 中完成新建、保存、关闭、退出、打开等操作。

2. 能对 Excel 文件进行加密。

任务描述

本任务在学习 Excel 2021 文件操作及数据录入方法的基础上，完成以下案例的制作。

某公司人力资源部门需要设计制作一个表格，对公司员工信息进行登记，以便于人员管理，要求按照表格项目录入公司员工的各项信息，并将文件加密，设置密码为“147258”，“员工信息登记表”效果如图 4-2-1 所示。

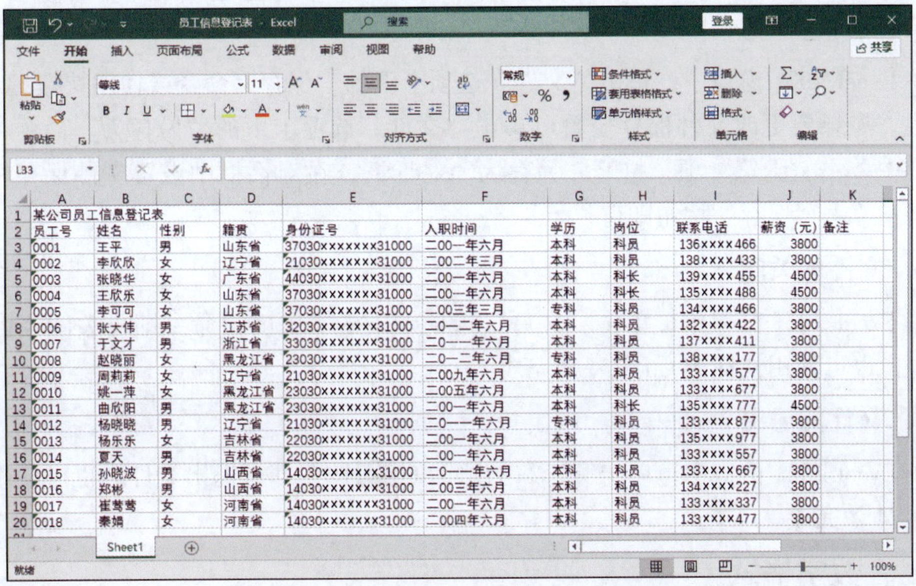

某公司员工信息登记表										
员工号	姓名	性别	籍贯	身份证号	入职时间	学历	岗位	联系电话	薪资（元）	备注
0001	王平	男	山东省	37030××××××31000	二00一年六月	本科	科员	136××××466	3800	
0002	李欣欣	女	辽宁省	21030××××××31000	二00二年三月	本科	科员	138××××433	3800	
0003	张晓华	女	广东省	44030××××××31000	二00一年六月	本科	科长	139××××455	4500	
0004	王欣乐	女	山东省	37030××××××31000	二00一年六月	本科	科长	135××××488	4500	
0005	李可可	女	山东省	37030××××××31000	二00三年三月	专科	科员	134××××466	3800	
0006	张大伟	男	江苏省	32030××××××31000	二0一二年六月	本科	科员	132××××422	3800	
0007	于文才	男	浙江省	33030××××××31000	二0一一年六月	本科	科员	137××××411	3800	
0008	赵晓丽	女	黑龙江省	23030××××××31000	二0一二年六月	专科	科员	138××××177	3800	
0009	周莉莉	女	辽宁省	21030××××××31000	二00九年六月	本科	科员	133××××577	3800	
0010	姚一萍	女	黑龙江省	23030××××××31000	二00五年六月	本科	科员	133××××677	3800	
0011	曲欣阳	男	黑龙江省	23030××××××31000	二00一年六月	本科	科长	135××××777	4500	
0012	杨晓晓	男	辽宁省	21030××××××31000	二0一一年六月	专科	科员	133××××877	3800	
0013	杨乐乐	女	吉林省	22030××××××31000	二00一年六月	本科	科员	135××××977	3800	
0014	夏天	男	吉林省	22030××××××31000	二00一年六月	本科	科员	133××××557	3800	
0015	孙晓波	男	山西省	14030××××××31000	二0一一年六月	本科	科员	133××××667	3800	
0016	郑彬	男	山西省	14030××××××31000	二00三年六月	本科	科员	134××××227	3800	
0017	崔莺莺	女	河南省	14030××××××31000	二00一年六月	本科	科员	133××××337	3800	
0018	秦娟	女	河南省	14030××××××31000	二00四年六月	本科	科员	133××××477	3800	

图 4-2-1 “员工信息登记表”效果

相关知识

一、文件操作

在使用 Excel 2021 时，经常会对文件进行基本操作，如文件的启动、打开、新建、保存、关闭、退出等，下面介绍 Excel 文件的操作方法。

1．文件的启动

在桌面上双击 Excel 2021 图标，或者单击“开始”按钮，在搜索栏中输入“Excel”，打开 Excel 2021 操作界面。此时会自动新建一个名为“工作簿 1”的工作簿。

2．文件的新建

在 Excel 2021 窗口中，单击“文件”选项卡下的“新建”按钮，在右侧“新建”栏下选择“空白工作簿”即可，也可使用快捷键 Ctrl+N 来完成文件的新建。

3．文件的打开

在 Excel 2021 窗口中，单击“文件”选项卡下的“打开”按钮，在右侧的“打开”栏下单击“浏览”按钮，弹出“打开”对话框，在对话框中选择要打开文件的位置和文件名即可，也可使用快捷键 Ctrl+O 来完成。对于已有的 Excel 文件，直接双击文件图标即可将其打开。

4．文件的保存

在 Excel 2021 窗口中，单击“文件”选项卡下的“保存”命令或使用快捷键 Ctrl+S 来完成。如果要更改文件保存位置可单击“文件”选项卡下的“另存为”命令，在右侧选项中单击“浏览”项，打开“另存为”对话框，在对话框中设置文件保存位置及文件名，单击“保存”按钮即可。

5．文件的关闭

在 Excel 2021 窗口中，单击“文件”选项卡下的“关闭”命令即可关闭当前编辑的文件，也可使用快捷键 Ctrl+F4 来完成。

6．文件的退出

在 Excel 2021 窗口中，单击窗口右上角上的 × 按钮即可退出文件，也可使用快捷键 Alt+F4 来完成。

二、数字格式

数字格式是指同一数字的不同表达方式。例如，对于数字“159687”，如果用带千位分隔符的形式表示则为“159，687”，如果保留两位小数则变成“159，687.00”。虽然都是同一个数字，但可以用多种方式来表示，适用于不同场合的需要。Excel 2021 提供了多种数字格式。

设置数字格式的步骤：选定数据区域，在“开始”选项卡下“数字”组中单击右下角的对话框启动器按钮，打开“设置单元格格式”对话框，在对话框的“数字”选项卡中可以设置数字格式。该选项卡中提供了以下几种数字格式。

1. 常规

常规格式是 Excel 所应用的默认数字格式。该格式下，如因小数部分位数过多使单元格的宽度不够显示整个数字时，会对数字进行四舍五入，而对整数部分位数过多的，则使用科学记数法表示。

2. 数值

数值格式用于数字的一般表示。用户可以指定要使用的小数位数、是否使用千位分隔符以及如何显示负数。

3. 货币

货币格式用于表示货币值，并显示货币符号。用户可以指定要使用的小数位数、货币符号类型以及如何显示负数。

4. 会计专用

会计专用格式也用于表示货币值，但是它会在一列中对齐货币符号和数字的小数点。

5. 时间和日期

在时间和日期两种格式下，可根据指定的类型和区域设置（国家 / 地区），将时间和日期序列号显示为时间和日期值。以星号（*）开头的时间格式受“控制面板”中指定的区域日期和时间设置的更改的影响。不带星号的格式不受“控制面板”设置的影响。

小提示

在 Excel 2021 中，时间和日期本质上是作为一个数字进行存储的，即文中所说的序列号，通过格式设置显示为日常使用的时间和日期的形式。

6. 百分比

在百分比格式下，将数字以百分数形式显示，可以指定要使用的小数位数。

7. 分数

在分数格式下，根据所指定的分数类型以分数形式显示数字。

8. 科学记数

科学记数格式是以科学记数法显示数字，在 Excel 2021 中，“$a \times 10^{b}$”表示为“aE+b”。例如，在 2 位小数的科学记数格式下，12345678901 显示为 1.23E+10，即 1.23×10^{10}。用户可以指定要使用的小数位数。

9. 文本

设为文本格式后，无论输入的是数字还是其他字符，Excel 2021 都会将其视为文本。

10. 特殊

在特殊格式中，根据区域设置的不同，可将数字显示为各种特殊形式，如邮政编码、中文小写数字或中文大写数字等。

11. 自定义

使用自定义格式，可以在现有格式基础上创建自定义数字格式，并将其添加到数字格式代码列表中。

任务实施

步骤一　启动 Excel 2021

在桌面上双击 Excel 2021 图标，打开 Excel 2021 操作界面。此时会自动新建一个名为“工作簿 1”的工作簿。

步骤二　录入数据信息

启动 Excel 2021 后，编辑工作区中 A1 单元格为默认的活动单元格，单击其他单元格即可将其切换为活动单元格，按照图 4-2-1 所示内容完成数据的录入。

当录入信息不能按录入内容显示时，如员工号、身份证号等，可选择此单元格或单元格区域，单击右键打开快捷菜单，单击“设置单元格格式”命令，打开“设置单元格格式”对话框，如图 4-2-2 所示。选择对应项，对数据格式进行设置。例如，将“员工号”设置为“文本”格式，将“身份证号”设置为“文本”格式，将“入职时间”设置为“日期”格式等。

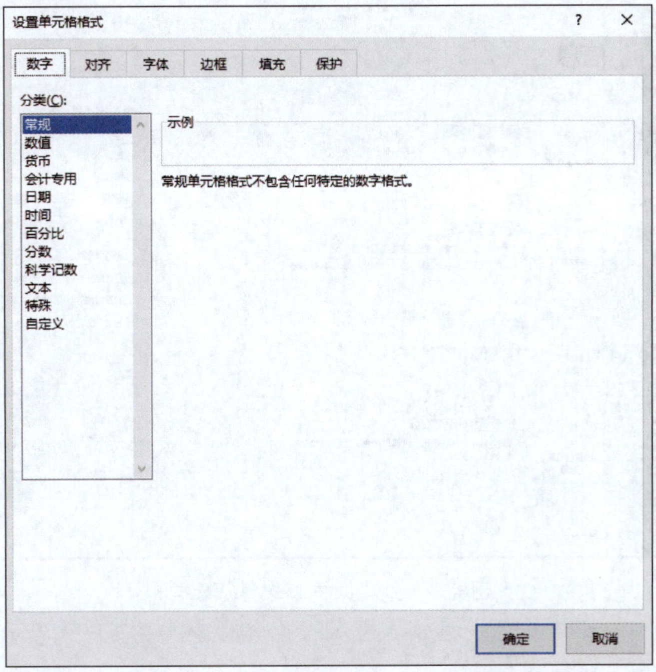

图 4-2-2　“设置单元格格式”对话框

小提示

（1）输入纯数字文本时，可在数字开头处输入半角的“'”将其强制指定为文本，此后无论如何更改格式，Excel 2021 都会将其处理为文本。

（2）在单元格中直接输入位数较多的纯数字文本，将会默认以科学记数法的形式进行显示，再转换为文本格式时，可能导致末尾的数字丢失，因此应先将单元格设置为文本格式再输入数字。

录入数据信息时，如果当前列宽不能容下所需输入的内容，可将鼠标放在此列的列号右侧与下一个列号的交界处，此时鼠标变为↔形状，向左拖动鼠标可减少当前列宽，向右拖动鼠标可增加当前列宽。

步骤三　加密文件

单击“文件”选项卡下的“信息”命令，如图 4-2-3 所示，选择“保护工作簿”下拉列表中的“用密码进行加密”项，打开“加密文档”对话框，如图 4-2-4 所示，在“密码”框中输入“147258”，单击“确定”按钮，这时又弹出“确认密码”对话框，如图 4-2-5 所示，再次输入“147258”，单击“确定”按钮，完成加密设置。

图 4-2-3 “保护工作簿”窗口

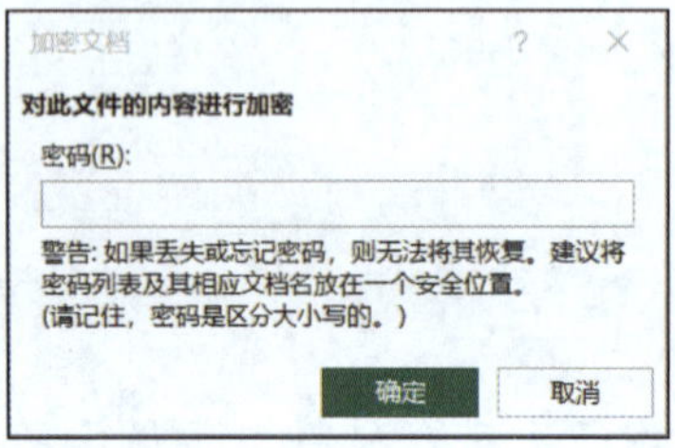

图 4-2-4 “加密文档”对话框

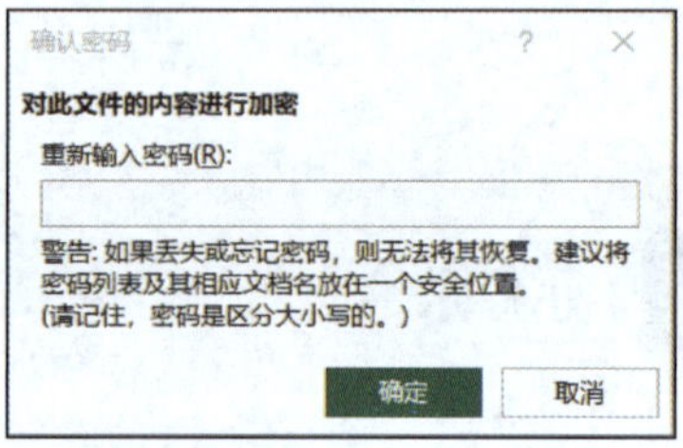

图 4-2-5 “确认密码”对话框

小提示

如果设置密码后想要取消密码设置，在输入密码打开文件后，单击“文件”选项卡下的“信息”命令，选择“保护工作簿”下拉列表中的“用密码进行加密”项，打开“加密文档”对话框，删除密码即可。

步骤四　保存文件并退出

工作表中的内容录入完成后保存文件，单击“文件”选项卡下的“保存”命令，在右侧选项中单击“浏览”项，弹出“另存为”对话框，在对话框中设置文件保存位置及文件名“员工信息登记表”，如图 4-2-6 所示，单击“保存”按钮即可。

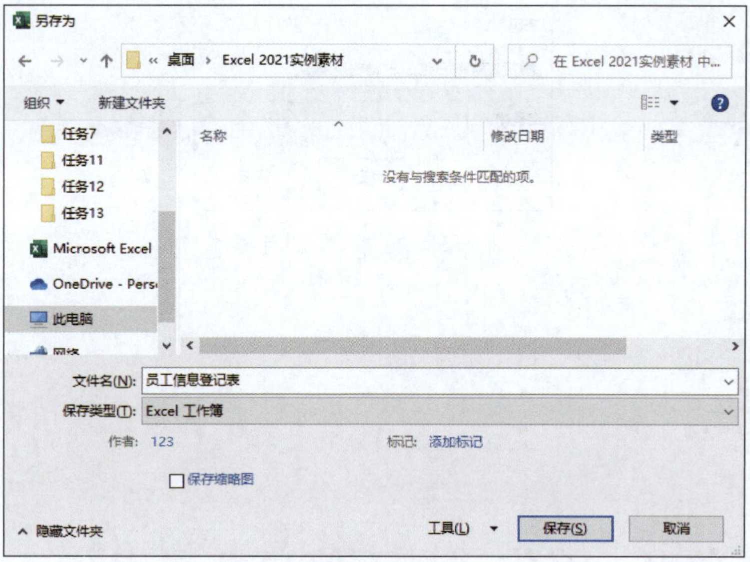

图 4-2-6 “另存为”对话框

文档编辑并保存后，如果不想再进行其他操作，可将当前文档关闭，单击“文件”选项卡下的“关闭”命令，或按快捷键 Ctrl+F4。

Excel 2021 程序使用完成后，可以关闭整个程序，单击标题栏右侧的按钮 ×，或按快捷键 Alt+F4。

步骤五　打开文件

在 Excel 2021 窗口没有关闭的情况下，打开另一个文档，可以单击“文件”选项卡下的“打开”命令或使用快捷键 Ctrl+O，在右侧选项中单击“浏览”按钮，打开“打开”对话框，如图 4-2-7 所示，选择文档所在位置和需要打开的文件名，单击“打开”按钮，如果文件有密码，将出现图 4-2-8 所示的“密码”对话框，按要求输入密码后单击“确定”按钮，即可打开文档。

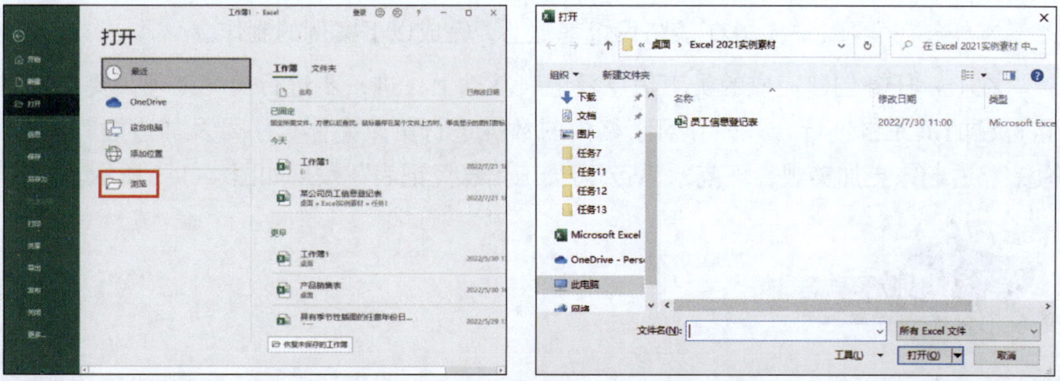

图 4-2-7 “打开”对话框

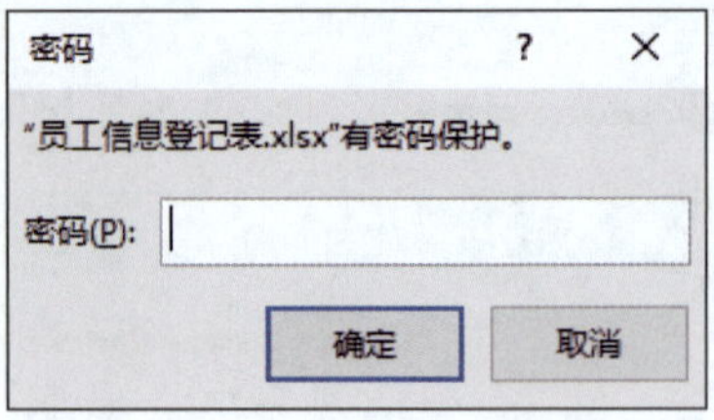

图 4-2-8 “密码”对话框

任务 3　美化“员工信息登记表”——表格的格式设置

学习目标

知识目标：了解 Excel 2021 字符格式的设置方法。

技能目标：1. 能设置单元格内容的显示格式。

2. 能对表格完成对齐、更换字体、加边框等基本设置。

任务描述

本任务在学习 Excel 2021 表格设置基础上，完成以下案例的制作。

在上一任务创建完成的员工信息登记表基础上，进一步进行美化处理，要求将表格标题的单元格进行合并，并对表格内的数据进行更改字体、字号及加边框等设置，使表格看起来更加美观、规范，“某公司员工信息登记表”效果如图 4-3-1 所示。

相关知识

在 Excel 2021 中对表格格式进行设置，需要用到“设置单元格格式”对话框，在

某公司员工信息登记表

员工号	姓名	性别	籍贯	身份证号	入职时间	学历	岗位	联系电话	薪资（元）	备注
0001	王平	男	山东省	37030xxxxxx2031011	二00一年六月	本科	科员	136xxxx4466	3800	
0002	李欣欣	女	辽宁省	21030xxxxxx4062541	二00二年三月	本科	科员	138xxxx4433	3800	
0003	张晓华	女	广东省	44030xxxxxx1251226	二00一年六月	本科	科长	139xxxx4455	4500	
0004	王欣乐	女	山东省	37030xxxxxx1122221	二00一年六月	本科	科长	135xxxx4488	4500	
0005	李可可	女	山东省	37030xxxxxx2051204	二00三年三月	专科	科员	134xxxx4466	3800	
0006	张大伟	男	江苏省	32030xxxxxx0142311	二0一二年六月	本科	科员	132xxxx4422	3800	
0007	于文才	男	浙江省	33030xxxxxx7071511	二0一一年六月	本科	科员	137xxxx4411	3800	
0008	赵晓丽	女	黑龙江省	23030xxxxxx2093547	二0一二年六月	专科	科员	138xxxx1177	3800	
0009	周莉莉	女	辽宁省	21030xxxxxx9274425	二00九年六月	本科	科员	133xxxx5577	3800	
0010	姚一萍	女	黑龙江省	23030xxxxxx2134466	二00五年六月	本科	科员	133xxxx6677	3800	
0011	曲欣阳	男	黑龙江省	23030xxxxxx6061295	二00一年六月	本科	科长	135xxxx7777	4500	
0012	杨晓晓	男	辽宁省	21030xxxxxx5030011	二0一一年六月	专科	科员	133xxxx8877	3800	
0013	杨乐乐	女	吉林省	22030xxxxxx5190025	二00一年六月	本科	科员	135xxxx9977	3800	
0014	夏天	男	吉林省	22030xxxxxx7080093	二00一年六月	本科	科员	133xxxx4557	3800	
0015	孙晓波	男	山西省	14030xxxxxx1190031	二0一一年六月	本科	科员	133xxxx4667	3800	
0016	郑彬	男	山西省	14030xxxxxx8073313	二00三年六月	本科	科员	134xxxx4227	3800	
0017	崔莺莺	女	河南省	14030xxxxxx4050208	二00一年六月	本科	科员	133xxxx4337	3800	
0018	秦娟	女	河南省	14030xxxxxx0010107	二00四年六月	本科	科员	133xxxx4477	3800	

图 4-3-1 “某公司员工信息登记表”效果

该对话框中可以设置数字、对齐、字体、边框、填充、保护等。选择需要设置格式的单元格或单元格区域，单击右键打开快捷菜单，在弹出的快捷菜单中选择“设置单元格格式”，如图 4-3-2 所示，打开“设置单元格格式”对话框，如图 4-3-3 所示。

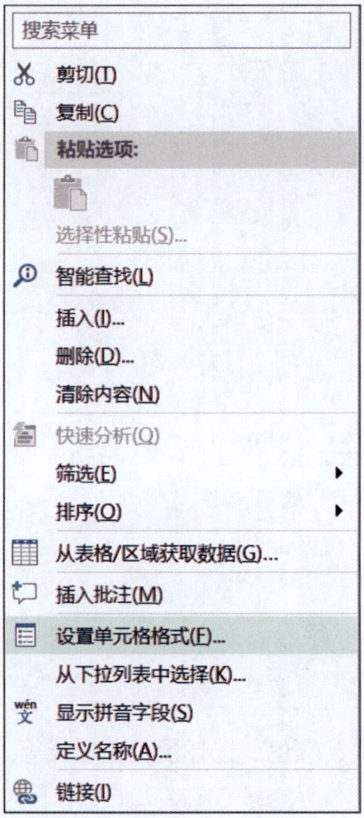

图 4-3-2 快捷菜单中的“设置单元格格式”

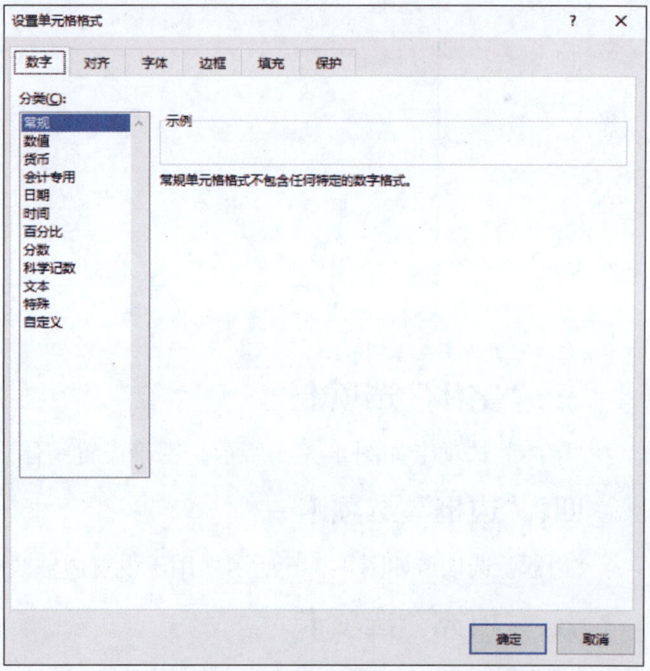

图 4-3-3 “设置单元格格式”对话框

“设置单元格格式”对话框包含六个选项卡。

一、“数字”选项卡

在“数字”选项卡中，分类列表中列出了常规、数值、货币、会计专用等 12 种数字格式，根据需要选择一种数字格式，在右侧区域内设置其参数即可。

二、“对齐”选项卡

“对齐”选项卡如图 4-3-4 所示，用于设置文本的对齐方式（水平对齐、垂直对齐）、文本控制（自动换行、缩小字体填充、合并单元格）、从右到左（即文字方向总是“从左到右”或总是“从右到左”），还可以调整文字方向。

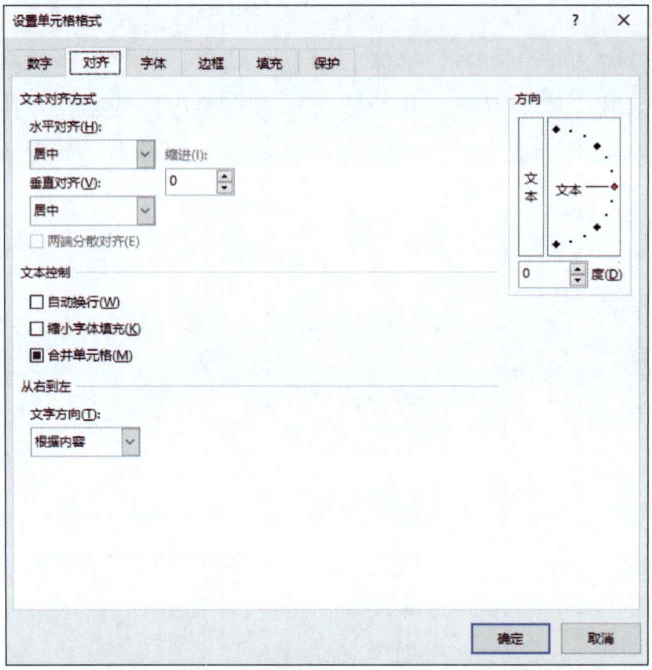

图 4-3-4 “设置单元格格式”对话框中的“对齐”选项卡

三、“字体”选项卡

“字体”选项卡如图 4-3-5 所示，用于设置字体、字形、字号、颜色、特殊效果等。

四、“边框”选项卡

“边框”选项卡如图 4-3-6 所示，用于设置边框线条样式、颜色、选择预置边框线等。

五、“填充”选项卡

“填充”选项卡如图 4-3-7 所示，用于设置背景色、填充效果、图案颜色、图案样式等。

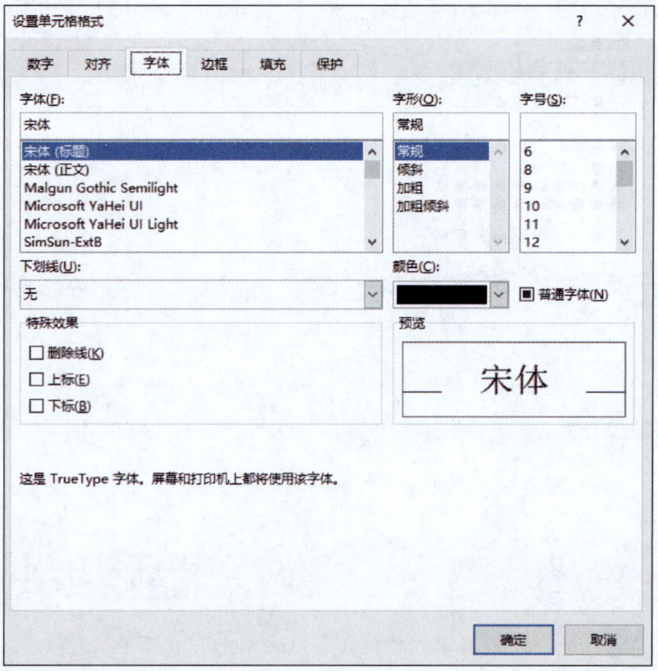

图 4-3-5　“设置单元格格式”对话框中的“字体”选项卡

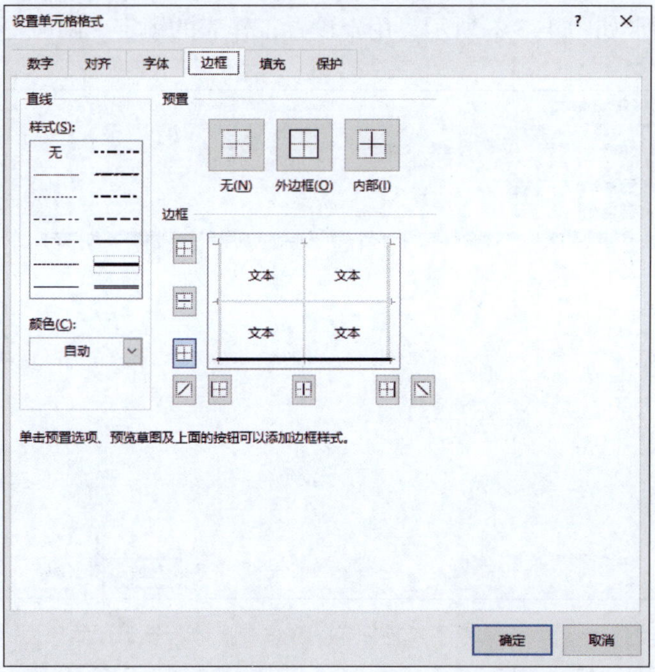

图 4-3-6　“设置单元格格式”对话框中的“边框”选项卡

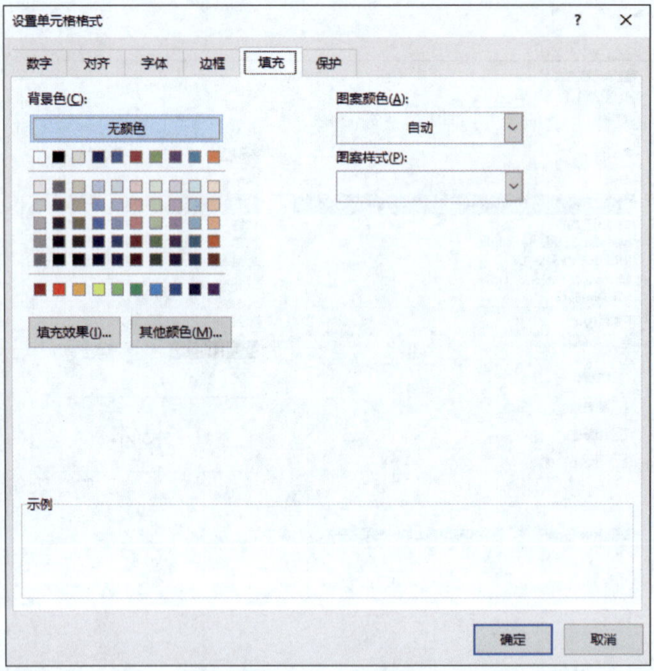

图 4-3-7 “设置单元格格式”对话框中的“填充”选项卡

六、“保护”选项卡

“保护”选项卡如图 4-3-8 所示，用于设置工作表的锁定、隐藏等。

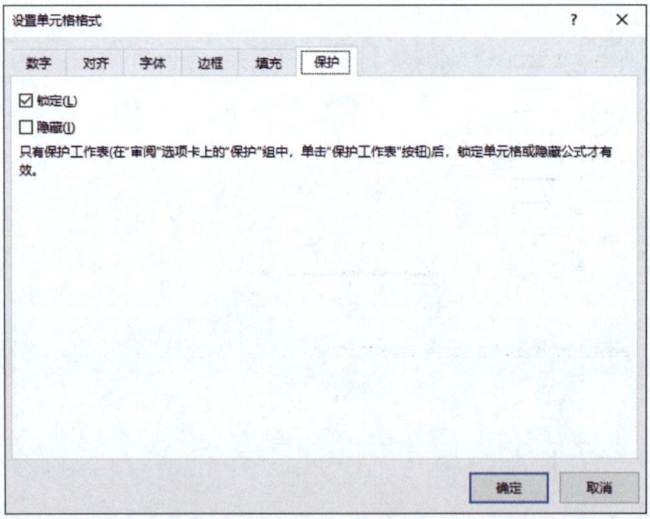

图 4-3-8 “设置单元格格式”对话框中的“保护”选项卡

小提示

打开“设置单元格格式”对话框的方法还有：单击“开始”选项卡下“单元格”组中的“格式”按钮，在下拉列表中单击“设置单元格格式”命令；单击“开始”选项卡下“字体”“对齐方式”或“数字”组右下角的按钮，或使用快捷键 Ctrl+L 等。

任务实施

步骤一　启动 Excel 2021 并打开文档

启动 Excel 2021，打开上一任务完成的“员工信息登记表”工作簿。

步骤二　设置标题格式

1. 选择 A1：K1 单元格区域，单击右键打开快捷菜单，选择“设置单元格格式”命令，打开“设置单元格格式”对话框，单击“对齐”选项卡，勾选“文本控制”中的“合并单元格”复选框，如图 4-3-9 所示，单击“确定”按钮（也可单击“开始”选项卡下“对齐方式”组中的“合并后居中”按钮），标题合并后的效果如图 4-3-10 所示。

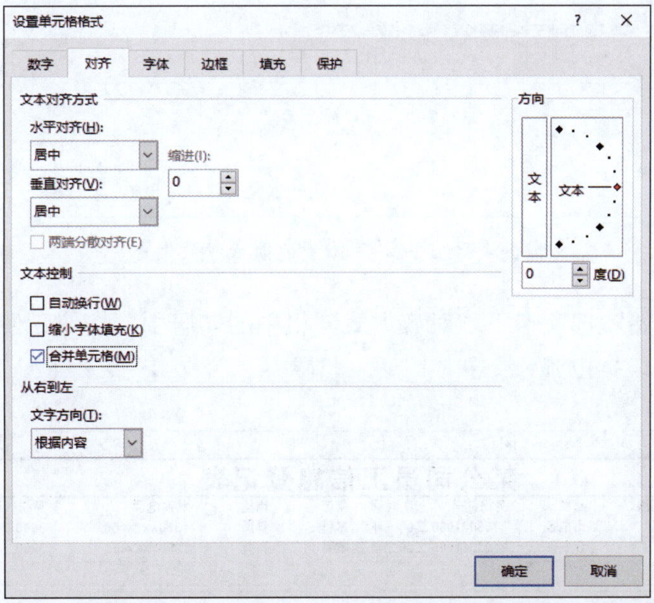

图 4-3-9　在“设置单元格格式”对话框中设置“合并单元格”参数

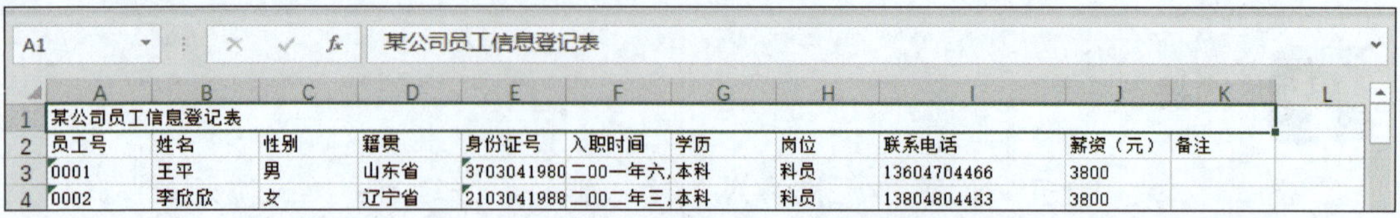

图 4-3-10　标题合并后的效果

2. 选择“某公司员工信息登记表”文字，打开“设置单元格格式”对话框，单击“字体”选项卡，设置格式为“字体：黑体，字号：20，颜色：黑色，字形：加粗”，单击“确定”按钮，如图 4-3-11 所示，也可在“开始”选项卡下“字体”组中进行设置。

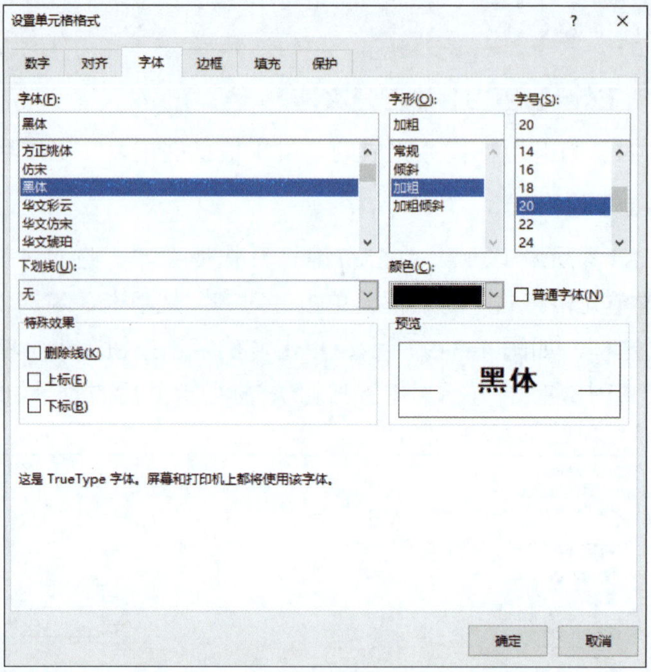

图 4-3-11　“字体”选项卡参数设置

3. 单击“开始”选项卡下“对齐方式”组中的“居中”按钮，使文字在单元格中居中显示，如图 4-3-12 所示。

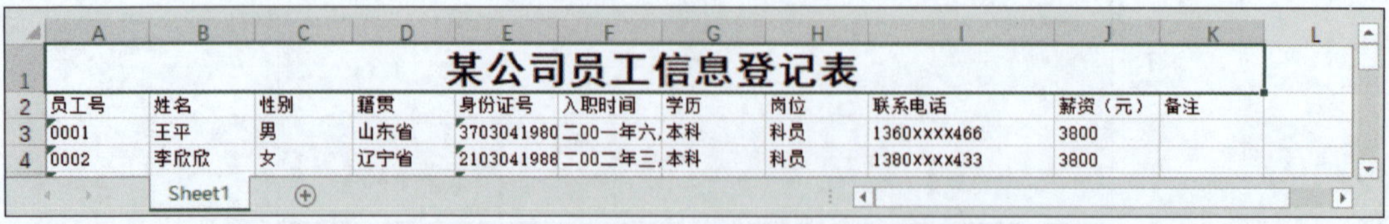

图 4-3-12　标题设置后效果

步骤三　设置表格正文格式

1. 选择 A2：K20 单元格区域，打开“设置单元格格式”对话框，单击“字体”选项卡，设置文字格式为“字体：楷体，字号：14”，单击“确定”按钮，若有些单元格不能将所有文字显示出来，可调整列宽后使文字显示完整。

2. 单击“开始”选项卡下“对齐方式”组中的“居中”按钮，使文字在单元格中居中显示，如图 4-3-13 所示。

某公司员工信息登记表

员工号	姓名	性别	籍贯	身份证号	入职时间	学历	岗位	联系电话	薪资（元）	备注
0001	王平	男	山东省	37030xxxxxx2031000	二00一年六月	本科	科员	136xxxx4466	3800	
0002	李欣欣	女	辽宁省	21030xxxxxx2031000	二00二年三月	本科	科员	138xxxx4433	3800	
0003	张晓华	女	广东省	44030xxxxxx2031000	二00一年六月	本科	科长	139xxxx4455	4500	
0004	王欣乐	女	山东省	37030xxxxxx2031000	二00一年六月	本科	科长	135xxxx4488	4500	
0005	李可可	女	山东省	37030xxxxxx2031000	二00三年三月	专科	科员	134xxxx4466	3800	
0006	张大伟	男	江苏省	32030xxxxxx2031000	二0一二年六月	本科	科员	132xxxx4422	3800	
0007	于文才	男	浙江省	33030xxxxxx2031000	二0一一年六月	本科	科员	137xxxx4411	3800	
0008	赵晓丽	女	黑龙江省	23030xxxxxx2031000	二0一二年六月	专科	科员	138xxxx1177	3800	
0009	周莉莉	女	辽宁省	21030xxxxxx2031000	二00九年六月	本科	科员	133xxxx5577	3800	
0010	姚一萍	女	黑龙江省	23030xxxxxx2031000	二00五年六月	本科	科员	133xxxx6677	3800	
0011	曲欣阳	男	黑龙江省	23030xxxxxx2031000	二00一年六月	本科	科长	135xxxx7777	4500	
0012	杨晓晓	男	辽宁省	21030xxxxxx2031000	二0一一年六月	专科	科员	133xxxx8877	3800	
0013	杨乐乐	女	吉林省	22030xxxxxx2031000	二00一年六月	本科	科员	135xxxx9977	3800	
0014	夏天	男	吉林省	22030xxxxxx2031000	二00一年六月	本科	科员	133xxxx4557	3800	
0015	孙晓波	男	山西省	14030xxxxxx2031000	二0一一年六月	本科	科员	133xxxx4667	3800	
0016	郑彬	男	山西省	14030xxxxxx2031000	二00三年六月	本科	科员	134xxxx4227	3800	
0017	崔莺莺	女	河南省	14030xxxxxx2031000	二00一年六月	本科	科员	133xxxx4337	3800	
0018	秦娟	女	河南省	14030xxxxxx2031000	二00四年六月	本科	科员	133xxxx4477	3800	

图 4-3-13　设置字体居中后的效果

3. 选择 A2：K20 单元格区域，打开“设置单元格格式”对话框，单击“边框”选项卡，将外框线设置为粗实线，内框线设置为细实线，边框参数设置如图 4-3-14 所示，边框设置后的效果如图 4-3-15 所示。

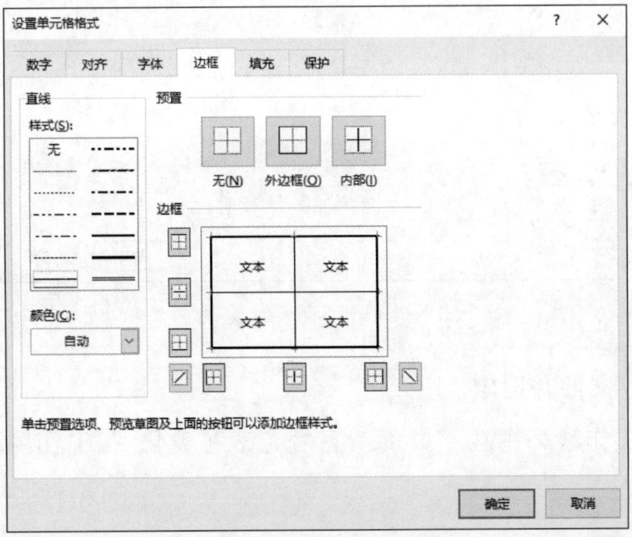

图 4-3-14　边框参数设置

某公司员工信息登记表

员工号	姓名	性别	籍贯	身份证号	入职时间	学历	岗位	联系电话	薪资（元）	备注
0001	王平	男	山东省	37030xxxxxx2031000	二00一年六月	本科	科员	136xxxx4466	3800	
0002	李欣欣	女	辽宁省	21030xxxxxx2031000	二00二年三月	本科	科员	138xxxx4433	3800	
0003	张晓华	女	广东省	44030xxxxxx2031000	二00一年六月	本科	科长	139xxxx4455	4500	
0004	王欣乐	女	山东省	37030xxxxxx2031000	二00一年六月	本科	科长	135xxxx4488	4500	
0005	李可可	女	山东省	37030xxxxxx2031000	二00三年三月	专科	科员	134xxxx4466	3800	
0006	张大伟	男	江苏省	32030xxxxxx2031000	二0一二年六月	本科	科员	132xxxx4422	3800	
0007	于文才	男	浙江省	33030xxxxxx2031000	二0一一年六月	本科	科员	137xxxx4411	3800	
0008	赵晓丽	女	黑龙江省	23030xxxxxx2031000	二0一二年六月	专科	科员	138xxxx1177	3800	
0009	周莉莉	女	辽宁省	21030xxxxxx2031000	二00九年六月	本科	科员	133xxxx5577	3800	
0010	姚一萍	女	黑龙江省	23030xxxxxx2031000	二00五年六月	本科	科员	133xxxx6677	3800	
0011	曲欣阳	男	黑龙江省	23030xxxxxx2031000	二00一年六月	本科	科长	135xxxx7777	4500	
0012	杨晓晓	男	辽宁省	21030xxxxxx2031000	二0一一年六月	专科	科员	133xxxx8877	3800	
0013	杨乐乐	女	吉林省	22030xxxxxx2031000	二00一年六月	本科	科员	135xxxx9977	3800	
0014	夏天	男	吉林省	22030xxxxxx2031000	二00一年六月	本科	科员	133xxxx4557	3800	
0015	孙晓波	男	山西省	14030xxxxxx2031000	二0一一年六月	本科	科员	133xxxx4667	3800	
0016	郑彬	男	山西省	14030xxxxxx2031000	二00三年六月	本科	科员	134xxxx4227	3800	
0017	崔莺莺	女	河南省	14030xxxxxx2031000	二00一年六月	本科	科员	133xxxx4337	3800	
0018	秦娟	女	河南省	14030xxxxxx2031000	二00四年六月	本科	科员	133xxxx4477	3800	

图 4-3-15　边框设置后的效果

4. 选择 A2：K2 单元格区域，打开“设置单元格格式”对话框，单击“填充”选项卡，设置背景色为浅蓝色，参数设置如图 4-3-16 所示。

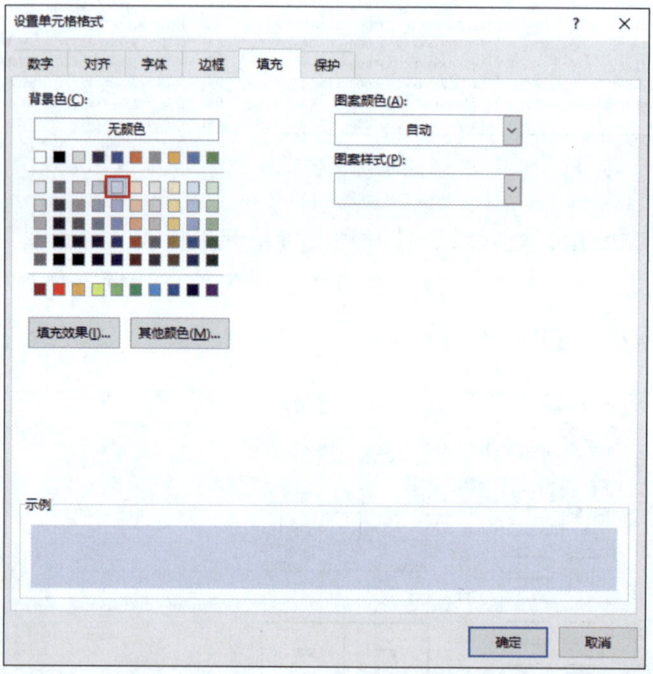

图 4-3-16　参数设置

步骤四　保存文件并退出

将修改后的工作簿另存为“员工信息登记表（美化）”工作簿，然后退出 Excel 2021 程序。

任务 4　对“员工信息登记表”进行验证设置——表格的数据验证设置

学习目标

知识目标：了解 Excel 2021 中数据验证的用途。

技能目标：1. 能设置单元格的数据验证条件。

2. 能设置数据验证的提示信息。

任务描述

在 Excel 工作表中录入数据时，难免会出现录入错误，从而给后续工作带来很多麻烦，甚至造成损失，利用“数据验证”功能可以有效解决这一问题。本任务利用“数据验证”功能，完成以下案例的制作。

在前面完成的员工信息登记表的基础上，为避免后续录入信息时出现数据不规范或错误，利用“数据验证”功能进行限制，如“性别”列只能输入“男”或“女”而不能输入其他信息，“薪资（元）”列数据值设置在“2 000 ~ 6 000”之间，并要求对错误输入弹出提示信息，设置后的表格效果如图 4-4-1 所示。

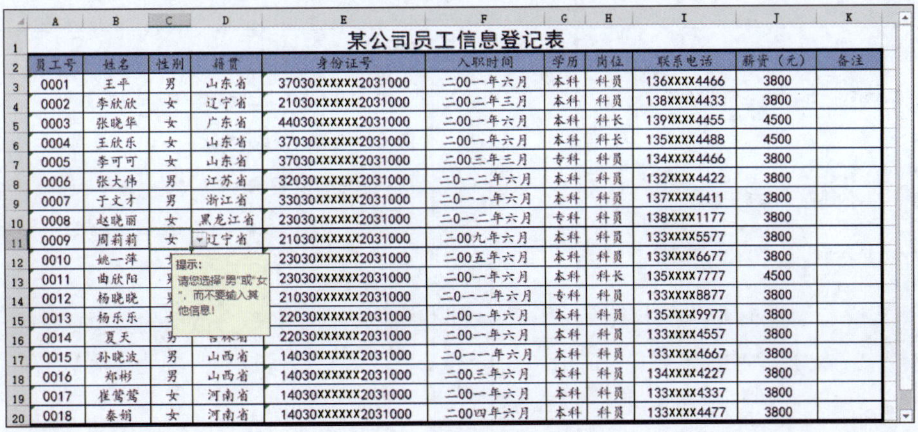

某公司员工信息登记表

员工号	姓名	性别	籍贯	身份证号	入职时间	学历	岗位	联系电话	薪资（元）	备注
0001	王平	男	山东省	37030XXXXXX2031000	二00一年六月	本科	科员	136XXXX4466	3800	
0002	李欣欣	女	辽宁省	21030XXXXXX2031000	二00二年三月	本科	科员	138XXXX4433	3800	
0003	张晓华	女	广东省	44030XXXXXX2031000	二00一年六月	本科	科长	139XXXX4455	4500	
0004	王欣乐	女	山东省	37030XXXXXX2031000	二00一年六月	本科	科长	135XXXX4488	4500	
0005	李可可	女	山东省	37030XXXXXX2031000	二00三年三月	专科	科员	134XXXX4466	3800	
0006	张大伟	男	江苏省	32030XXXXXX2031000	二0一二年六月	本科	科员	132XXXX4422	3800	
0007	于文才	男	浙江省	33030XXXXXX2031000	二0一一年六月	本科	科员	137XXXX4411	3800	
0008	赵晓丽	女	黑龙江省	23030XXXXXX2031000	二0一二年六月	专科	科员	138XXXX1177	3800	
0009	周莉莉	女	辽宁省	21030XXXXXX2031000	二00九年六月	本科	科员	133XXXX5577	3800	
0010	姚一萍	[illegible]	[illegible]	23030XXXXXX2031000	二00五年六月	本科	科员	133XXXX6677	3800	
0011	曲欣阳	[illegible]	[illegible]	23030XXXXXX2031000	二00一年六月	本科	科长	135XXXX7777	4500	
0012	杨晓晓	[illegible]	[illegible]	21030XXXXXX2031000	二0一一年六月	专科	科员	133XXXX8877	3800	
0013	杨乐乐	[illegible]	[illegible]	22030XXXXXX2031000	二00一年六月	本科	科员	135XXXX9977	3800	
0014	夏天	男	[illegible]	22030XXXXXX2031000	二00一年六月	本科	科员	133XXXX4557	3800	
0015	孙晓波	男	山西省	14030XXXXXX2031000	二0一一年六月	本科	科员	133XXXX4667	3800	
0016	郑彬	男	山西省	14030XXXXXX2031000	二00三年六月	本科	科员	134XXXX4227	3800	
0017	崔莺莺	女	河南省	14030XXXXXX2031000	二00一年六月	本科	科员	133XXXX4337	3800	
0018	秦娟	女	河南省	14030XXXXXX2031000	二00四年六月	本科	科员	133XXXX4477	3800	

图 4-4-1　设置后的表格效果

相关知识

选择要设置验证数据的单元格或单元格区域，单击“数据”选项卡下“数据工具”组中的“数据验证”按钮，在下拉列表中选择“数据验证”命令，如图 4–4–2 所示，即可打开图 4–4–3 所示的“数据验证”对话框。

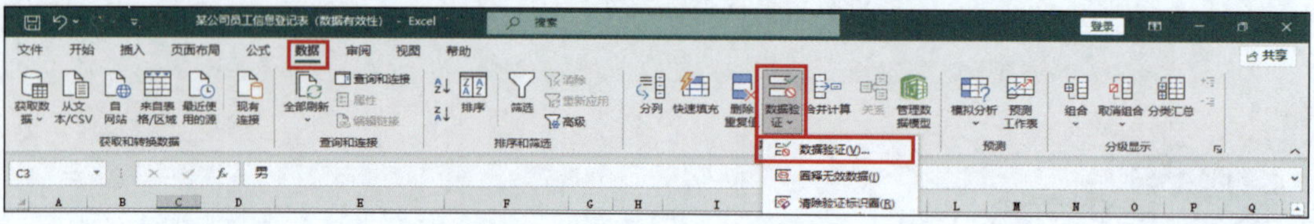

图 4–4–2 “数据验证”按钮的位置

一、“设置”选项卡

“设置”选项卡用于设置验证条件，包括“任何值”“整数”“小数”“序列”“日期”“时间”“文本长度”“自定义”等类型，根据所选类型，可在“数据”下拉列表中进一步设置取值范围。

二、“输入信息”选项卡

“输入信息”选项卡如图 4–4–4 所示，用于设置选定单元格时是否显示提示信息及信息内容。

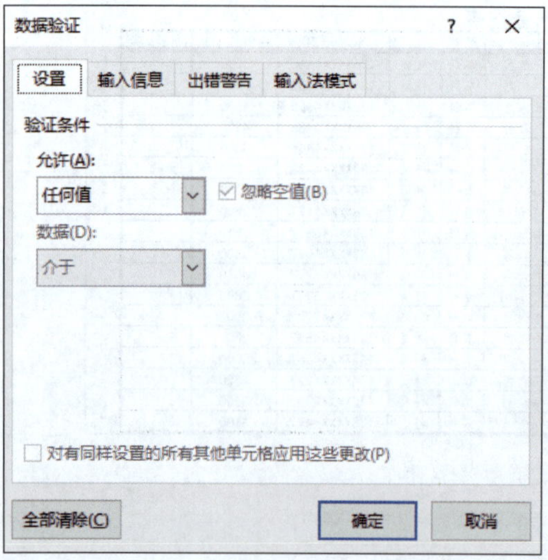

图 4–4–3 “数据验证”对话框

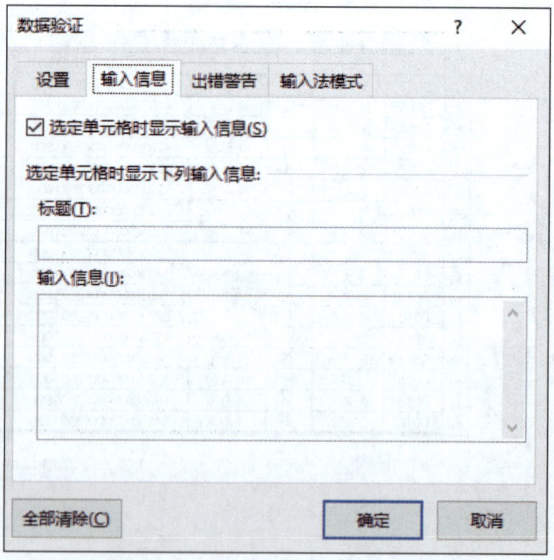

图 4–4–4 “输入信息”选项卡

三、“出错警告”选项卡

“出错警告”选项卡如图 4-4-5 所示，用于设置输入无效数据时是否显示出错警告及警告信息的图标样式和文字内容。

四、“输入法模式”选项卡

“输入法模式”选项卡如图 4-4-6 所示，用于设置输入法模式，包括“随意”“打开”“关闭（英文模式）”，如果选择“关闭（英文模式）”，那么将无法输入汉字及全角符号。

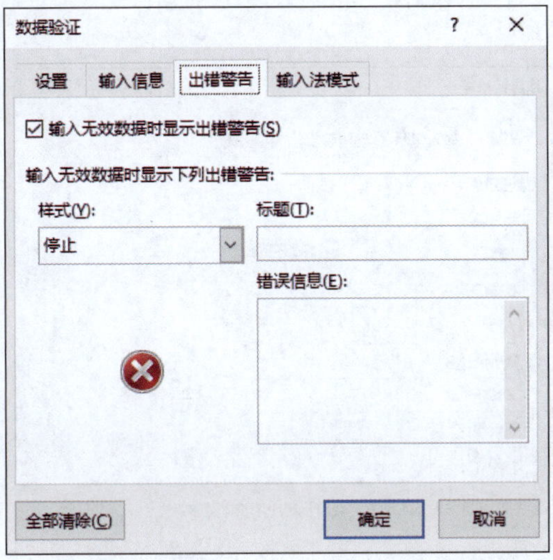

图 4-4-5　“出错警告”选项卡

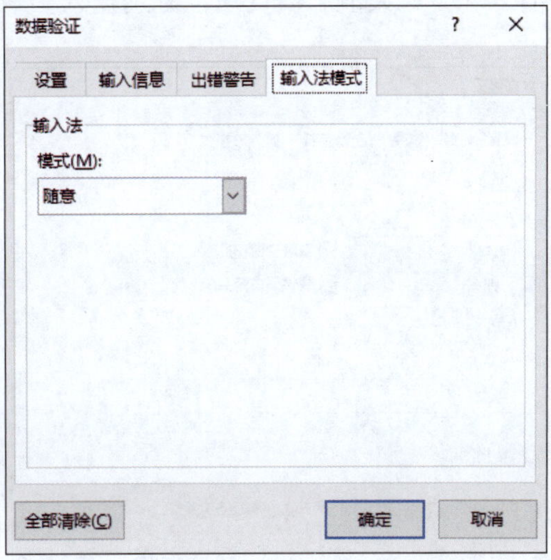

图 4-4-6　“输入法模式”选项卡

任务实施

步骤一　启动 Excel 2021 并打开文档

启动 Excel 2021，打开上一任务完成的“员工信息登记表（美化）”文件。

步骤二　设置数据验证条件

1. 选择 C3：C20 单元格区域，单击“数据”选项卡下“数据工具”组中的“数据验证”按钮，在下拉列表中单击“数据验证”命令，打开“数据验证”对话框，在“设置”选项卡中将验证条件设置为“序列”，来源设置为“男，女”，如图 4-4-7 所示。

小提示

在来源中输入列举的数据时，中间用半角的“,”分隔。

2. 选择 J3：J20 单元格区域，单击“数据”选项卡下“数据工具”组中的“数据验证”按钮，在下拉列表中单击“数据验证”命令，打开“数据验证”对话框，在“设置”选项卡中将验证条件设置为“整数”，数据设置为“介于”，此时出现“最小值”和“最大值”设置项，分别输入“2 000”和“6 000”，如图 4–4–8 所示。

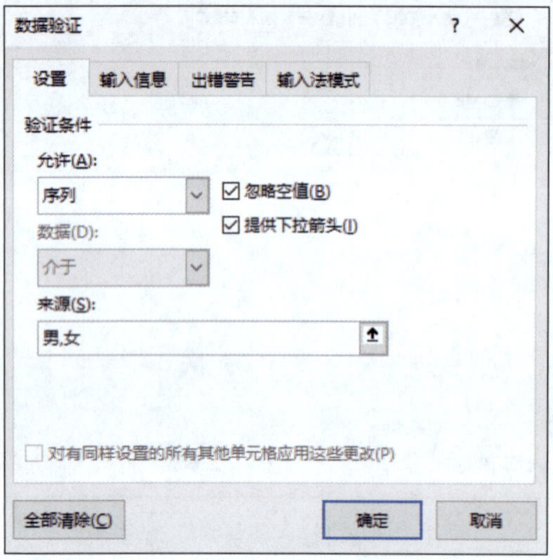

图 4–4–7　设置“性别”列的数据验证条件

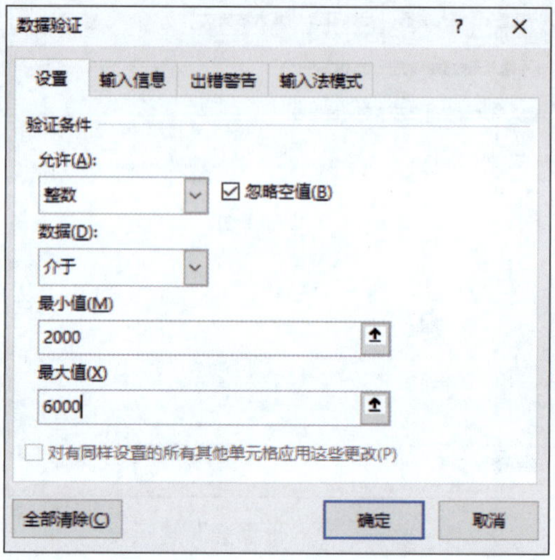

图 4–4–8　设置“薪资（元）”列的数据验证条件

步骤三　设置输入信息提示

1. 选择 C3：C20 单元格区域，在“数据验证”对话框中单击“输入信息”选项卡，输入标题“提示”和信息“请您选择‘男’或‘女’，而不要输入其他信息！”，如图 4–4–9 所示，单击“确定”按钮完成设置。

2. 选择 J3：J20 单元格区域，在“数据验证”对话框中单击“输入信息”选项卡，输入标题“提示”和信息“请您输入 2 000 ~ 6 000 之间的数据！”，如图 4–4–10 所示，单击“确定”按钮完成设置。

3. 设置完成后，单击 C3：C20 或 J3：J20 中的任意单元格时，就会出现提示信息，如图 4–4–11 所示，输入或修改数据时，只能输入符合提示信息要求的数据。

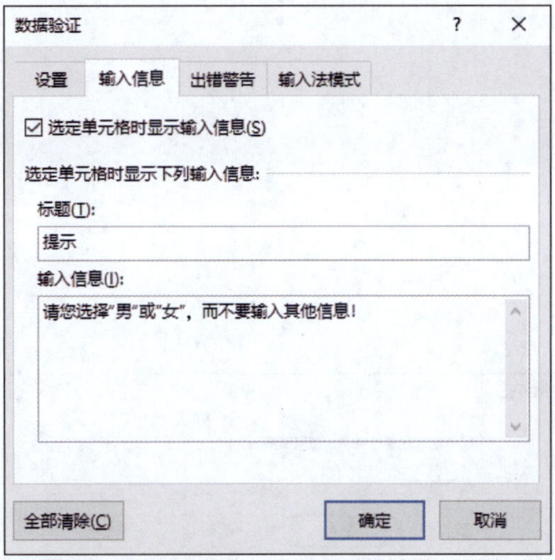

图 4-4-9 “输入信息”选项卡参数设置

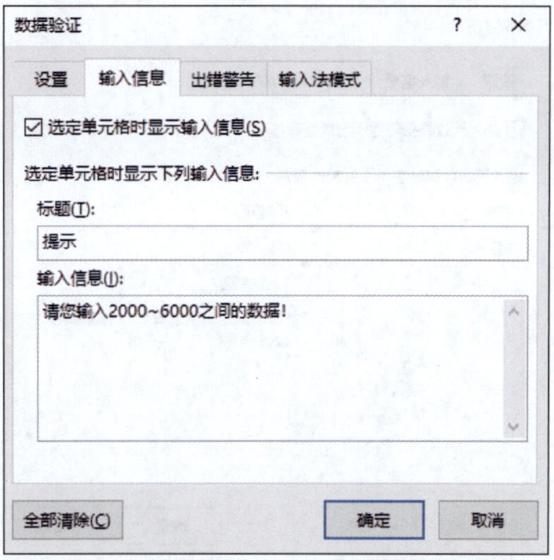

图 4-4-10 “输入信息”选项卡参数设置

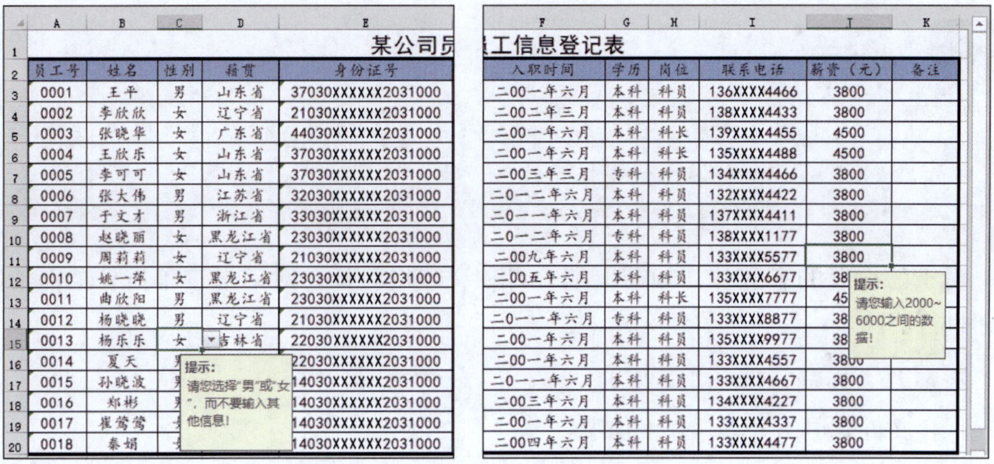

某公司员工信息登记表

员工号	姓名	性别	籍贯	身份证号	入职时间	学历	岗位	联系电话	薪资（元）	备注
0001	王平	男	山东省	37030XXXXXX2031000	二00一年六月	本科	科员	136XXXX4466	3800	
0002	李欣欣	女	辽宁省	21030XXXXXX2031000	二00二年三月	本科	科员	138XXXX4433	3800	
0003	张晓华	女	广东省	44030XXXXXX2031000	二00一年六月	本科	科长	139XXXX4455	4500	
0004	王欣乐	女	山东省	37030XXXXXX2031000	二00一年六月	本科	科长	135XXXX4488	4500	
0005	李可可	女	山东省	37030XXXXXX2031000	二00三年三月	专科	科员	134XXXX4466	3800	
0006	张大伟	男	江苏省	32030XXXXXX2031000	二0一二年六月	本科	科员	132XXXX4422	3800	
0007	于文才	男	浙江省	33030XXXXXX2031000	二0一一年六月	本科	科员	137XXXX4411	3800	
0008	赵晓丽	女	黑龙江省	23030XXXXXX2031000	二0一二年六月	专科	科员	138XXXX1177	3800	
0009	周莉莉	女	辽宁省	21030XXXXXX2031000	二00九年六月	本科	科员	133XXXX5577	3800	
0010	姚一萍	女	黑龙江省	23030XXXXXX2031000	二00五年六月	本科	科员	133XXXX6677	38	
0011	曲欣阳	男	黑龙江省	23030XXXXXX2031000	二00一年六月	本科	科长	135XXXX7777	45	
0012	杨晓晓	男	辽宁省	21030XXXXXX2031000	二0一一年六月	专科	科员	133XXXX8877	38	
0013	杨乐乐	女	吉林省	22030XXXXXX2031000	二00一年六月	本科	科员	135XXXX9977	38	
0014	夏天	男		22030XXXXXX2031000	二00一年六月	本科	科员	133XXXX4557	3800	
0015	孙晓波	男		14030XXXXXX2031000	二0一一年六月	本科	科员	133XXXX4667	3800	
0016	郑彬	男		14030XXXXXX2031000	二00三年六月	本科	科员	134XXXX4227	3800	
0017	崔莺莺	女		14030XXXXXX2031000	二00一年六月	本科	科员	133XXXX4337	3800	
0018	秦娟	女		14030XXXXXX2031000	二00四年六月	本科	科员	133XXXX4477	3800	

图 4-4-11　单击单元格出现的提示信息

步骤四　设置出错提示信息

1. 分别选择 C3：C20 和 J3：J20 单元格区域，打开“数据验证”对话框，单击“出错警告”选项卡，设置样式为“警告”，标题为“对不起:”，错误信息为“您所输入的信息有误，请重新输入!”，如图 4-4-12 所示，单击“确定”按钮完成设置。

2. 当在 C3：C20 和 J3：J20 单元格中输入了不符合要求的数据时，会出现图 4-4-13 所示的警告消息对话框。

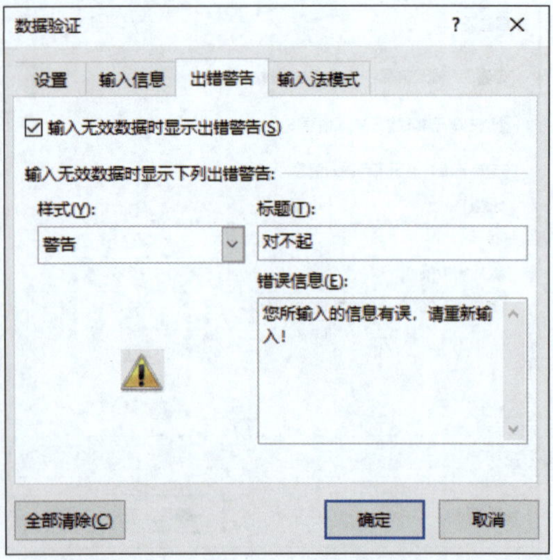

图 4-4-12 “出错警告”选项卡参数设置

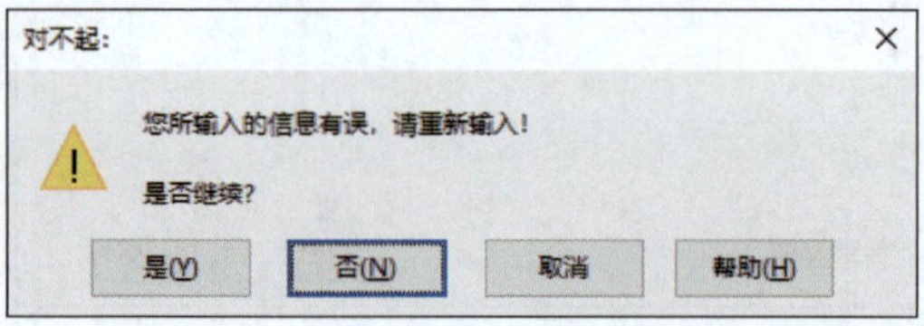

图 4-4-13 警告消息对话框

小提示

对于已输入的数据，系统不会提示错误，但双击错误数据的单元格后，会弹出错误提示。

对于已设置的有效性，如需取消，可在“数据验证”对话框中单击“全部清除”按钮进行清除。

步骤五 保存文件并退出

保存文件并退出 Excel 2021 程序。

任务 5　利用“员工信息登记表”创建相似工作表——工作表的插入、删除、重命名、移动和复制

学习目标

知识目标：了解创建多张相似工作表的方法。

技能目标：能完成工作表的插入、删除、重命名、移动和复制等基本操作。

任务描述

本任务在学习工作表基本操作的基础上，完成以下案例的制作。

在完成前面员工信息登记表任务的基础上，进一步细化制作该公司设计部、财务部、人事部三个部门的员工信息表，为了减少工作量，要求用已有的工作表通过复制、数据修改等操作实现多张工作表的创建，以便提高工作效率。三张表格在工作簿中按照设计部、财务部、人事部的顺序排列。

相关知识

工作表的基本操作主要有工作表的重命名、移动、复制、插入、删除等。这些命令在功能区中均位于“开始”选项卡下“单元格”组中。单击其中的“格式”按钮，在下拉菜单的“组织工作表”小类中，可进行重命名、移动或复制等操作。单击“插入”按钮，可进行插入新工作表的操作。单击“删除”按钮，可进行删除当前工作表的操作。

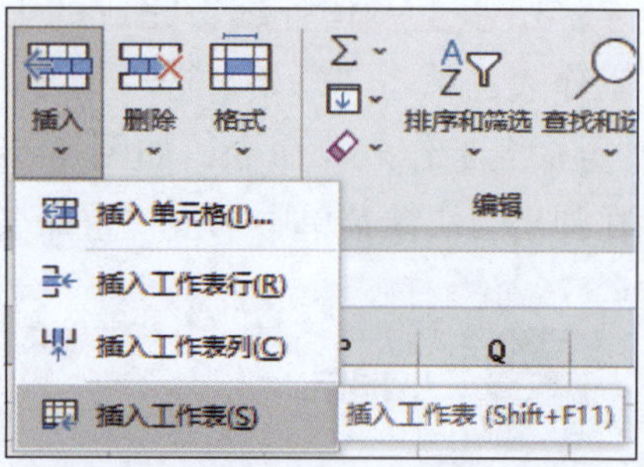

图 4-5-1　“插入工作表”命令

例如，要在“某公司人事部员工信息登记表”中新建一个工作表，可单击“开始”选项卡，选择“插入”命令，在弹出的下拉菜单中单击“插入工作表”命令，如图 4-5-1 所示，操作后的结果如图 4-5-2 所示。

图 4-5-2　新插入的“Sheet2”工作表

小提示

也可单击图 4-5-2 中的按钮 ⊕ 插入工作表。

若要删除工作表，首先选中要删除工作表的标签，如“Sheet2”，然后单击“开始”选项卡下“单元格”组中的“删除”按钮，在弹出的下拉列表中单击“删除工作表”命令，如图 4-5-3 所示，在弹出的确认对话框中单击“删除”按钮即可完成操作。

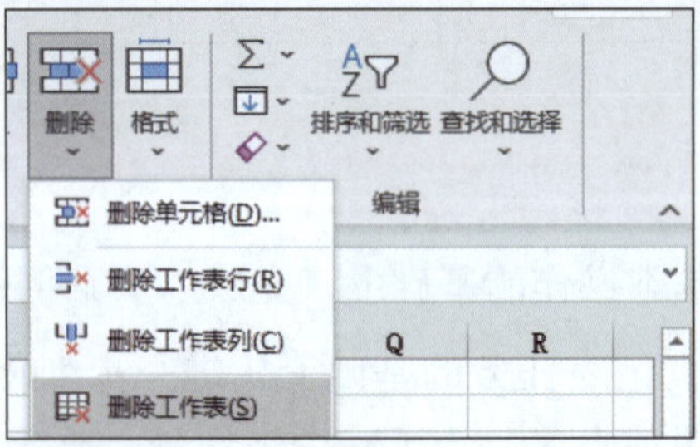

图 4-5-3　“删除工作表”命令

除了功能区中的命令按钮，还可以在工作表标签上单击鼠标右键，在弹出的快捷菜单中选择相应命令完成操作。

任务实施

步骤一　重命名工作表

1. 将上一任务编辑完成的工作簿文件另存或复制为一个新文件，选择“Sheet1”工作表，单击“开始”选项卡下“单元格”组中的“格式”按钮，在下拉菜单中单击“重命名工作表”命令，如图 4-5-4 所示，或选中要重命名的工作表，单击鼠标右键，在弹出的快捷菜单中单击“重命名”命令即可。

小提示

也可直接在工作表标签上双击鼠标左键进行重命名操作。

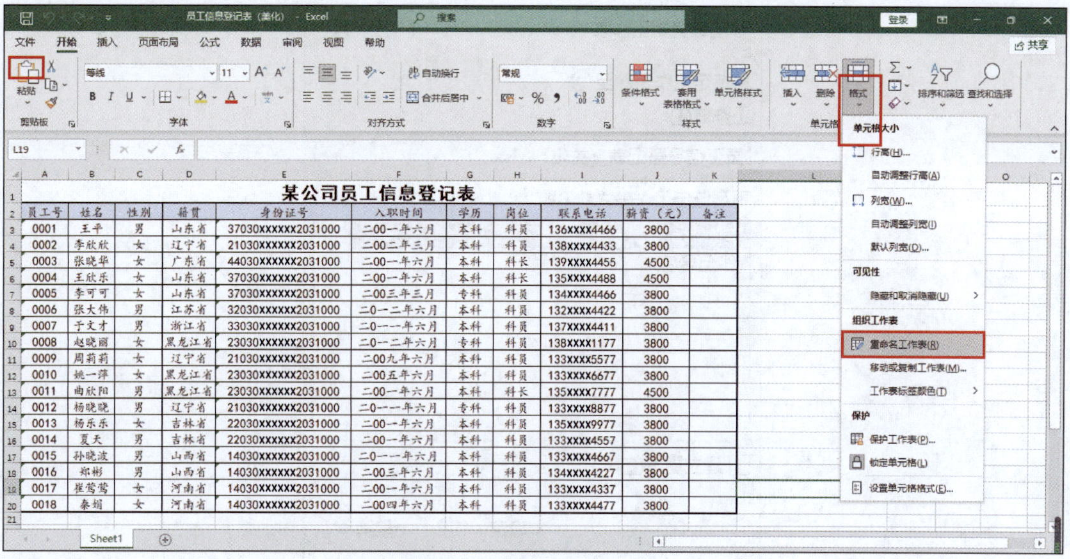

图 4-5-4　“重命名工作表”命令

2. 此时“Sheet1”呈反色显示，如图 4-5-5 所示，输入文字“某公司人事部员工信息登记表”后按回车键确认，如图 4-5-6 所示。

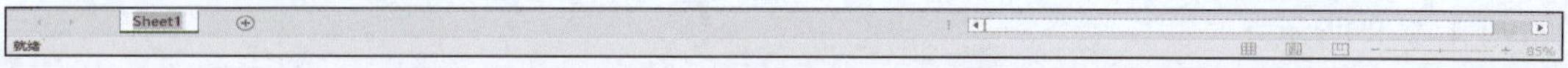

图 4-5-5　“Sheet1”反色显示

图 4-5-6　重命名工作表

步骤二　复制工作表

1. 选择“某公司人事部员工信息登记表”工作表标签，单击“开始”选项卡下“单元格”组中的“格式”按钮，在下拉列表中单击“移动或复制工作表”命令，弹出图 4-5-7 所示的对话框。

小提示

也可在工作表标签上单击鼠标右键，在弹出的快捷菜单中选择“移动或复制”命令。

2. 在对话框中，单击“工作簿”下拉列表，选择目标工作簿，此处既可选择已打开的工作簿，又可以选择新建工作簿，在本任务中选择原工作簿。

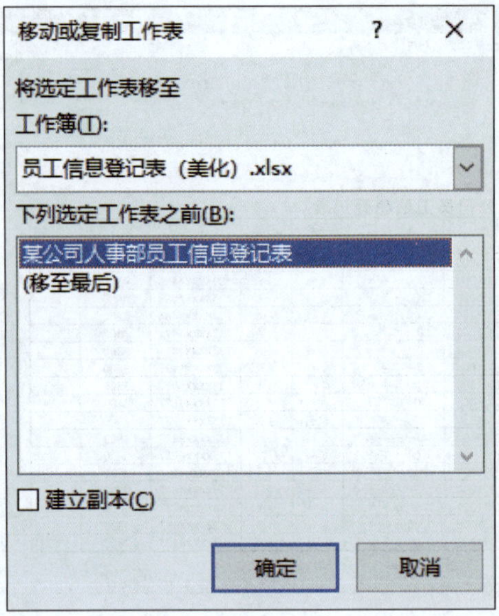

图 4-5-7 “移动或复制工作表”对话框

3. 在“下列选定工作表之前”列表框中选择新工作表的位置，此处是要复制工作表，因此同时勾选“建立副本”复选框，再单击“确定”按钮即可，复制后的工作表如图 4-5-8 所示。

图 4-5-8 复制后的工作表

4. 用相同的方法再复制一张工作表，如图 4-5-9 所示。将各工作表重新命名，如图 4-5-10 所示。

图 4-5-9 复制多张工作表

图 4-5-10 重命名多张工作表

5. 复制完成后，根据需要修改工作表中的信息，即可完成另外两个部门员工信息登记表的创建。

步骤三 移动工作表

按照任务要求，需要对工作表进行移动，其操作方法如下。

1. 选择“某公司人事部员工信息登记表”工作表标签，然后按住鼠标左键进行拖动。

2. 拖动鼠标时，光标上有一张小白纸形状的图标，它代表所选择的工作表。将其拖放到“某公司财务部员工信息登记表”标签后面，再释放鼠标左键即可，结果如图 4-5-11 所示。

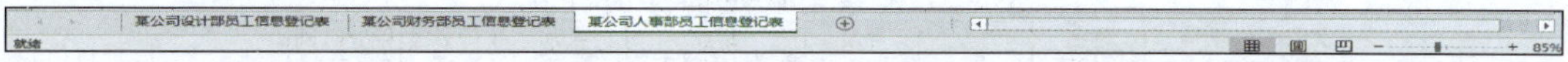

图 4-5-11　移动后的工作表标签

步骤四　保存文件并退出

操作完成后保存文件并退出 Excel 2021 程序。

任务 6　编辑“毕业生抽样调查表”——数据的编辑和修改

学习目标

知识目标：1. 了解 Excel 2021 中行或列的隐藏、冻结功能。
　　　　　2. 掌握数据编辑修改的基本操作方法。
技能目标：1. 能完成数据的查找与替换。
　　　　　2. 能完成表格行或列的插入与删除。
　　　　　3. 能完成数据的移动、复制和删除。

任务描述

本任务在学习 Excel 2021 中编辑和修改数据方法的基础上，完成以下案例的制作。

某学校要对信息工程系毕业生做抽样统计工作，现需对已建立的“毕业生抽样调查表”进行数据的编辑与修改，为后续统计工作做准备。首先利用“查找与替换”功能将所有的“计算机网络应用”替换成“计网”；然后在“性别”列和“年龄”列之间插入“民族”列并填写信息；最后将“20140003 仇晓杰”行内容移到“20140017 高亮亮”行内容的上方，并删除“20140002 邓玉林”和“20140010 刘殿臣”两行，原始文件和修改后文件的效果分别如图 4-6-1 和图 4-6-2 所示。

信息工程系毕业生抽样调查表

学号	姓名	性别	年龄	专业	学历	技能等级	毕业时间
20140001	程培宇	男	18	计算机网络应用	大专	高级	2017.01
20140002	邓玉林	男	18	平面设计	初中	中级	2017.07
20140003	仇晓杰	女	17	计算机网络应用	初中	中级	2017.01
20140004	栾鹏旭	男	18	平面设计	高中	初级	2017.01
20140005	王海林	男	17	室内设计	大专	高级	2017.01
20140006	华宇晨	男	16	计算机网络应用	高中	初级	2017.07
20140007	张思思	男	17	室内设计	高中	中级	2017.01
20140008	杨正轲	男	19	计算机网络应用	大专	高级	2017.07
20140009	郑华华	女	24	室内设计	初中	初级	2017.07
20140010	刘殿臣	男	20	室内设计	初中	中级	2017.07
20140011	彭玉伟	男	18	计算机网络应用	大专	高级	2017.01
20140012	马强强	男	17	室内设计	大专	初级	2017.07
20140013	宋立强	男	16	室内设计	初中	高级	2017.01
20140014	李晓宇	女	17	平面设计	高中	初级	2017.07
20140015	吕环平	男	16	室内设计	初中	初级	2017.01
20140016	杨成虎	男	20	室内设计	大专	高级	2017.01
20140017	高亮亮	男	19	平面设计	高中	中级	2017.07
20140018	徐永欣	男	20	计算机网络应用	高中	中级	2017.07
20140019	耿俊刚	男	18	平面设计	初中	高级	2017.07
20140020	姜忠浩	男	18	平面设计	大专	初级	2017.07

图 4-6-1 “毕业生抽样调查表”原始文件

信息工程系毕业生抽样调查表

学号	姓名	性别	民族	年龄	专业	学历	技能等级	毕业时间
20140001	程培宇	男	汉	18	计网	大专	高级	2017.01
20140004	栾鹏旭	男	汉	18	平面设计	高中	初级	2017.01
20140005	王海林	男	汉	17	室内设计	大专	高级	2017.01
20140006	华宇晨	男	汉	16	计网	高中	初级	2017.07
20140007	张思思	男	汉	17	室内设计	高中	中级	2017.01
20140008	杨正轲	男	汉	19	计网	大专	高级	2017.07
20140009	郑华华	女	汉	24	室内设计	初中	初级	2017.07
20140011	彭玉伟	男	汉	18	计网	大专	高级	2017.01
20140012	马强强	男	汉	17	室内设计	大专	初级	2017.07
20140013	宋立强	男	汉	16	室内设计	初中	高级	2017.01
20140014	李晓宇	女	汉	17	平面设计	高中	初级	2017.07
20140015	吕环平	男	汉	16	室内设计	初中	初级	2017.01
20140016	杨成虎	男	汉	20	室内设计	大专	高级	2017.01
20140003	仇晓杰	女	汉	17	计网	初中	中级	2017.01
20140017	高亮亮	男	汉	19	平面设计	高中	中级	2017.07
20140018	徐永欣	男	汉	20	计网	高中	中级	2017.07
20140019	耿俊刚	男	汉	18	平面设计	初中	高级	2017.07
20140020	姜忠浩	男	汉	18	平面设计	大专	初级	2017.07

图 4-6-2 编辑修改后的“毕业生抽样调查表”

相关知识

一、行、列、工作表的隐藏与取消隐藏

表格中有很多行或列时，不便于查询信息，在打印表格时，有时不想打印某些不必要的行或列，此时，就可以将多余的行或列隐藏。

1．隐藏行、列或工作表

在 Excel 2021 中，隐藏行、列或工作表有以下两种方法。

（1）选中需要隐藏的行、列或工作表标签，单击鼠标右键，在弹出的快捷菜单中单击“隐藏”命令。

（2）选中需要隐藏的行、列或工作表标签，单击“开始”选项卡下“单元格”组中的“格式”按钮，在下拉列表中选择“隐藏和取消隐藏”级联菜单中需要的命令，如图 4-6-3 所示。

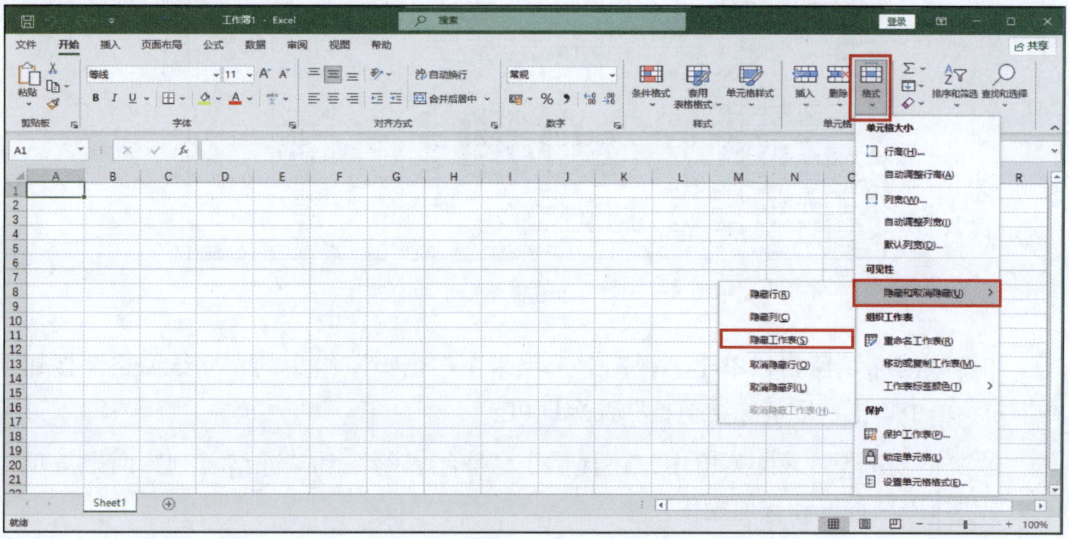

图 4-6-3　隐藏行、列或工作表命令

2．取消行、列或工作表的隐藏

取消隐藏的方法是：对于已被隐藏的行（列），选中其上下两行或多行（上下两列或多列），单击鼠标右键，在弹出的快捷菜单中单击“取消隐藏”命令；对于已被隐藏的工作表，在任意其他工作表上单击鼠标右键，在弹出的快捷菜单中单击“取消隐藏”命令；此外，也可在前述“隐藏和取消隐藏”级联菜单中单击“取消隐藏行”“取消隐藏列”“取消隐藏工作表”等命令。

如果操作对象是行或列，将直接显示隐藏的行或列，如果操作对象是工作表，则出现图 4-6-4 所示的“取消隐藏”对话框，选中需要取消隐藏的工作表，单击“确定”按钮即可。

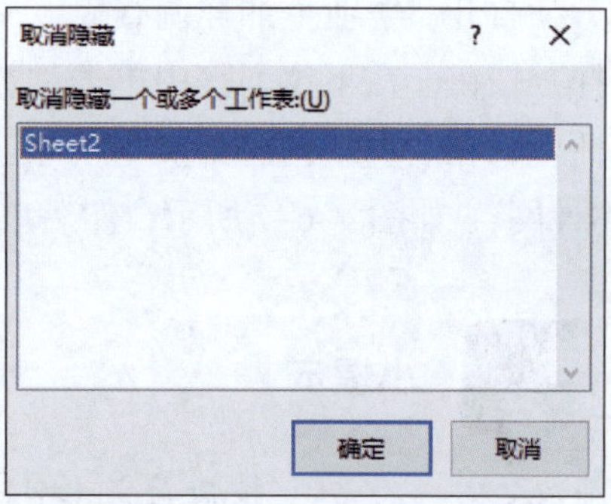

图 4-6-4　“取消隐藏”对话框

二、行、列的冻结和取消冻结

如果需要在工作表滚动时保持一部分行和列始终可见，可使用冻结窗格功能。其使用方法是：选中不需冻结区域左上角的单元格（如拟冻结前 2 行、前 1 列，则选中单元格 B3），单击“视图”选项卡下“窗口”组中的“冻结窗格”按钮，在下拉菜单中单击“冻结窗格”命令，如图 4–6–5 所示。

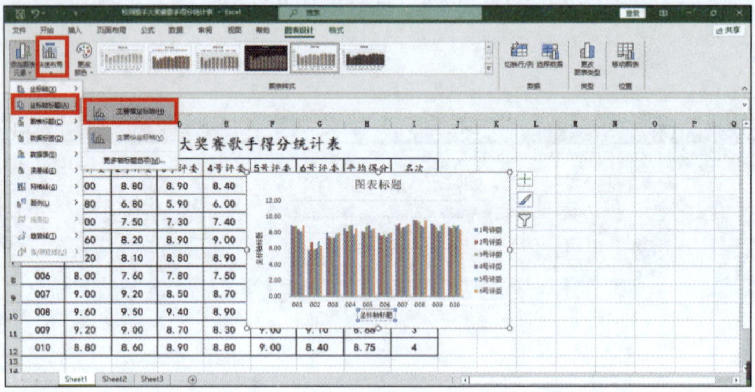

图 4–6–5 “冻结窗格”下拉列表

如需取消冻结窗格，单击“视图”选项卡下“窗口”组中的“冻结窗格”按钮，在下拉菜单中单击“取消冻结窗格”命令即可。

在“冻结窗格”下拉菜单中，还提供了“冻结首行”和“冻结首列”两个选项，可实现快速冻结首行和首列操作。

任务实施

步骤一　查找文字“计算机网络应用”并将其替换为“计网”

打开“毕业生抽样调查表”文件，单击“开始”选项卡下“编辑”组的“查找和选择”按钮，在下拉列表中单击“替换”命令，如图 4–6–6 所示，弹出“查找和替换”对话框，在“查找内容”文本框中输入“计算机网络应用”，在“替换为”文本框中输入“计网”，如图 4–6–7 所示，然后单击“全部替换”按钮，替换后的效果如图 4–6–8 所示。

小提示

按快捷键 Ctrl+F 或 Ctrl+H 可分别直接打开“查找和替换”对话框的“查找”或“替换”选项卡。

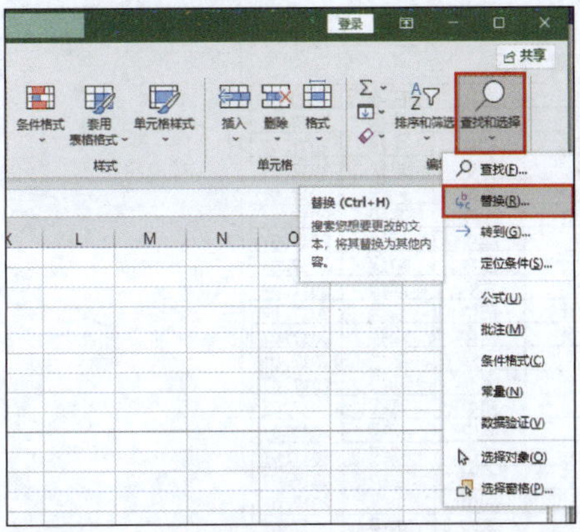

图 4-6-6 “查找和选择”下拉列表

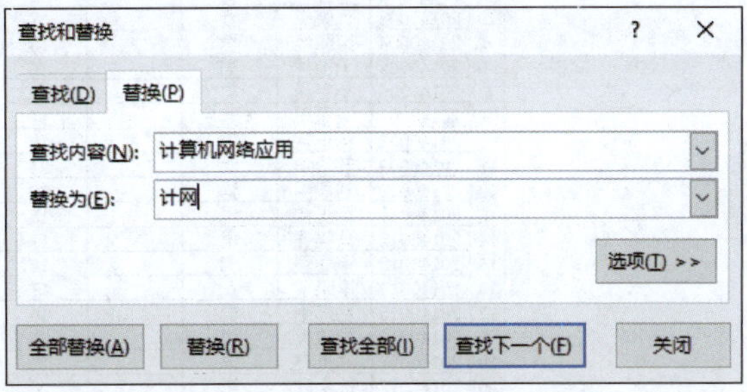

图 4-6-7 “查找和替换”对话框

	A	B	C	D	E	F	G	H
1	信息工程系毕业生抽样调查表							
2	学号	姓名	性别	年龄	专业	学历	技能等级	毕业时间
3	20140001	程培宇	男	18	计网	大专	高级	2017.01
4	20140002	邓玉林	男	18	平面设计	初中	中级	2017.07
5	20140003	仇晓杰	女	17	计网	初中	中级	2017.01
6	20140004	栾鹏旭	男	18	平面设计	高中	初级	2017.01
7	20140005	王海林	男	17	室内设计	大专	高级	2017.01
8	20140006	华宇晨	男	16	计网	高中	初级	2017.07
9	20140007	张思思	男	17	室内设计	高中	中级	2017.01
10	20140008	杨正轲	男	19	计网	大专	高级	2017.07
11	20140009	郑华华	女	24	室内设计	初中	初级	2017.07
12	20140010	刘殿臣	男	20	室内设计	初中	中级	2017.07
13	20140011	彭玉伟	男	18	计网	大专	高级	2017.01
14	20140012	马强强	男	17	室内设计	大专	初级	2017.07
15	20140013	宋立强	男	16	室内设计	初中	高级	2017.01
16	20140014	李晓宇	女	17	平面设计	高中	初级	2017.07
17	20140015	吕环平	男	16	室内设计	初中	初级	2017.01
18	20140016	杨成虎	男	20	室内设计	大专	高级	2017.01
19	20140017	高亮亮	男	19	平面设计	高中	中级	2017.07
20	20140018	徐永欣	男	20	计网	高中	中级	2017.07
21	20140019	耿俊刚	男	18	平面设计	初中	高级	2017.07
22	20140020	姜忠浩	男	18	平面设计	大专	初级	2017.07

图 4-6-8 替换后的效果

步骤二　插入表格列

1. 单击 D 列的列号，单击鼠标右键，在弹出的快捷菜单中单击“插入”命令。插入列后的效果如图 4-6-9 所示。

2. 在插入的列中对应项目中填写表头“民族”，并填入学生的民族情况，填写内容后的效果如图 4-6-10 所示。

步骤三　表格内容的位置互换和删除

1. 单击第 19 行的行号，单击鼠标右键，在弹出的快捷菜单中单击“插入”命令，插入行后的效果如图 4-6-11 所示。

2. 选择 A5 至 I5 单元格，单击“开始”选项卡下“剪贴板”组中的“剪切”按钮（或使用快捷键 Ctrl+X）。

	A	B	C	D	E	F	G	H	I
1	信息工程系毕业生抽样调查表								
2	学号	姓名	性别		年龄	专业	学历	技能等级	毕业时间
3	20140001	程培宇	男		18	计网	大专	高级	2017.01
4	20140002	邓玉林	男		18	平面设计	初中	中级	2017.07
5	20140003	仇晓杰	女		17	计网	初中	中级	2017.01
6	20140004	栾鹏旭	男		18	平面设计	高中	初级	2017.01
7	20140005	王海林	男		17	室内设计	大专	高级	2017.01
8	20140006	华宇晨	男		16	计网	高中	初级	2017.07
9	20140007	张思思	男		17	室内设计	高中	中级	2017.01
10	20140008	杨正轲	男		19	计网	大专	高级	2017.07
11	20140009	郑华华	女		24	室内设计	初中	初级	2017.07
12	20140010	刘殿臣	男		20	室内设计	初中	中级	2017.07
13	20140011	彭玉伟	男		18	计网	大专	高级	2017.01
14	20140012	马强强	男		17	室内设计	大专	初级	2017.07
15	20140013	宋立强	男		16	室内设计	初中	高级	2017.01
16	20140014	李晓宇	女		17	平面设计	高中	初级	2017.07
17	20140015	吕环平	男		16	室内设计	初中	初级	2017.01
18	20140016	杨成虎	男		20	室内设计	大专	高级	2017.01
19	20140017	高亮亮	男		19	平面设计	高中	中级	2017.07
20	20140018	徐永欣	男		20	计网	高中	中级	2017.07
21	20140019	耿俊刚	男		18	平面设计	初中	高级	2017.07
22	20140020	姜忠浩	男		18	平面设计	大专	初级	2017.07

图 4-6-9　插入列后的效果

	A	B	C	D	E	F	G	H	I
1	信息工程系毕业生抽样调查表								
2	学号	姓名	性别	民族	年龄	专业	学历	技能等级	毕业时间
3	20140001	程培宇	男	汉	18	计网	大专	高级	2017.01
4	20140002	邓玉林	男	汉	18	平面设计	初中	中级	2017.07
5	20140003	仇晓杰	女	汉	17	计网	初中	中级	2017.01
6	20140004	栾鹏旭	男	汉	18	平面设计	高中	初级	2017.01
7	20140005	王海林	男	汉	17	室内设计	大专	高级	2017.01
8	20140006	华宇晨	男	汉	16	计网	高中	初级	2017.07
9	20140007	张思思	男	汉	17	室内设计	高中	中级	2017.01
10	20140008	杨正轲	男	汉	19	计网	大专	高级	2017.07
11	20140009	郑华华	女	汉	24	室内设计	初中	初级	2017.07
12	20140010	刘殿臣	男	汉	20	室内设计	初中	中级	2017.07
13	20140011	彭玉伟	男	汉	18	计网	大专	高级	2017.01
14	20140012	马强强	男	汉	17	室内设计	大专	初级	2017.07
15	20140013	宋立强	男	汉	16	室内设计	初中	高级	2017.01
16	20140014	李晓宇	女	汉	17	平面设计	高中	初级	2017.07
17	20140015	吕环平	男	汉	16	室内设计	初中	初级	2017.01
18	20140016	杨成虎	男	汉	20	室内设计	大专	高级	2017.01
19	20140017	高亮亮	男	汉	19	平面设计	高中	中级	2017.07
20	20140018	徐永欣	男	汉	20	计网	高中	中级	2017.07
21	20140019	耿俊刚	男	汉	18	平面设计	初中	高级	2017.07
22	20140020	姜忠浩	男	汉	18	平面设计	大专	初级	2017.07

图 4-6-10　填写内容后的效果

	A	B	C	D	E	F	G	H	I
1	信息工程系毕业生抽样调查表								
2	学号	姓名	性别	民族	年龄	专业	学历	技能等级	毕业时间
3	20140001	程培宇	男	汉	18	计网	大专	高级	2017.01
4	20140002	邓玉林	男	汉	18	平面设计	初中	中级	2017.07
5	20140003	仇晓杰	女	汉	17	计网	初中	中级	2017.01
6	20140004	栾鹏旭	男	汉	18	平面设计	高中	初级	2017.01
7	20140005	王海林	男	汉	17	室内设计	大专	高级	2017.01
8	20140006	华宇晨	男	汉	16	计网	高中	初级	2017.07
9	20140007	张思思	男	汉	17	室内设计	高中	中级	2017.01
10	20140008	杨正轲	男	汉	19	计网	大专	高级	2017.07
11	20140009	郑华华	女	汉	24	室内设计	初中	初级	2017.07
12	20140010	刘殿臣	男	汉	20	室内设计	初中	中级	2017.07
13	20140011	彭玉伟	男	汉	18	计网	大专	高级	2017.01
14	20140012	马强强	男	汉	17	室内设计	大专	初级	2017.07
15	20140013	宋立强	男	汉	16	室内设计	初中	高级	2017.01
16	20140014	李晓宇	女	汉	17	平面设计	高中	初级	2017.07
17	20140015	吕环平	男	汉	16	室内设计	初中	初级	2017.01
18	20140016	杨成虎	男	汉	20	室内设计	大专	高级	2017.01
19									
20	20140017	高亮亮	男	汉	19	平面设计	高中	中级	2017.07
21	20140018	徐永欣	男	汉	20	计网	高中	中级	2017.07
22	20140019	耿俊刚	男	汉	18	平面设计	初中	高级	2017.07
23	20140020	姜忠浩	男	汉	18	平面设计	大专	初级	2017.07

图 4-6-11　插入行后的效果

3. 将光标定位在 A19 单元格，单击“开始”选项卡下“剪贴板”组中的“粘贴”按钮（或使用快捷键 Ctrl+V），移动内容后的效果如图 4-6-12 所示。

	A	B	C	D	E	F	G	H	I
1	信息工程系毕业生抽样调查表								
2	学号	姓名	性别	民族	年龄	专业	学历	技能等级	毕业时间
3	20140001	程培宇	男	汉	18	计网	大专	高级	2017.01
4	20140002	邓玉林	男	汉	18	平面设计	初中	中级	2017.07
5									
6	20140004	栾鹏旭	男	汉	18	平面设计	高中	初级	2017.01
7	20140005	王海林	男	汉	17	室内设计	大专	高级	2017.01
8	20140006	华宇晨	男	汉	16	计网	高中	初级	2017.07
9	20140007	张思思	男	汉	17	室内设计	高中	中级	2017.01
10	20140008	杨正轲	男	汉	19	计网	大专	高级	2017.07
11	20140009	郑华华	女	汉	24	室内设计	初中	初级	2017.07
12	20140010	刘殿臣	男	汉	20	室内设计	初中	中级	2017.07
13	20140011	彭玉伟	男	汉	18	计网	大专	高级	2017.01
14	20140012	马强强	男	汉	17	室内设计	大专	初级	2017.07
15	20140013	宋立强	男	汉	16	室内设计	初中	高级	2017.01
16	20140014	李晓宇	女	汉	17	平面设计	高中	初级	2017.07
17	20140015	吕环平	男	汉	16	室内设计	初中	初级	2017.01
18	20140016	杨成虎	男	汉	20	室内设计	大专	高级	2017.01
19	20140003	仇晓杰	女	汉	17	计网	初中	中级	2017.01
20	20140017	高亮亮	男	汉	19	平面设计	高中	中级	2017.07
21	20140018	徐永欣	男	汉	20	计网	高中	中级	2017.07
22	20140019	耿俊刚	男	汉	18	平面设计	初中	高级	2017.07
23	20140020	姜忠浩	男	汉	18	平面设计	大专	初级	2017.07

图 4-6-12　移动内容后的效果

4. 单击第 5 行的行号，单击鼠标右键，在快捷菜单中单击“删除”命令，删除行后的效果如图 4-6-13 所示。

	A	B	C	D	E	F	G	H	I
1	信息工程系毕业生抽样调查表								
2	学号	姓名	性别	民族	年龄	专业	学历	技能等级	毕业时间
3	20140001	程培宇	男	汉	18	计网	大专	高级	2017.01
4	20140002	邓玉林	男	汉	18	平面设计	初中	中级	2017.07
5	20140004	栾鹏旭	男	汉	18	平面设计	高中	初级	2017.01
6	20140005	王海林	男	汉	17	室内设计	大专	高级	2017.01
7	20140006	华宇晨	男	汉	16	计网	高中	初级	2017.07
8	20140007	张思思	男	汉	17	室内设计	高中	中级	2017.01
9	20140008	杨正轲	男	汉	19	计网	大专	高级	2017.07
10	20140009	郑华华	女	汉	24	室内设计	初中	初级	2017.07
11	20140010	刘殿臣	男	汉	20	室内设计	初中	中级	2017.07
12	20140011	彭玉伟	男	汉	18	计网	大专	高级	2017.01
13	20140012	马强强	男	汉	17	室内设计	大专	初级	2017.07
14	20140013	宋立强	男	汉	16	室内设计	初中	高级	2017.01
15	20140014	李晓宇	女	汉	17	平面设计	高中	初级	2017.07
16	20140015	吕环平	男	汉	16	室内设计	初中	初级	2017.01
17	20140016	杨成虎	男	汉	20	室内设计	大专	高级	2017.01
18	20140003	仇晓杰	女	汉	17	计网	初中	中级	2017.01
19	20140017	高亮亮	男	汉	19	平面设计	高中	中级	2017.07
20	20140018	徐永欣	男	汉	20	计网	高中	中级	2017.07
21	20140019	耿俊刚	男	汉	18	平面设计	初中	高级	2017.07
22	20140020	姜忠浩	男	汉	18	平面设计	大专	初级	2017.07

图 4-6-13　删除行后的效果

5. 按住 Ctrl 键依次单击“20140002”和“20140010”所在行的行号，单击鼠标右键，在弹出的快捷菜单中单击“删除”命令，删除 2 行后的效果如图 4-6-14 所示。

步骤四　对照任务要求核对信息

对照任务要求核对修改信息是否正确、有无遗漏。若表格篇幅较大，可以使用冻结窗口的方法将表头和学号、姓名列固定，以便对照查看信息。

	A	B	C	D	E	F	G	H	I
1	信息工程系毕业生抽样调查表								
2	学号	姓名	性别	民族	年龄	专业	学历	技能等级	毕业时间
3	20140001	程培宇	男	汉	18	计网	大专	高级	2017.01
4	20140004	栾鹏旭	男	汉	18	平面设计	高中	初级	2017.01
5	20140005	王海林	男	汉	17	室内设计	大专	高级	2017.01
6	20140006	华宇晨	男	汉	16	计网	高中	初级	2017.07
7	20140007	张思思	男	汉	17	室内设计	高中	中级	2017.01
8	20140008	杨正轲	男	汉	19	计网	大专	高级	2017.07
9	20140009	郑华华	女	汉	24	室内设计	初中	初级	2017.07
10	20140011	彭玉伟	男	汉	18	计网	大专	高级	2017.01
11	20140012	马强强	男	汉	17	室内设计	大专	初级	2017.07
12	20140013	宋立强	男	汉	16	室内设计	初中	高级	2017.01
13	20140014	李晓宇	女	汉	17	平面设计	高中	初级	2017.07
14	20140015	吕环平	男	汉	16	室内设计	初中	初级	2017.01
15	20140016	杨成虎	男	汉	20	室内设计	大专	高级	2017.01
16	20140003	仇晓杰	女	汉	17	计网	初中	中级	2017.01
17	20140017	高亮亮	男	汉	19	平面设计	高中	中级	2017.07
18	20140018	徐永欣	男	汉	20	计网	高中	中级	2017.07
19	20140019	耿俊刚	男	汉	18	平面设计	初中	高级	2017.07
20	20140020	姜忠浩	男	汉	18	平面设计	大专	初级	2017.07

图 4-6-14　删除 2 行后的效果

步骤五　保存文件并退出

检查无误后保存文件并退出 Excel 2021 程序。

任务 7　制作“学生成绩统计表”——公式、函数、自动填充功能

学习目标

知识目标：1. 了解公式、函数的功能。

2. 了解自动填充功能的用途。

技能目标：1. 能应用公式、函数完成相关运算。

2. 能使用自动填充功能快速输入有规律的一组数据。

任务描述

本任务在学习公式、函数、自动填充等功能的基础上，完成以下案例的制作。

某技师学院为方便快捷地统计学生成绩，要制作一个成绩统计表，要求用 Excel 软件中的公式、函数、自动填充功能，快速求出总分、平均分、最高分、最低分、人数等数值，学生成绩统计表的效果如图 4-7-1 所示。

	A	B	C	D	E	F	G	H	I	J	K
1	2021级计算机网络1班成绩统计表										
2	学号	姓名	语文	数学	德育	体育	英语	计算机	总分	平均分	名次
3	20210001	李平	78	87	67	75	83	78	468	78.0	12
4	20210002	王蕾	89	89	69	94	91	87	519	86.5	1
5	20210003	李丽	59	100	68	87	94	89	497	82.8	6
6	20210004	周晓丽	76	54	72	84	96	98	480	80.0	10
7	20210005	孙晓晓	74	67	82	86	85	87	481	80.2	9
8	20210006	于佳佳	85	91	64	85	47	84	456	76.0	15
9	20210007	于丽	96	93	83	84	48	85	489	81.5	8
10	20210008	孙平	68	83	95	74	95	86	501	83.5	3
11	20210009	孙晓磊	64	84	99	75	85	93	500	83.3	4
12	20210010	李一曼	69	74	88	75	72	99	477	79.5	11
13	20210011	张平	63	54	75	95	72	98	457	76.2	14
14	20210012	杜娟	74	85	77	94	83	86	499	83.2	5
15	20210013	李华	84	86	76	84	86	77	493	82.2	7
16	20210014	赵永杰	72	100	79	81	94	76	502	83.7	2
17	20210015	杨丽丽	94	57	78	82	74	78	463	77.2	13
18	最高分		96	100	99	95	96	99	519	86.5	
19	最低分		59	54	64	74	47	76	456	76	
20	在籍人数		15			全班平均分			80.9		
21	考试人数		15			平均分及格人数			15		
22	教师签字					及格率			100%		

图 4-7-1　学生成绩统计表的效果

相关知识

一、公式

公式是对工作表中的数值执行计算的一串表达式，以等号（=）开头。公式中可以包括函数、引用、运算符和常量等。

函数是软件中预先编好的、用于运算的一小段程序，按照函数格式给定参数即可得到相应的运算结果。例如，求和函数用于求给定值的和，求最小值函数用于找出一组数据中的最小值等。

单元格的引用是指在一处单元格的公式中使用另一处单元格的值，例如在单元格 A3 中输入公式“=B5*6+9”，即引用了单元格 B5 的值。

运算符是一个标记或符号，用于指定表达式内执行的计算类型，包括数学运算符、比较运算符、逻辑运算符和引用运算符等。各种运算符的符号和使用格式可通过 Excel 2021 的帮助文档查阅。其中算术运算符与数学中的符号大多相同，但也有少数不同，如乘方运算的运算符为“∧”，相乘运算的运算符为“*”等。

常量是指在运算过程中不发生变化的量，也就是不用计算的值，如数字“20”及文本“收入”等都是常量。

二、单元格引用

Excel 2021 中不但可以引用当前工作簿中任何一个工作表的任何单元格或单元格区域中的数据，还可以引用其他工作簿中的数据。

引用单元格数据后，公式的运算值将随着被引用单元格数据的变化而变化。当被引用的单元格数据被修改后，公式的运算结果也将自动修改。

Excel 2021 提供了相对引用、绝对引用和混合引用三种引用方式。

1. 相对引用

在相对引用方式下，Excel 2021 实际记录的是被引用单元格和公式所在单元格之间的相对位置，当公式所在单元格移动或复制到其他位置时，公式中所引用的单元格也随之移动。例如，将前述单元格 A3 复制到单元格 B4，则其中的公式自动变为“=C6*6+9”。Excel 2021 默认的引用方式是相对引用。

2. 绝对引用

在绝对引用方式下，Excel 2021 实际记录的是被引用单元格的绝对位置，当公式所在单元格移动或复制到其他位置时，公式中所引用的单元格不随之移动。在 Excel 2021 中，绝对引用的标记是在行号和列号前分别添加一个符号“$”。例如，若单元格 A3 中的公式为“=$B$5*6+9”，将其复制到单元格 B4 后，单元格 B4 中的公式仍是“=$B$5*6+9”。

3. 混合引用

若仅需行号或列号中的一个使用绝对位置，另一个使用相对位置，可仅在需要使用绝对位置的行号或列号前添加“$”，这就是混合引用。例如，若单元格 A3 中的公式为“=$B5*6+9”，将其复制到单元格 B4 后，单元格 B4 中的公式变为“=$B6*6+9”；而若单元格 A3 中的公式为“=B$5*6+9”，将其复制到单元格 B4 后，单元格 B4 中的公式变为“=C$5*6+9”。

三、常用函数

1. SUM（求和函数）

格式：SUM（参数 1，参数 2，参数 3，…）。

功能：求各参数之和。

示例：SUM（3，5，6，8，2）的运算结果是“24”。

2. AVERAGE（求平均值函数）

格式：AVERAGE（参数 1，参数 2，参数 3，…）。

功能：求各参数的平均值。

示例：AVERAGE（3，5，6，8，2）的运算结果是“4.8”。

3. ABS（求绝对值函数）

格式：ABS（参数）。

功能：求参数的绝对值。

示例：ABS（–5）的运算结果是“5”。

4. MAX（求最大值函数）

格式：MAX（参数 1，参数 2，参数 3，…）。

功能：求各参数的最大值。

示例：MAX（2，3，5，6，9，4）的运算结果是“9”。

5. MIN（求最小值函数）

格式：MIN（参数 1，参数 2，参数 3，…）。

功能：求各参数的最小值。

示例：MAX（2，3，5，6，9，4）的运算结果是“2”。

6. RANK（排名函数）

格式：RANK（参数 1，参数 2，参数 3）。

功能：求参数 1 在参数 2 这组数字中的排名数。

说明：参数 1 为指定的一个数或一个单元格，参数 2 为一组数或一组单元格（参数 1 应是这一组中的一员）。若参数 3 为 0 或没有，则按降序排列；若参数 3 为非零值，则按升序排列。

7. IF（条件函数）

格式：IF（参数 1，参数 2，参数 3）。

功能：若参数 1 成立则转到参数 2；若参数 1 不成立则转到参数 3。

说明：参数 1 为任意一个可判断 TRUE 或 FALSE 的数值或表达式。

8. COUNT（计数函数）

格式：COUNT（参数 1，参数 2，参数 3，…）。

功能：求全部参数中包含数字参数的数目。

说明：参数也可以是单元格区域，此时将统计该区域内包含数字的单元格数目。

9. COUNTIF（条件统计函数）

格式：COUNTIF（参数 1，参数 2）。

功能：求参数 1 区域中满足参数 2 条件的单元格数目。

说明：统计的对象可以是数值，也可以是文本。

10. SUMIF（按条件求和函数）

格式：SUMIF（参数 1，参数 2，参数 3）。

功能：对满足条件的单元格求和。

说明：参数 1 为要进行条件比较的区域；参数 2 为条件，一般为一个表达式，将这个条件与参数 1 中的值进行比较；参数 3 为实际参与计算的单元格区域，若参数 1 的某值符合参数 2 的条件，则其对应位置上参数 3 的值将参与计算，如果参数 3 省略，则使用参数 1 中的值参与计算。

11. ROUND（四舍五入函数）

格式：ROUND（参数 1，参数 2）。

功能：按指定的位数对数值进行四舍五入。

说明：参数 1 为原数值，参数 2 为一个数字，用于指定需要保留的小数位数。

12. MID（截取字符串函数）

格式：MID（参数 1，参数 2，参数 3）。

功能：从一个字符串中截取出指定位置、指定数量的字符。

说明：参数 1 为原字符串，参数 2 为要截取的第一个字符的位置，参数 3 为截取的长度。

四、自动填充功能

如果要输入具有规律性的数据或文本，可采用 Excel 2021 的自动填充功能。如输入一年中的十二个月“一月、二月、三月、四月、……”，输入“1、3、5、7、9、……”（即有相等的步长），输入“甲、乙、丙、丁、……”，输入“星期一、星期二、星期三、……”等，均可用自动填充功能快速输入。

例如，要在（A1：L1）中输入“一月、二月、……”，可以在单元格 A1 中输入“一月”，然后将鼠标光标移动到该单元格的右下角，此时鼠标指针变为黑色十字形状，再按住鼠标左键向右拖动，自动填充后的效果如图 4-7-2 所示。

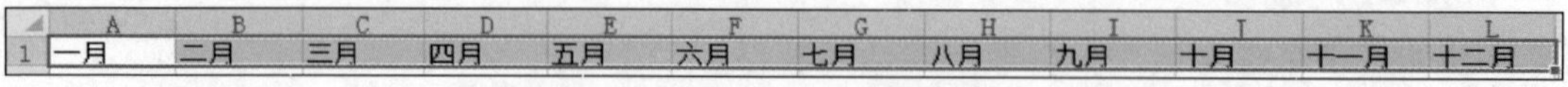

图 4-7-2　自动填充后的效果

Excel 2021 的默认填充序列不能满足需求时，还可以自行定义其他带有规律性的文本内容作为填充序列，其操作方法如下。

1. 单击“文件”选项卡下的“选项”命令，打开“Excel 选项”对话框，如图 4–7–3 所示，单击“高级”→“编辑自定义列表”按钮，打开“自定义序列”对话框，如图 4–7–4 所示。

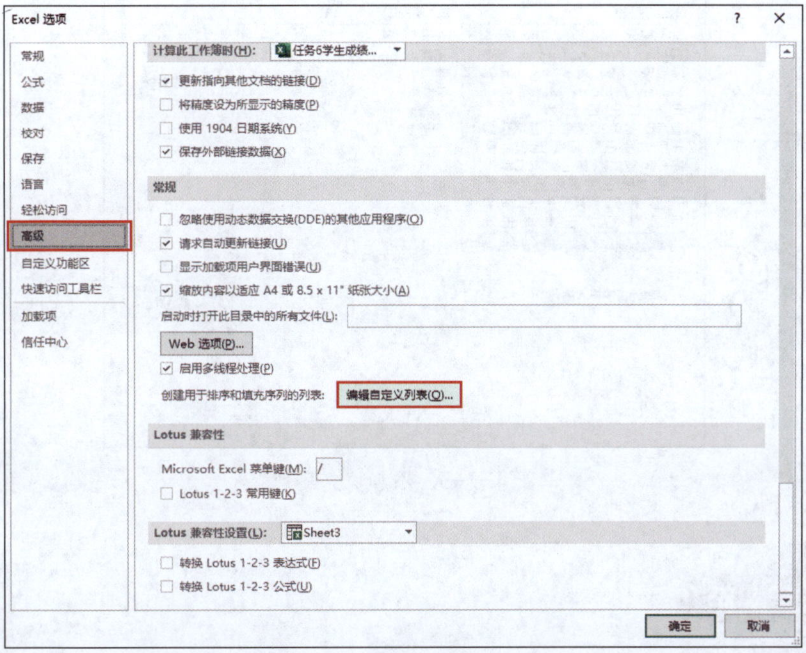

图 4–7–3 “Excel 选项”对话框

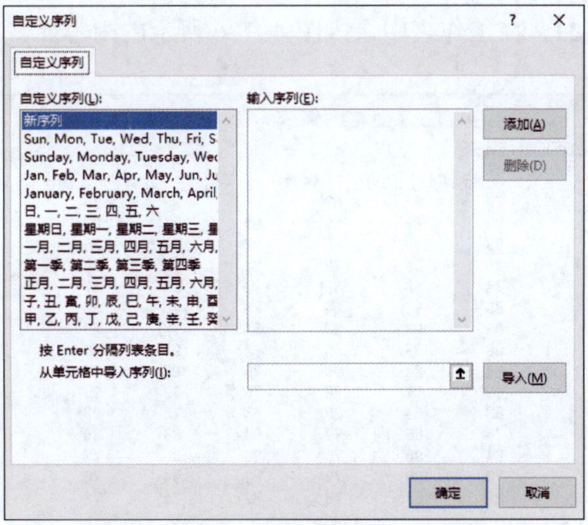

图 4–7–4 “自定义序列”对话框

2. 在“输入序列”窗口中输入序列内容（如公司工人姓名），然后单击“添加”按钮，即可将所需自动填充的内容添加到序列中，如图 4–7–5 所示，最后单击“确定”

按钮。

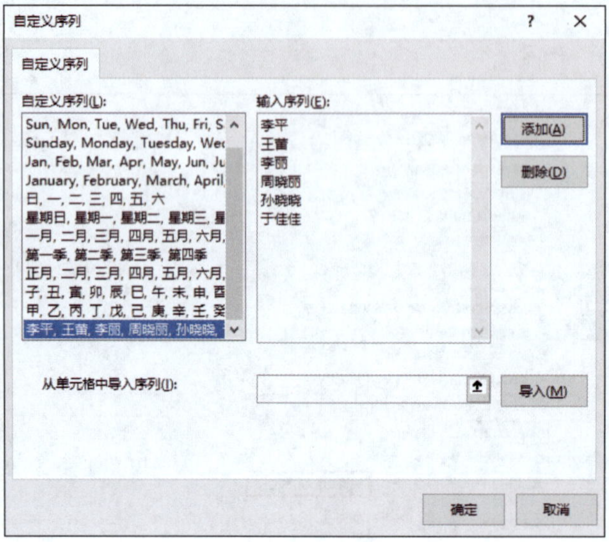

图 4-7-5　添加填充序列

任务实施

步骤一　录入成绩表内容并设置格式

1. 打开 Excel 2021，在工作表中录入图 4-7-6 所示的内容。

	A	B	C	D	E	F	G	H	I	J	K
1	2021级计算机网络1班成绩统计表										
2	学号	姓名	语文	数学	德育	体育	英语	计算机	总分	平均分	名次
3		李平	78	87	67	75	83	78			
4		王蕾	89	89	69	94	91	87			
5		李丽	59	100	68	87	94	89			
6		周晓丽	76	54	72	84	96	98			
7		孙晓晓	74	67	82	86	85	87			
8		于佳佳	85	91	64	85	47	84			
9		于丽	96	93	83	84	48	85			
10		孙平	68	83	95	74	95	86			
11		孙晓磊	64	84	99	75	85	93			
12		李一曼	69	74	88	75	72	99			
13		张平	63	54	75	95	72	98			
14		杜娟	74	85	77	94	83	86			
15		李华	84	86	76	84	86	77			
16		赵永杰	72	100	79	81	94	76			
17		杨丽丽	94	57	78	82	74	78			
18	最高分										
19	最低分										
20	在籍人数					全班平均分					
21	考试人数					平均分及格人数					
22	教师签字					及格率					

图 4-7-6　成绩表内容

2. 对表头、最高分、最低分等单元格进行合并、居中操作，如图 4-7-7 所示。将

	A	B	C	D	E	F	G	H	I	J	K
1	2021级计算机网络1班成绩统计表										
2	学号	姓名	语文	数学	德育	体育	英语	计算机	总分	平均分	名次
3		李平	78	87	67	75	83	78			
4		王蕾	89	89	69	94	91	87			
5		李丽	59	100	68	87	94	89			
6		周晓丽	76	54	72	84	96	98			
7		孙晓晓	74	67	82	86	85	87			
8		于佳佳	85	91	64	85	47	84			
9		于丽	96	93	83	84	48	85			
10		孙平	68	83	95	74	95	86			
11		孙晓磊	64	84	99	75	85	93			
12		李一曼	69	74	88	75	72	99			
13		张平	63	54	75	95	72	98			
14		杜娟	74	85	77	94	83	86			
15		李华	84	86	76	84	86	77			
16		赵永杰	72	100	79	81	94	76			
17		杨丽丽	94	57	78	82	74	78			
18	最高分										
19	最低分										
20	在籍人数					全班平均分					
21	考试人数					平均分及格人数					
22	教师签字					及格率					

图 4-7-7　合并、居中单元格

3. 将表头文字设置为“字体：黑体，字号：20，颜色：黑色”；将其他文字设置为“字体：宋体，字号：16，颜色：黑色，对齐方式：居中”；为表格加上边框线，内框线为细实线，外框线为粗实线，表格格式设置效果如图 4-7-8 所示。

	A	B	C	D	E	F	G	H	I	J	K
1	2021级计算机网络1班成绩统计表										
2	学号	姓名	语文	数学	德育	体育	英语	计算机	总分	平均分	名次
3		李平	78	87	67	75	83	78			
4		王蕾	89	89	69	94	91	87			
5		李丽	59	100	68	87	94	89			
6		周晓丽	76	54	72	84	96	98			
7		孙晓晓	74	67	82	86	85	87			
8		于佳佳	85	91	64	85	47	84			
9		于丽	96	93	83	84	48	85			
10		孙平	68	83	95	74	95	86			
11		孙晓磊	64	84	99	75	85	93			
12		李一曼	69	74	88	75	72	99			
13		张平	63	54	75	95	72	98			
14		杜娟	74	85	77	94	83	86			
15		李华	84	86	76	84	86	77			
16		赵永杰	72	100	79	81	94	76			
17		杨丽丽	94	57	78	82	74	78			
18	最高分										
19	最低分										
20	在籍人数					全班平均分					
21	考试人数					平均分及格人数					
22	教师签字					及格率					

图 4-7-8　表格格式设置效果

步骤二　自动填充学号

选中 A3：A17 单元格，打开“单元格格式设置”对话框，在“数字”选项卡中选择“文本”，如图 4-7-9 所示，在 A3 单元格中输入“2021001”，单击 A3 单元格，将

光标移动到单元格右下角，当光标变为十字形状时，按住鼠标左键向下拖动到 A17 单元格，此时所经过的单元格中会自动完成填充，自动填充效果如图 4-7-10 所示。

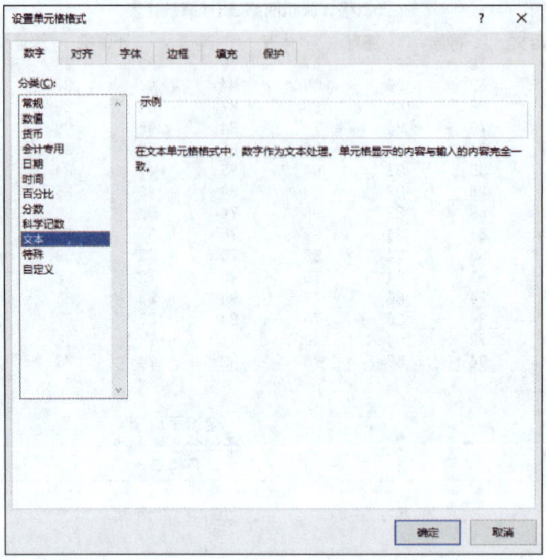

图 4-7-9　设置“文本”数字

	A	B	C	D	E	F	G	H	I	J	K
1	2021级计算机网络1班成绩统计表										
2	学号	姓名	语文	数学	德育	体育	英语	计算机	总分	平均分	名次
3	20210001	李平	78	87	67	75	83	78			
4	20210002	王蕾	89	89	69	94	91	87			
5	20210003	李丽	59	100	68	87	94	89			
6	20210004	周晓丽	76	54	72	84	96	98			
7	20210005	孙晓晓	74	67	82	86	85	87			
8	20210006	于佳佳	85	91	64	85	47	84			
9	20210007	于丽	96	93	83	84	48	85			
10	20210008	孙平	68	83	95	74	95	86			
11	20210009	孙晓磊	64	84	99	75	85	93			
12	20210010	李一曼	69	74	88	75	72	99			
13	20210011	张平	63	54	75	95	72	98			
14	20210012	杜娟	74	85	77	94	83	86			
15	20210013	李华	84	86	76	84	86	77			
16	20210014	赵永杰	72	100	79	81	94	76			
17	20210015	杨丽丽	94	57	78	82	74	78			
18	最高分										
19	最低分										
20	在籍人数				全班平均分						
21	考试人数				平均分及格人数						
22	教师签字				及格率						

图 4-7-10　自动填充效果

步骤三　利用函数计算第一位学生的总分

1. 单击选中单元格 I3，单击“公式”选项卡下的“插入函数”命令，如图 4-7-11 所示，弹出“插入函数”对话框，如图 4-7-12 所示。

2. 在“选择函数”列表框中选择“SUM”函数，然后单击“确定”按钮，弹出“函数参数”对话框，如图 4-7-13 所示。

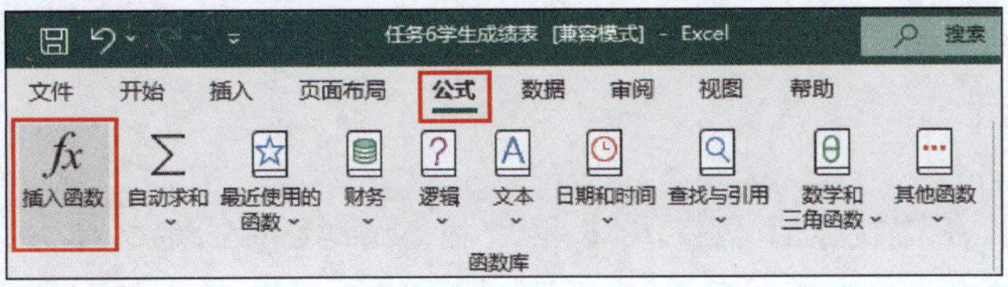

图 4-7-11 “插入函数”命令

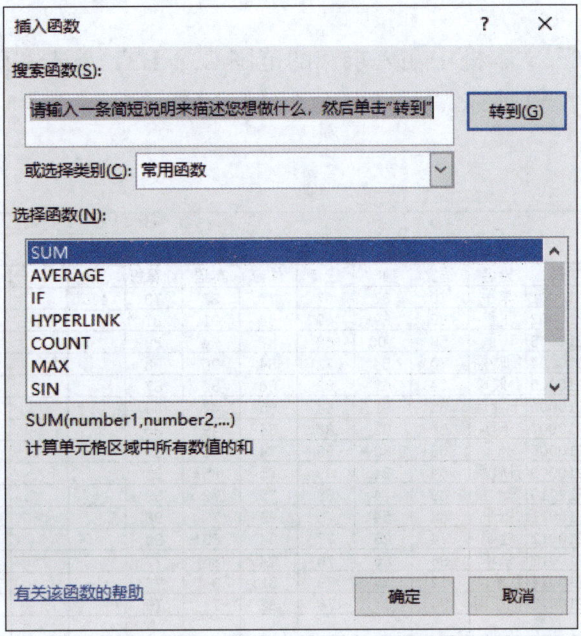

图 4-7-12 “插入函数”对话框

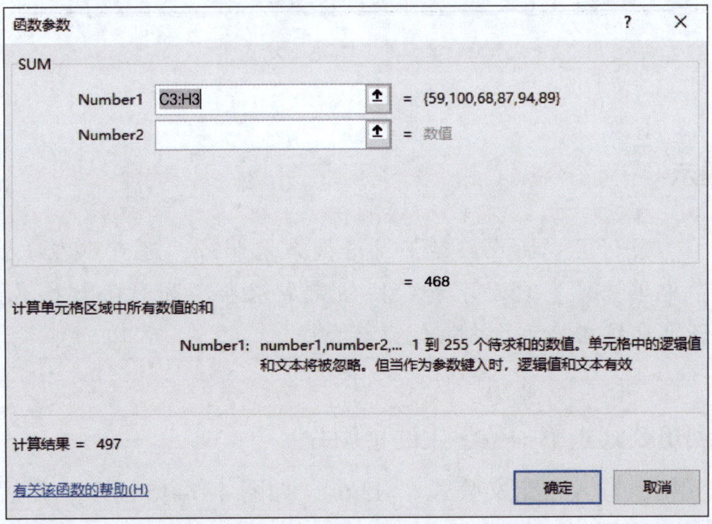

图 4-7-13 “函数参数”对话框

小提示

在“搜索函数”文本框中输入函数的全部或部分名称、函数的功能等关键词，再单击“转到”按钮，可对函数列表进行筛选。也可单击“或选择类别”下拉列表对函数类型进行筛选。

3. 在“Number1”文本框中输入求和的范围 C3：H3，单击“确定”按钮即可，计算总分效果如图 4-7-14 所示。如果有多个区域或数值，可在“Number2”“Number3”等文本框中依次输入。

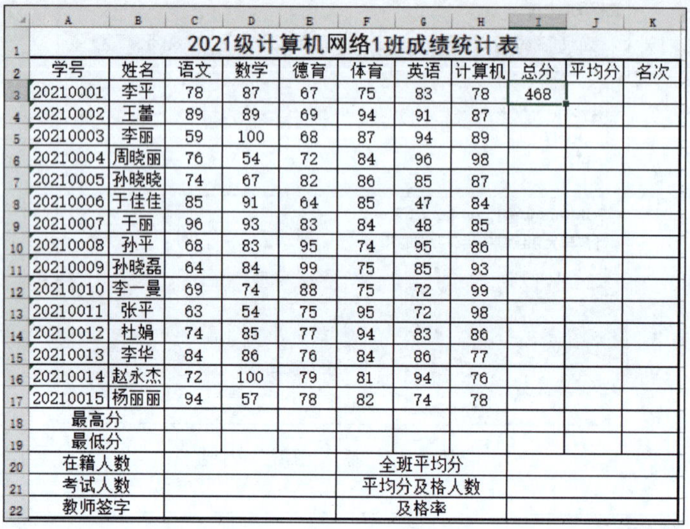

	A	B	C	D	E	F	G	H	I	J	K
1	2021级计算机网络1班成绩统计表										
2	学号	姓名	语文	数学	德育	体育	英语	计算机	总分	平均分	名次
3	20210001	李平	78	87	67	75	83	78	468		
4	20210002	王蕾	89	89	69	94	91	87			
5	20210003	李丽	59	100	68	87	94	89			
6	20210004	周晓丽	76	54	72	84	96	98			
7	20210005	孙晓晓	74	67	82	86	85	87			
8	20210006	于佳佳	85	91	64	85	47	84			
9	20210007	于丽	96	93	83	84	48	85			
10	20210008	孙平	68	83	95	74	95	86			
11	20210009	孙晓磊	64	84	99	75	85	93			
12	20210010	李一曼	69	74	88	75	72	99			
13	20210011	张平	63	54	75	95	72	98			
14	20210012	杜娟	74	85	77	94	83	86			
15	20210013	李华	84	86	76	84	86	77			
16	20210014	赵永杰	72	100	79	81	94	76			
17	20210015	杨丽丽	94	57	78	82	74	78			
18	最高分										
19	最低分										
20	在籍人数					全班平均分					
21	考试人数					平均分及格人数					
22	教师签字					及格率					

图 4-7-14　计算总分效果

小提示

除利用“插入函数”对话框来求和外，还可以在“公式”选项卡中单击“∑自动求和”按钮完成求和。如对函数格式掌握熟练，还可直接在单元格内书写函数公式。

步骤四　利用公式求第一位学生的平均分

选择 J3 单元格，输入自定义公式“=I3/6”，如图 4-7-15 所示，然后按回车键，显示结果如图 4-7-16 所示。

2021级计算机网络1班成绩统计表

学号	姓名	语文	数学	德育	体育	英语	计算机	总分	平均分	名次
20210001	李平	78	87	67	75	83	78	468	=I3/6	
20210002	王蕾	89	89	69	94	91	87			
20210003	李丽	59	100	68	87	94	89			
20210004	周晓丽	76	54	72	84	96	98			
20210005	孙晓晓	74	67	82	86	85	87			
20210006	于佳佳	85	91	64	85	47	84			
20210007	于丽	96	93	83	84	48	85			
20210008	孙平	68	83	95	74	95	86			
20210009	孙晓磊	64	84	99	75	85	93			
20210010	李一曼	69	74	88	75	72	99			
20210011	张平	63	54	75	95	72	98			
20210012	杜娟	74	85	77	94	83	86			
20210013	李华	84	86	76	84	86	77			
20210014	赵永杰	72	100	79	81	94	76			
20210015	杨丽丽	94	57	78	82	74	78			
最高分										
最低分										
在籍人数					全班平均分					
考试人数					平均分及格人数					
教师签字					及格率					

图 4-7-15　输入公式

2021级计算机网络1班成绩统计表

学号	姓名	语文	数学	德育	体育	英语	计算机	总分	平均分	名次
20210001	李平	78	87	67	75	83	78	468	78	
20210002	王蕾	89	89	69	94	91	87			
20210003	李丽	59	100	68	87	94	89			
20210004	周晓丽	76	54	72	84	96	98			
20210005	孙晓晓	74	67	82	86	85	87			
20210006	于佳佳	85	91	64	85	47	84			
20210007	于丽	96	93	83	84	48	85			
20210008	孙平	68	83	95	74	95	86			
20210009	孙晓磊	64	84	99	75	85	93			
20210010	李一曼	69	74	88	75	72	99			
20210011	张平	63	54	75	95	72	98			
20210012	杜娟	74	85	77	94	83	86			
20210013	李华	84	86	76	84	86	77			
20210014	赵永杰	72	100	79	81	94	76			
20210015	杨丽丽	94	57	78	82	74	78			
最高分										
最低分										
在籍人数					全班平均分					
考试人数					平均分及格人数					
教师签字					及格率					

图 4-7-16　显示结果

步骤五　利用自动填充功能求出其他学生的总分和平均分

1. 选择 I3 单元格，将鼠标光标移动到 I3 单元格的右下角，此时光标变成十字形状，按住鼠标左键向下拖动至单元格 I17，释放鼠标左键完成填充。

2. 用同样的方法自动填充 J4 至 J17，自动填充后的效果如图 4-7-17 所示。

步骤六　利用函数计算各科的最高分和最低分

1. 单击单元格 C18，在“公式”选项卡下单击“自动求和”按钮，在下拉菜单中选择“最大值”，系统在单元格 C18 中自动填入公式，并将单元格区域 C3：C17 识

2021级计算机网络1班成绩统计表										
学号	姓名	语文	数学	德育	体育	英语	计算机	总分	平均分	名次
20210001	李平	78	87	67	75	83	78	468	78.0	
20210002	王蕾	89	89	69	94	91	87	519	86.5	
20210003	李丽	59	100	68	87	94	89	497	82.8	
20210004	周晓丽	76	54	72	84	96	98	480	80.0	
20210005	孙晓晓	74	67	82	86	85	87	481	80.2	
20210006	于佳佳	85	91	64	85	47	84	456	76.0	
20210007	于丽	96	93	83	84	48	85	489	81.5	
20210008	孙平	68	83	95	74	95	86	501	83.5	
20210009	孙晓磊	64	84	99	75	85	93	500	83.3	
20210010	李一曼	69	74	88	75	72	99	477	79.5	
20210011	张平	63	54	75	95	72	98	457	76.2	
20210012	杜娟	74	85	77	94	83	86	499	83.2	
20210013	李华	84	86	76	84	86	77	493	82.2	
20210014	赵永杰	72	100	79	81	94	76	502	83.7	
20210015	杨丽丽	94	57	78	82	74	78	463	77.2	
最高分										
最低分										
在籍人数					全班平均分					
考试人数					平均分及格人数					
教师签字					及格率					

图 4-7-17　自动填充后的效果

别为计算区域，如识别有误可手动更改，按回车键完成操作。按同样方法单击单元格 C19，完成“最小值”的计算。

2. 选择 C18、C19 两个单元格，将鼠标光标移到单元格右下角，光标变为十字形状，按住鼠标左键向右拖动到 H19 单元格，释放鼠标左键完成操作，如图 4-7-18 所示。

2021级计算机网络1班成绩统计表										
学号	姓名	语文	数学	德育	体育	英语	计算机	总分	平均分	名次
20210001	李平	78	87	67	75	83	78	468	78.0	
20210002	王蕾	89	89	69	94	91	87	519	86.5	
20210003	李丽	59	100	68	87	94	89	497	82.8	
20210004	周晓丽	76	54	72	84	96	98	480	80.0	
20210005	孙晓晓	74	67	82	86	85	87	481	80.2	
20210006	于佳佳	85	91	64	85	47	84	456	76.0	
20210007	于丽	96	93	83	84	48	85	489	81.5	
20210008	孙平	68	83	95	74	95	86	501	83.5	
20210009	孙晓磊	64	84	99	75	85	93	500	83.3	
20210010	李一曼	69	74	88	75	72	99	477	79.5	
20210011	张平	63	54	75	95	72	98	457	76.2	
20210012	杜娟	74	85	77	94	83	86	499	83.2	
20210013	李华	84	86	76	84	86	77	493	82.2	
20210014	赵永杰	72	100	79	81	94	76	502	83.7	
20210015	杨丽丽	94	57	78	82	74	78	463	77.2	
最高分		96	100	99	95	96	99			
最低分		59	54	64	74	47	76			
在籍人数					全班平均分					
考试人数					平均分及格人数					
教师签字					及格率					

图 4-7-18　自动填充最高分和最低分

步骤七　利用 COUNT 函数统计在籍人数

单击“在籍人数”右侧的单元格，输入公式“=COUNT（J3：J17）”，按回车键即可统计所示单元格的个数，如图 4-7-19 所示。

	A	B	C	D	E	F	G	H	I	J	K
1	2021级计算机网络1班成绩统计表										
2	学号	姓名	语文	数学	德育	体育	英语	计算机	总分	平均分	名次
3	20210001	李平	78	87	67	75	83	78	468	78.0	
4	20210002	王蕾	89	89	69	94	91	87	519	86.5	
5	20210003	李丽	59	100	68	87	94	89	497	82.8	
6	20210004	周晓丽	76	54	72	84	96	98	480	80.0	
7	20210005	孙晓晓	74	67	82	86	85	87	481	80.2	
8	20210006	于佳佳	85	91	64	85	47	84	456	76.0	
9	20210007	于丽	96	93	83	84	48	85	489	81.5	
10	20210008	孙平	68	83	95	74	95	86	501	83.5	
11	20210009	孙晓磊	64	84	99	75	85	93	500	83.3	
12	20210010	李一曼	69	74	88	75	72	99	477	79.5	
13	20210011	张平	63	54	75	95	72	98	457	76.2	
14	20210012	杜娟	74	85	77	94	83	86	499	83.2	
15	20210013	李华	84	86	76	84	86	77	493	82.2	
16	20210014	赵永杰	72	100	79	81	94	76	502	83.7	
17	20210015	杨丽丽	94	57	78	82	74	78	463	77.2	
18	最高分		96	100	99	95	96	99			
19	最低分		59	54	64	74	47	76			
20	在籍人数		15			全班平均分					
21	考试人数					平均分及格人数					
22	教师签字					及格率					

图 4-7-19　统计“在籍人数”

步骤八　利用 COUNTIF 函数统计考试人数和平均分及格人数

单击“考试人数”右侧的单元格，输入公式“=COUNTIF（J3：J17，">0"）”，按回车键，即可统计出所有平均分大于 0 的单元格个数，如图 4-7-20 所示。同样，在“平均分及格人数”右侧单元格内输入公式“=COUNTIF（J3：J17，">=60"）”，按回车键完成操作。

	A	B	C	D	E	F	G	H	I	J	K
1	2021级计算机网络1班成绩统计表										
2	学号	姓名	语文	数学	德育	体育	英语	计算机	总分	平均分	名次
3	20210001	李平	78	87	67	75	83	78	468	78.0	
4	20210002	王蕾	89	89	69	94	91	87	519	86.5	
5	20210003	李丽	59	100	68	87	94	89	497	82.8	
6	20210004	周晓丽	76	54	72	84	96	98	480	80.0	
7	20210005	孙晓晓	74	67	82	86	85	87	481	80.2	
8	20210006	于佳佳	85	91	64	85	47	84	456	76.0	
9	20210007	于丽	96	93	83	84	48	85	489	81.5	
10	20210008	孙平	68	83	95	74	95	86	501	83.5	
11	20210009	孙晓磊	64	84	99	75	85	93	500	83.3	
12	20210010	李一曼	69	74	88	75	72	99	477	79.5	
13	20210011	张平	63	54	75	95	72	98	457	76.2	
14	20210012	杜娟	74	85	77	94	83	86	499	83.2	
15	20210013	李华	84	86	76	84	86	77	493	82.2	
16	20210014	赵永杰	72	100	79	81	94	76	502	83.7	
17	20210015	杨丽丽	94	57	78	82	74	78	463	77.2	
18	最高分		96	100	99	95	96	99			
19	最低分		59	54	64	74	47	76			
20	在籍人数		15			全班平均分					
21	考试人=COUNTIF(J3:J17,">0")					分及格人数					
22	教师签字					及格率					

图 4-7-20　统计考试人数

步骤九　利用 AVERAGE 函数求全班平均分

单击“全班平均分”右侧的单元格，单击“公式”选项卡下的“自动求和”按钮，在下拉菜单中选择“平均值”，将计算区域设为“J3：J17”，即可求出全班平均分，如图 4–7–21 所示。

	A	B	C	D	E	F	G	H	I	J	K
1	2021级计算机网络1班成绩统计表										
2	学号	姓名	语文	数学	德育	体育	英语	计算机	总分	平均分	名次
3	20210001	李平	78	87	67	75	83	78	468	78.0	
4	20210002	王蕾	89	89	69	94	91	87	519	86.5	
5	20210003	李丽	59	100	68	87	94	89	497	82.8	
6	20210004	周晓丽	76	54	72	84	96	98	480	80.0	
7	20210005	孙晓晓	74	67	82	86	85	87	481	80.2	
8	20210006	于佳佳	85	91	64	85	47	84	456	76.0	
9	20210007	于丽	96	93	83	84	48	85	489	81.5	
10	20210008	孙平	68	83	95	74	95	86	501	83.5	
11	20210009	孙晓磊	64	84	99	75	85	93	500	83.3	
12	20210010	李一曼	69	74	88	75	72	99	477	79.5	
13	20210011	张平	63	54	75	95	72	98	457	76.2	
14	20210012	杜娟	74	85	77	94	83	86	499	83.2	
15	20210013	李华	84	86	76	84	86	77	493	82.2	
16	20210014	赵永杰	72	100	79	81	94	76	502	83.7	
17	20210015	杨丽丽	94	57	78	82	74	78	463	77.2	
18	最高分		96	100	99	95	96	99			
19	最低分		59	54	64	74	47	76			
20	在籍人数		15			全班平均分			80.9		
21	考试人数		15			平均分及格人数			15		
22	教师签字					及格率					

图 4-7-21　求全班平均分

步骤十　求及格率

单击“及格率”右侧的单元格，打开“单元格格式”对话框，将“数值”选项卡设置为“百分比”，然后输入公式“=I21/C21”，按回车键完成操作。

步骤十一　利用 RANK 函数计算名次

单击 K3 单元格，输入公式“=RANK（K3，$J$3：$J$17）”，按回车键得出第一位学生的名次，然后利用自动填充功能得出其他学生的名次，如图 4–7–1 所示。

步骤十二　保存文件并退出

检查无误后，将文件保存为“学生成绩统计表”，然后关闭 Excel 2021 程序。

任务 8　制作“技能竞赛成绩表”——数据表格的排序

学习目标

知识目标：了解 Excel 2021 表格的排序方式。

技能目标：能根据需求，按照不同的排序规则进行排序。

任务描述

本任务利用 Excel 2021 的排序功能，完成以下案例的制作。

某院校组织一次平面设计专业学生技能竞赛，在竞赛结束后需要统计各参赛班级小组的成绩，并制作成表格，要求表格内容包括考号、班级、小组、姓名、竞赛成绩和备注，并对同一班、同一组的学生成绩按降序排序，技能竞赛成绩表排序效果如图 4-8-1 所示。

2021级平面设计专业学生竞赛成绩表

考号	班级	小组	姓名	竞赛成绩	备注
20210307	平面1	第1组	李玉君	87	
20210318	平面1	第1组	张雨生	68	
20210304	平面1	第2组	冯欣	75	
20210310	平面1	第2组	乔欣鹏	66	
20210316	平面1	第3组	张宝良	86	
20210312	平面1	第3组	唐家欣	73	
20210302	平面2	第1组	车金亮	85	
20210301	平面2	第1组	曹芳芳	65	
20210315	平面2	第2组	闫晓华	84	
20210317	平面2	第2组	张秋婷	72	
20210305	平面2	第3组	郭玉珊	95	
20210308	平面2	第3组	连凤玉	69	
20210303	平面3	第1组	房慧	67	
20210306	平面3	第1组	李晓亮	56	
20210314	平面3	第2组	徐京京	92	
20210311	平面3	第3组	隋玉红	91	
20210313	平面3	第3组	文鹏	82	
20210309	平面3	第3组	凌欣如	78	

图 4-8-1　技能竞赛成绩表排序效果

相关知识

在用 Excel 2021 处理数据时，经常要对数据进行排序，最常用、最快捷的方法是使用工具栏上的排序按钮。除此之外，对于其他更复杂的排序需要，还可以单击“开始”选项卡下“编辑”组中的“排序和筛选”按钮，在下拉列表中单击“自定义排序”命令，如图 4–8–2 所示，或单击“数据”选项卡下“排序和筛选”组中的“排序”按钮，如图 4–8–3 所示，打开“排序”对话框，如图 4–8–4 所示，自行设置参数即可进行排序。

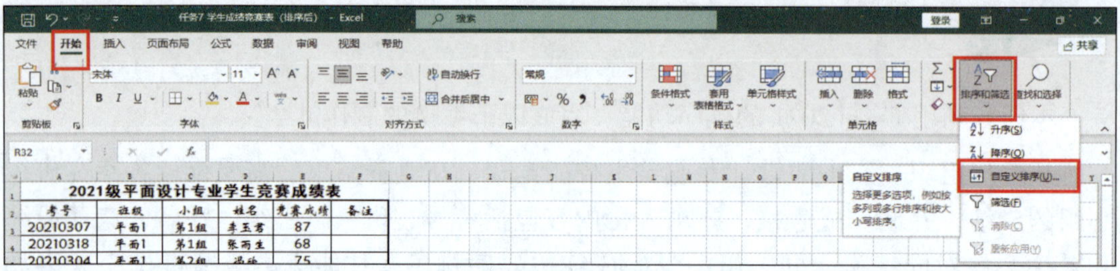

图 4–8–2 “自定义排序”命令

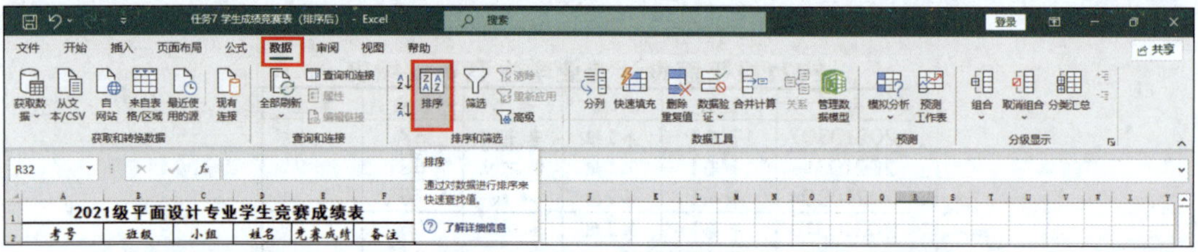

图 4–8–3 “排序”按钮

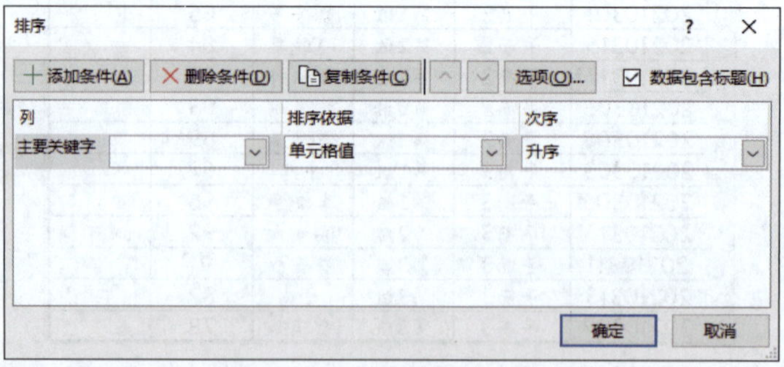

图 4–8–4 “排序”对话框

Excel 2021 数据排序可分为单条件排序和多条件排序。单条件排序是指按单一条件进行排序，如按计算机科目的成绩排序。多条件排序是指按多个条件进行排序，如先按计算机科目成绩排序，成绩相同者再按高等数学科目成绩排序。

任务实施

步骤一　启动 Excel 2021 并打开文件

启动 Excel 2021，打开素材中提供的“技能竞赛成绩表”，如图 4-8-5 所示。

	A	B	C	D	E	F
1	2021级平面设计专业学生竞赛成绩表					
2	考号	班级	小组	姓名	竞赛成绩	备注
3	20210301	平面2	第一组	曹芳芳	65	
4	20210302	平面2	第一组	车金亮	85	
5	20210303	平面3	第一组	房慧	67	
6	20210304	平面1	第二组	冯欣	75	
7	20210305	平面2	第三组	郭玉珊	95	
8	20210306	平面3	第一组	李晓亮	56	
9	20210307	平面1	第一组	李玉君	87	
10	20210308	平面2	第三组	连凤玉	69	
11	20210309	平面3	第三组	凌欣如	78	
12	20210310	平面1	第二组	乔欣鹏	66	
13	20210311	平面3	第三组	隋玉红	91	
14	20210312	平面1	第三组	唐家欣	73	
15	20210313	平面3	第三组	文鹏	82	
16	20210314	平面3	第二组	徐京京	92	
17	20210315	平面2	第二组	闫晓华	84	
18	20210316	平面1	第三组	张宝良	86	
19	20210317	平面2	第二组	张秋婷	72	
20	20210318	平面1	第一组	张雨生	68	

Sheet1　Sheet2

图 4-8-5　技能竞赛成绩表

步骤二　设置表格格式

1. 标题文字设置为“字体：黑体，字号：20，颜色：黑色，字形：加粗”，将 A1：F1 单元格合并居中。

2. 表格正文文字设置为“字体：华文新魏，字号：18，颜色：黑色，对齐方式：居中”，表内加细框线，表外加粗实线，调整列宽，使数据在表格中完全显示出来，设置表格格式后的效果如图 4-8-6 所示。

步骤三　按班级升序排序，按小组升序排序，按竞赛成绩降序排序

1. 选择 A2：F20 单元格，在“数据”选项卡下单击“排序”命令，打开“排序”对话框，首先勾选“数据包含标题”复选框，然后在对话框“主要关键字”中选择“班级”，在“排序依据”中选择“单元格值”，在“次序”中选择“升序”。

2. 单击“添加条件”按钮，在“主要关键字”下面出现一行“次要关键字”，在“次要关键字”中选择“小组”，在“排序依据”中选择“单元格值”，在“次序”中选

2021级平面设计专业学生竞赛成绩表					
考号	班级	小组	姓名	竞赛成绩	备注
20210301	平面2	第一组	曹芳芳	65	
20210302	平面2	第一组	车金亮	85	
20210303	平面3	第一组	房慧	67	
20210304	平面1	第二组	冯欣	75	
20210305	平面2	第三组	郭玉珊	95	
20210306	平面3	第一组	李晓亮	56	
20210307	平面1	第一组	李玉君	87	
20210308	平面2	第三组	逵凤玉	69	
20210309	平面3	第三组	凌欣如	78	
20210310	平面1	第二组	乔欣鹏	66	
20210311	平面3	第三组	隋玉红	91	
20210312	平面1	第三组	唐家欣	73	
20210313	平面3	第三组	文鹏	82	
20210314	平面3	第二组	徐京京	92	
20210315	平面2	第二组	闰晓华	84	
20210316	平面1	第三组	张宝良	86	
20210317	平面2	第二组	张秋婷	72	
20210318	平面1	第一组	张雨生	68	

图 4-8-6　设置表格格式后的效果

择“升序”。

3. 再次单击“添加条件”按钮，在“次要关键字”下面出现一行“次要关键字”，在“次要关键字”中选择“竞赛成绩”，在“排序依据”中选择“单元格值”，在“次序”中选择“降序”。“排序”对话框设置情况如图 4-8-7 所示。

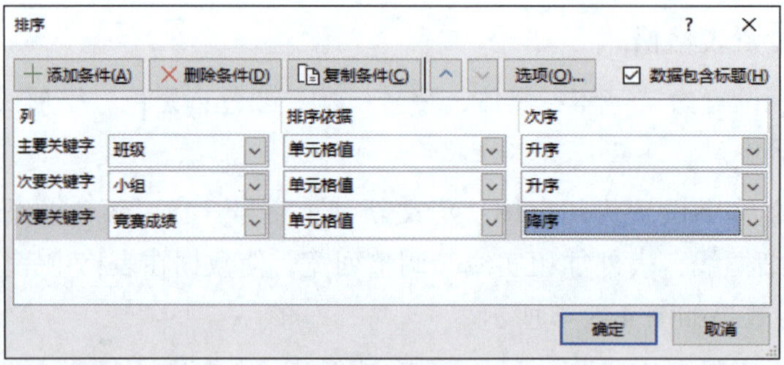

图 4-8-7　“排序”对话框设置情况

步骤四　查看效果、保存并退出

在“排序”对话框中单击“确定”按钮，完成排序操作，最终效果如图 4-8-1 所示。保存文件后，关闭 Excel 2021 程序。

任务 9　突显“校园歌手大奖赛歌手得分统计表”中不同分数段成绩——条件格式的应用

学习目标

知识目标：了解条件格式的作用。

技能目标：能使用条件格式完成特定单元格的突出显示。

任务描述

本任务利用 Excel 2021 的条件格式功能，完成以下案例的制作。

校园歌手大奖赛赛事委员会要对歌手比赛成绩进行统计分析，需要在统计表中突显出某一分数段内的成绩。具体要求是设置 6 分以下的成绩格式，使其文字颜色为蓝色，字形为加粗，底纹颜色为红色；设置高于 9 分的成绩格式，使其文字颜色为红色，字形为加粗，底纹颜色为黄色，突显成绩效果如图 4-9-1 所示。

	A	B	C	D	E	F	G	H	I
1	校园歌手大奖赛歌手得分统计表								
2	歌手编号	1号评委	2号评委	3号评委	4号评委	5号评委	6号评委	平均得分	名次
3	001	9.00	8.80	8.90	8.40	8.20	8.90	8.70	5
4	002	5.80	6.80	5.90	6.00	6.90	6.40	6.30	10
5	003	8.00	7.50	7.30	7.40	7.90	8.00	7.68	9
6	004	8.60	8.20	8.90	9.00	7.90	8.50	8.52	6
7	005	8.20	8.10	8.80	8.90	8.40	8.50	8.48	7
8	006	8.00	7.60	7.80	7.50	7.90	8.00	7.80	8
9	007	9.00	9.20	8.50	8.70	8.90	9.10	8.90	2
10	008	9.60	9.50	9.40	8.90	8.80	9.50	9.28	1
11	009	9.20	9.00	8.70	8.30	9.00	9.10	8.88	3
12	010	8.80	8.60	8.90	8.80	9.00	8.40	8.75	4

Sheet1　Sheet2　Sheet3

图 4-9-1　突显成绩效果

相关知识

Excel 2021 的条件格式功能可以迅速为某些满足条件的单元格或单元格区域设定某项格式。在使用条件格式功能时，用户可以根据条件使用数据条、色阶和图标集等功能来突出显示相关单元格，强调异常值，实现数据的可视化效果。

其操作方法是：选择需设置条件格式的单元格，单击“开始”选项卡下的“条件格式”按钮，在“突出显示单元格规则”中选择需要的条件（如“大于”），步骤如图 4–9–2 所示，弹出图 4–9–3 所示的“大于”对话框，在其中设置比较数据及单元格格式。

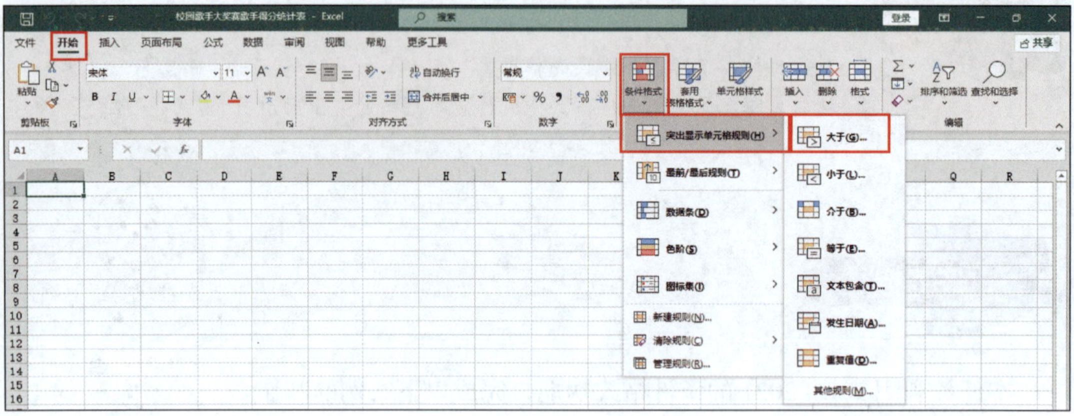

图 4–9–2　条件格式设置

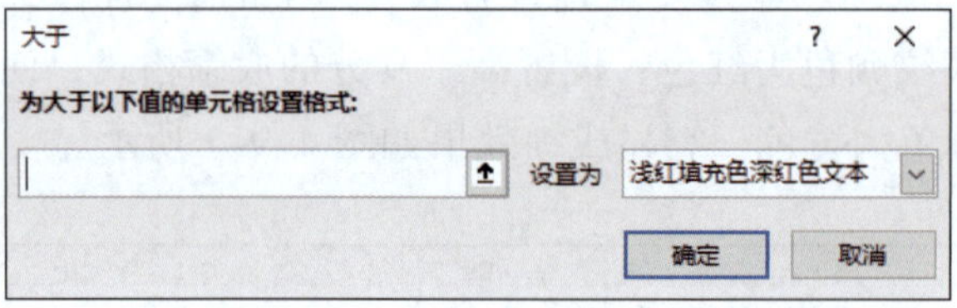

图 4–9–3　“大于”对话框

任务实施

步骤一　制作得分统计表

启动 Excel 2021，打开“校园歌手大奖赛歌手得分统计表”素材文件，利用函数求出平均得分，排出名次，并为表格内容设置黑色细实线边框，如图 4–9–4 所示。

步骤二　设置 6 分以下的成绩格式为蓝色、加粗、红色底纹

1. 选择要设置条件格式的单元格区域 B3：G12，在“开始”选项卡下“样式”组中单击“条件格式”按钮，在下拉列表中选择“突出显示单元格规则”下的“小于”，打开“小于”对话框，如图 4–9–5 所示。

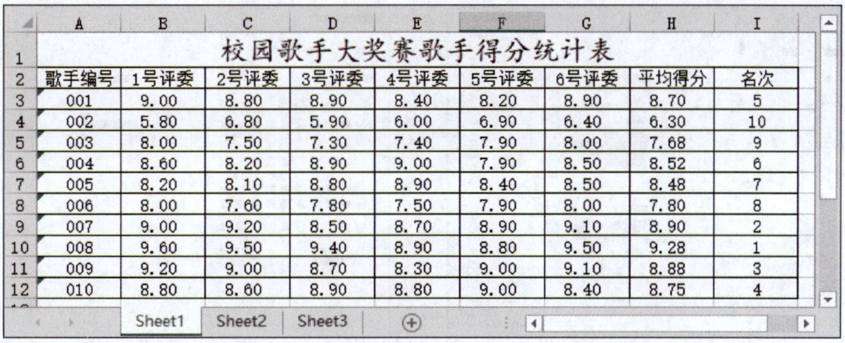

歌手编号	1号评委	2号评委	3号评委	4号评委	5号评委	6号评委	平均得分	名次
001	9.00	8.80	8.90	8.40	8.20	8.90	8.70	5
002	5.80	6.80	5.90	6.00	6.90	6.40	6.30	10
003	8.00	7.50	7.30	7.40	7.90	8.00	7.68	9
004	8.60	8.20	8.90	9.00	7.90	8.50	8.52	6
005	8.20	8.10	8.80	8.90	8.40	8.50	8.48	7
006	8.00	7.60	7.80	7.50	7.90	8.00	7.80	8
007	9.00	9.20	8.50	8.70	8.90	9.10	8.90	2
008	9.60	9.50	9.40	8.90	8.80	9.50	9.28	1
009	9.20	9.00	8.70	8.30	9.00	9.10	8.88	3
010	8.80	8.60	8.90	8.80	9.00	8.40	8.75	4

图 4-9-4　校园歌手大奖赛歌手得分统计表

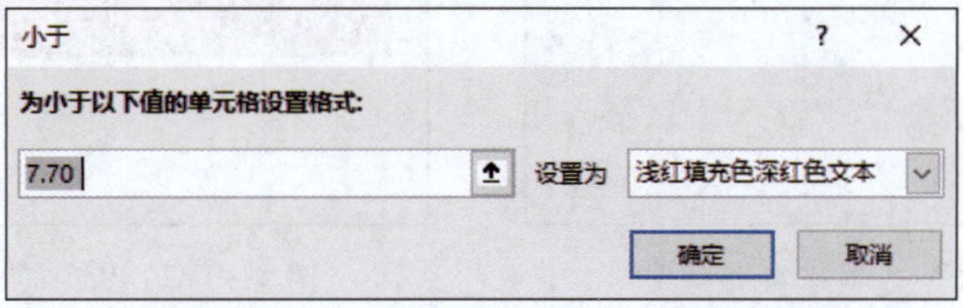

图 4-9-5　“小于”对话框

小提示

输入框中自动出现的值“7.70”为所选区域全部数值的平均值。

2. 在“小于”对话框的输入框中输入“6”，在“设置为”下拉选项中单击“自定义格式”命令，弹出“设置单元格格式”对话框。在“字体”选项卡中设置字形为加粗，颜色为蓝色，如图 4-9-6 所示。在“填充”选项卡中设置底纹颜色为红色，如图 4-9-7 所示。

3. 单击“确定”按钮返回“小于”对话框，单击“确定”按钮确定设置。

步骤三　设置高于 9 分的成绩格式为红色、加粗、黄色底纹

1. 继续选择要设置条件格式的单元格区域 B3：G12，在“开始”选项卡下“样式”组中单击“条件格式”按钮，在下拉列表中选择“突出显示单元格规则”下的“大于”选项，打开“大于”对话框，如图 4-9-8 所示。

2. 在“大于”对话框的输入框中输入“9”，在“设置为”下拉选项中单击“自定义格式”命令，弹出“设置单元格格式”对话框。在“字体”选项卡中设置字形为加粗、颜色为红色，如图 4-9-9 所示。在“填充”选项卡中设置底纹颜色为黄色，如图 4-9-10 所示。

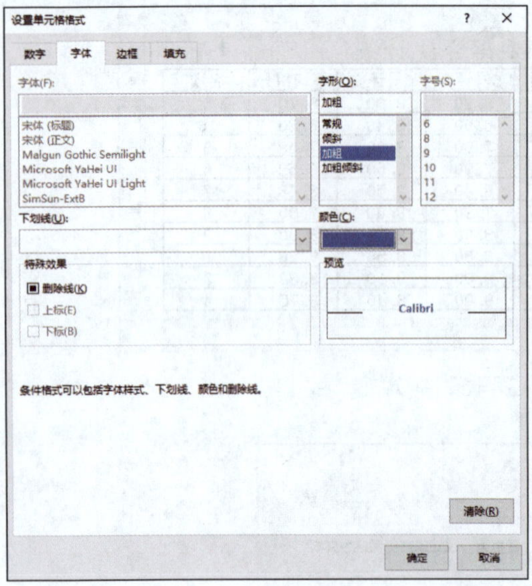

图 4-9-6 “字体”选项卡参数设置

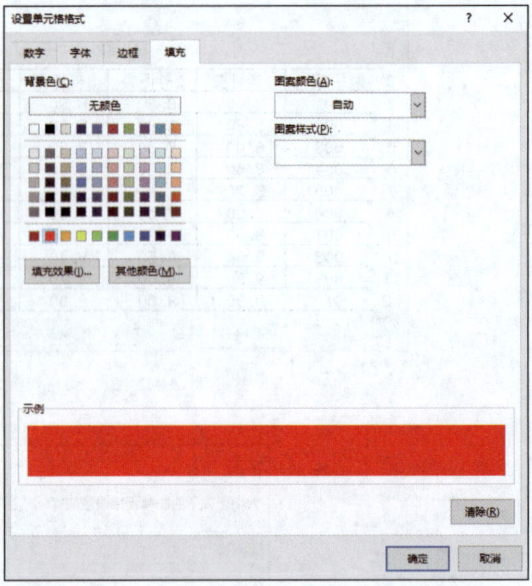

图 4-9-7 “填充”选项卡参数设置

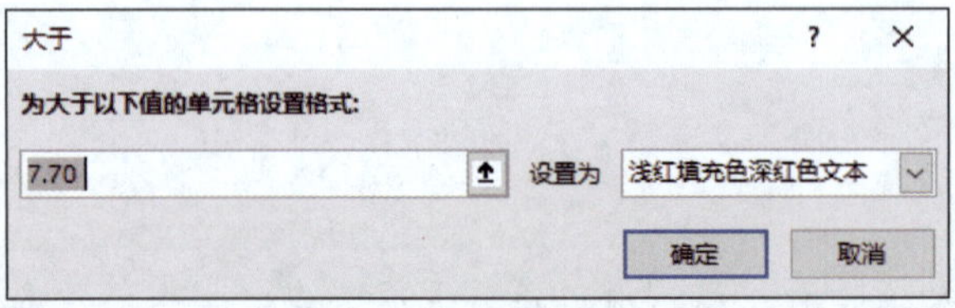

图 4-9-8 “大于”对话框

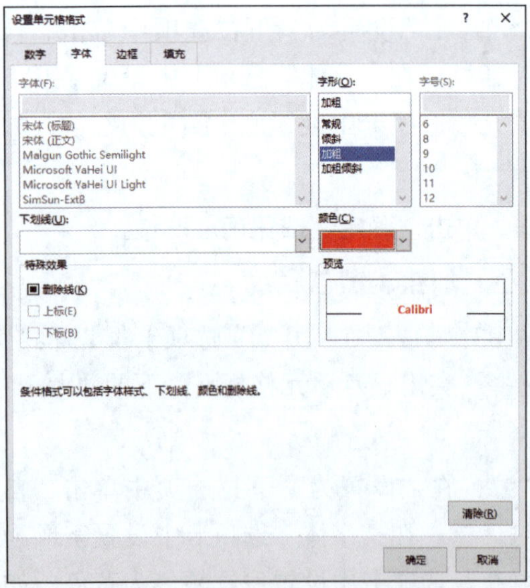

图 4-9-9 “字体”选项卡参数设置

图 4-9-10 “填充”选项卡参数设置

3. 单击“确定”按钮，返回“大于”对话框，单击“确定”按钮确定设置，设置条件后的结果如图 4-9-11 所示。

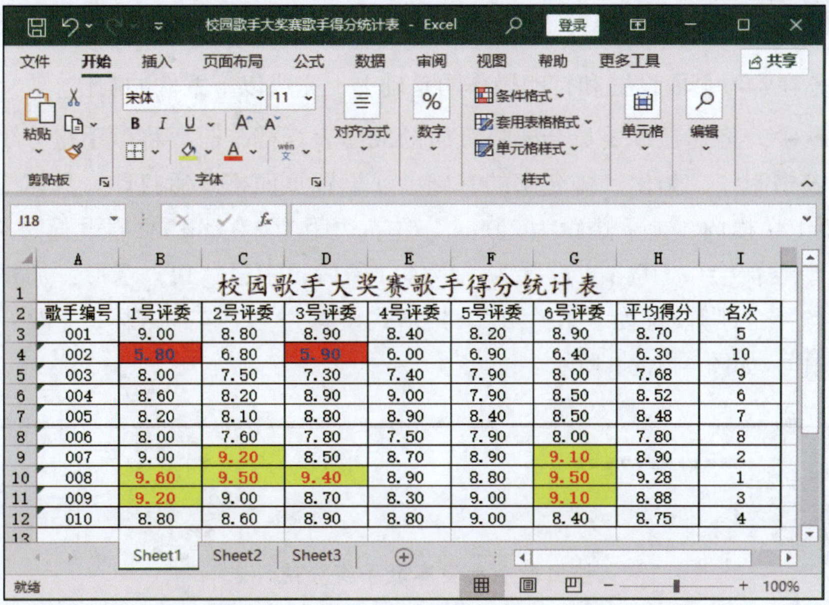

歌手编号	1号评委	2号评委	3号评委	4号评委	5号评委	6号评委	平均得分	名次
001	9.00	8.80	8.90	8.40	8.20	8.90	8.70	5
002	5.80	6.80	5.90	6.00	6.90	6.40	6.30	10
003	8.00	7.50	7.30	7.40	7.90	8.00	7.68	9
004	8.60	8.20	8.90	9.00	7.90	8.50	8.52	6
005	8.20	8.10	8.80	8.90	8.40	8.50	8.48	7
006	8.00	7.60	7.80	7.50	7.90	8.00	7.80	8
007	9.00	9.20	8.50	8.70	8.90	9.10	8.90	2
008	9.60	9.50	9.40	8.90	8.80	9.50	9.28	1
009	9.20	9.00	8.70	8.30	9.00	9.10	8.88	3
010	8.80	8.60	8.90	8.80	9.00	8.40	8.75	4

图 4-9-11　设置条件后的结果

步骤四　保存文件并退出

检查无误后保存文件，并退出 Excel 2021 程序。

任务 10　打印“校园歌手大奖赛歌手得分统计表”——页面设置及打印

学习目标

知识目标：了解打印表格之前的相关准备工作。

技能目标：1. 能完成表格的页面设置及页眉、页脚设置。

2. 能进行打印预览并打印工作表。

任务描述

本任务在学习页面设置和打印操作的基础上，完成以下案例的制作。

校园歌手大奖赛赛事委员会要将纸质的成绩表存档，需要将歌手得分统计表打印输出，在表格制作、美化、排名次的基础上，设置页面格式后打印。具体要求为：打印在 B5 纸上，横向，上下边距为 3.0 cm，左右边距为 3.0 cm；页眉设置为“校园歌手大奖赛赛事委员会”，其格式设置为“字体：楷体，字号：12，字形：加粗，对齐方式：左对齐”；页脚设置为“第一页”，其格式设置为“字体：宋体，字号：14，对齐方式：居中”，如图 4-10-1 所示。

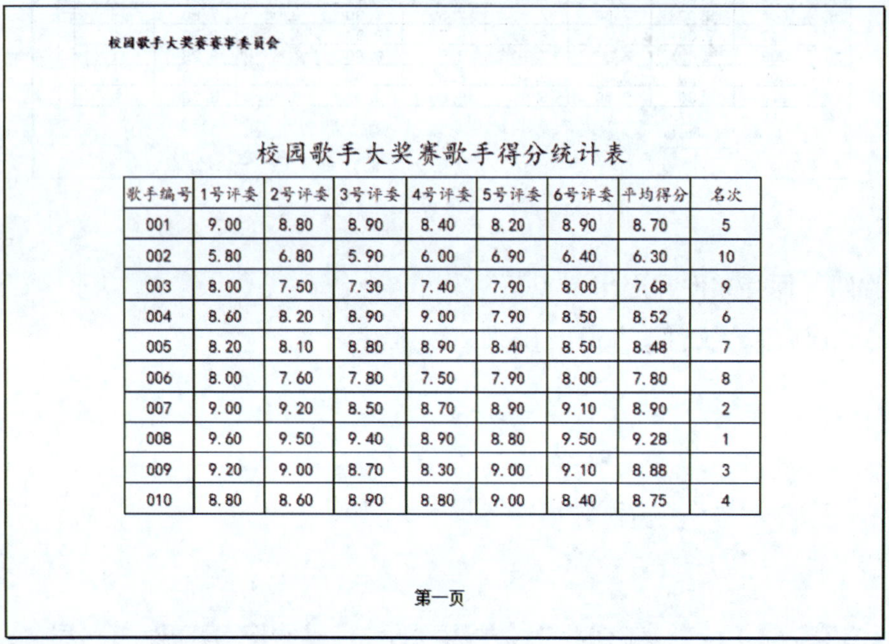
校园歌手大奖赛赛事委员会

校园歌手大奖赛歌手得分统计表

歌手编号	1号评委	2号评委	3号评委	4号评委	5号评委	6号评委	平均得分	名次
001	9.00	8.80	8.90	8.40	8.20	8.90	8.70	5
002	5.80	6.80	5.90	6.00	6.90	6.40	6.30	10
003	8.00	7.50	7.30	7.40	7.90	8.00	7.68	9
004	8.60	8.20	8.90	9.00	7.90	8.50	8.52	6
005	8.20	8.10	8.80	8.90	8.40	8.50	8.48	7
006	8.00	7.60	7.80	7.50	7.90	8.00	7.80	8
007	9.00	9.20	8.50	8.70	8.90	9.10	8.90	2
008	9.60	9.50	9.40	8.90	8.80	9.50	9.28	1
009	9.20	9.00	8.70	8.30	9.00	9.10	8.88	3
010	8.80	8.60	8.90	8.80	9.00	8.40	8.75	4

第一页

图 4-10-1　校园歌手大奖赛歌手得分统计表页面设置效果

相关知识

在“页面布局”选项卡下“页面设置”组中单击按钮，弹出“页面设置”对话框，如图 4-10-2 所示。对话框中共包含四个选项卡，分别是“页面”“页边距”“页眉 / 页脚”及“工作表”。各选项卡的各项参数为默认值，用户可根据需要进行修改。

1. 单击“页面”选项卡，可以设置打印方向、缩放比例、纸张大小等参数。

2. 单击“页边距”选项卡，可以设置上、下、左、右等页面边距的数据值，页眉、页脚距离数值及居中方式等参数，如图 4-10-3 所示。

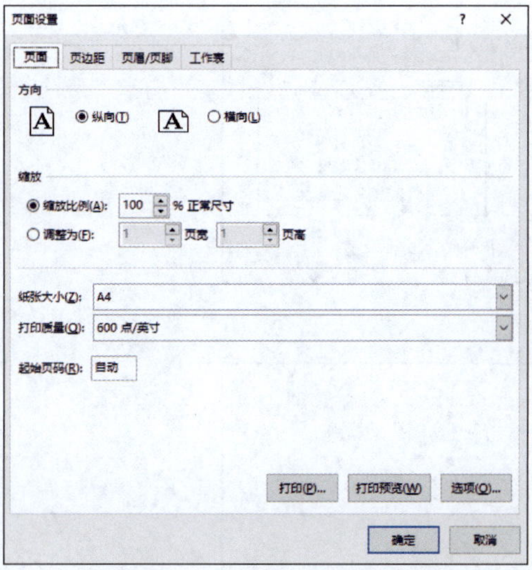

图 4-10-2 “页面设置”对话框

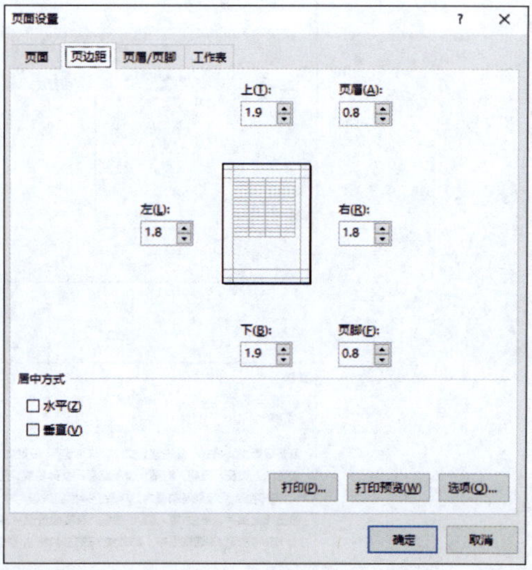

图 4-10-3 “页边距”选项卡

3. 单击“页眉 / 页脚”选项卡，可以自定义页眉和页脚，奇偶页不同和首页不同等参数，如图 4-10-4 所示，单击“自定义页眉”或“自定义页脚”按钮时，弹出“页眉”和“页脚”对话框，如图 4-10-5 所示，在此对话框中可以设置页眉、页脚的内容和位置，对话框中各按钮的含义如图 4-10-6 所示。

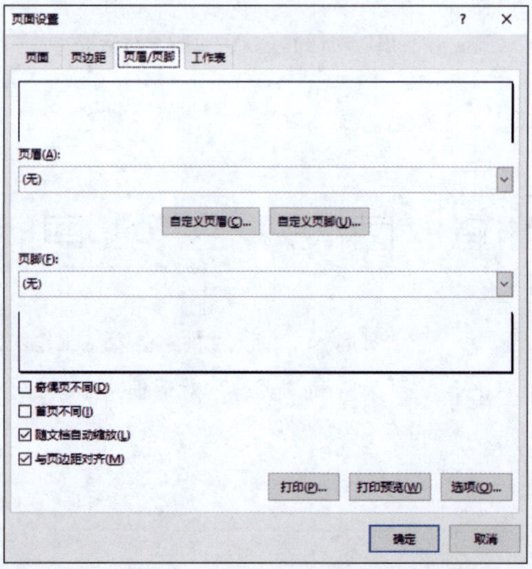

图 4-10-4 “页眉 / 页脚”选项卡

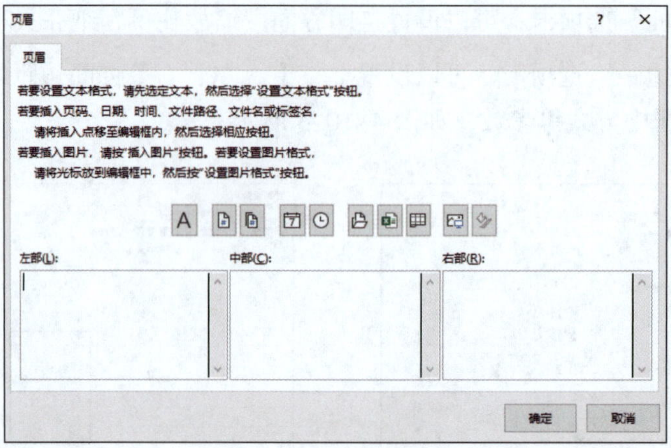

a）

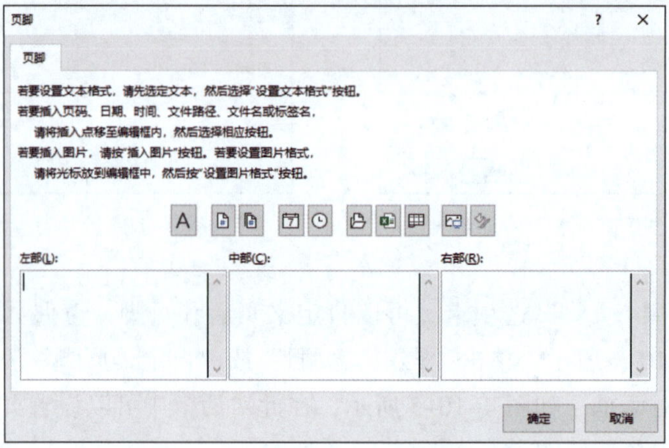

b）

图 4-10-5 “页眉”和“页脚”对话框
a）“页眉”对话框 b）“页脚”对话框

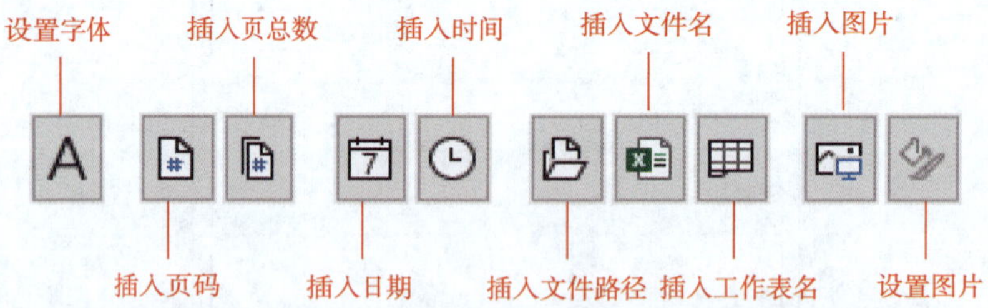

图 4-10-6 “页眉”和“页脚”对话框中各按钮含义

任务实施

步骤一 设置页面格式

1. 打开上一任务完成的“校园歌手大奖赛歌手得分统计表”文件，在“页面布局”选项卡下“页面设置”组中单击按钮，弹出“页面设置”对话框，在该对话框中设置纸张大小为“B5（JIS）”，方向为横向，如图 4-10-7 所示。

2. 单击“页边距”选项卡，设置上、下、左、右边距都为 3，“居中方式”勾选“水平”和“垂直”复选框，如图 4-10-8 所示。

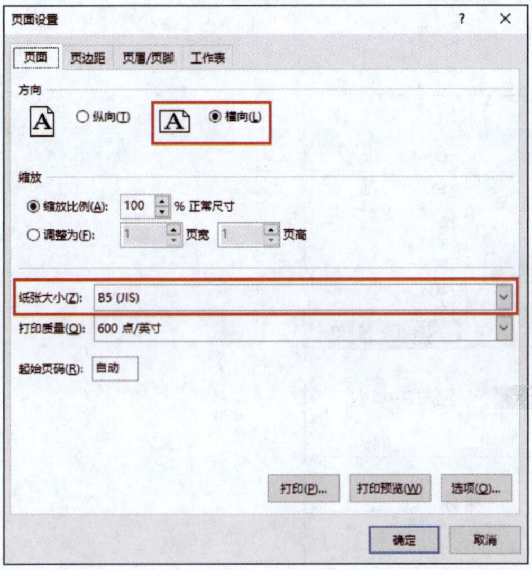

图 4-10-7 “页面设置”对话框 1

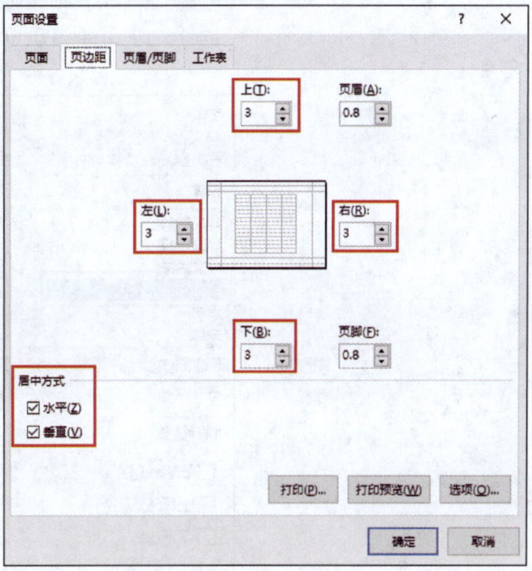

图 4-10-8 “页面设置”对话框 2

小提示

在“页面布局”选项卡“页面设置”组中单击“页边距”按钮，可在弹出的下拉列表中选择普通、宽、窄三种预设值。

步骤二 设置页眉和页脚

1. 单击“页眉/页脚”选项卡，单击“自定义页眉”按钮，弹出“页眉”对话框，在左部文本框中输入“校园歌手大奖赛赛事委员会”，单击按钮，如图 4-10-9 所示，弹出“字体”对话框，设置字体为楷体，大小为 12，字形为加粗，如图 4-10-10

所示，单击“确定”按钮，返回“页眉”对话框，再次单击“确定”按钮。

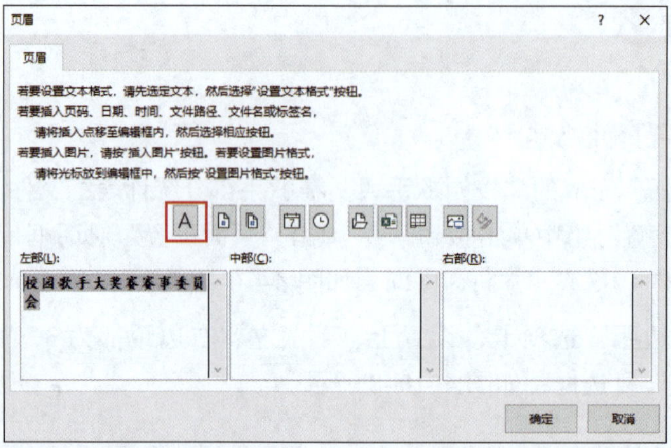

图 4-10-9 “页眉”对话框

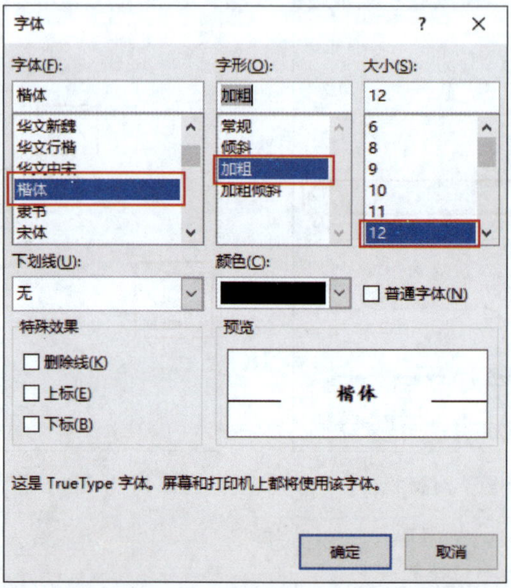

图 4-10-10 在“字体”对话框中设置参数

2. 单击“自定义页脚”按钮，弹出“页脚”对话框，在中部文本框中输入“第一页”，单击按钮[A]，如图 4-10-11 所示，弹出“字体”对话框，设置字体为宋体，大小为 14，单击“确定”按钮返回“页脚”对话框，再次单击“确定”按钮。

步骤三 打印预览及打印

在“文件”选项卡下单击“打印”命令，展开图 4-10-12 所示窗口，可在窗口右侧查看工作表的打印效果，在窗口左侧根据需要进行打印份数、打印机属性以及页面属性的设置，设置完成后单击“打印”按钮，即可进行打印。

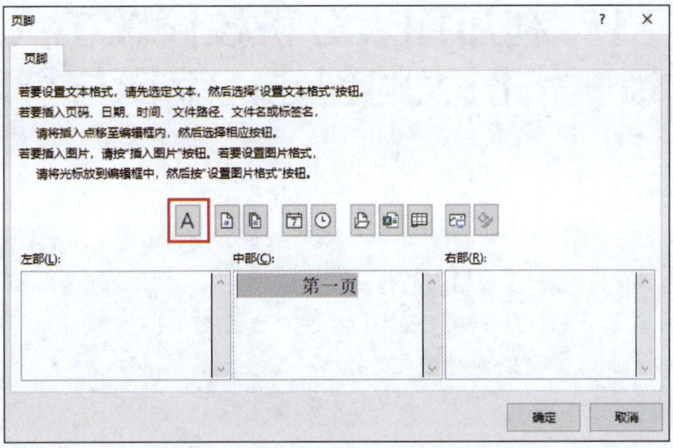

图 4-10-11 “页脚”设置对话框

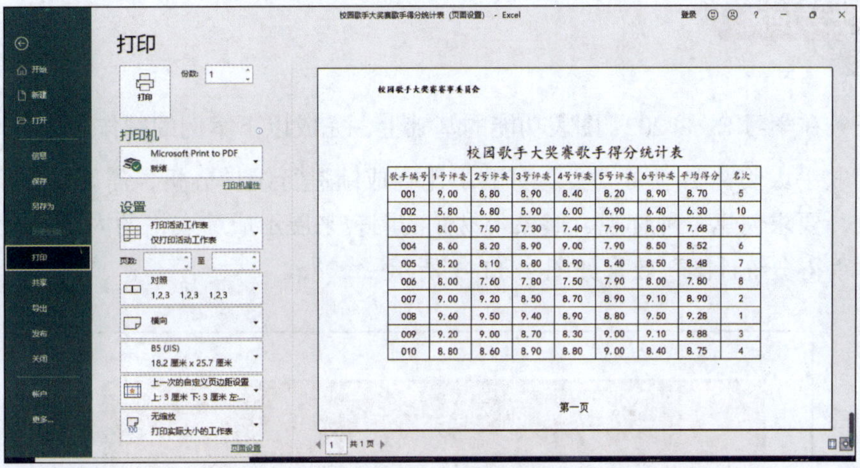

图 4-10-12 打印工作表

小提示

如默认显示的打印范围不符合需要，可在工作表中拖动鼠标左键框选需要打印的范围，然后单击“页面布局”选项卡下“页面设置”组中的“打印区域”按钮，再在下拉菜单中单击“设置打印区域”命令。如对打印预览效果不满意，可在打印机属性的相关设置中进行修改，如将方向由纵向改为横向、将工作表缩为一页等。

步骤四 保存文件并退出

操作完成后保存文件并关闭 Excel 2021 程序。

任务 11　利用图表分析校园歌手大奖赛成绩——图表的创建、编辑与打印

学习目标

知识目标：了解图表的作用。

技能目标：1. 能在 Excel 2021 中创建图表。

2. 能对图表进行编辑与修改。

任务描述

本任务在学习 Excel 2021 图表功能的基础上，完成以下案例的制作。

校园歌手大奖赛赛事委员会要对歌手比赛成绩进行统计分析，需要将比赛成绩制作成图表，要求创建一种直观、形象、易懂的图表来展示成绩表格的内容，“校园歌手大奖赛歌手得分统计图”效果如图 4-11-1 所示。

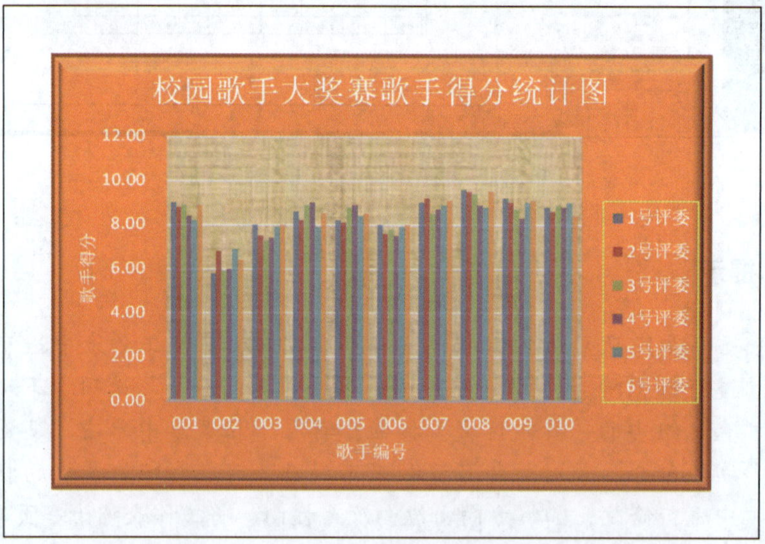

图 4-11-1 “校园歌手大奖赛歌手得分统计图”效果

相关知识

Excel 2021 是最主要的数据分析工具之一，它可以将抽象的数据图表化，有助于用户分析数据、查看数据差异、预测发展趋势等。常用的图表类型有柱形图、折线图、饼图、条形图、面积图、曲面图、圆环图、气泡图和雷达图等。

分别单击“插入”选项卡下“图表”组中的各类图表按钮，在展开的菜单中即可选择要插入的图表类型。图表的组成部分如图 4-11-2 所示。

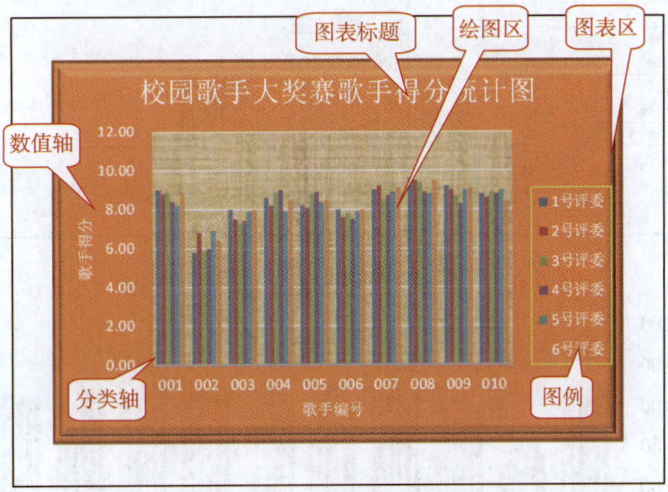

图 4-11-2　图表的组成部分

小提示

不同的图表类型可以用于不同的显示目的，将光标指向某一图表按钮停留片刻，即可查看图表功能的详细介绍。

任务实施

步骤一　创建得分统计图表

1. 打开前面任务完成的“校园歌手大奖赛歌手得分统计表”文件。

2. 选择要制作图表的单元格区域 A2：G12，在“插入”选项卡下“图表”组中单击“柱形图”按钮，在弹出的下拉列表中单击“二维柱形图”中的“簇状柱形图”选项，如图 4-11-3 所示，此时，在“校园歌手大奖赛歌手得分统计表”中出现图 4-11-4 所示的歌手得分统计图表。

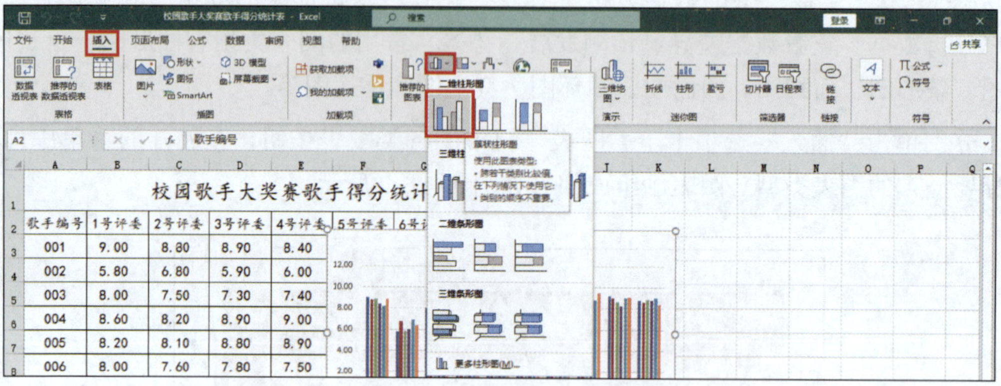

图 4-11-3　选择“簇状柱形图”

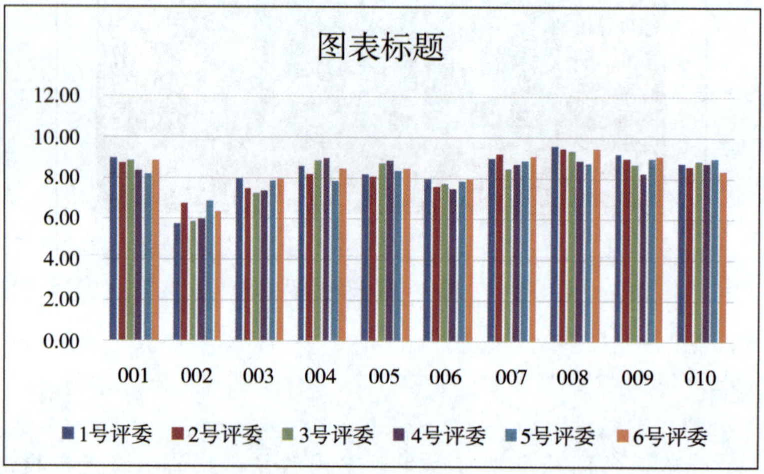

图 4-11-4　歌手得分统计图表

步骤二　修改、编辑歌手得分统计图表

创建一个统计图表后，文档窗口中出现图 4-11-5 所示的“图表工具”标签，可对图表进行美化处理，如对颜色、背景、线型等进行设置。

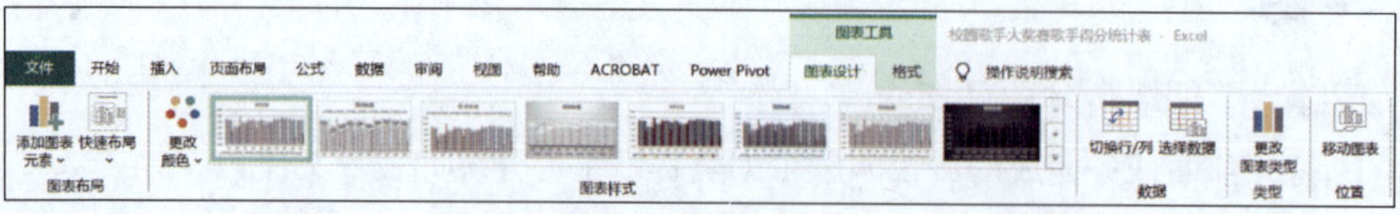

图 4-11-5　“图表工具”标签

1. 单击“图表设计”选项卡，在“图表布局”组中“快速布局”下拉列表中选择“布局 9”，如图 4-11-6 所示，在“图表样式”组中选择“样式 13”，如图 4-11-7 所示，“图表设计”选项卡设置后的效果如图 4-11-8 所示。

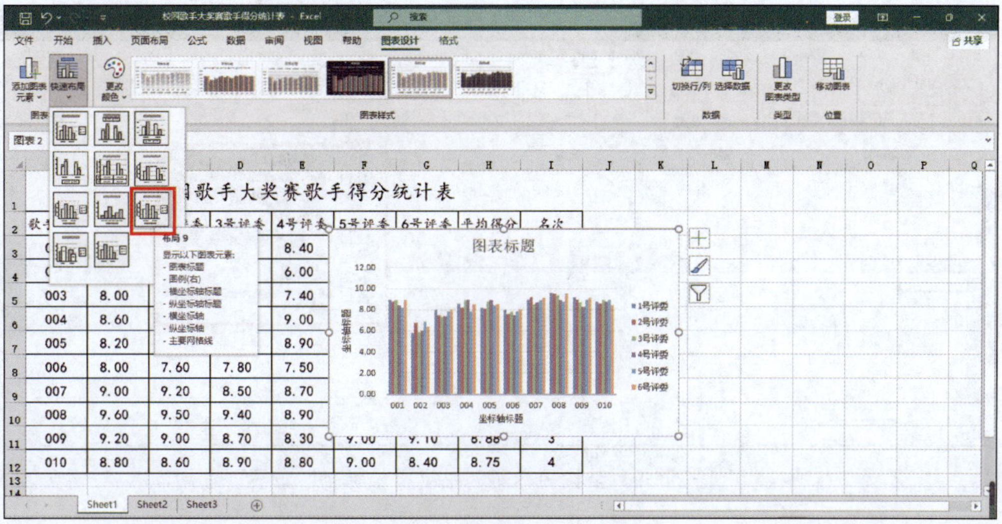

图 4-11-6 图表布局（布局 9）

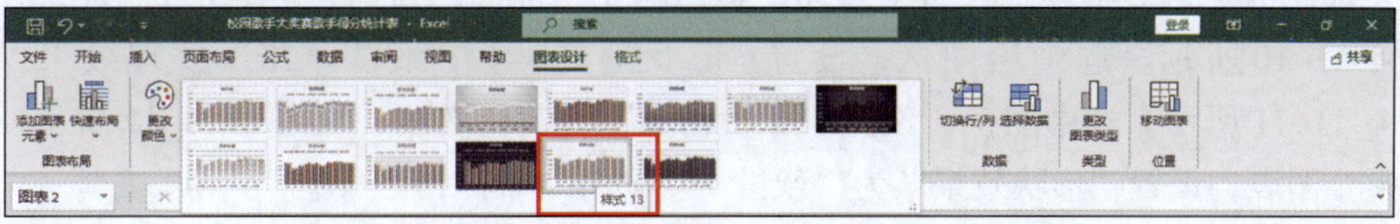

图 4-11-7 图表样式（样式 13）

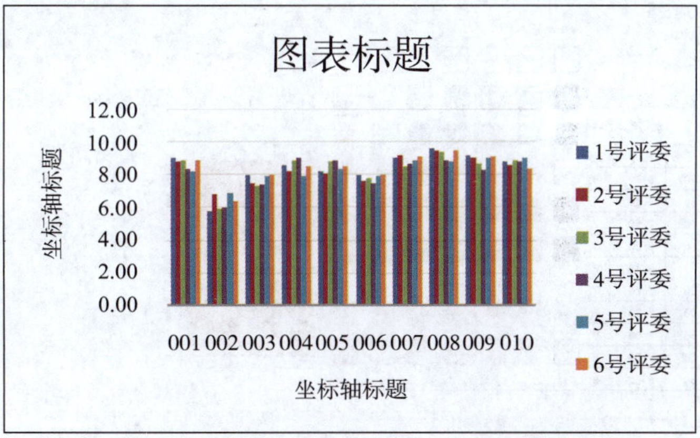

图 4-11-8 “图表设计”选项卡设置后的效果

2. 单击“图表设计”选项卡下“图表布局”组中的“添加图表元素”按钮，在下拉列表中选择“坐标轴标题”，在弹出的级联菜单中选择“主要横坐标轴”，如图 4–11–9 所示。

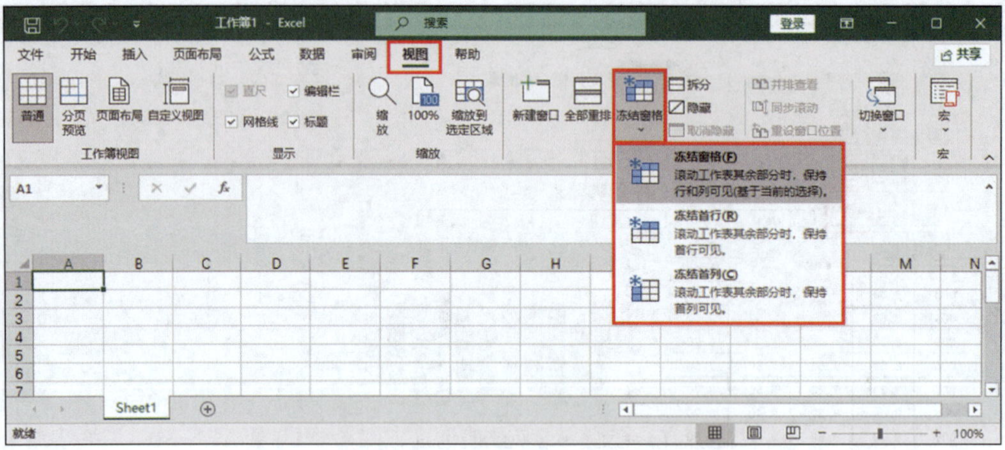

图 4–11–9　坐标轴标题“主要横坐标轴”设置

3. 单击“格式”选项卡，为图表的各组成部分设置格式。选中整个图表，在“格式”选项卡下“形状样式”组中选择“彩色填充 – 橙色，强调颜色 6”外观样式，如图 4–11–10 所示。选中绘图区，设置“形状填充”为“纸莎草纸”纹理效果，如图 4–11–11 所示。选中图例，设置“形状轮廓”为黄色实线，如图 4–11–12 所示。选中整个图表，设置“形状效果”为“预设 7”，如图 4–11–13 所示。

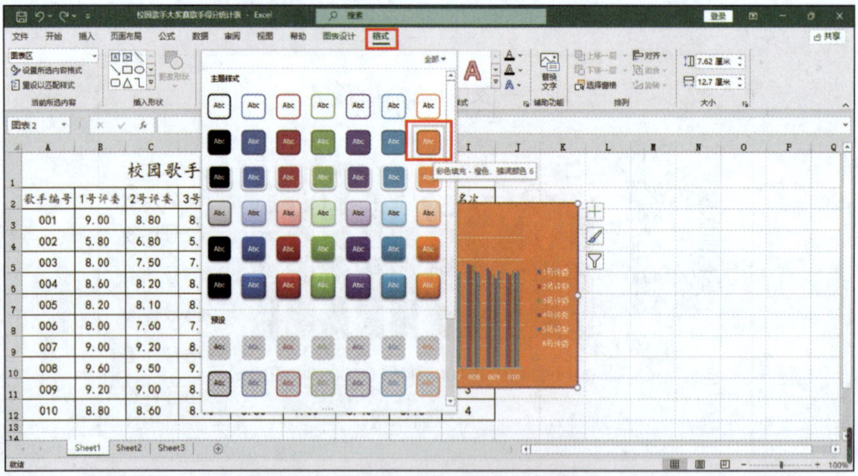

图 4–11–10　图表外观样式设置

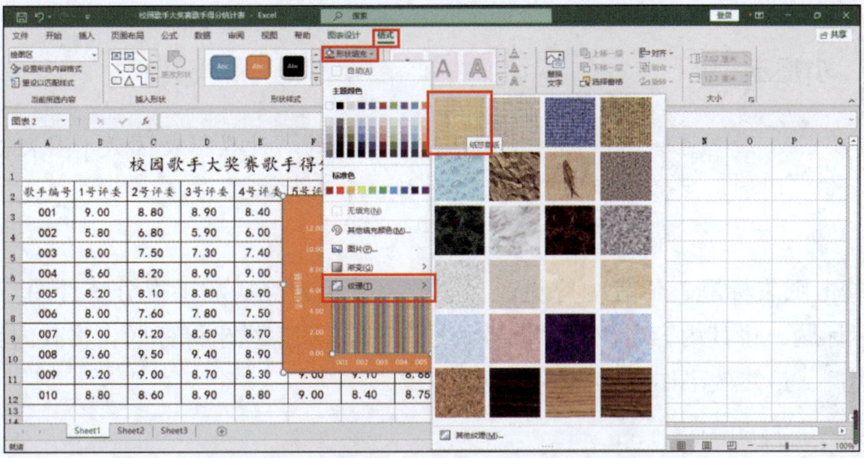

图 4-11-11　绘图区“纸莎草纸”纹理形状填充设置

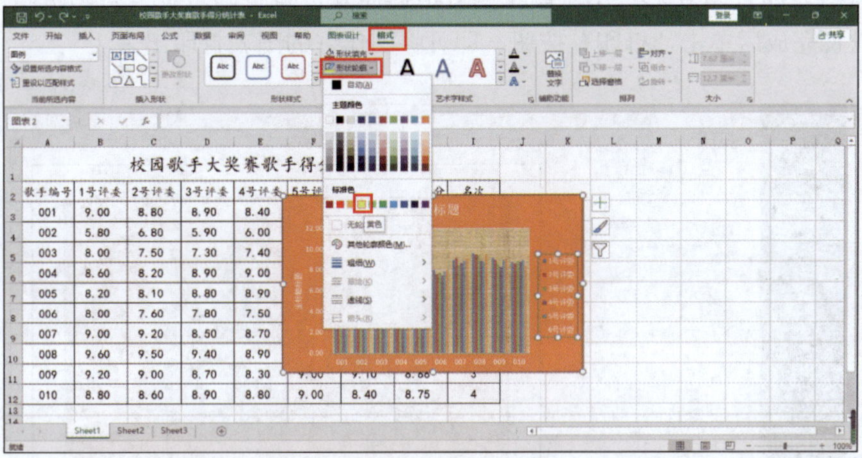

图 4-11-12　图例“黄色实线”形状轮廓设置

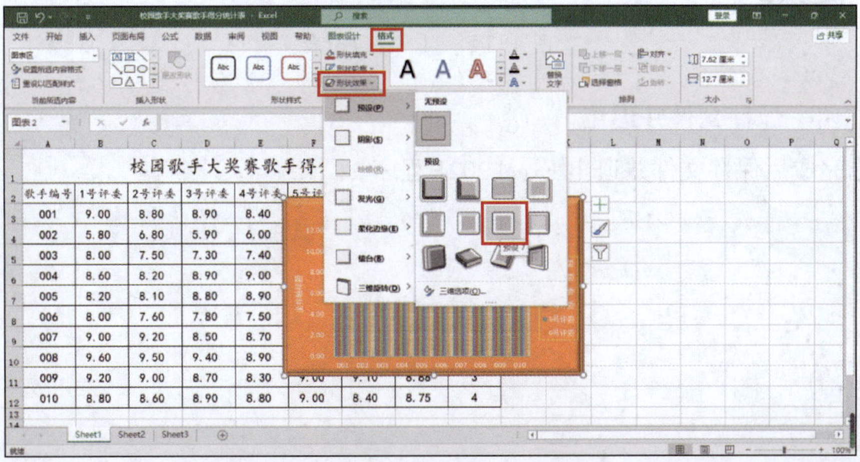

图 4-11-13　图表“预设 7”形状效果设置

小提示

也可利用右键快捷菜单，在弹出的“设置图表区域（图表标题、图例、坐标轴标题）格式”对话框中进行设置。

4. 单击图表标题，将其内容更改为“校园歌手大奖赛歌手得分统计图”，单击图表横坐标标题，将其内容更改为“歌手编号”，单击图表纵坐标标题，将其内容更改为“歌手得分”，最终效果如图 4-11-1 所示。

步骤三　打印图表

选中图表，选择“文件”选项卡下的“打印”命令，展开图 4-11-14 所示窗口，可以查看图表的打印效果，在窗口左侧可根据需要进行打印份数、打印机属性及页面设置，设置完成后单击“打印”按钮，即可将制作好的图表打印出来。

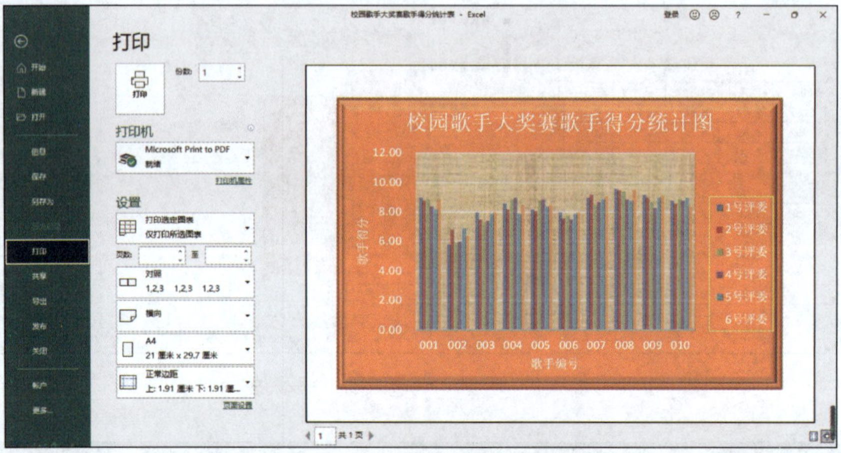

图 4-11-14　打印图表

步骤四　保存文件并退出

操作完成后保存文件并退出 Excel 2021 程序。

任务 12　筛选分析学生考试成绩——自动筛选和高级筛选

学习目标

知识目标：了解 Excel 2021 筛选功能。

技能目标：能熟练运用自动筛选、高级筛选功能。

任务描述

本任务在学习 Excel 2021 筛选功能的基础上，完成以下案例的制作。

某技师学院信息工程系要对“室内设计专业学生成绩表”进行分析，计算各科优秀生、及格生所占的比例，要求通过 Excel 2021 提供的筛选功能来实现，具体要求为：筛选出“PHOTOSHOP”成绩大于 90 分的学生成绩，筛选出“3DMAX”成绩大于 60 分且“AUTOCAD”成绩大于等于 85 分的学生成绩。

相关知识

在 Excel 2021 中可以通过数据筛选实现只显示满足指定条件的记录，从而快速找到所需数据。Excel 2021 中的筛选方式可分为自动筛选和高级筛选两种。

一、自动筛选

单击“数据”选项卡下的“筛选”按钮，在数据表格区域中的各列标题单元格右侧均会出现一个下拉按钮，单击该按钮可以设置数据筛选条件。表格中不同列可以同时设置不同的筛选条件。

二、高级筛选

利用高级筛选可以在当前或其他工作表的任何位置建立条件区域，根据该条件进行筛选。条件区域至少应有两行，且首行应与数据表格相应的列标题一致。在条件区域中，在同一行的条件关系为逻辑与，不在同一行的条件关系为逻辑或。筛选的结果可以在原数据表格位置显示，也可以在其他位置显示。

任务实施

步骤一　筛选出“PHOTOSHOP”成绩大于 90 分的学生成绩

1. 打开“室内设计专业学生成绩表”工作表，拖动鼠标选中 A2：H10 单元格区域。

2. 在“数据”选项卡下单击“筛选”按钮，表格的每列表头后均出现一个下拉按钮，如图 4–12–1 所示。

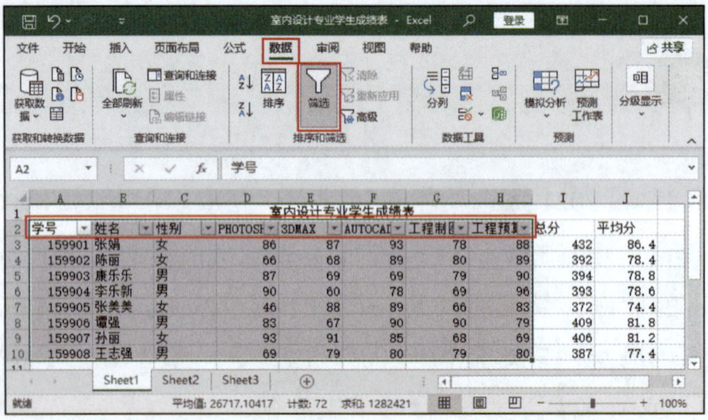

图 4–12–1　单击“筛选”按钮后的电子表格

3. 如图 4–12–2 所示，单击“PHOTOSHOP”字段右侧的下拉按钮，在弹出的下拉列表中选择“数字筛选”→“自定义筛选”，弹出“自定义自动筛选方式”对话框，如图 4–12–3 所示。

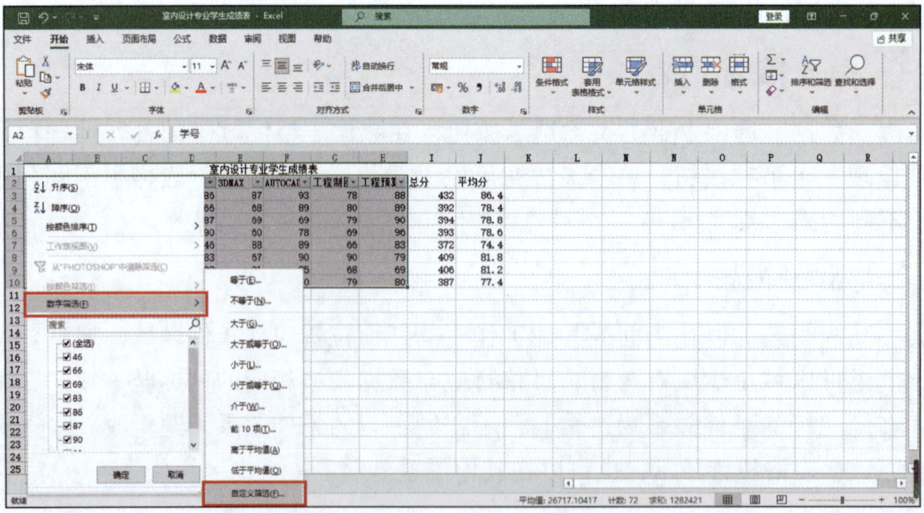

图 4–12–2　自定义筛选

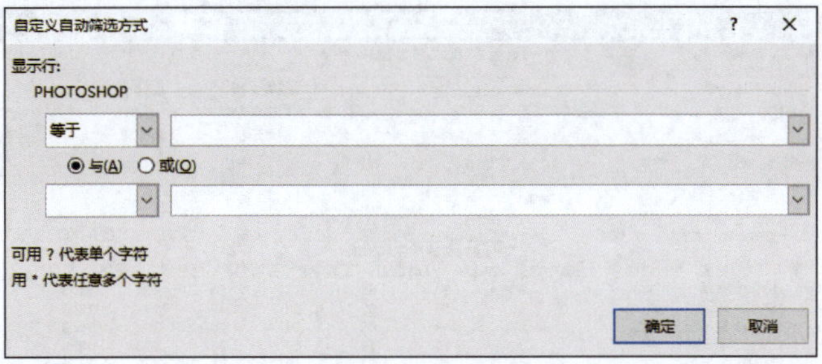

图 4-12-3 “自定义自动筛选方式”对话框

4. 在条件中选择“大于”，在其后面的文本框中输入“90”，单击“确定”按钮，如图 4-12-4 所示。

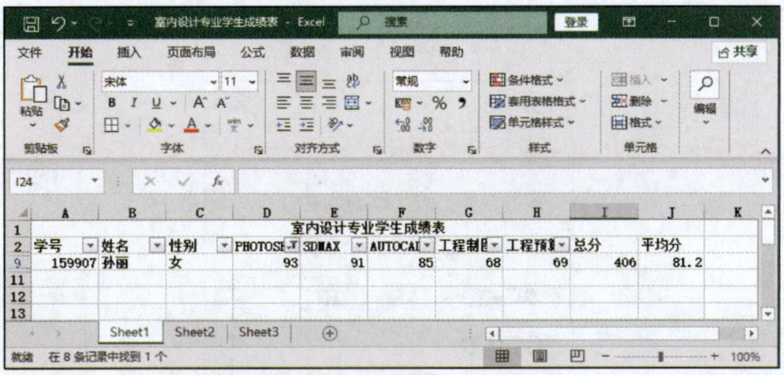

图 4-12-4 筛选“PHOTOSHOP”成绩大于 90 的学生成绩

步骤二　筛选出“3DMAX”成绩大于 60 分且“AUTOCAD”成绩大于等于 85 分的学生成绩

1. 打开“室内设计专业学生成绩表”文件，在表格下方空白区域输入筛选条件，如图 4-12-5 所示，选中表格中的数据，单击“数据”选项卡下“排序和筛选”组中的“高级”按钮，弹出图 4-12-6 所示的“高级筛选”对话框。

2. 在“高级筛选”对话框中可进行数据筛选的方式、列表区域、条件区域等设置。单击“列表区域”右侧的引用按钮，选中要筛选的“列表区域”“\$A\$2：\$H\$10”，然后单击“条件区域”右侧的引用按钮，选中“条件区域”“sheet1!\$E\$14：\$F\$15”，单击“确定”按钮，筛选后的结果如图 4-12-7 所示。

步骤三　保存文件并退出

检查无误后保存文件并退出 Excel 2021 程序。

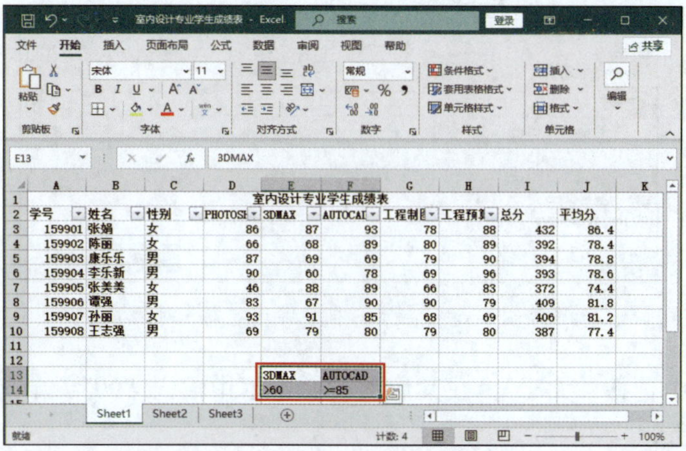

图 4-12-5　输入筛选条件

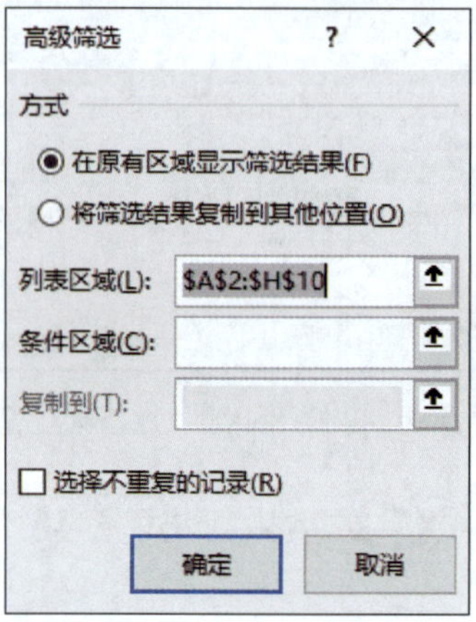

图 4-12-6　“高级筛选”对话框

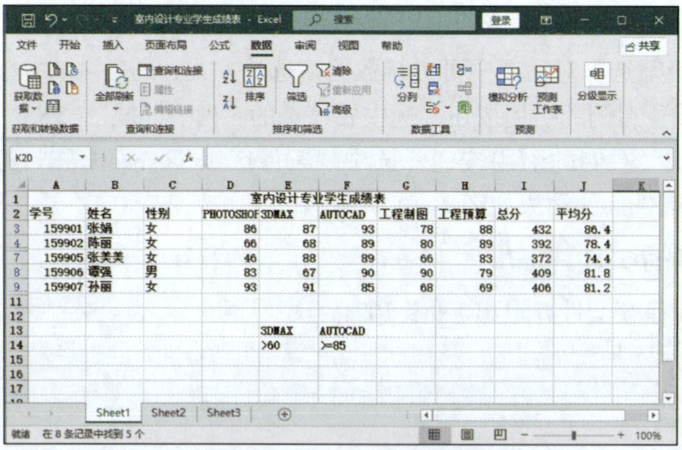

图 4-12-7　筛选后的结果

任务 13　汇总分析学生考试成绩——数据的分类汇总

学习目标

知识目标：了解 Excel 2021 中分类汇总的功能。

技能目标：能运用分类汇总功能进行数据分析。

任务描述

本任务在学习 Excel 2021 分类汇总功能的基础上，完成以下案例的制作。

某技师学院现需根据“室内设计专业学生成绩表”分别计算男生和女生的平均成绩，要求使用 Excel 2021 的分类汇总功能解决这个问题。室内设计专业学生成绩表如图 4-13-1 所示，分类汇总后的结果如图 4-13-2 所示。

	A	B	C	D	E	F	G	H	I	J
1	室内设计专业学生成绩表									
2	学号	姓名	性别	PHOTOSHOP	3DMAX	AUTOCAD	工程制图	工程预算	总分	平均分
3	159901	张娟	女	86	87	93	78	88	432	86.4
4	159902	陈丽	女	66	68	89	80	89	392	78.4
5	159903	康乐乐	男	87	69	69	79	90	394	78.8
6	159904	李乐新	男	90	60	78	69	96	393	78.6
7	159905	张美美	女	46	88	89	66	83	372	74.4
8	159906	谭强	男	83	67	90	90	79	409	81.8
9	159907	孙丽	女	93	91	85	68	69	406	81.2
10	159908	王志强	男	69	79	80	79	80	387	77.4

图 4-13-1　室内设计专业学生成绩表

	A	B	C	D	E	F	G	H	I	J
1	室内设计专业学生成绩表									
2	学号	姓名	性别	PHOTOSHOP	3DMAX	AUTOCAD	工程制图	工程预算	总分	平均分
3	159903	康乐乐	男	87	69	69	79	90	394	78.8
4	159904	李乐新	男	90	60	78	69	96	393	78.6
5	159906	谭强	男	83	67	90	90	79	409	81.8
6	159908	王志强	男	69	79	80	79	80	387	77.4
7			男 平均值							79.15
8	159901	张娟	女	86	87	93	78	88	432	86.4
9	159902	陈丽	女	66	68	89	80	89	392	78.4
10	159905	张美美	女	46	88	89	66	83	372	74.4
11	159907	孙丽	女	93	91	85	68	69	406	81.2
12			女 平均值							80.1
13			总计平均值							79.63

图 4-13-2　分类汇总后的结果

相关知识

分类汇总就是对数据按种类进行快速汇总，利用分类汇总功能能够极大提高数据处理效率。

数据的分类汇总分为两个步骤进行，第一是用户利用排序功能将需要汇总的内容排列在一起；第二是系统利用预设的函数，根据用户设定的条件进行计算。

任务实施

步骤一　按“性别”进行排序

打开“室内设计专业成绩表”文件，单击“数据”选项卡下的“排序”命令。弹出图 4-13-3 所示的“排序”对话框，在该对话框中设置排序主要关键字为“性别”，任意选择一种排序次序，如“升序”。按性别排序后的表格如图 4-13-4 所示。

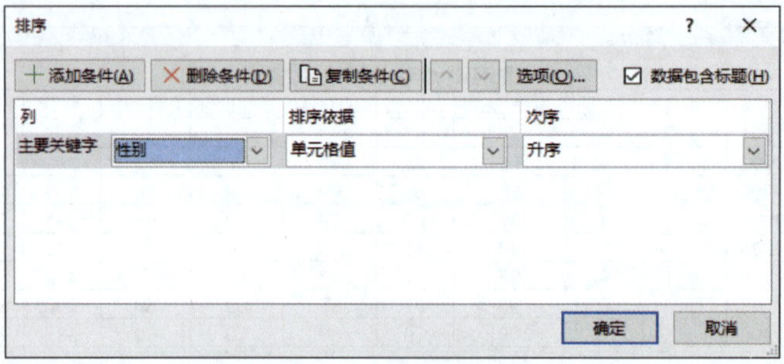

图 4-13-3 “排序”对话框

室内设计专业学生成绩表									
学号	姓名	性别	PHOTOSHOP	3DMAX	AUTOCAD	工程制图	工程预算	总分	平均分
159903	康乐乐	男	87	69	69	79	90	394	78.8
159904	李乐新	男	90	60	78	69	96	393	78.6
159906	谭强	男	83	67	90	90	79	409	81.8
159908	王志强	男	69	79	80	79	80	387	77.4
159901	张娟	女	86	87	93	78	88	432	86.4
159902	陈丽	女	66	68	89	80	89	392	78.4
159905	张美美	女	46	88	89	66	83	372	74.4
159907	孙丽	女	93	91	85	68	69	406	81.2

图 4-13-4 按性别排序后的表格

步骤二 按“性别”分类汇总

单击“数据”选项卡下的“分类汇总”命令，弹出图 4–13–5 所示的“分类汇总”对话框。在该对话框中，选择“分类字段”为“性别”，选择“汇总方式”为“平均值”。在“选定汇总项”中选择“平均分”，分类汇总后的结果如图 4–13–6 所示。

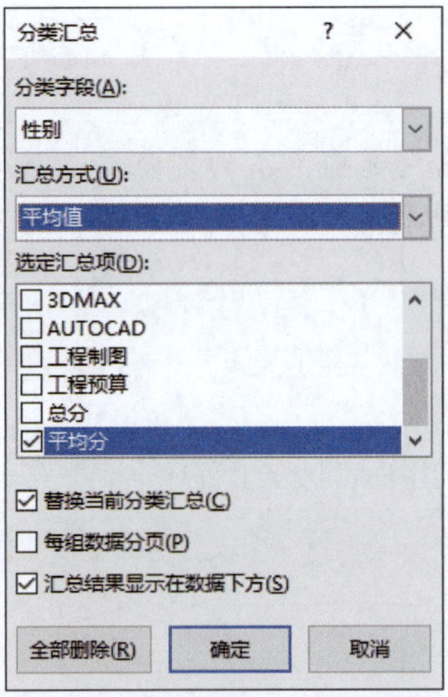

图 4–13–5 “分类汇总”对话框

	A	B	C	D	E	F	G	H	I	J
1	室内设计专业学生成绩表									
2	学号	姓名	性别	PHOTOSHOP	3DMAX	AUTOCAD	工程制图	工程预算	总分	平均分
3	159903	康乐乐	男	87	69	69	79	90	394	78.8
4	159904	李乐新	男	90	60	78	69	96	393	78.6
5	159906	谭强	男	83	67	90	90	79	409	81.8
6	159908	王志强	男	69	79	80	79	80	387	77.4
7			男 平均值							79.15
8	159901	张娟	女	86	87	93	78	88	432	86.4
9	159902	陈丽	女	66	68	89	80	89	392	78.4
10	159905	张美美	女	46	88	89	66	83	372	74.4
11	159907	孙丽	女	93	91	85	68	69	406	81.2
12			女 平均值							80.1
13			总计平均值							79.63

图 4–13–6 分类汇总后的结果

在图 4–13–6 所示界面中，左上角有三个按钮 1 2 3，用于根据不同汇总层次展开或收缩表格。按下按钮 1，将显示全部学生的平均分，如图 4–13–7 所示。按下按钮 2，将显示男生和女生各自的平均分，如图 4–13–8 所示。按下按钮 3 将显示所有信息。

	A	B	C	D	E	F	G	H	I	J
1	室内设计专业学生成绩表									
2	学号	姓名	性别	PHOTOSHOP	3DMAX	AUTOCAD	工程制图	工程预算	总分	平均分
13			总计平均值							79.63

图 4–13–7 全部学生的平均分

室内设计专业学生成绩表									
学号	姓名	性别	PHOTOSHOP	3DMAX	AUTOCAD	工程制图	工程预算	总分	平均分
	男 平均值								79.15
	女 平均值								80.1
	总计平均值								79.63

图 4-13-8　男生和女生各自的平均分

小提示

单击“数据”选项卡下的“分类汇总”命令，在弹出的“分类汇总”对话框中单击“全部删除”按钮即可删除当前表格的分类汇总结果。

步骤三　保存文件并退出

检查无误后保存文件并退出 Excel 2021 程序。

任务 14　制作“电器销售情况统计表”数据汇总表——合并计算及保护工作表

学习目标

知识目标：1. 了解 Excel 2021 合并计算功能。

2. 了解锁定单元格和保护工作表功能。

技能目标：能根据需求，完成工作表的合并计算和保护。

任务描述

本任务利用 Excel 2021 的合并计算和保护工作表功能，完成以下案例的制作。

某商场想要对 4、5、6 月的电器销售情况进行汇总，需要制作一份第二季度电器销售情况统计表。要求：在同一个工作簿中，创建“四月”“五月”“六月”“二季度汇总表”工作表，在“二季度汇总表”中将 4、5、6 月的相同电器销量情况进行汇总求和，为每个工作表标签设置不同颜色，并对“二季度汇总表”进行工作表保护，如图 4-14-1 所示。

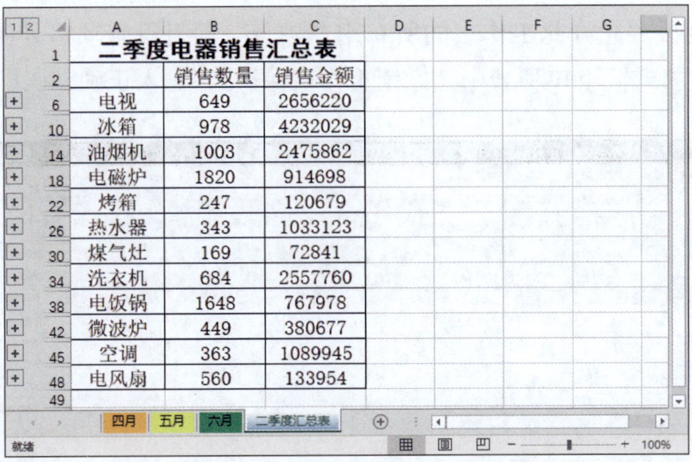

二季度电器销售汇总表		
	销售数量	销售金额
电视	649	2656220
冰箱	978	4232029
油烟机	1003	2475862
电磁炉	1820	914698
烤箱	247	120679
热水器	343	1033123
煤气灶	169	72841
洗衣机	684	2557760
电饭锅	1648	767978
微波炉	449	380677
空调	363	1089945
电风扇	560	133954

图 4-14-1 “二季度电器销售汇总表”效果

相关知识

一、合并计算

在 Excel 2021 中，合并计算是指通过合并计算的方法来汇总一个或多个源区中的数据。在日常工作中，经常会遇到一些相关数据需要合并到一起，形成一个汇总表格的情况，利用 Excel 2021 中的“合并计算”功能，对解决这类汇总多个格式一致的数据是非常有用的，且非常简便。

Excel 2021 合并计算功能具有求和、求平均值、计数、求最大值、求最小值等一系列合并功能。合并计算的数据源区域可以是一个工作表、多个工作表及多个工作簿中的数据。

二、锁定单元格和保护工作表

对于一些数据表和工作表，用户有时不希望对它的某部分或全部数据进行修改，通过 Excel 2021 中的锁定和保护功能可以实现对工作表的部分或整个工作表的保护。

保护工作表需要两步，第一步是锁定需要保护的单元格，第二步是保护工作表。选择工作表中的所有单元格，单击“开始”选项卡下“单元格”组中“格式”下拉列表的“锁定单元格”命令，可以将所有单元格解除锁定，如图 4–14–2 所示。再选择锁定的单元格区域，单击“开始”选项卡下“单元格”组中的“格式”按钮，单击下拉列表中“锁定单元格”命令，将选择的单元格区域锁定。在“格式”下拉列表中单击“保护工作表”命令，打开“保护工作表”对话框，如图 4–14–3 所示，设置“取消工作表保护时使用的密码”和“允许此工作表的所有用户进行”项目，此时再进入工作表时，将无法更改“允许此工作表的所有用户进行”项目设置项以外的操作。如需取消保护，可在“格式”下拉列表中“撤销工作表保护”，输入正确密码即可。

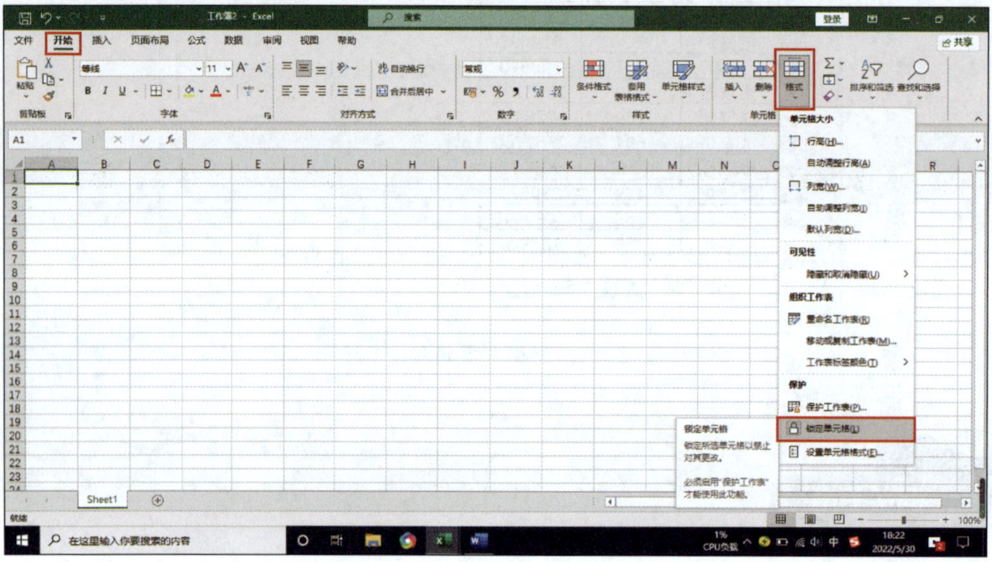

图 4-14-2　锁定单元格

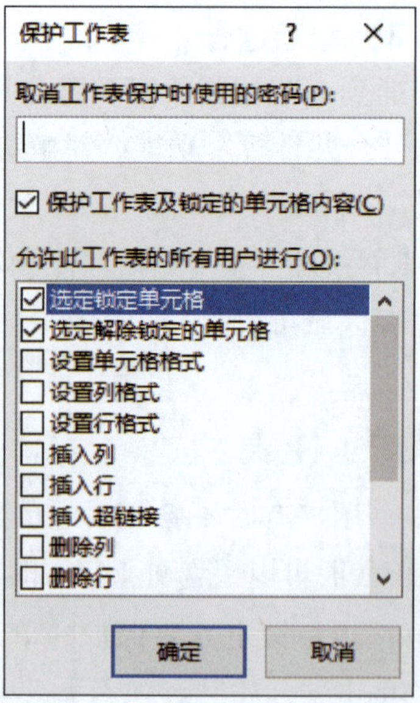

图 4-14-3　“保护工作表”对话框

小提示

对于任意一个工作表，单元格默认状态是“锁定单元格”状态。

三、工作表标签颜色

工作表标签的颜色是可以更改的。单击“开始”选项卡下“单元格”组的“格式”按钮，在下拉列表中选择“工作表标签颜色”命令，在弹出的级联菜单中选择需要更换的颜色，如图 4-14-4 所示。若取消标签颜色或更换颜色，可在级联菜单中选择“无颜色”或其他颜色。

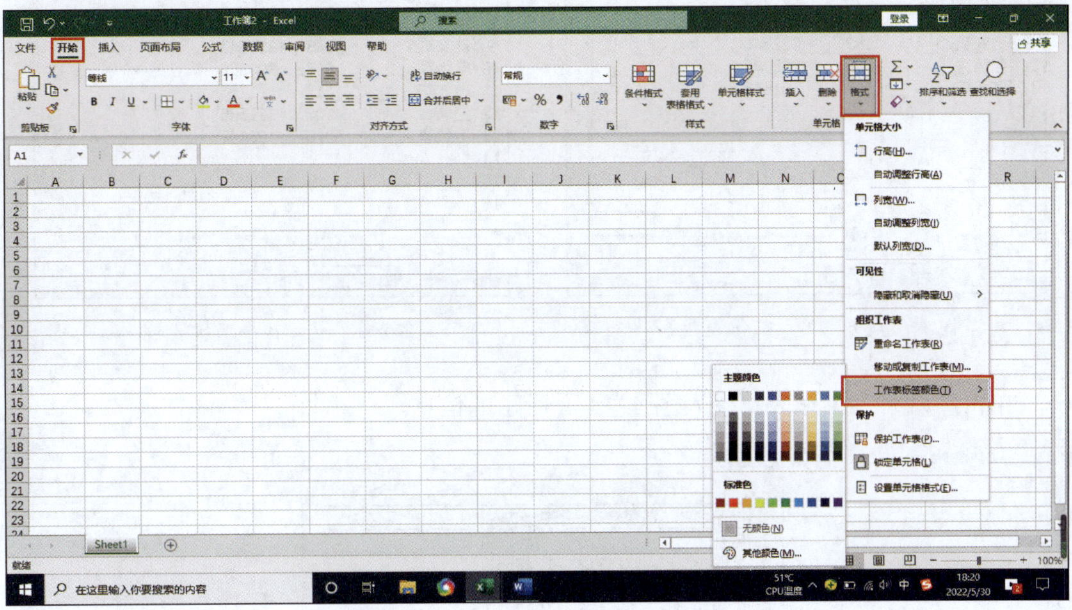

图 4-14-4　更改工作表标签颜色

任务实施

步骤一　添加和重命名工作表

启动 Excel 2021，此时工作簿仅有一个工作表，单击“Sheet1”右侧的按钮 ⊕ 三次，新建三个名为“Sheet2”“Sheet3”“Sheet4”的工作表。分别双击四个工作表标签，输入“四月”“五月”“六月”“二季度汇总表”，如图 4-14-5 所示。

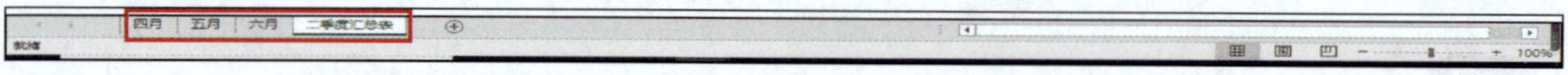

图 4-14-5　添加和重命名工作表效果

步骤二　录入数据信息并设置格式

单击“四月”工作表，录入图 4-14-6 所示的信息。

单击“五月”工作表，录入图 4-14-7 所示的信息。

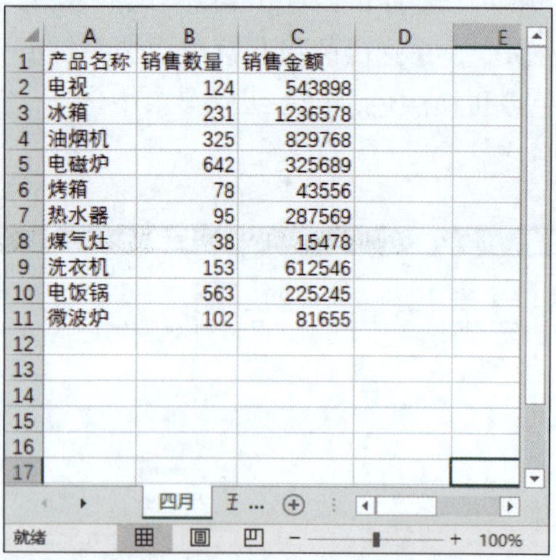

产品名称	销售数量	销售金额
电视	124	543898
冰箱	231	1236578
油烟机	325	829768
电磁炉	642	325689
烤箱	78	43556
热水器	95	287569
煤气灶	38	15478
洗衣机	153	612546
电饭锅	563	225245
微波炉	102	81655

图 4-14-6　四月工作表数据

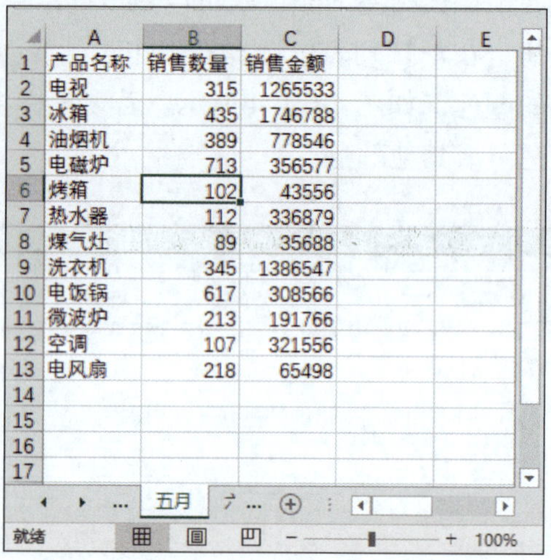

产品名称	销售数量	销售金额
电视	315	1265533
冰箱	435	1746788
油烟机	389	778546
电磁炉	713	356577
烤箱	102	43556
热水器	112	336879
煤气灶	89	35688
洗衣机	345	1386547
电饭锅	617	308566
微波炉	213	191766
空调	107	321556
电风扇	218	65498

图 4-14-7　五月工作表数据

单击“六月”工作表，录入图 4-14-8 所示的信息。

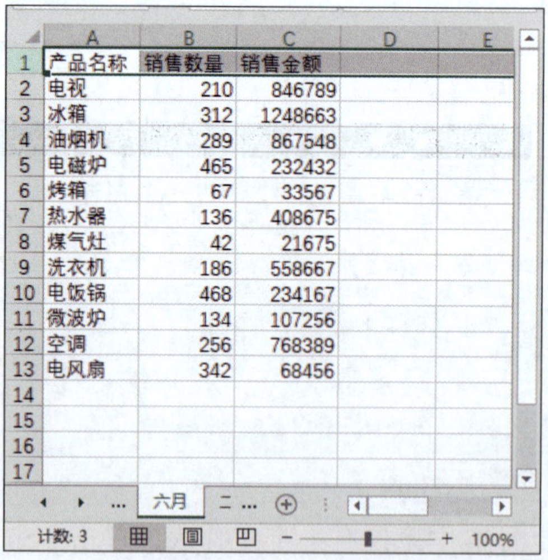

产品名称	销售数量	销售金额
电视	210	846789
冰箱	312	1248663
油烟机	289	867548
电磁炉	465	232432
烤箱	67	33567
热水器	136	408675
煤气灶	42	21675
洗衣机	186	558667
电饭锅	468	234167
微波炉	134	107256
空调	256	768389
电风扇	342	68456

图 4-14-8　六月工作表数据

将三个工作表中的文字设置为“字体：华文宋体，字号：14，对齐方式：居中，边框线为：所有框线”，并适当调整列宽。

步骤三　更改工作表标签颜色

选择“四月”工作表，单击“开始”选项卡下“单元格”组中的“格式”按钮，在下拉列表中选择“工作表标签颜色”命令，在弹出的级联菜单中选择“橙色”。用同样方法，将“五月”工作表标签颜色更改为“黄色”，将“六月”工作表标签颜色更改为“绿色”，将“二季度汇总表”工作表标签颜色更改为“蓝色”，如图 4-14-9 所示。

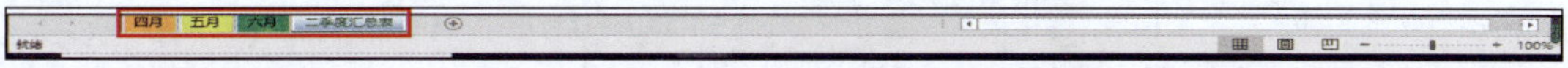

图 4-14-9　工作表标签更改颜色效果

步骤四　利用“合并计算”功能生成“二季度汇总表”

将光标定位到“二季度汇总表”的 A2 单元格中，单击“数据”选项卡下“数据工具”组中的“合并计算”命令，打开“合并计算”对话框，将“函数”项设置为“求和”，在“引用位置”项右侧单击按钮，此时“合并计算”对话框被卷起，选择“四月”工作表中的 A1：C11 单元格，单击“合并计算”对话框中的按钮，对话框被展开，单击“添加”按钮，将引用位置添加到“所有引用位置”处。同理，在“引用位置”项右侧单击按钮，选择“五月”工作表中的 A1：C13 单元格，单击“合并计算”对话框中的按钮，单击“添加”按钮，将引用位置添加到“所有引用位置”处，再将“六月”工作表中的 A1：C13 单元格添加到“所有引用位置”处，如图 4-14-10 所示。

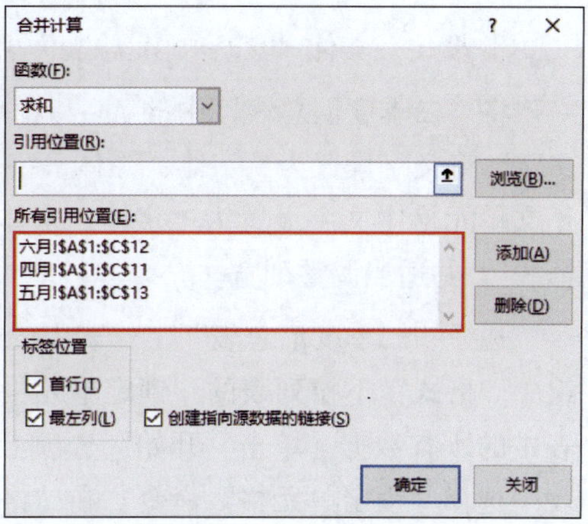

图 4-14-10　“合并计算”对话框

将“标签位置”中的“首行”“最左列”和“创建指向源数据的链接”复选项勾选上。单击“确定”按钮，合并计算后的效果如图 4-14-11 所示。

小提示

当选中“合并计算”对话框中的“创建指向源数据的链接”复选项时，会创建与源数据的链接，当源数据被修改时，汇总表中的数据也会发生改变；该项未被选中时，汇总表的数据不会随源数据变化而变化。

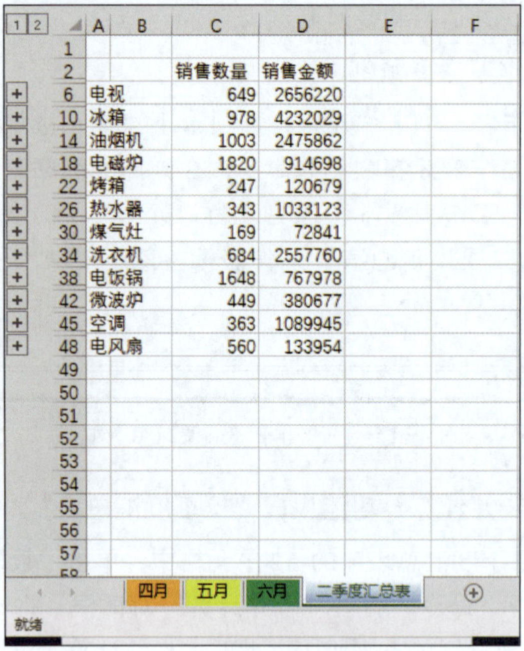

	A	B	C	D	E	F
1						
2			销售数量	销售金额		
6	电视		649	2656220		
10	冰箱		978	4232029		
14	油烟机		1003	2475862		
18	电磁炉		1820	914698		
22	烤箱		247	120679		
26	热水器		343	1033123		
30	煤气灶		169	72841		
34	洗衣机		684	2557760		
38	电饭锅		1648	767978		
42	微波炉		449	380677		
45	空调		363	1089945		
48	电风扇		560	133954		

图 4-14-11　合并计算后的效果

步骤五　美化“二季度汇总表”并保护工作表

将“二季度汇总表”中的 A1：D1 单元格合并，并录入“二季度电器销售汇总表”文字，将文字设置为“字体：黑体，字号：18，对齐方式：居中，字体：加粗”，其余正文单元格中文字设置为“字体：宋体，字号：16，对齐方式：居中，边框线：所有框线”，并适当调整列宽。

选择“二季度汇总表”工作表中的所有单元格，单击“开始”选项卡下“单元格”组中“格式”下拉列表的“锁定单元格”命令，将所有单元格解除锁定，再选择工作表中的所有数据，单击“开始”选项卡下“单元格”组中的“格式”按钮，在下拉列表中选择“锁定单元格”命令。在“格式”下拉列表中单击“保护工作表”命令，弹出“保护工作表”对话框，设置“取消工作表保护时使用的密码”为“147258”，勾选“允许此工作表的所有用户进行”复选框中的“选定解除锁定的单元格”选项，如图 4-14-12 所示。

步骤六　保存文件并退出

将文件保存为“电器销售情况统计表”并退出 Excel 2021。

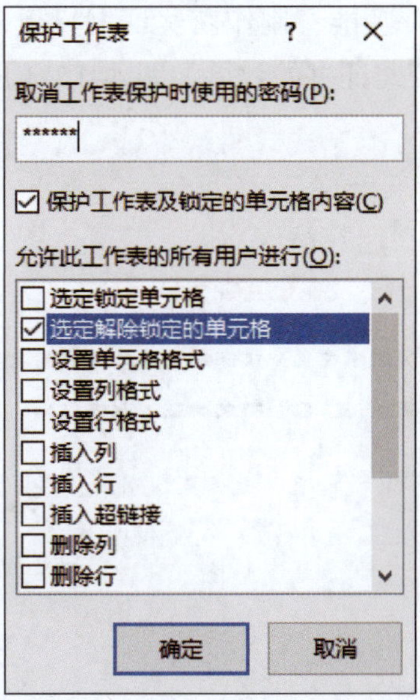

图 4-14-12 “保护工作表”对话框设置效果

任务 15　制作校园歌手大赛获奖证书——邮件合并

学习目标

知识目标：了解邮件合并的应用领域。

技能目标：能利用邮件合并功能，根据模板批量制作文档。

任务描述

本任务在学习 Excel 和 Word 联合使用邮件合并功能基础上，完成以下案例的制作。某技师学院组织第二届校园歌手大奖赛，在比赛结束后为获奖选手颁发获奖证书，现需要在大赛前利用邮件合并功能，制作获奖证书模板，方便在大赛成绩公布后，以最快的速度打印获奖证书。获奖证书的效果如图 4-15-1 所示。

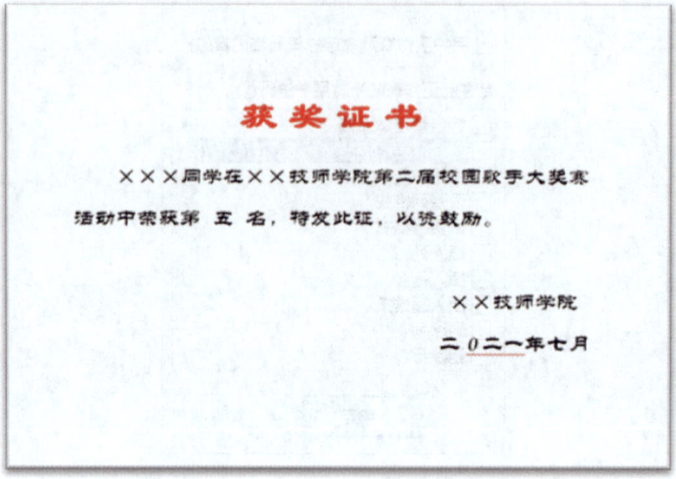

图 4-15-1　获奖证书的效果

相关知识

在日常工作中，常需要处理一些十分相似的文档，它们具有相同的布局、相同的格式设置、相同的文本和图形，仅在某些特定部分有所不同，具有个性化的内容，如信封、准考证、获奖证书、通知书、格式合同、成绩单等。在 Word 中逐一制作这些文档，操作起来较为烦琐，尤其是当数量较大时，更加费时费力。这时使用邮件合并功能，可一次性批量创建这些文档。

邮件合并功能需要同时用到 Word 和 Excel 两个软件，使用 Word 软件制作主文档，使用 Excel 软件制作数据源。主文档就是一个模板，体现这类文档的共性部分，而数据源是由个性化部分汇总成的表格。运行邮件合并功能，可自动将数据源中的每条个性化内容分别填入主文档中，生成若干个文档页面。

任务实施

步骤一　新建 Word 文档

在 Word 2021 中按照图 4-15-2 所示获奖证书制作模板。按照图中格式，在“页面设置”对话框中将页面纸张设置为“B5”，纸张方向设置为“横向”；将标题“获奖证书”的文字设置为“字体：隶书，字号：初号，字形：加粗，颜色：红色，对齐方式：居中”，打开“字体”对话框，在“高级”选项卡中设置“间距”为“加宽：5 磅”；将正文文字设置为“字体：华文隶书，字号：小一，颜色：黑色”；将“同学在 ×× 技师学院……以资鼓励。”一段文字设置为“段前间距 1 行、首行缩进 2 字符”；将落款和日期设置为“右对齐”，并适当调整使落款和日期相互居中对齐。

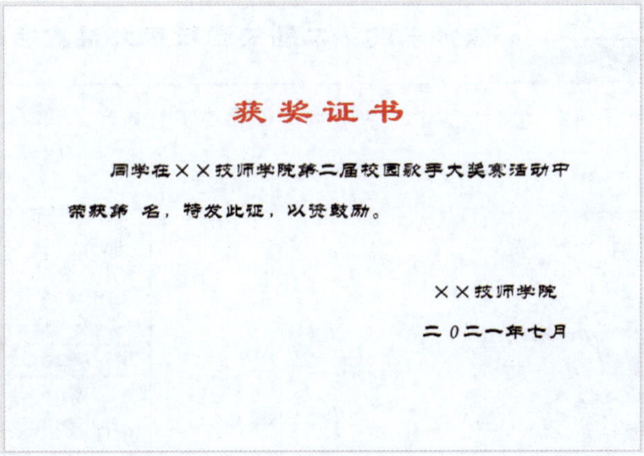

图 4-15-2　Word 文档设置效果

步骤二　保存 Word 文档

单击快速工具栏中的“保存”按钮，打开“另存为”对话框，将文件命名为“获奖证书模板”。

步骤三　合并邮件

1. 在“同学”二字前的空格中间单击鼠标左键定位光标，然后单击“邮件”选项卡，如图 4–15–3 所示，单击“开始邮件合并”按钮，弹出图 4–15–4 所示的“开始合并邮件”下拉列表。

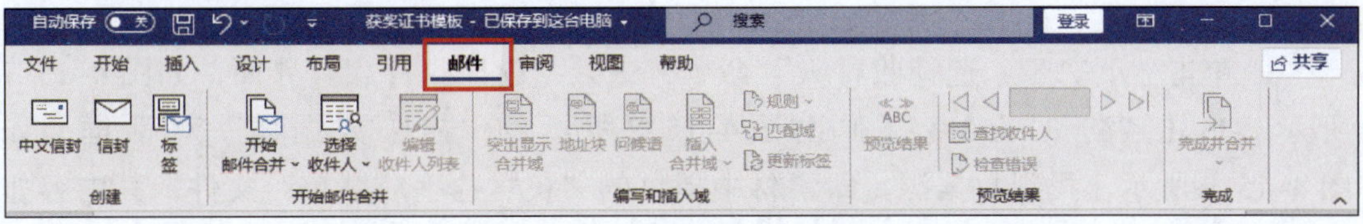

图 4-15-3　“邮件”选项卡

2. 单击“邮件合并分步向导”命令，弹出“邮件合并”导向栏，如图 4–15–5 所示，依次单击“信函”单选按钮和“下一步：开始文档”命令，进入“选择开始文档”界面，如图 4–15–6 所示，单击选择“使用当前文档”单选项。

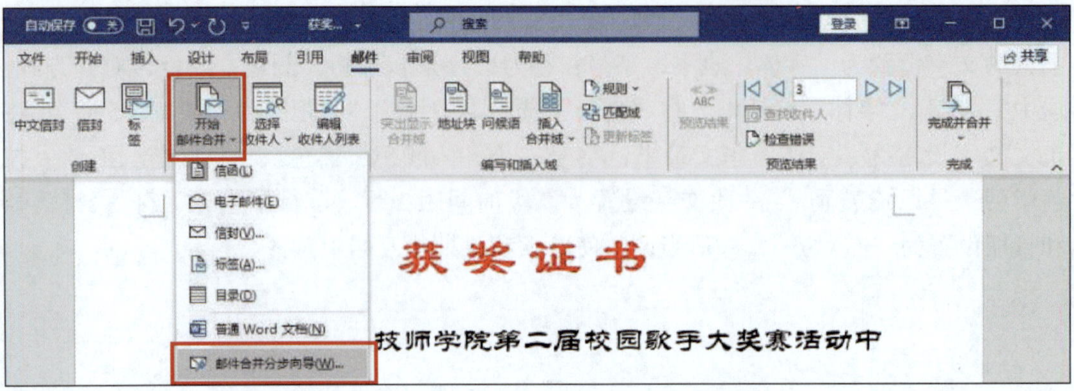

图 4-15-4 “开始邮件合并”下拉列表

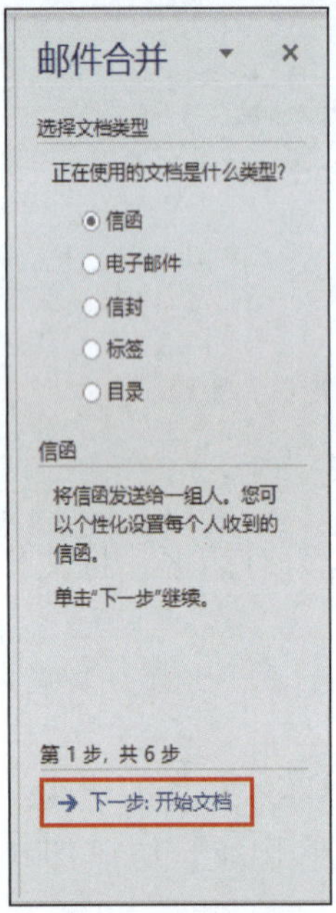

图 4-15-5 “邮件合并”导向栏

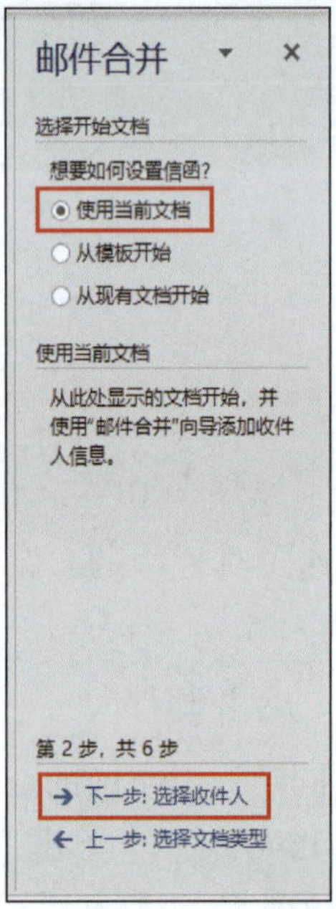

图 4-15-6 “选择开始文档”界面

3. 单击“下一步：选择收件人”命令，进入“选择收件人”界面，如图 4–15–7 所示，单击“浏览”命令，弹出图 4–15–8 所示的“选取数据源”对话框。如图 4–15–9 所示，找到数据源（即素材中提供的“获奖选手成绩单”文件，其内容如图 4–15–10 所示），选中该文件后单击“打开”按钮，弹出图 4–15–11 所示的“选择表格”对话框。选中数据所在的工作表 Sheet1，单击“确定”按钮，弹出“邮件合并收件人”对话框，如图 4–15–12 所示，勾选全部，单击“确定”按钮。

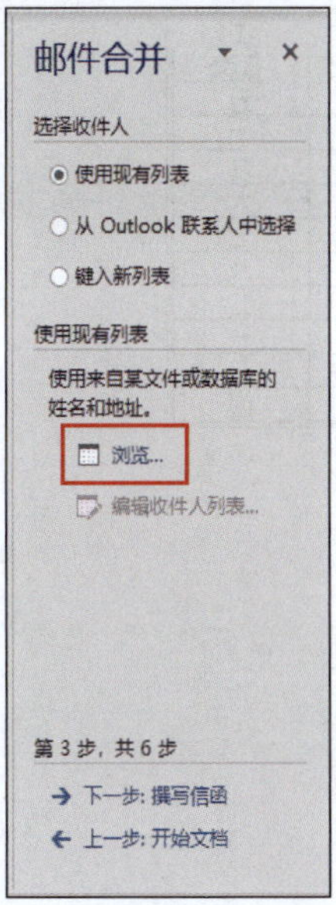

图 4-15-7　“选择收件人”界面

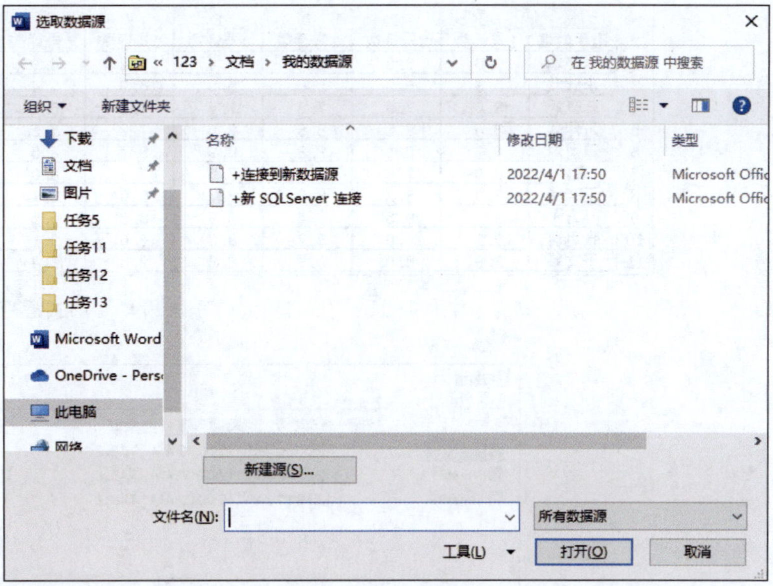

图 4-15-8　“选取数据源”对话框

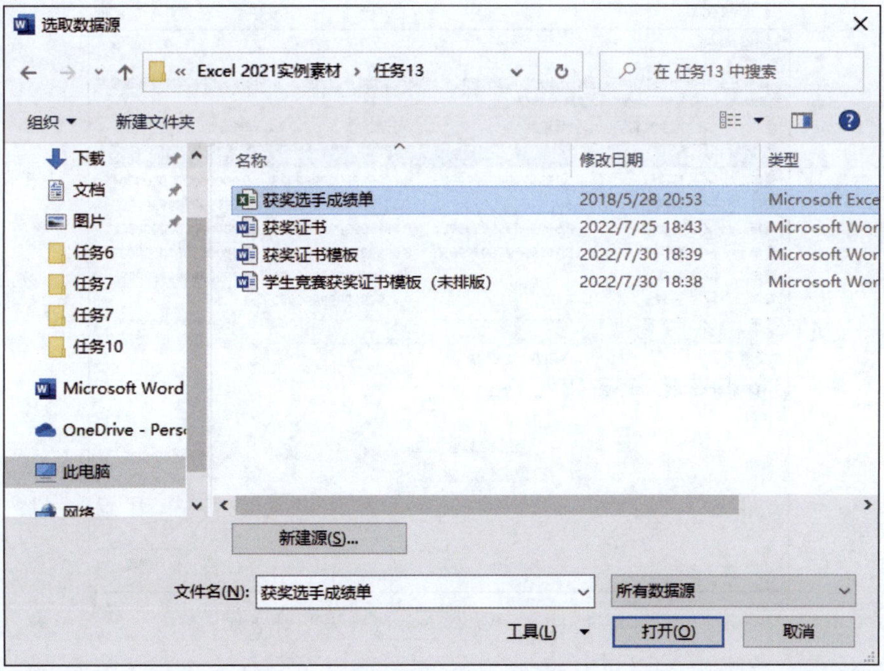

图 4-15-9　选择数据源文件

	A	B	C	D	E	F	G	H	I
1	歌手姓名	1号评委	2号评委	3号评委	4号评委	5号评委	6号评委	平均得分	名次
2	张晓华	9.0	8.8	8.9	8.4	8.2	8.9	8.7	五
3	李欣欣	5.8	6.8	5.9	6.0	6.9	6.4	6.3	十
4	陈晓旭	8.0	7.5	7.3	7.4	7.9	8.0	7.7	九
5	方萍萍	8.6	8.2	8.9	9.0	7.9	8.5	8.5	六
6	曾丽丽	8.2	8.1	8.8	8.9	8.4	8.5	8.5	七
7	姚萍	8.0	7.6	7.8	7.5	7.9	8.0	7.8	八
8	王晓华	9.0	9.2	8.5	8.7	8.9	9.1	8.9	二
9	孙方平	9.6	9.5	9.4	8.9	8.8	9.5	9.3	一
10	张可可	9.2	9.0	8.7	8.3	9.0	9.1	8.9	三
11	于文华	8.8	8.6	8.9	8.8	9.0	8.4	8.8	四

图 4-15-10 “获奖选手成绩单”的内容

图 4-15-11 “选择表格”对话框

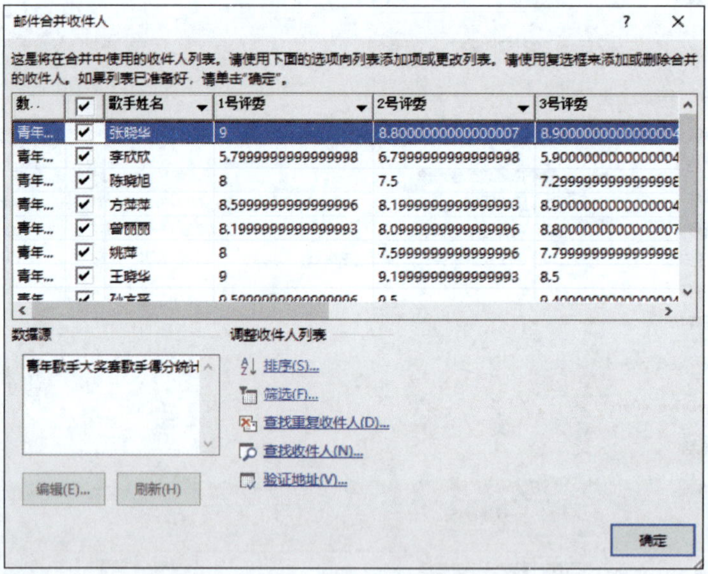

图 4-15-12 “邮件合并收件人”对话框

4. 单击“下一步：撰写信函”命令（见图 4–15–7），进入图 4–15–13 所示的“撰写信函”界面，将光标定位到“同学”二字之前，单击“其他项目”命令，弹出“插入合并域”对话框，选择“歌手姓名”，如图 4–15–14 所示，单击“插入”按钮将其插入文档后，单击“关闭”按钮关闭对话框。

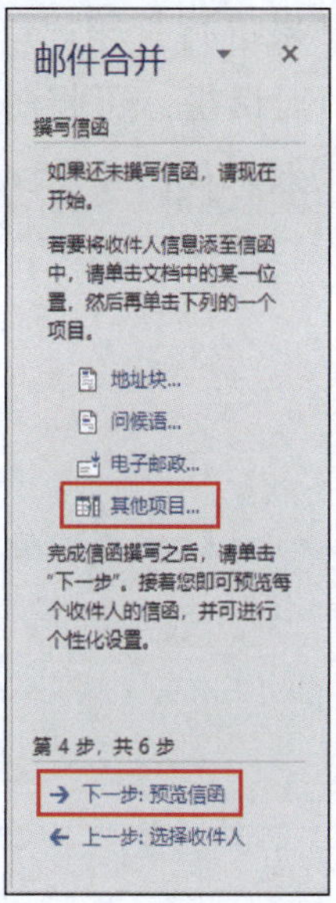

图 4-15-13 “撰写信函”界面

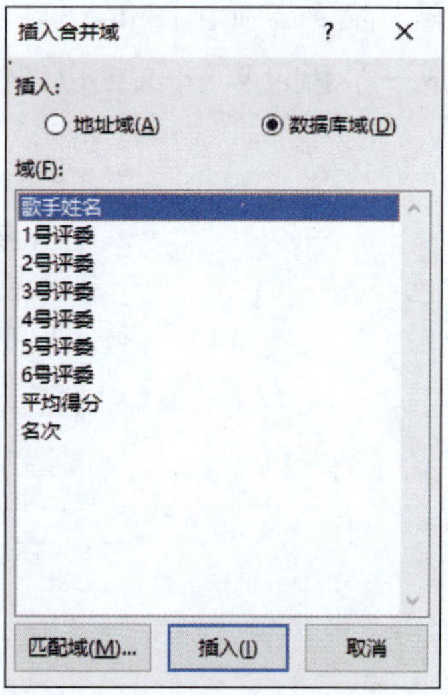

图 4-15-14 “插入合并域”对话框

5. 在 Word 文档中单击“第　名”二字之间的位置定位光标后，再次单击向导中的“其他项目”选项，弹出“插入合并域”对话框，选择“名次”，单击“插入”按钮将其插入文档，单击“关闭”按钮关闭对话框。

6. 单击“下一步：预览信函”命令，进入图 4-15-15 所示“预览信函”界面，单击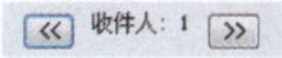

的“前进”和“后退”按钮，可向前或向后逐页查看每个结果页面。确认无误后，单击“下一步：完成合并”命令，进入“完成合并”界面，如图 4-15-16 所示。

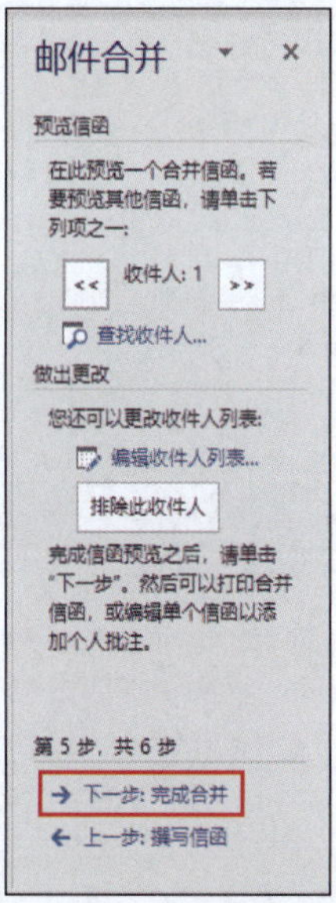

图 4-15-15 “预览信函”界面

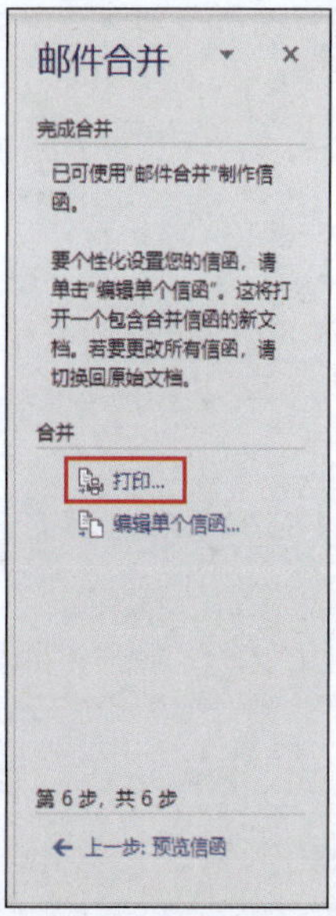

图 4-15-16 “完成合并”界面

7. 单击“打印”命令，弹出“打印”对话框，可以对结果进行打印；单击“编辑单个信函”命令，弹出图 4–15–17 所示的“合并到新文档”对话框，可将邮件合并的结果生成一个新的 Word 文档以便保存。制作完成的获奖证书效果如图 4–15–18 所示。

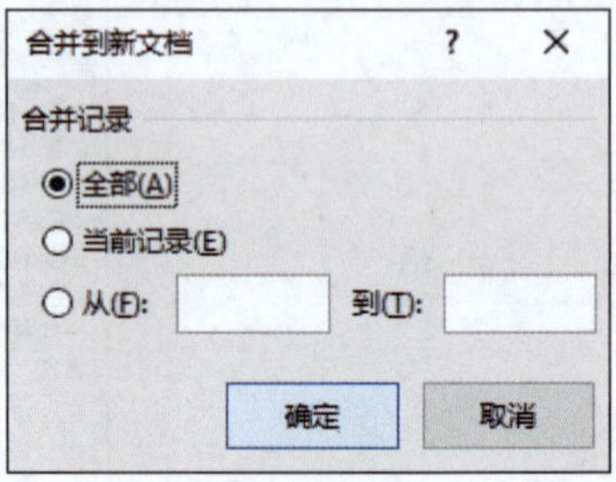

图 4–15–17 “合并到新文档”对话框

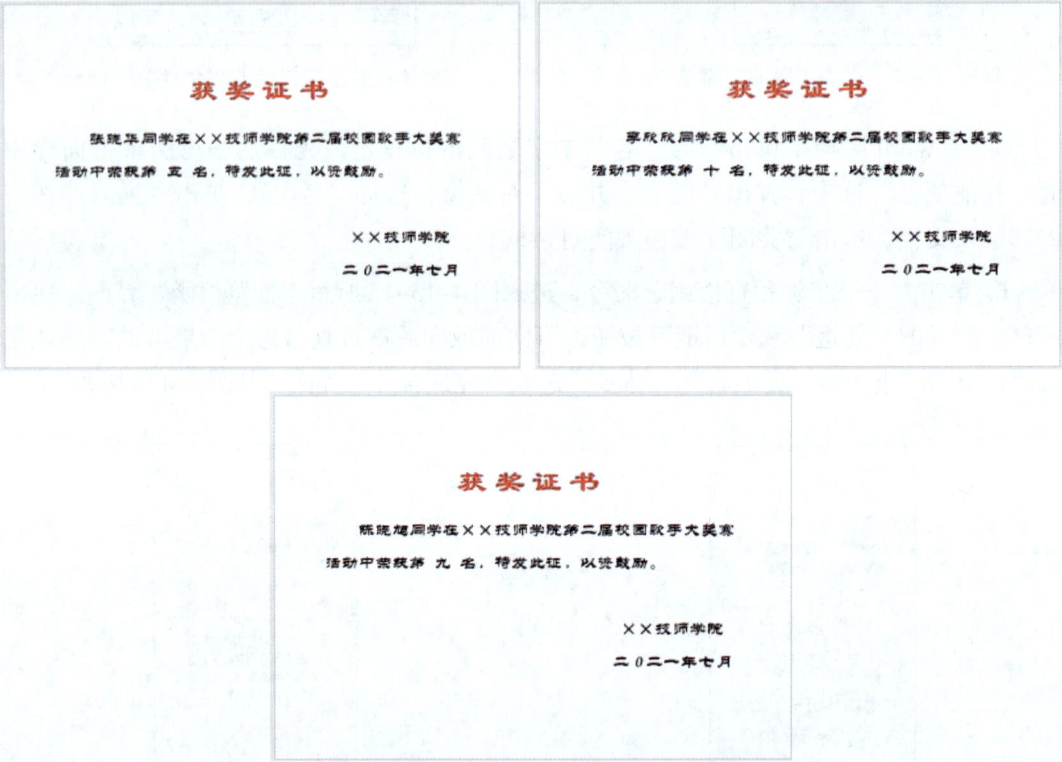

图 4–15–18 制作完成的获奖证书效果

任务 16　分析技能竞赛成绩数据——数据透视表的使用

学习目标

知识目标：了解数据透视表的功能。

技能目标：能使用数据透视表对数据进行分析。

任务描述

本任务利用 Excel 数据透视表的分析功能，完成以下案例的制作。

某院校组织了一次平面设计专业学生技能竞赛，已将竞赛成绩录入到 Excel 表格中，现要分析每个班级、每个小组的总分排名情况，需要制作一个数据透视表来清晰地查看每个班级各小组的总分，数据透视表效果如图 4-16-1 所示。

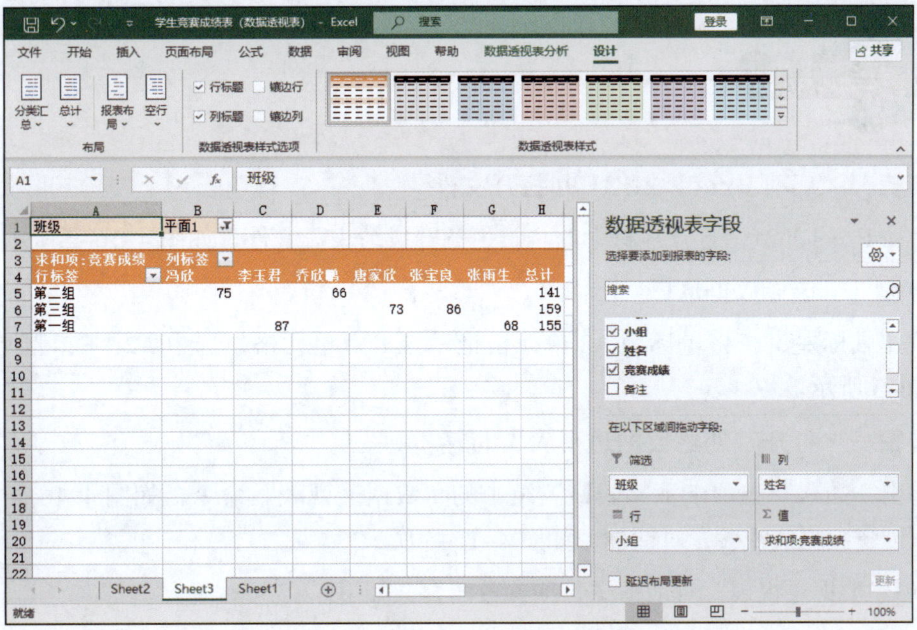

图 4-16-1　数据透视表效果

相关知识

数据透视表是一种可以快速汇总大量数据的交互式、交叉制表的 Excel 报表，用于对多种来源的数据（包括 Excel 表格中的数据和数据库记录等外部数据）进行汇总和分析，尤其是对于记录多、结构复杂的工作表更加方便。使用数据透视表可以深入分析数值数据，并且可以发现一些预计不到的数据问题，其主要有以下用途。

1. 以多种方式交叉查询大量数据。

2. 对数值数据进行分类汇总和聚合，按分类和子分类对数据进行汇总，创建自定义计算和公式。

3. 展开或折叠要关注结果的数据级别，查看感兴趣区域摘要数据的明细。

4. 将行移动到列或将列移动到行（或“透视”），以查看源数据的不同汇总结果。

5. 对最有用和最关注的数据子集进行筛选、排序、分组和有条件地设置格式，以便关注所需信息。

6. 可以提供简明、有吸引力且带有批注的联机报表或打印报表。

任务实施

步骤一　启动 Excel 2021 并打开文件

启动 Excel 2021，打开素材中的“学生竞赛成绩表”文件，如图 4–16–2 所示。

步骤二　选择数据区域

按住鼠标左键，将鼠标由 A2 单元格拖动至 F20 单元格，选中 A2：F20 区域，如图 4–16–3 所示。

步骤三　打开“创建数据透视表”对话框

单击“插入”选项卡下“表格”组中的“数据透视表”命令，如图 4–16–4 所示，弹出“创建数据透视表”对话框，如图 4–16–5 所示。

“创建数据透视表”对话框中各项参数的含义如下。

1. 请选择要分析的数据

选择“选择一个表或区域”单选框，用于选择当前表中参与数据透视表运算的数据区域。

2021级平面设计专业学生竞赛成绩表					
考号	班级	小组	姓名	竞赛成绩	备注
20210301	平面2	第一组	曾芳芳	65	
20210302	平面2	第一组	车金亮	85	
20210303	平面3	第一组	房慧	67	
20210304	平面1	第二组	冯欣	75	
20210305	平面2	第三组	郭玉珊	95	
20210306	平面3	第一组	李晓亮	56	
20210307	平面1	第一组	李玉君	87	
20210308	平面2	第三组	连凤玉	69	
20210309	平面3	第三组	凌欣如	78	
20210310	平面1	第二组	乔欣鹏	66	
20210311	平面3	第三组	隋玉红	91	
20210312	平面1	第三组	唐家欣	73	
20210313	平面3	第三组	文鹏	82	
20210314	平面3	第二组	徐京京	92	
20210315	平面2	第二组	闫晓华	84	
20210316	平面1	第三组	张宝良	86	
20210317	平面2	第二组	张秋婷	72	
20210318	平面1	第一组	张雨生	68	

图 4-16-2　学生竞赛成绩表

2021级平面设计专业学生竞赛成绩表					
考号	班级	小组	姓名	竞赛成绩	备注
20210301	平面2	第一组	曾芳芳	65	
20210302	平面2	第一组	车金亮	85	
20210303	平面3	第一组	房慧	67	
20210304	平面1	第二组	冯欣	75	
20210305	平面2	第三组	郭玉珊	95	
20210306	平面3	第一组	李晓亮	56	
20210307	平面1	第一组	李玉君	87	
20210308	平面2	第三组	连凤玉	69	
20210309	平面3	第三组	凌欣如	78	
20210310	平面1	第二组	乔欣鹏	66	
20210311	平面3	第三组	隋玉红	91	
20210312	平面1	第三组	唐家欣	73	
20210313	平面3	第三组	文鹏	82	
20210314	平面3	第二组	徐京京	92	
20210315	平面2	第二组	闫晓华	84	
20210316	平面1	第三组	张宝良	86	
20210317	平面2	第二组	张秋婷	72	
20210318	平面1	第一组	张雨生	68	

图 4-16-3　选中数据区域

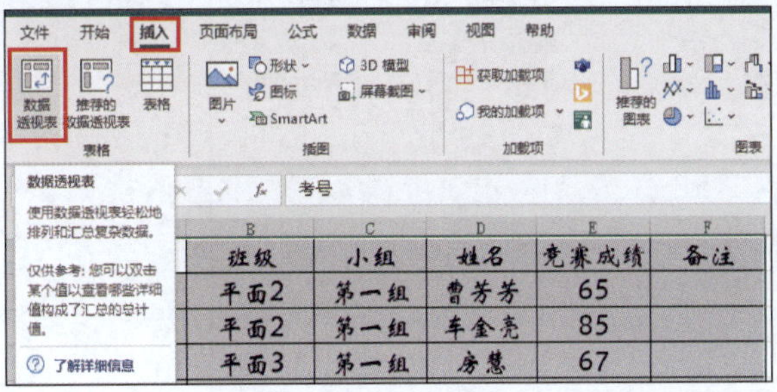

图 4-16-4　“数据透视表”按钮的位置

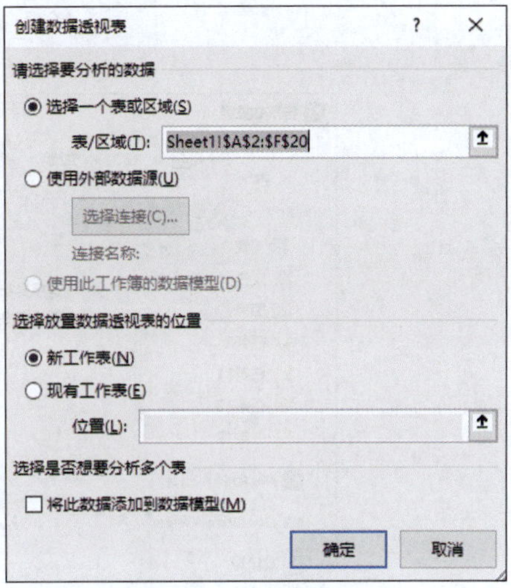

图 4-16-5　“创建数据透视表”对话框

选择“使用外部数据源”单选框，可选择当前表格以外的其他数据源作为数据透视表运算的数据区域。当选中选项时，“选择连接”按钮被激活，单击该按钮，打开“现有连接”对话框（见图 4-16-6），在列表中选择所需的数据源或单击“浏览更多”按钮，打开“选取数据源”对话框（见图 4-16-7）进行选择。

2. 选择放置数据透视表的位置

选择“新工作表”选项，可以重新生成一个工作表，显示数据透视表中的内容。

选择“现有工作表”选项，可以在当前工作表中设置的区域位置上显示数据透视表的内容。

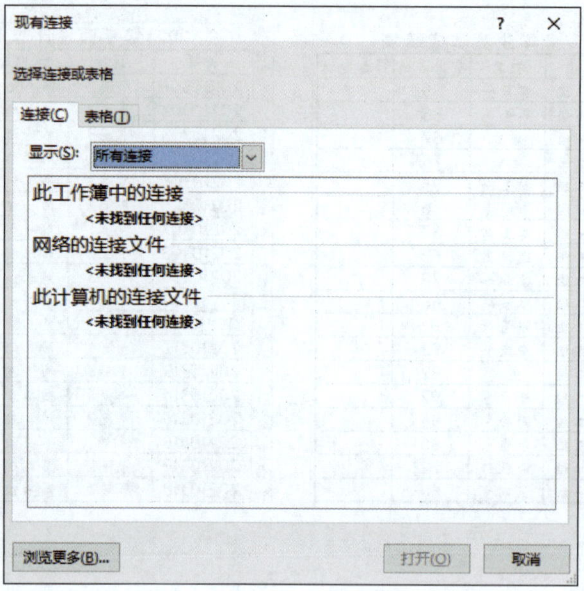

图 4-16-6 “现有连接”对话框

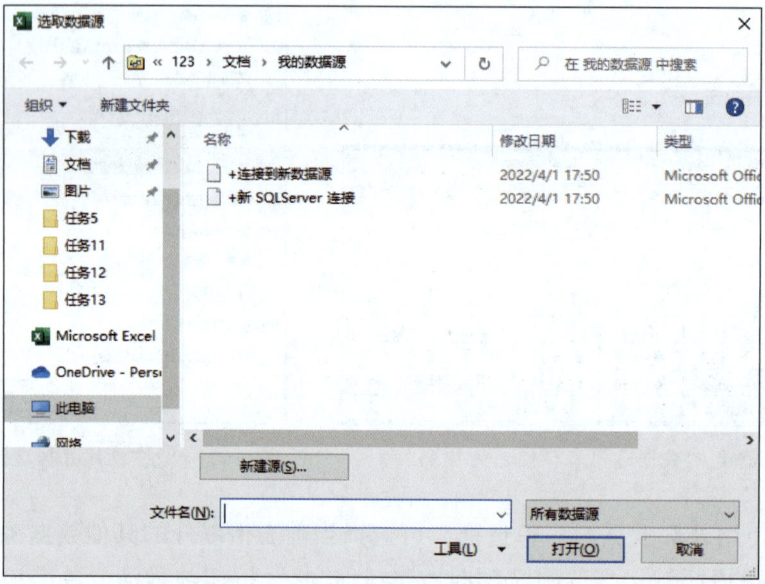

图 4-16-7 “选取数据源”对话框

步骤四　设置数据透视表字段

1. 在“创建数据透视表”对话框中，确认自动填入的区域无误后，选中“选择放置数据透视表的位置”中的“新工作表”单选框，单击“确定”按钮，打开图 4-16-8 所示的“数据透视表”工作表界面。

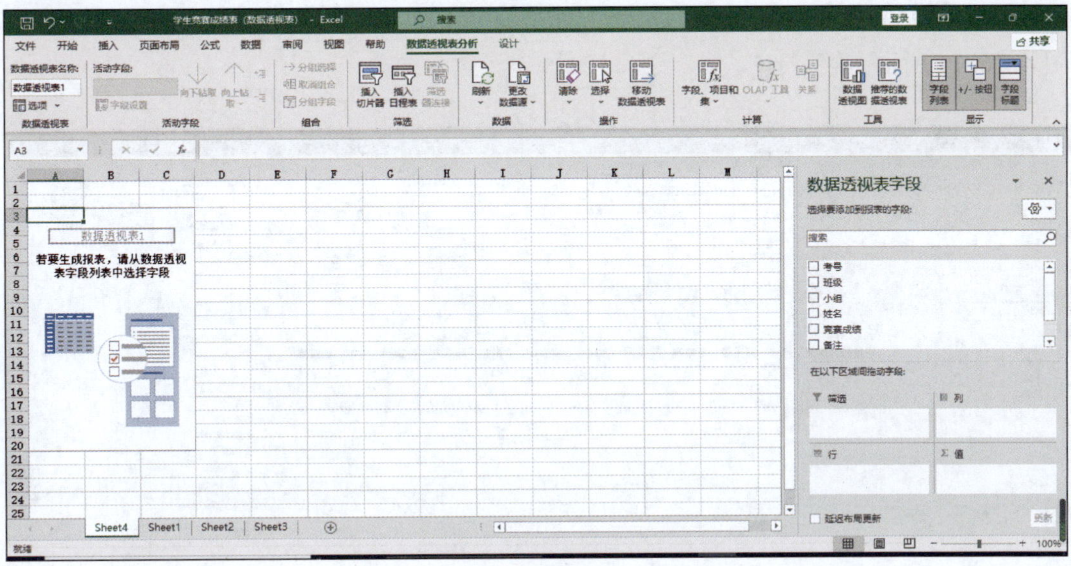

图 4-16-8 “数据透视表”工作表界面

2. 将“班级”字段拖动到“筛选”区域，将“小组”字段拖动到“行”区域，将“姓名”字段拖动到“列”区域，将“竞赛成绩”字段拖动到“值”区域，添加字段后的数据透视表效果如图 4-16-9 所示。

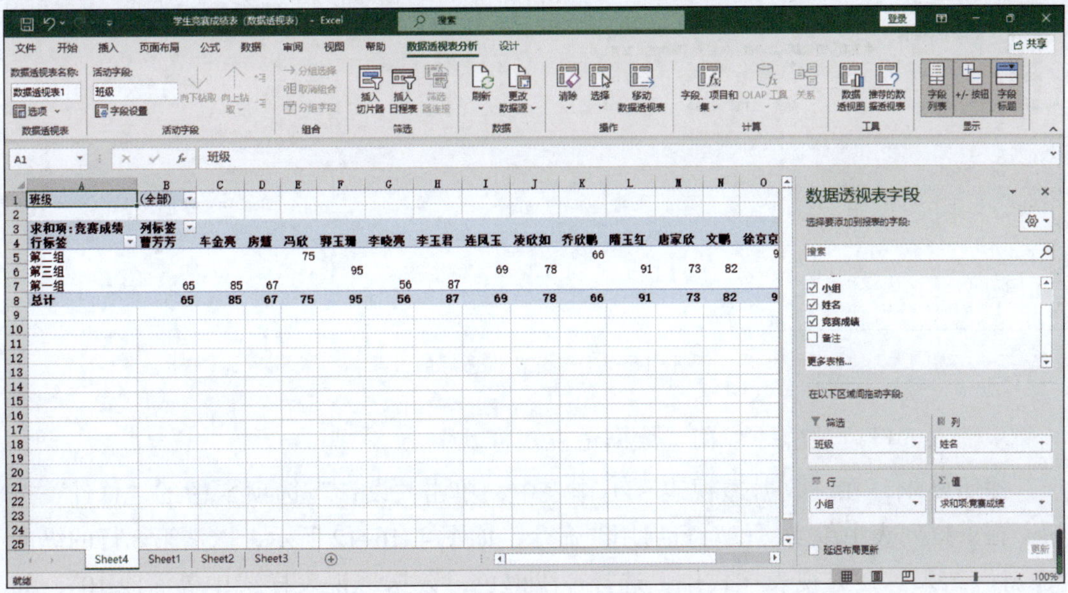

图 4-16-9 添加字段后的数据透视表效果

步骤五 筛选报表

在“数据透视表”工作表中，单击“班级”右侧的“全部”下拉按钮，如图 4-16-10

所示，在列表中选择需要查看的班级，如选择“平面 1”班级，报表筛选后的效果如图 4–16–11 所示。

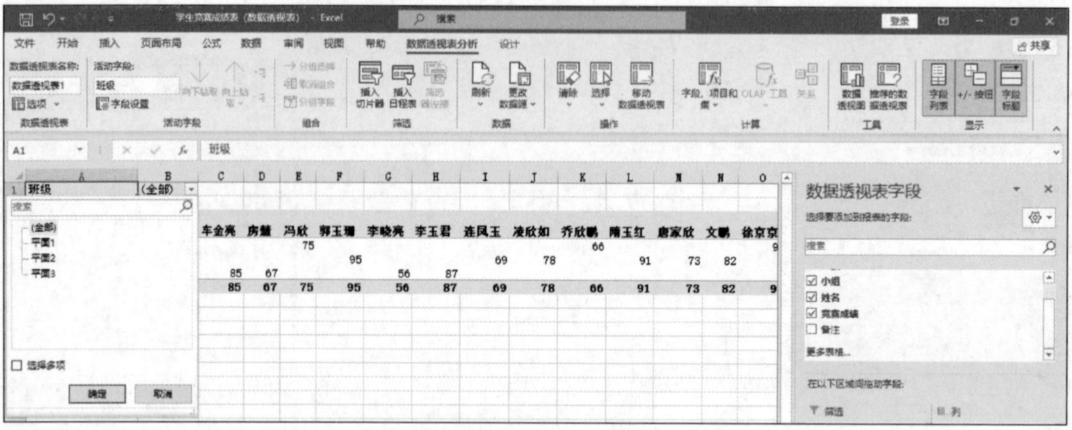

图 4-16-10　展开报表筛选项

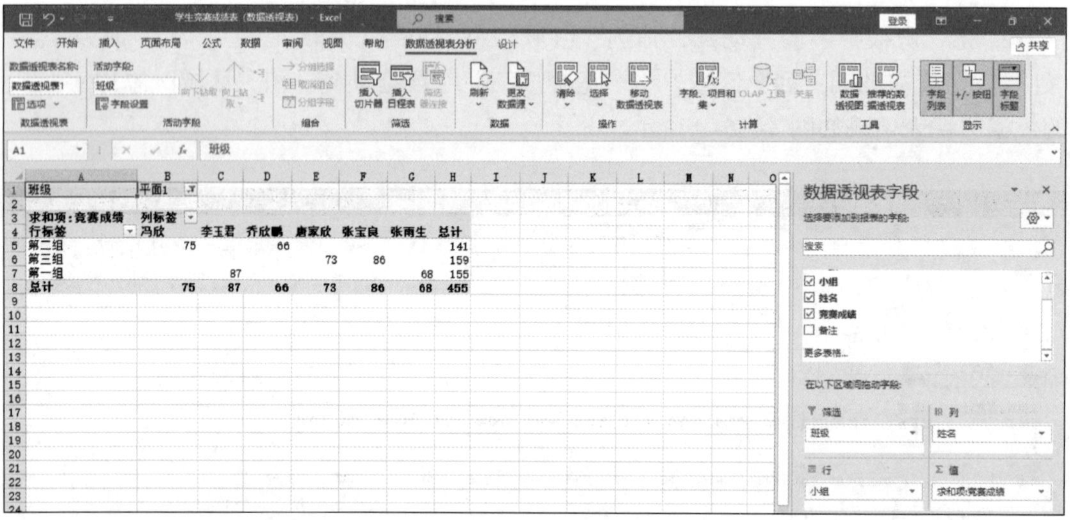

图 4-16-11　报表筛选后的效果

步骤六　设置“总计”和“数据透视表样式”

按照要求，在“数据透视表”工作表中，单击“设计”选项卡中的“总计”按钮，在下拉列表中单击“仅对行启用”命令，如图 4–16–12 所示，取消第 8 行的纵向“总计”结果。在透视表样式中，选择“浅橙色，数据透视表样式中等深浅 10”，如图 4–16–13 所示。

步骤七　保存文件并退出

将文件另存为“数据透视表”并退出 Excel 2021 程序。

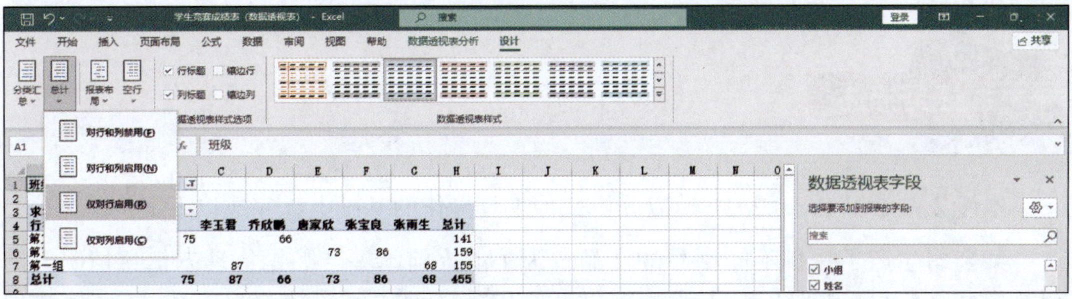

图 4-16-12 “总计”下拉列表

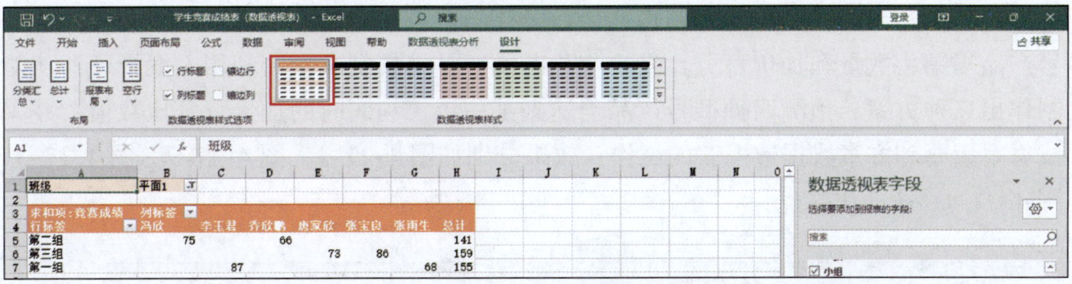

图 4-16-13 设置“总计”和“数据透视表样式”后的效果

任务 17 “产品销售情况”模拟分析——单变量求解、模拟运算表、方案管理器

学习目标

知识目标：1. 了解模拟分析的功能。

2. 了解模拟分析三种工具的作用。

技能目标：1. 能完成单变量求解操作。

2. 能完成模拟运算表操作。

3. 能完成方案管理器操作。

任务描述

本任务在学习 Excel 2021 模拟分析三种工具操作的基础上，完成以下案例的制作。

某公司生产了一批不同型号的产品，为了能提前掌握产品销售动态信息情况，需要利用 Excel 2021 模拟分析功能完成不同情况下的数据分析。要求利用 Excel 2021 模拟分析的三种工具，分析不同情况下的数据动态变化情况。利用单变量求解功能计算某型号产品为达到某一利润值时销售加价百分比的数值；利用模拟运算表功能计算某型号产品当销售数量和加价百分比发生变化时的产品销售利润值；利用方案管理器功能制作出三种方案，预测四种型号产品当达到某一销售利润时的加价百分比数值，并完成方案摘要和方案数据透视表的制作。效果分别如图 4-17-1、图 4-17-2、图 4-17-3、图 4-17-4、图 4-17-5 所示。

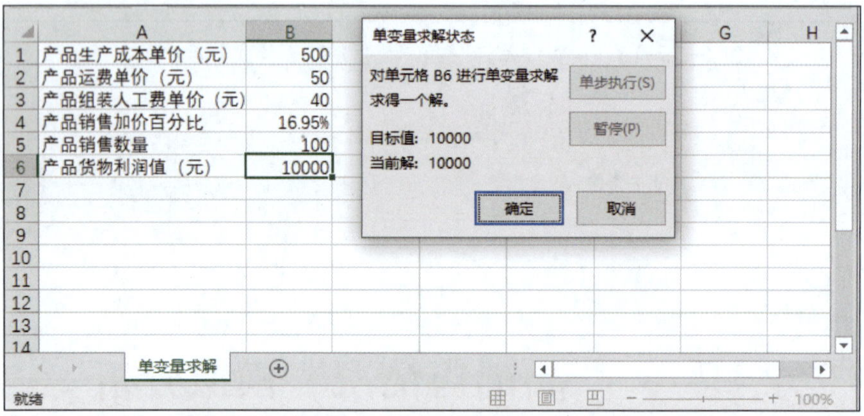

图 4-17-1　采用单变量求解计算加价百分比效果

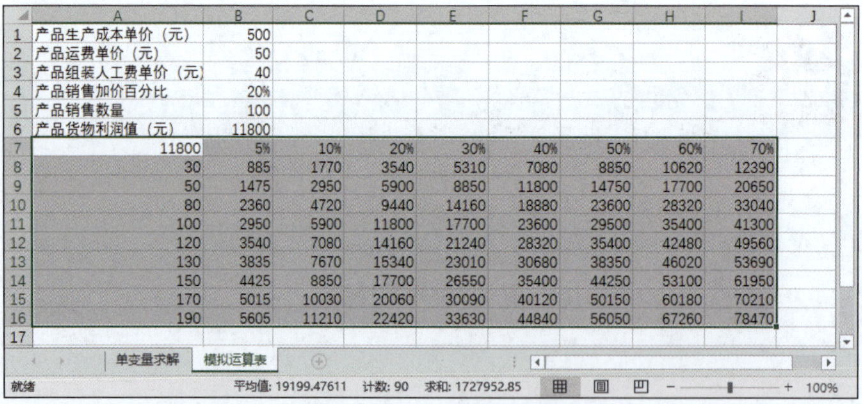

	A	B	C	D	E	F	G	H	I
1	产品生产成本单价（元）	500							
2	产品运费单价（元）	50							
3	产品组装人工费单价（元）	40							
4	产品销售加价百分比	20%							
5	产品销售数量	100							
6	产品货物利润值（元）	11800							
7	11800	5%	10%	20%	30%	40%	50%	60%	70%
8	30	885	1770	3540	5310	7080	8850	10620	12390
9	50	1475	2950	5900	8850	11800	14750	17700	20650
10	80	2360	4720	9440	14160	18880	23600	28320	33040
11	100	2950	5900	11800	17700	23600	29500	35400	41300
12	120	3540	7080	14160	21240	28320	35400	42480	49560
13	130	3835	7670	15340	23010	30680	38350	46020	53690
14	150	4425	8850	17700	26550	35400	44250	53100	61950
15	170	5015	10030	20060	30090	40120	50150	60180	70210
16	190	5605	11210	22420	33630	44840	56050	67260	78470

图 4-17-2　采用模拟运算表计算利润值效果

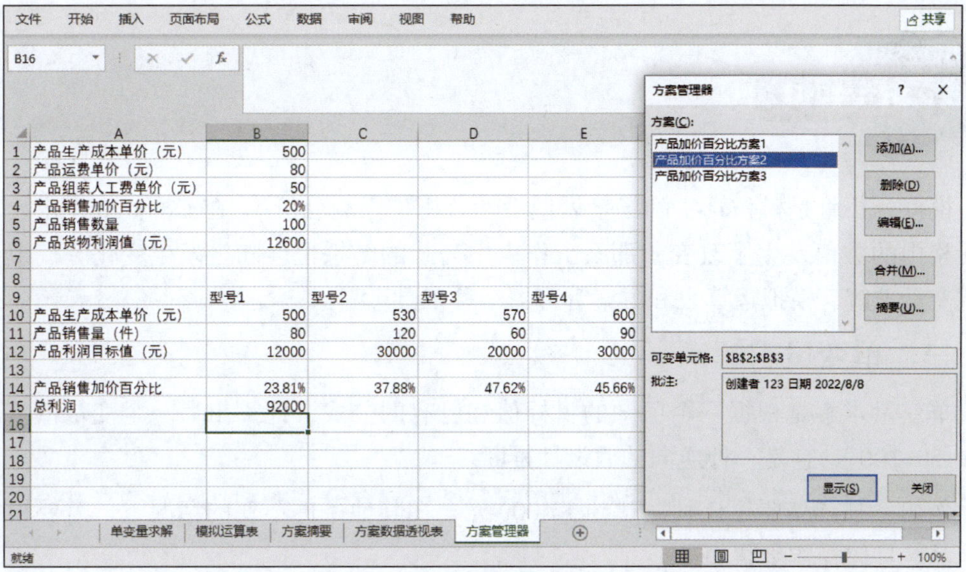

图 4-17-3　采用方案管理器显示方案 2 效果

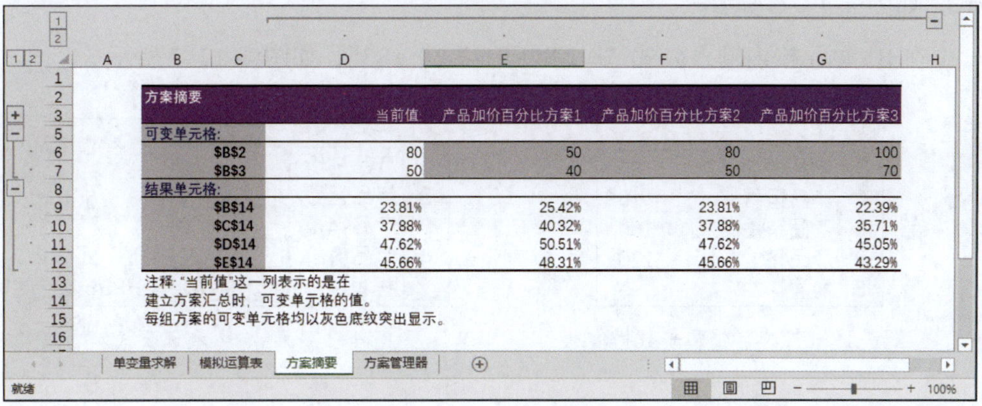

图 4-17-4　方案 2 的方案摘要效果

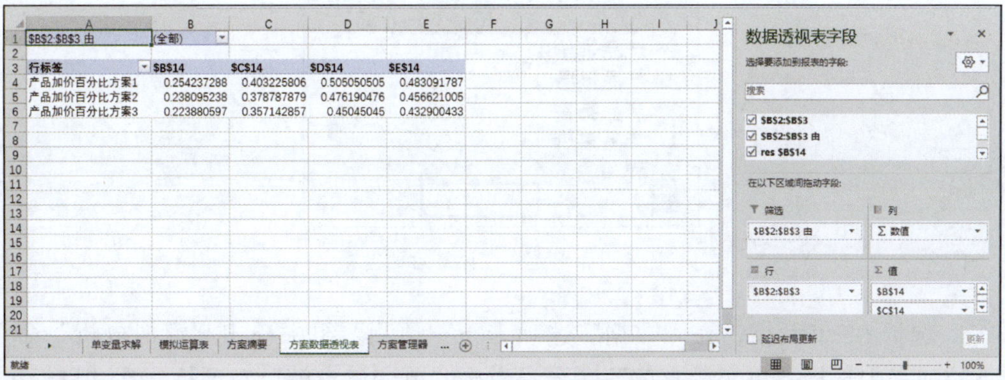

图 4-17-5　方案 2 的数据透视表效果

相关知识

模拟分析就是模仿真实的场景做假设性分析（预测分析）。在 Excel 2021 中，如果单元格中的数值发生了改变，那么工作表中公式的结果也会随之发生变化。模拟分析有单变量求解、模拟运算表和方案管理器三种工具。

一、单变量求解

单变量求解是根据一个已知的目标值和已有的公式，计算出另一个变量值（形式如 $X+50=200$），它是一种逆向的假设性推断。

例如，某产品要想让利润达到 15 000 元，在其他条件不变的情况下，需要销售多少商品。具体操作步骤如下。

1. 在 Excel 2021 工作表中输入数据信息（产品进价、产品运费、产品销量、产品售价），如图 4–17–6 所示。

2. 在 B5 单元格内输入公式 "=（B4–B1–B2）*B3"，如图 4–17–7 所示。

	A	B
1	产品进价	80
2	产品运费	10
3	产品销量	100
4	产品售价	120
5	利润	

图 4–17–6　产品销售表数据信息

	A	B	C
1	产品进价	80	
2	产品运费	10	
3	产品销量	100	
4	产品售价	120	
5	利润	= (B4-B1-B2)*B3	

图 4–17–7　输入利润公式

3. 按回车键后，公式计算后的效果如图 4–17–8 所示。

	A	B	C
1	产品进价	80	
2	产品运费	10	
3	产品销量	100	
4	产品售价	120	
5	利润	3000	
6			

图 4–17–8　公式计算后的效果

4. 选择 B5 单元格，在"数据"选项卡下"预测"组中单击"模拟分析"命令，在下拉列表中选择"单变量求解"命令，弹出"单变量求解"对话框，在"目标单元格"文本框中输入"B5"，在"目标值"文本框中输入"15 000"，在"可变单元格"

文本框中输入“$B$3”，如图 4–17–9 所示。

5. 单击“确定”按钮，弹出图 4–17–10 所示的“单变量求解状态”对话框。

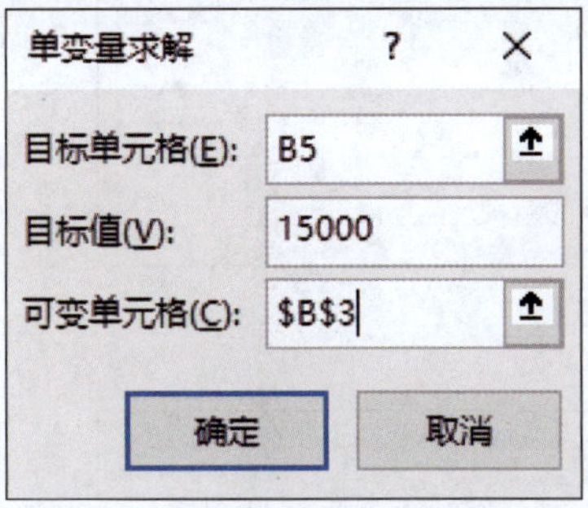

图 4–17–9　“单变量求解”对话框参数设置

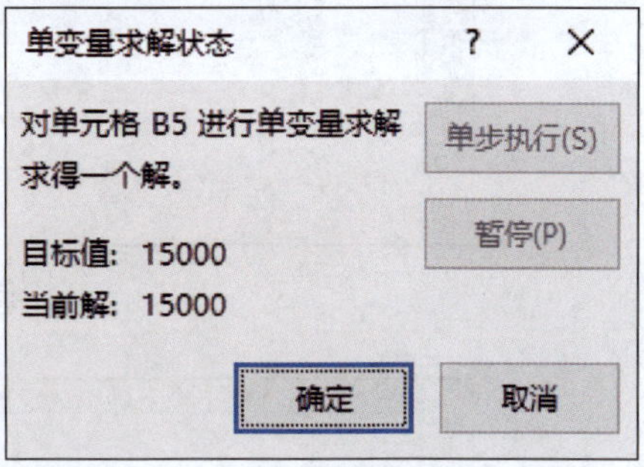

图 4–17–10　“单变量求解状态”对话框

6. 产品销量计算结果如图 4–17–11 所示，最终需要销售 500 台产品方能达到目标。

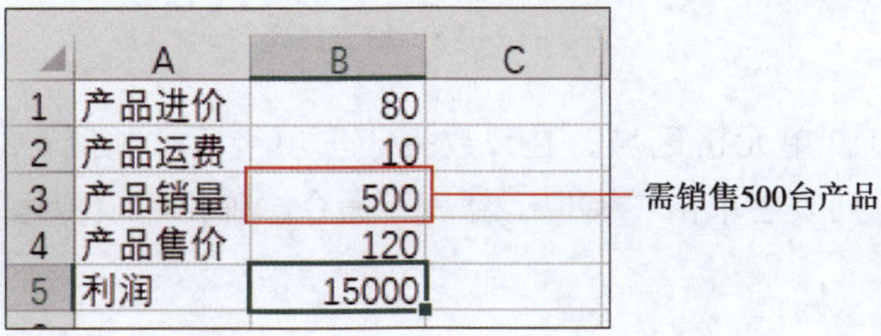

图 4–17–11　产品销量计算结果

二、模拟运算表

模拟运算表是一个单元格区域，它可以显示一个或多个公式中替换不同值时的结果，有单输入模拟运算表和双输入模拟运算表两种。在单输入模拟运算表中，用户可以对一个变量键入不同的值从而查看它对一个或多个公式的影响。在双输入模拟运算表中，用户对两个变量输入不同值，以便查看它对一个公式的影响。

模拟运算表的操作只需要引用行的单元格和引用列的单元格两个参数。例如，利用模拟运算表制作九九乘法表，具体操作步骤如下。

1. 在 A1 和 A2 单元格中分别输入数字 9。

2. 在 A4：A12 单元格中分别输入数字 1，2，3，…，9。

3. 在 B3：J3 单元格中分别输入数字 1，2，3，…，9，如图 4–17–12 所示。

4. 在 A3 单元格中输入公式“=A1*A2”，如图 4–17–13 所示，按回车键后 A3 单元格显示 81。

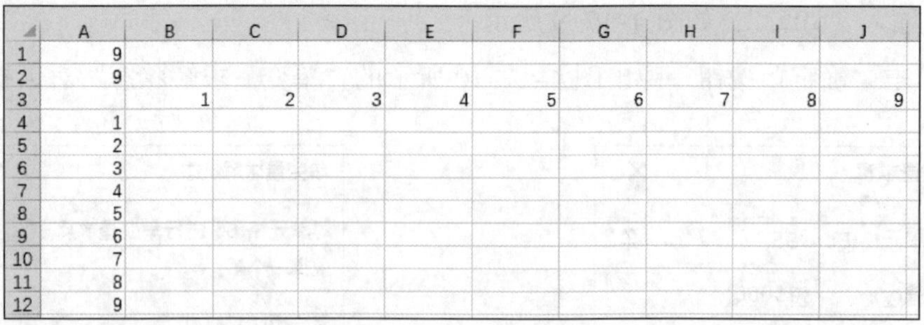

图 4-17-12　录入数据

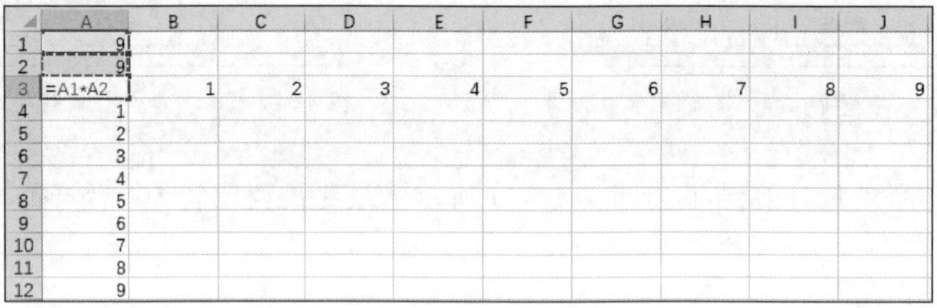

图 4-17-13　输入公式

5. 选择 A3：J12 单元格区域，在“数据”选项卡下“预测”组中单击“模拟分析”命令，在下拉列表中单击“模拟运算表”命令，弹出“模拟运算表”对话框，如图 4-17-14 所示。

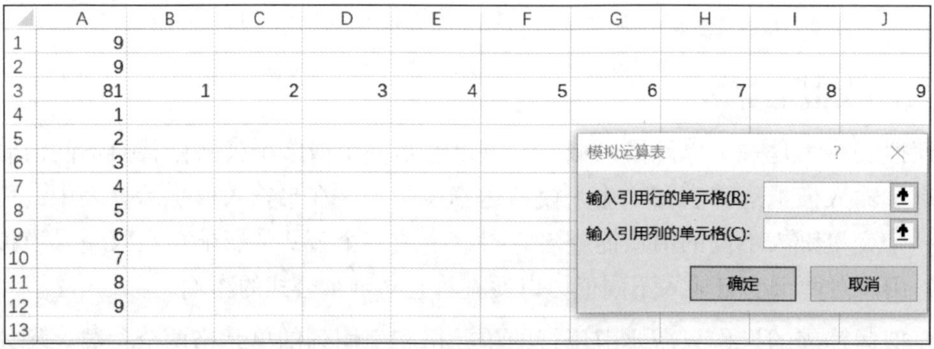

图 4-17-14　“模拟运算表”对话框

6. 在“输入引用行的单元格”文本框中输入“$A$1”，在“输入引用列的单元格”文本框中输入“$A$2”，单击“确定”按钮，模拟运算表计算结果如图 4-17-15 所示。

三、方案管理器

方案管理器能够帮助用户创建和管理方案。使用方案管理器，用户能够方便地进行假设，为多个变量存储输入值的不同组合，同时为这些组合命名。

	A	B	C	D	E	F	G	H	I	J
1	9									
2	9									
3	81	1	2	3	4	5	6	7	8	9
4	1	1	2	3	4	5	6	7	8	9
5	2	2	4	6	8	10	12	14	16	18
6	3	3	6	9	12	15	18	21	24	27
7	4	4	8	12	16	20	24	28	32	36
8	5	5	10	15	20	25	30	35	40	45
9	6	6	12	18	24	30	36	42	48	54
10	7	7	14	21	28	35	42	49	56	63
11	8	8	16	24	32	40	48	56	64	72
12	9	9	18	27	36	45	54	63	72	81

图 4-17-15　模拟运算表计算结果

例如，使用方案管理器对销售利润进行预测，具体操作步骤如下。

1. 在工作表中输入数据信息（人力成本、运输成本、商品成本、商品产量、销售价等），如图 4-17-16 所示。

2. 在 B11 单元格中输入计算商品利润的公式“=（B8-B6-$B$3-$B$2）*B7”，如图 4-17-17 所示，按回车键得到结果后向右复制公式，得到各种商品的利润值。

	A	B	C	D
1		单位成本		
2	人力成本	100		
3	运输成本	30		
4				
5		商品1	商品2	商品3
6	商品成本	1000	1200	1500
7	商品产量	120	140	150
8	销售价	3000	3100	3200
9				
10				
11	商品利润			
12	总利润			

图 4-17-16　录入数据

	A	B	C	D	E
1		单位成本			
2	人力成本	100			
3	运输成本	30			
4					
5		商品1	商品2	商品3	
6	商品成本	1000	1200	1500	
7	商品产量	120	140	150	
8	销售价	3000	3100	3200	
9					
10					
11	商品利润	=(B8-B6-$B$3-$B$2)*B7			
12	总利润				

图 4-17-17　商品利润公式

3. 在 B12 单元格中输入总利润的计算公式“=SUM（B11：D11）”，如图 4-17-18 所示，完成公式输入后按回车键获得计算结果。

4. 在“数据”选项卡下“预测”组中单击“模拟分析”命令，在下拉列表中选择“方案管理器”选项，打开“方案管理器”对话框，如图 4-17-19 所示。

5. 如图 4-17-19 所示，单击“添加”按钮，弹出“编辑方案”对话框。在“方案名”文本框中输入“利润方案 1”，在“可变单元格”文本框中输入“$B$2：$B$3”，如图 4-17-20 所示。单击“确定”按钮，弹出“方案变量值”对话框，在文本框中分别输入此方案的人力成本和运输成本值，如图 4-17-21 所示。

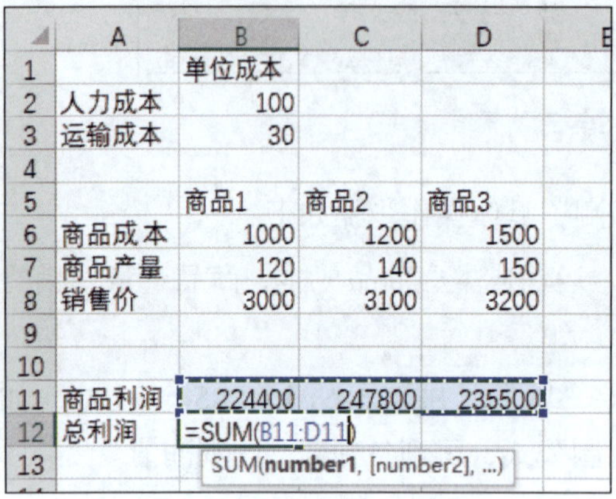

图 4-17-18　总利润公式

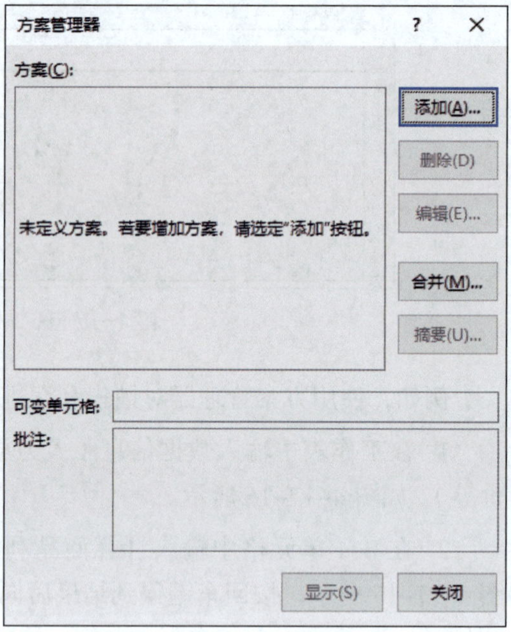

图 4-17-19　“方案管理器”对话框

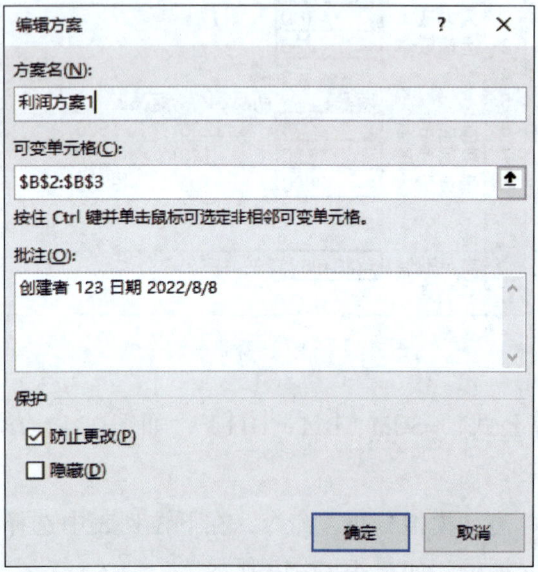

图 4-17-20　“编辑方案”对话框参数设置

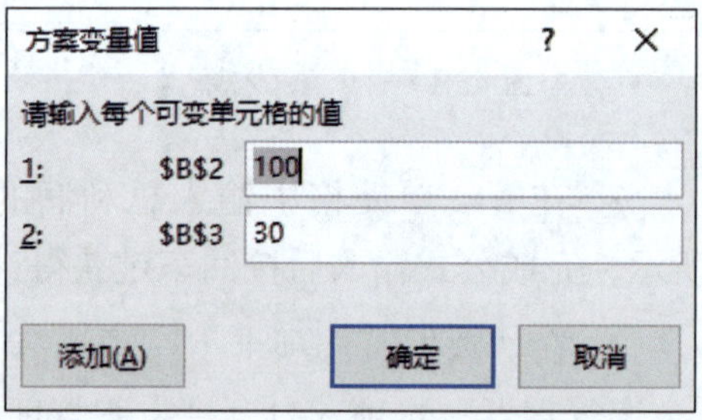

图 4-17-21　“方案变量值”对话框参数设置

6. 单击“确定”按钮返回“方案管理器”对话框，可见当前方案被添加到“方案”列表框中了，如图 4-17-22 所示。

7. 在“方案管理器”对话框中单击“添加”按钮，按照步骤 5 和步骤 6 的操作过程添加其他方案，这里另外添加“利润方案 2”和“利润方案 3”两个方案，在“方案

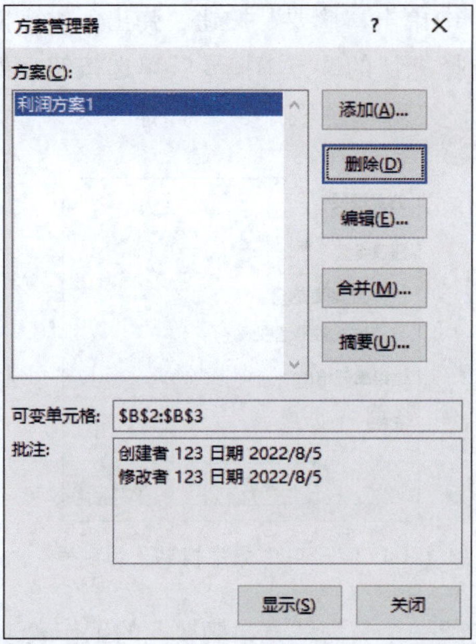

图 4-17-22 “方案管理器”对话框设置效果

变量值”对话框中，“利润方案 2”中 $B$2 输入“80”，$B$3 输入“50”，“利润方案 3”中 $B$2 输入“100”，$B$3 输入“70”。然后在“方案管理器”的“方案”列表框中选择某个方案选项，单击“显示”按钮即可显示该方案的结果。本例在工作表中将显示当前方案的人力成本和运输成本的数值，并显示该方案获得的总利润，显示效果如图 4-17-23 所示。

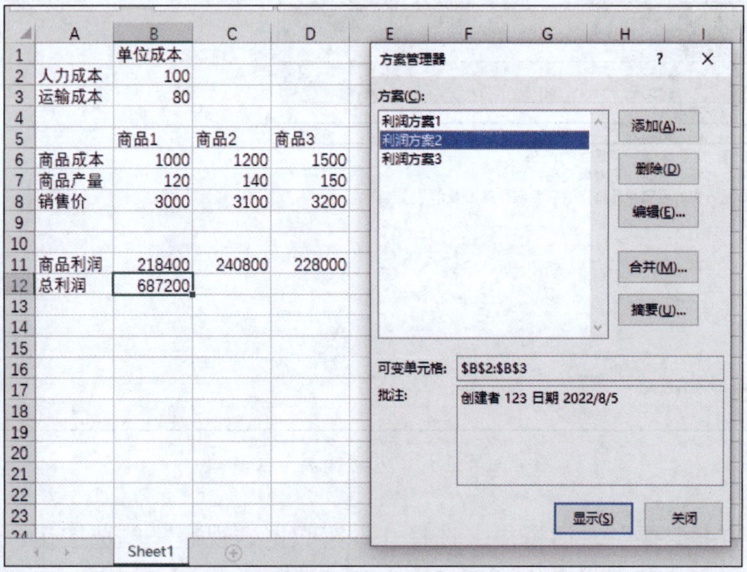

图 4-17-23 显示效果

8. 在“方案管理器”中单击“摘要”按钮，弹出“方案摘要”对话框，选择创建摘要报表的类型，这里选择默认的“方案摘要”单选按钮，如图 4–17–24 所示，完成设置后单击“确定”按钮，关闭“方案摘要”对话框。

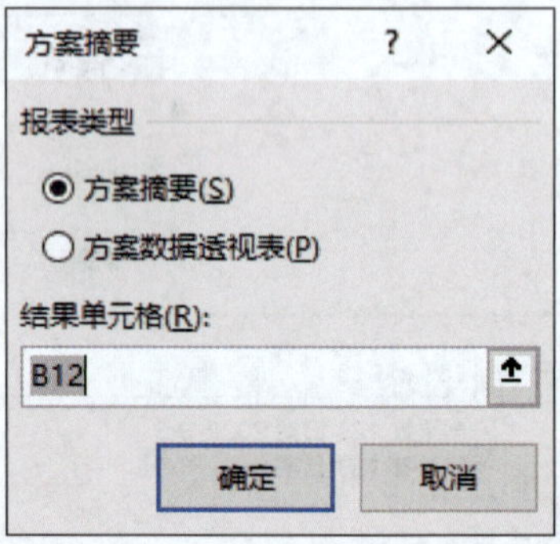

图 4–17–24 “方案摘要”对话框

9. 此时工作簿中将创建一个名为“方案摘要”的工作表，如图 4–17–25 所示。

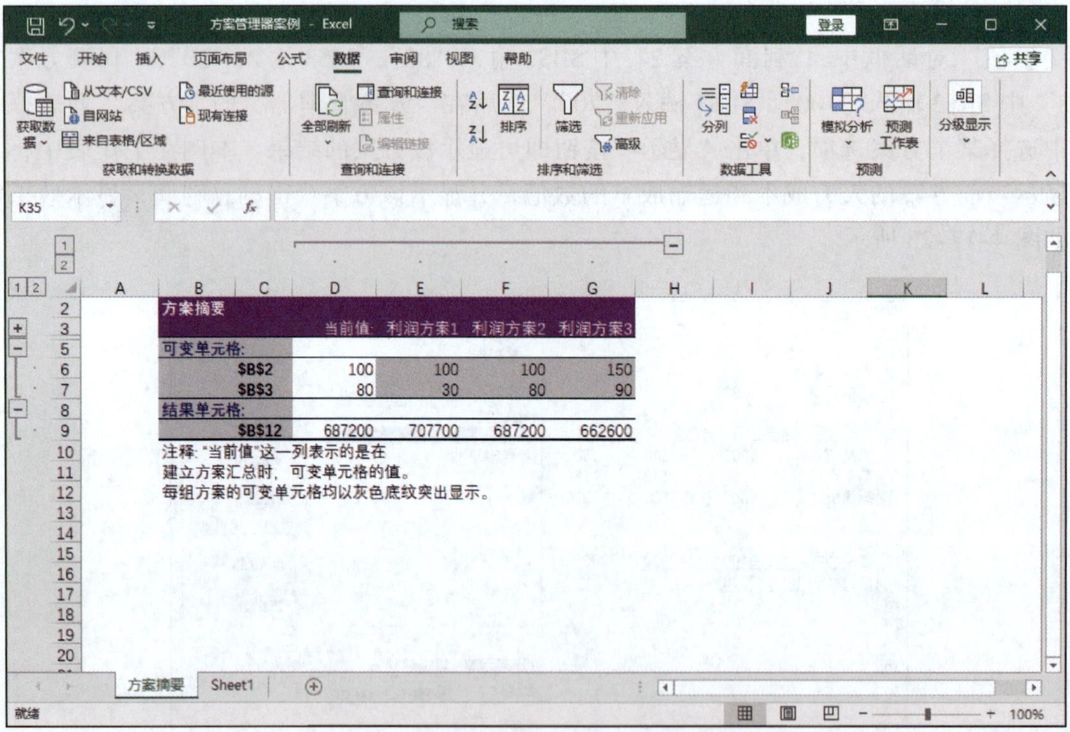

图 4–17–25 “方案摘要”工作表

10. 在“方案摘要”对话框中，选择“方案数据透视表”单选按钮，单击“确定”按钮，将显示当前方案的“方案数据透视表”，如图 4–17–26 所示。

图 4-17-26　方案数据透视表效果

小提示

方案创建后可以对方案名、可变单元格和方案变量值进行修改，在“方案管理器”对话框的“方案”列表中选择某个方案后，单击“编辑”按钮打开“编辑方案”对话框，使用与创建方案相同的步骤进行操作即可。另外，单击“方案管理器”对话框中的“删除”按钮将删除当前所选的方案。

任务实施

步骤一　单变量求解

1. 启动 Excel 2021，在工作表中录入数据，双击工作表“Sheet1”标签，将其重命名为“单变量求解”，如图 4-17-27 所示。

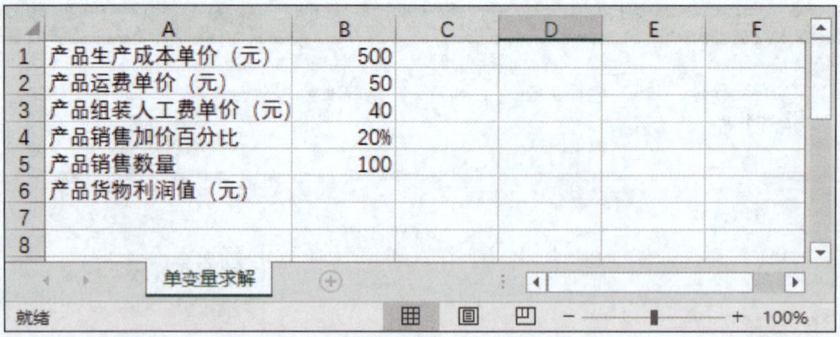

图 4-17-27　录入数据并重命名工作表

2. 利用公式计算“产品利润值”。单击 B6 单元格，输入公式“=（B1+B2+B3）*B4*B5”，如图 4-17-28 所示，按回车键，在 B6 单元格计算出：产品货物利润值为 11 800。

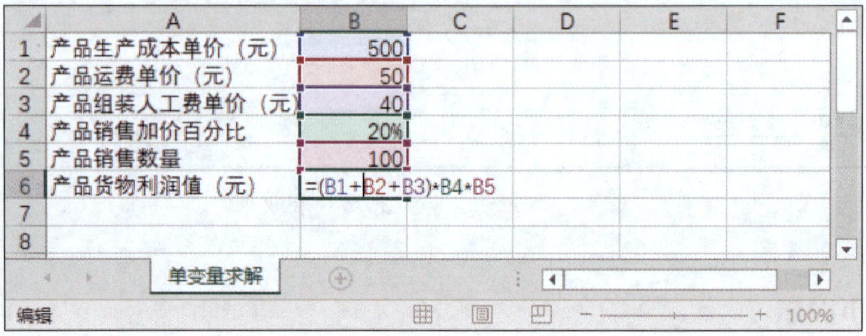

图 4-17-28　输入公式

3. 单击 B6 单元格，在“数据”选项卡下“预测”组中单击“模拟分析”命令，再单击“单变量求解”命令，弹出“单变量求解”对话框，在“目标单元格”文本框中输入“B6”，在“目标值”文本框中输入“10 000”，在“可变单元格”文本框中输入“$B$4”，参数设置情况如图 4-17-29 所示。单击“确定”按钮，显示效果如图 4-17-1 所示。

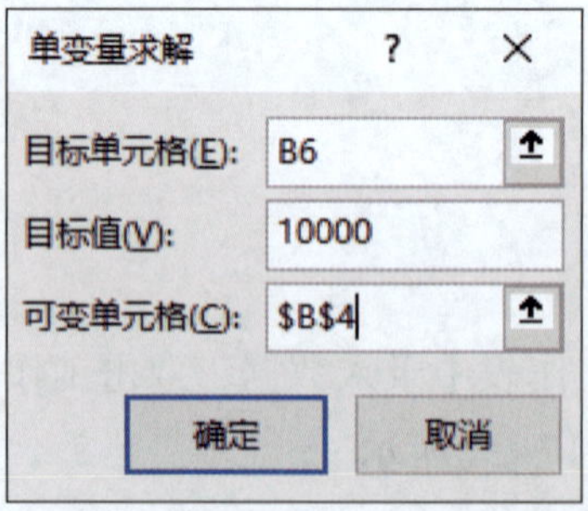

图 4-17-29　“单变量求解”对话框参数设置

小提示

（1）在“单变量求解”对话框中“目标单元格”和“可变单元格”右侧的文本框右侧都有一个按钮，单击后对话框会折叠起来，可以在工作表中选择需要的单元格数据，然后再单击该按钮，可以展开折叠起来的对话框。

（2）当“单变量求解”对话框中“目标值”文本框中输入的数据无法达到“可变单元格”的整数倍时，会采用四舍五入法求一个近似值。

步骤二 模拟运算表

1. 在工作表名称“单变量求解”右侧单击按钮，新建一个工作表“Sheet2”，将其重命名为“模拟运算表”，并将工作表“单变量求解”中的数据复制到该表中，如图 4-17-30 所示。

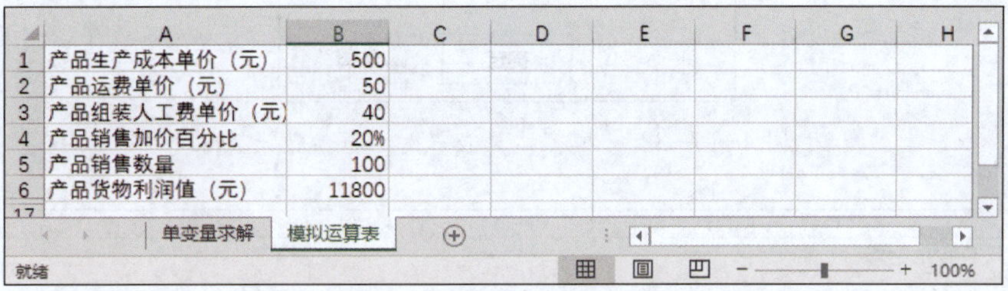

图 4-17-30 复制数据和工作表重命名

2. 在 A8：A16 单元格中分别录入“30、50、80、100、120、130、150、170、190”数据，在 B7：I7 单元格中分别录入“5%、10%、20%、30%、40%、50%、60%、70%”数据，并在 A7 单元格中录入公式“=（B1+B2+B3）*B4*B5”，如图 4-17-31 所示。

3. 选择 A7：I16 单元格，在“数据”选项卡下“预测”组中单击“模拟分析”命令，再单击“模拟运算表”命令，弹出“模拟运算表”对话框，在“输入引用行的单元格”文本框中输入“$B$4”，在“输入引用列的单元格”文本框中输入“$B$5”，如图 4-17-32 所示，单击“确定”按钮，效果如图 4-17-2 所示。

步骤三 方案管理器

1. 在工作表名称“模拟运算表”右侧单击按钮，新建一个工作表“Sheet3”，将其重命名为“方案管理器”，并将工作表“单变量求解”中的数据复制到该表中，如图 4-17-33 所示。

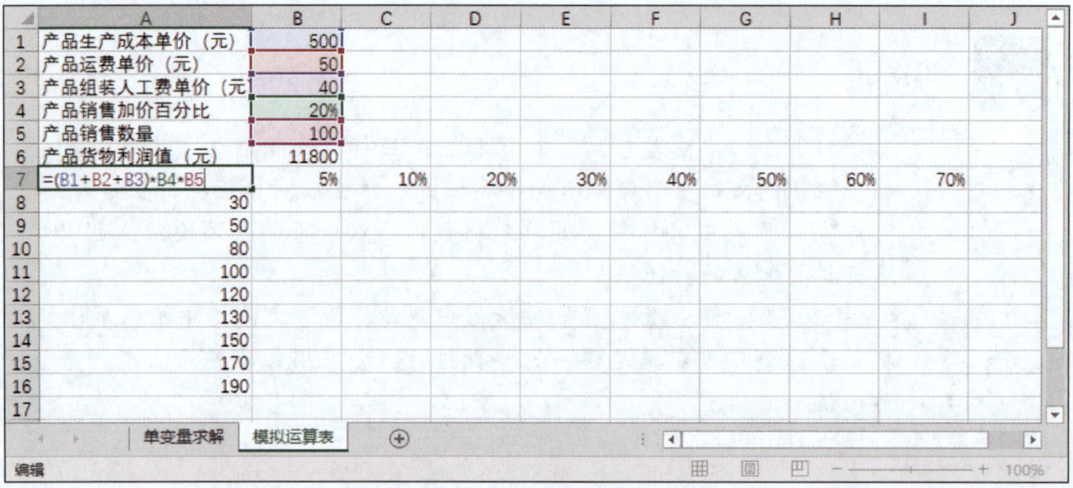

图 4-17-31　录入数据和输入公式

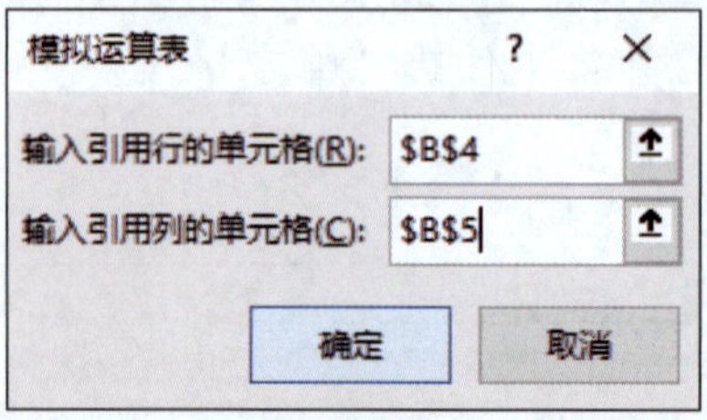

图 4-17-32　“模拟运算表”对话框参数设置

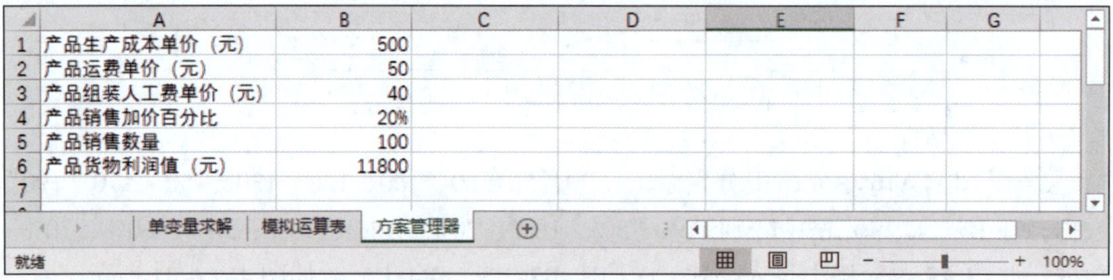

图 4-17-33　复制数据并重命名工作表

2. 在 A9：E15 单元格中录入数据，将 B14：E14 单元格格式设置为“百分比”，保留 2 位小数，选择 B14 单元格，输入公式“=B12/（(B10+$B$2+$B$3）*B11)”，按回车键，并将公式复制到 E14 单元格，在 B15 单元格中输入公式“=SUM（B12：E12)”，如图 4-17-34 所示。

3. 选择 B15 单元格在“数据”选项卡下“预测”组中单击“模拟分析”命令，在下拉列表中单击“方案管理器”命令，弹出“方案管理器”对话框，如图 4-17-35 所示。

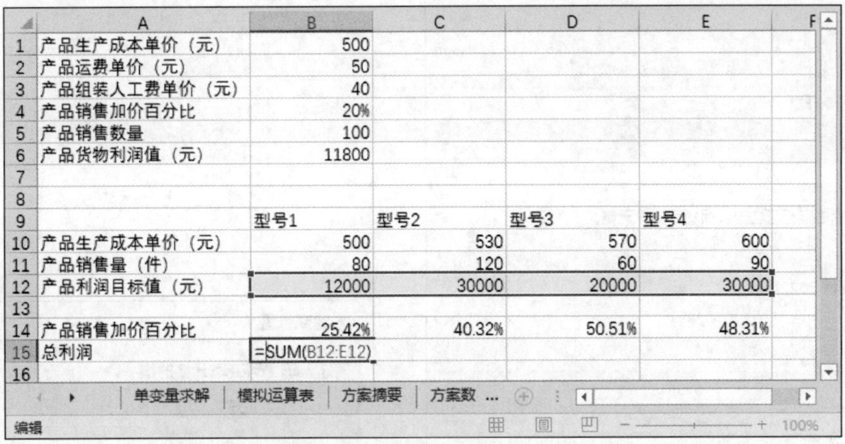

图 4-17-34 录入数据和输入公式

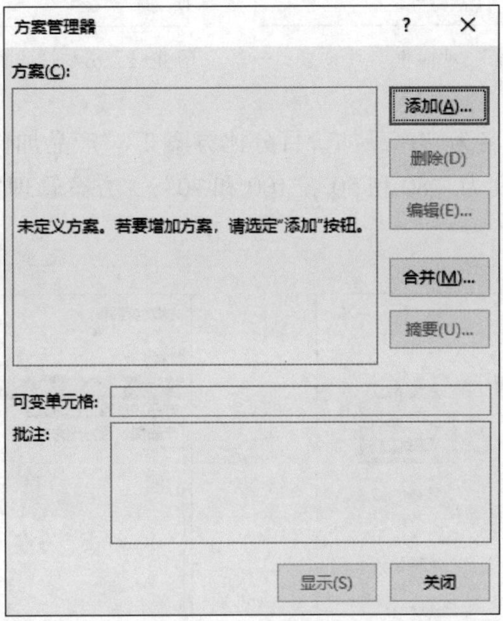

图 4-17-35 “方案管理器”对话框

4. 单击“添加”按钮，弹出“编辑方案”对话框，在“方案名”文本框中输入“产品加价百分比方案 1”，在“可变单元格”文本框中输入“$B$2：$B$3”，如图 4-17-36 所示，单击“确定”按钮，弹出“方案变量值”对话框，在文本框中输入此方案的 $B$2 和 $B$3 单元格数据，如图 4-17-37 所示。

5. 单击“确定”按钮回到“方案管理器”对话框（或在“方案变量值”对话框中单击“添加”按钮），当前方案被添加到了“方案”列表框中，如图 4-17-38 所示。

6. 在“方案管理器”对话框中单击“添加”按钮，按照步骤 4 和步骤 5 的过程再

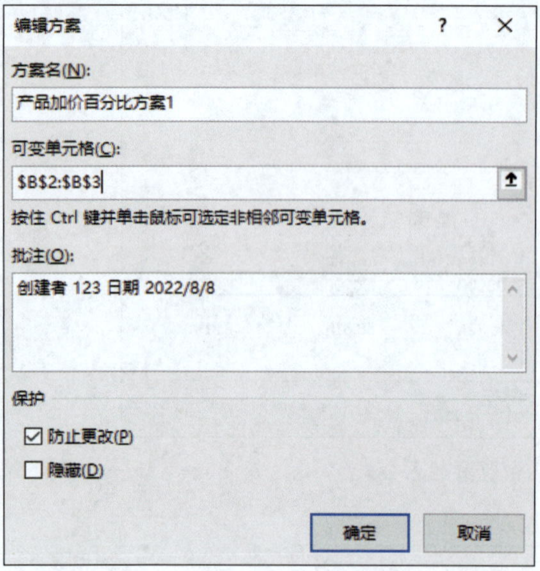

图 4-17-36 “编辑方案”对话框参数设置

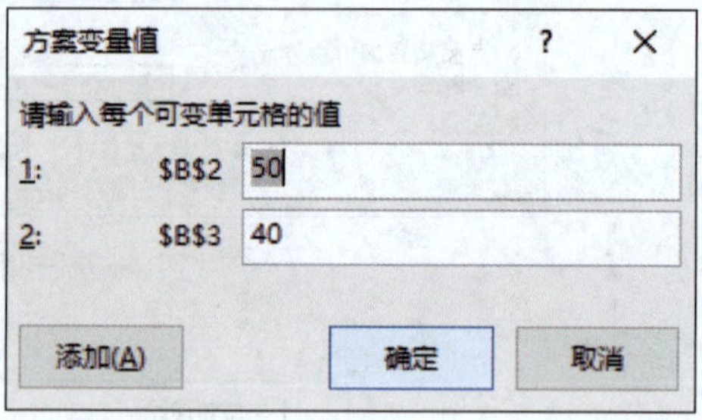

图 4-17-37 “方案变量值”对话框参数设置

添加两个方案，分别命名为“产品加价百分比方案 2”“产品加价百分比方案 3”，$B$2 和 $B$3 单元格数据分别为“80 和 50”“100 和 70”，“方案管理器”对话框设置效果如图 4-17-39 所示。

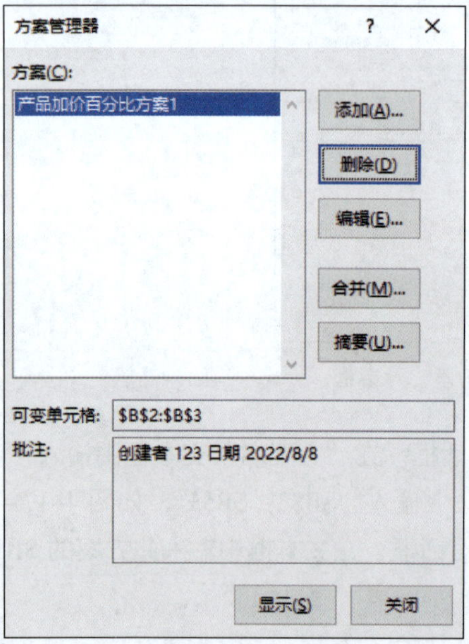

图 4-17-38 “方案管理器”对话框设置效果 1

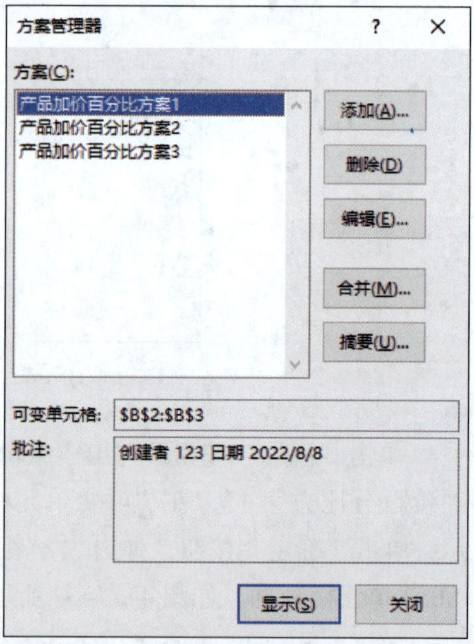

图 4-17-39 “方案管理器”对话框设置效果 2

7. 在“方案管理器”的“方案”列表框中选择“产品加价百分比方案 2”方案选

项，单击“显示”按钮即可显示该方案的结果，如图 4–17–3 所示，此时因 $B$2 和 $B$3 单元格中的数据发生变化，“产品销售加价百分比”后的 B14：E14 单元格中的百分比数值也随之发生变化。

8. 在“方案管理器”中单击“摘要”按钮，弹出“方案摘要”对话框，选择“方案摘要”报表类型，如图 4–17–40 所示，单击“确定”按钮，关闭“方案摘要”对话框，同时创建一个名为“方案摘要”的工作表，如图 4–17–4 所示。

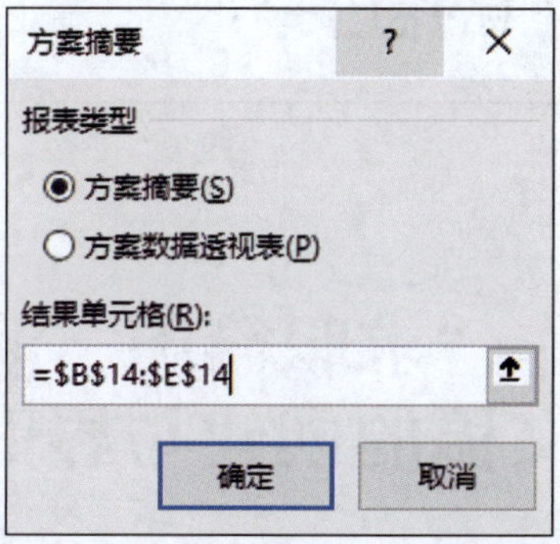

图 4–17–40 “方案摘要”对话框参数设置

9. 在“方案摘要”对话框中，选择“方案数据透视表”报表类型，单击“确定”按钮，将显示当前方案的“方案数据透视表”，效果如图 4–17–5 所示。

步骤四 保存文件并退出

保存文件名为“模拟分析”并退出 Excel 2021 程序。

项目五
PowerPoint 2021的使用

任务1　制作“求职简历”演示文稿——演示文稿的创建与界面设计

学习目标

知识目标：了解PowerPoint 2021界面的组成及其基本操作。

技能目标：1. 能完成在PowerPoint 2021中新建幻灯片、保存演示文稿等操作。

2. 能在幻灯片中完成录入、编辑文字，插入图片，应用模板等操作。

3. 能在幻灯片中使用文本框并设置其格式。

任务描述

本任务在学习PowerPoint 2021基本操作的基础上，完成以下案例的制作。

毕业生于晓华为参加应聘，需制作一份“求职简历”演示文稿（包含六张幻灯片），将个人情况信息清楚地展示出来，“求职简历”演示文稿效果如图5-1-1所示。

图 5-1-1 “求职简历”演示文稿效果

相关知识

PowerPoint 2021 是 Microsoft Office 2021 办公软件的一个重要组成部分，用于设计、制作信息展示领域的各种电子演示文稿，它是人们在日常生活、工作、学习中使用最多、最广泛的幻灯片演示文稿。图 5-1-2 和图 5-1-3 所示分别为“产品发布”“教学展示”演示文稿。

图 5-1-2 “产品发布”演示文稿

图 5-1-3 “教学展示”演示文稿

一、演示文稿的制作过程

1. 准备素材

准备演示文稿中所需要的图片、声音、动画等素材文件。

2. 确定方案

对演示文稿的整体构架进行设计。

3. 初步制作

将文本、图片等对象输入或插入到相应幻灯片中。

4. 装饰处理

设置幻灯片中相关对象的属性（包括字体、大小、动画等），对幻灯片进行装饰处理。

5. 预演播放

设置播放过程中的相关属性，然后播放演示文稿查看效果，对存在的问题进行修正，直至满意为止。

二、演示文稿基本概念与术语

1. 演示文稿和幻灯片

演示文稿是使用 PowerPoint 2021 所创建的文档，而幻灯片则是演示文稿中的页面。演示文稿由若干张幻灯片组成，而幻灯片又由文字、图片、表格、声音、影像等多媒体元素组成。图 5-1-4 所示为一个教学课件演示文稿，图 5-1-5 所示为演示文稿中的一张幻灯片。

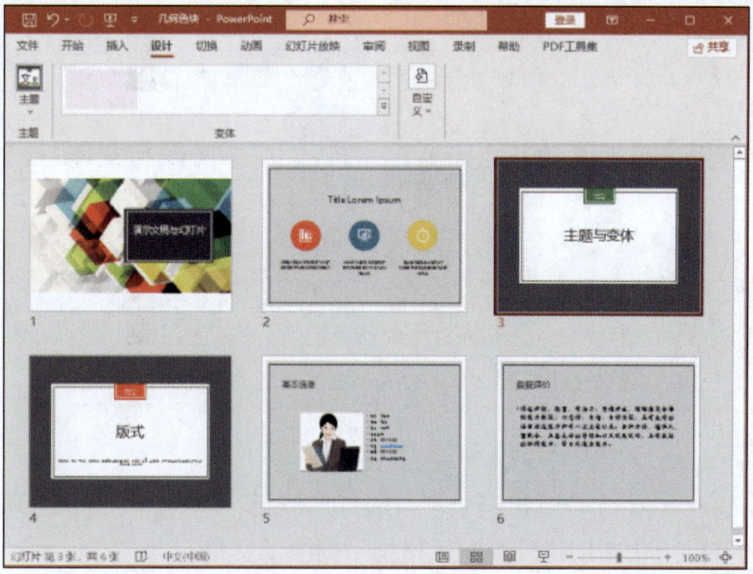

图 5-1-4　演示文稿

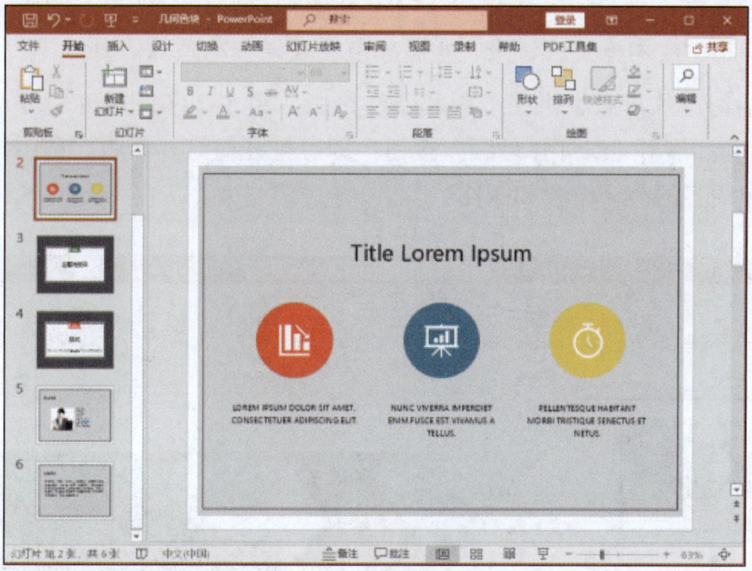

图 5-1-5　幻灯片

2. 主题与变体

PowerPoint 2021 模板设计分为主题与变体两部分，主题对模板风格进行选择，变体对颜色、字体、效果和背景样式等进行个性化设置。颜色是指演示文稿中主题色彩的搭配方案，文字是指演示文稿中字体的搭配方案，效果是指演示文稿中的图形效果，背景样式是指背景的选择。通过主题与变体的不同组合方式，产生更多模板效果，使演示文稿更具设计性与个性，图 5-1-6 所示为同一张幻灯片应用主题与变体后的效果。

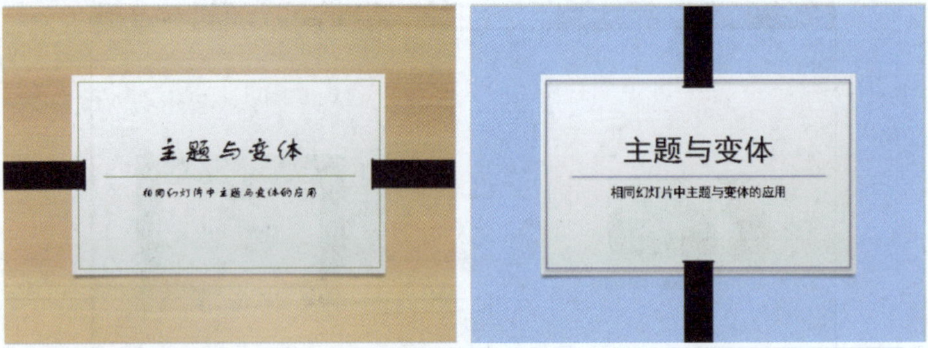

图 5-1-6　同一张幻灯片应用主题与变体后的效果

3. 模板

在 PowerPoint 2021 中，模板记录了对幻灯片母版、版式和主题组合所进行的设置，可以在模板的基础上快速创建外观和风格统一的演示文稿。

4. 母版

母版是模板的一部分，其中储存了文本和各种对象在幻灯片上的放置位置、文本或占位符的大小、文本样式、背景、主题颜色、效果和动画等信息。

母版包括幻灯片母版、讲义母版和备注母版。图 5-1-7 所示为幻灯片母版，选择“视图”选项卡，单击“幻灯片母版”按钮，即可打开幻灯片母版。利用母版可实现对多个页面共性内容的统一设置和制作。

图 5-1-7　幻灯片母版

5. 版式

版式是幻灯片母版的组成部分，可以用版式来排列幻灯片中标题、副标题、文本、列表、图片、表格、图表、形状、视频等元素。选择“开始”选项卡，单击“版式”按钮，选择列表中的任意一种版式即可，如图 5-1-8 所示。

图 5-1-8　内置的幻灯片版式

三、PowerPoint 2021 操作界面

启动 PowerPoint 2021 后，自动建立一个名为“演示文稿 1”的演示文稿文件，其操作界面主要由标题栏、快速访问工具栏、选项卡、功能区、大纲 / 幻灯片窗口、编辑窗口、备注窗口和状态栏等组成，如图 5-1-9 所示。

标题栏、快速访问工具栏、选项卡、功能区的使用与 Word 2021、Excel 2021 相同，这里不再重复。其他组成部分的功能说明如下。

大纲 / 幻灯片窗口位于窗口左侧，可以在幻灯片视图、大纲视图及其他视图之间进行切换。

备注窗口位于窗口下部，用来保存备注信息。

状态栏显示当前页数、总页数、设计模板名称、拼写检查、缩放、视图切换等信息和功能。

编辑窗口位于窗口中间，用来查看和编辑每张幻灯片。

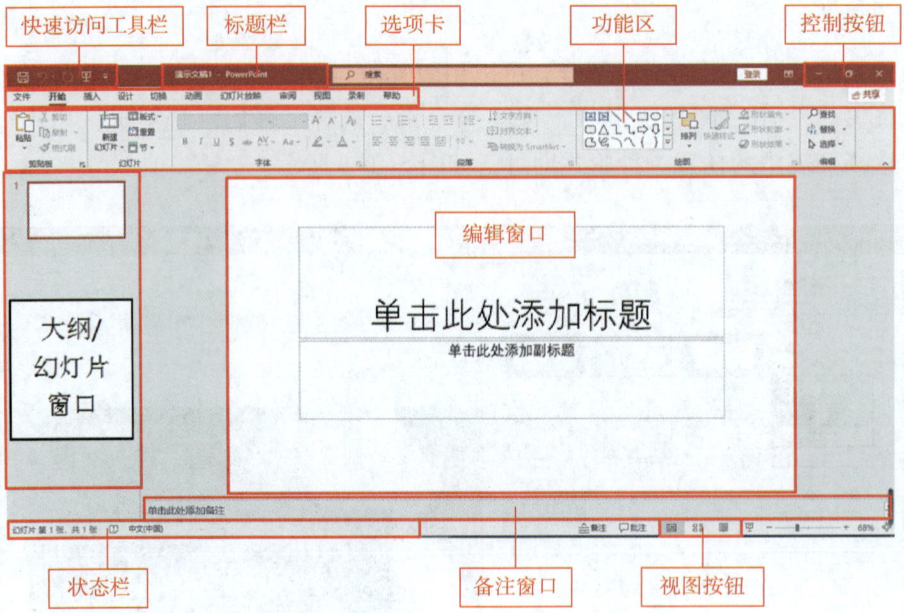

图 5-1-9　PowerPoint 2021 操作界面

PowerPoint 2021 幻灯片默认大小为 16∶9 的宽屏尺寸，可以通过“设计”选项卡下“自定义”组中的“幻灯片大小”按钮下拉列表来选择和自定义幻灯片大小，如图 5-1-10 所示。

图 5-1-10　PowerPoint 2021 幻灯片大小设置

任务实施

步骤一　启动 PowerPoint 2021

在桌面上双击 PowerPoint 2021 图标，或者单击“开始”按钮，在字母“P”开头的程序中找到“PowerPoint”，单击即可打开 PowerPoint 2021，同时默认新建一篇名为“演示文稿 1”文档。

步骤二　设置幻灯片大小

单击“设计”选项卡下“自定义”组中的“幻灯片大小”选项，选择“标准（4∶3）”，将幻灯片大小设置为标准 4∶3。

步骤三　制作封面幻灯片

1. 设置标题文字

在幻灯片编辑窗口中，单击“单击此处添加标题”文本框，输入“求职简历”的标题文字。选中“求职简历”，在“开始”选项卡下“字体”组中，将其格式设置为“字体：微软雅黑，字号：80，颜色：黑色，文字 1，淡色 15%”，如图 5-1-11 所示。

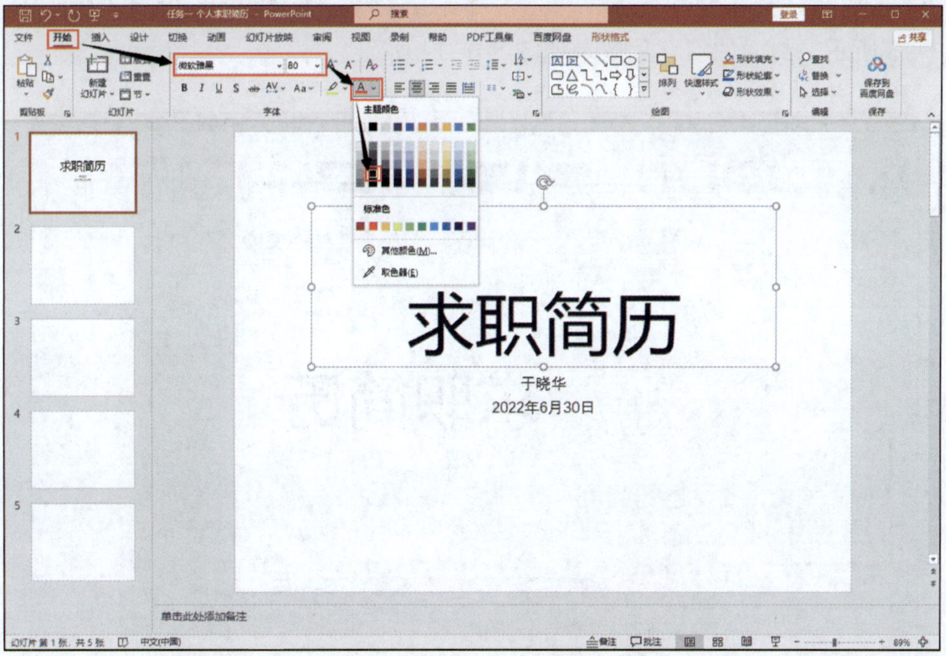

图 5-1-11　标题格式设置

2. 设置副标题文字

在副标题文本框中输入“于晓华”和制作日期“2022 年 6 月 30 日”，并将其格式设置为“字体：微软雅黑，字号：20，颜色：黑色，文字 1，淡色 15%”，封面整体效果如图 5–1–12 所示。

图 5–1–12　封面整体效果

3. 使用主题和变体美化幻灯片

美化幻灯片最快捷的方法就是使用“设计”选项卡下的主题和变体。单击“设计”选项卡可以选择主题和变体，单击“环保”主题，变体设计中的第四个变体，如图 5–1–13 所示，封面的幻灯片效果如图 5–1–14 所示。

图 5–1–13　选择模板

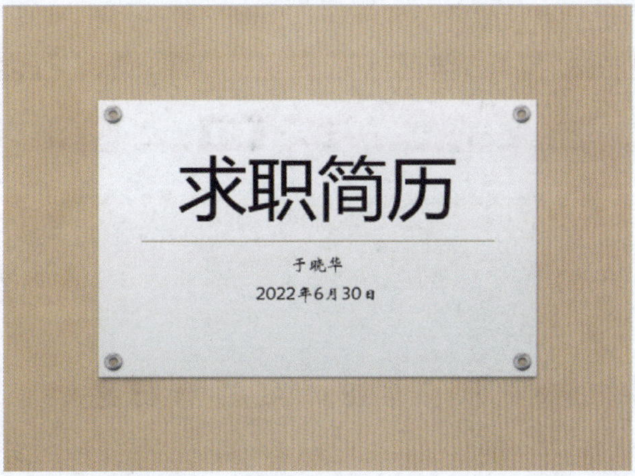

图 5-1-14　封面的幻灯片效果

小提示

创建演示文稿时，还可以通过单击“文件”选项卡下的“新建”命令，在“新建”窗口中提供了多种联机模板和主题，例如，搜索“环保”主题，并单击“创建”按钮可以创建一个环保主题的演示文稿，如图 5-1-15 所示，环保主题效果如图 5-1-16 所示。

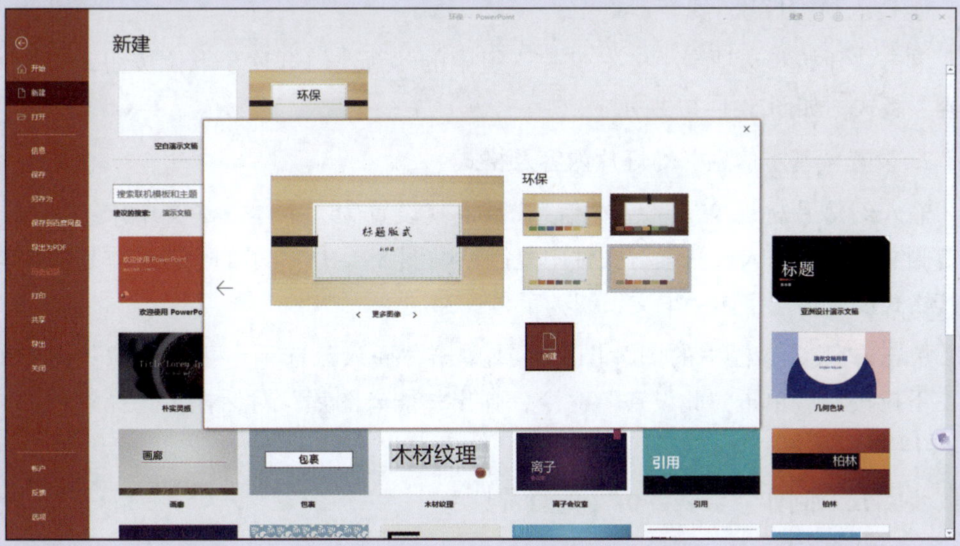

图 5-1-15　创建一个环保主题的演示文稿

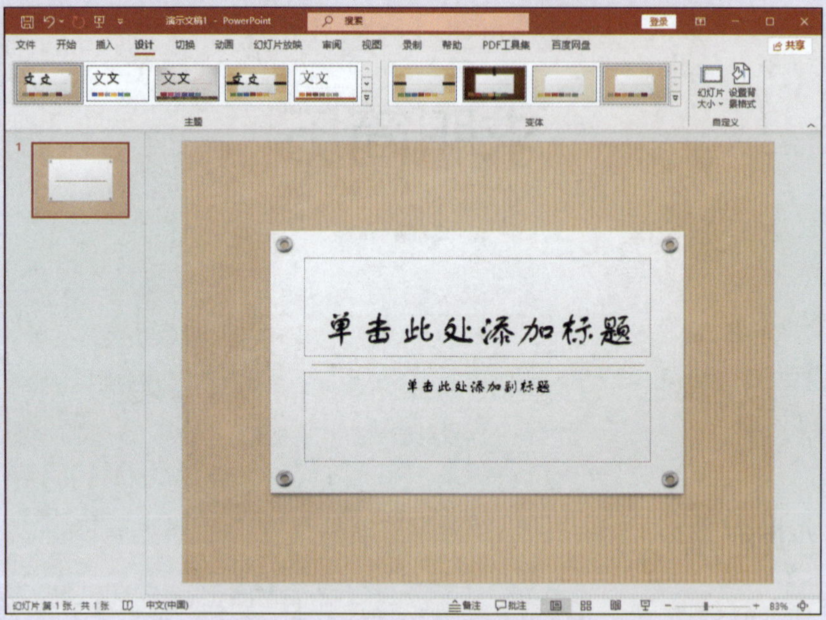

图 5-1-16　环保主题效果

步骤四　制作“基本信息”幻灯片

1. 插入新幻灯片

单击“开始”选项卡下“幻灯片”组中的“新建幻灯片”下拉按钮，单击“两栏内容”版式，如图 5–1–17 所示。

2. 设置“基本信息”幻灯片内容及格式

输入幻灯片标题文字“基本信息”，将其设置为“字体：华文中宋，字号：40”；在右侧文本框中输入或从素材文件中复制粘贴图 5–1–18 所示的个人基本信息内容，并将其格式设置为“字体：华文新魏，字号：24”。

单击左侧文本框中的图片图标，或单击“插入”选项卡下“图像”组中的“图片”下拉按钮，单击“此设备”命令，弹出“插入图片”对话框，选择素材图片，如图 5–1–19 所示。

步骤五　制作“自我评价”幻灯片

1. 插入新幻灯片

单击“开始”选项卡下“幻灯片”组中的“新建幻灯片”下拉按钮，单击“标题和内容”版式。

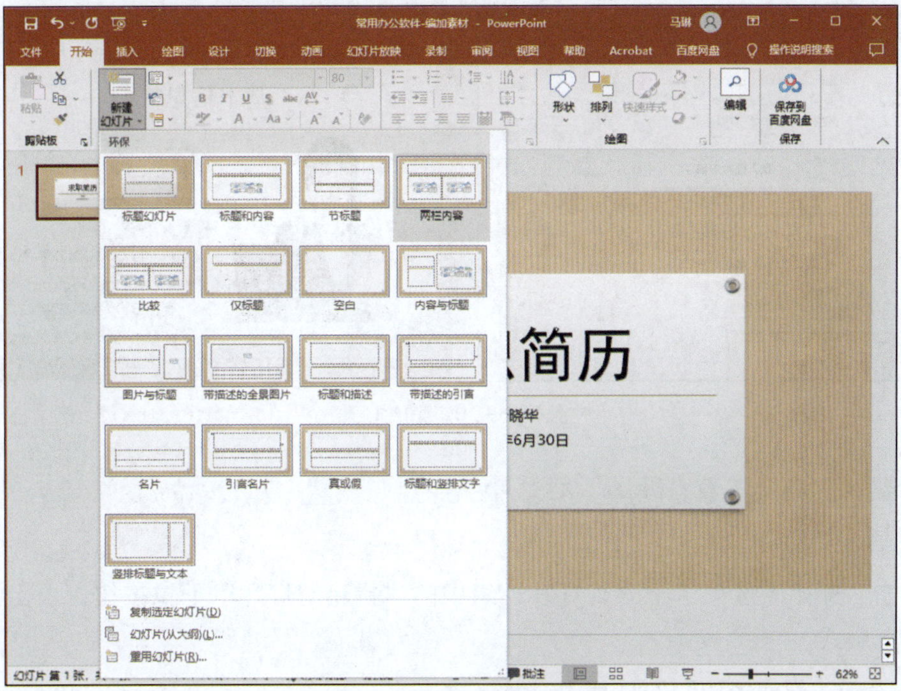

图 5-1-17　插入新建幻灯片

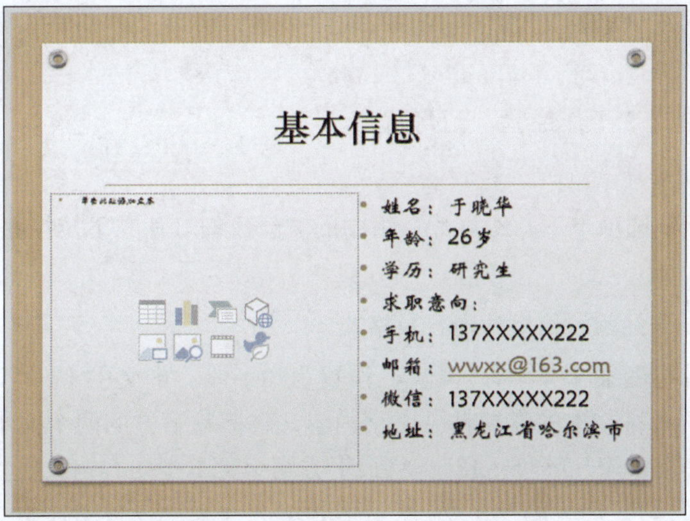

图 5-1-18　“基本信息”幻灯片内容

2. 设置“自我评价”幻灯片内容及格式

输入幻灯片标题文字“自我评价”，设置为“字体：华文中宋，字号：40”；在内容文本框中输入或从素材文本中复制粘贴文字内容，并将文本格式设置为“字体：华文新魏，字号：32”。

图 5-1-19　插入图片

步骤六　制作“教育经历”幻灯片

1. 插入新幻灯片

单击“开始”选项卡下“幻灯片”组中的“新建幻灯片”下拉按钮，单击“标题和内容”版式。

2. 设置“教育经历”幻灯片内容及格式

输入幻灯片标题文字“教育经历”，设置为“字体：华文中宋，字号：40”；在内容文本框中输入或从素材文本中复制粘贴文字内容，并将文本格式设置为“字体：华文新魏，字号：28”。

步骤七　制作“工作经验”幻灯片

1. 插入新幻灯片

单击“开始”选项卡下“幻灯片”组中的“新建幻灯片”下拉按钮，单击“比较”版式。

2. 设置“工作经验”幻灯片内容及格式

输入幻灯片标题文字“工作经验”，设置为“字体：华文中宋，字号：40”；在文本框中输入或从素材文本中复制粘贴文字内容，将标题下方的两个文本框内容格式设置为“字体：华文中宋，字号：18”，将最下方两个文本框内容格式设置为“字体：华文新魏，字号：24”，加入图 5-1-20 所示形状填充效果，设置图 5-1-21 所示“发光”形状效果及图 5-1-22 所示“棱台”形状效果。

步骤八　制作“职业技能”幻灯片

1. 插入新幻灯片

单击“开始”选项卡下“幻灯片”组中的“新建幻灯片”下拉按钮，单击“比较”版式。

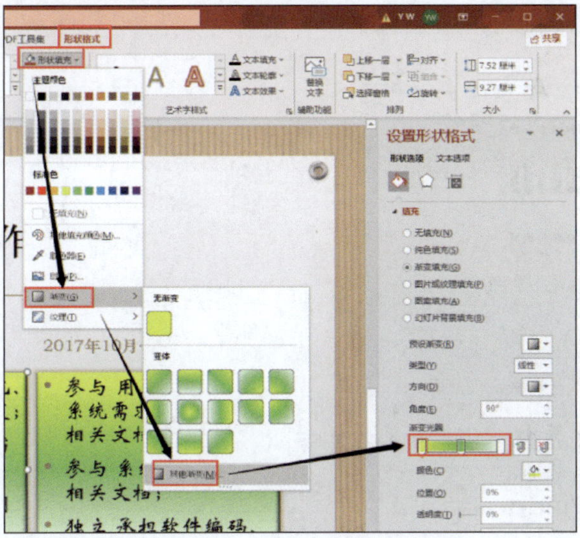

图 5-1-20 形状填充效果设置

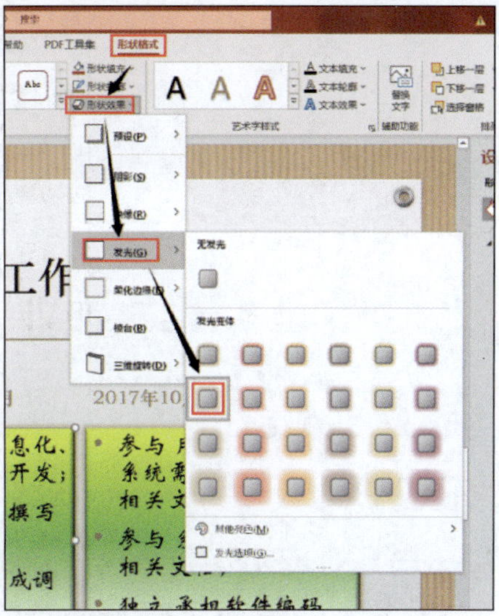

图 5-1-21 “发光”形状效果设置

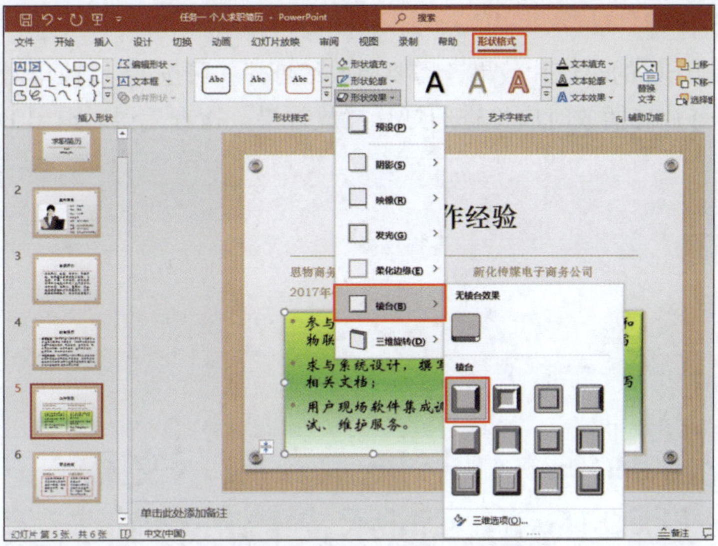

图 5-1-22 “棱台”形状效果设置

2. 设置“职业技能”幻灯片内容及格式

输入幻灯片标题文字“职业技能”，设置为“字体：华文中宋，字号：40”；在文本框中输入或从素材文本中复制粘贴文字内容，将标题下方两个文本框内容格式设置为“字体：华文中宋，字号：32”，将最下方两个文本框内容格式设置为“字体：华文新魏，字号：28”，文本框线型设置如图 5-1-23 所示。

步骤九 保存演示文稿

保存制作完成的演示文稿，将其命名为“求职简历”。

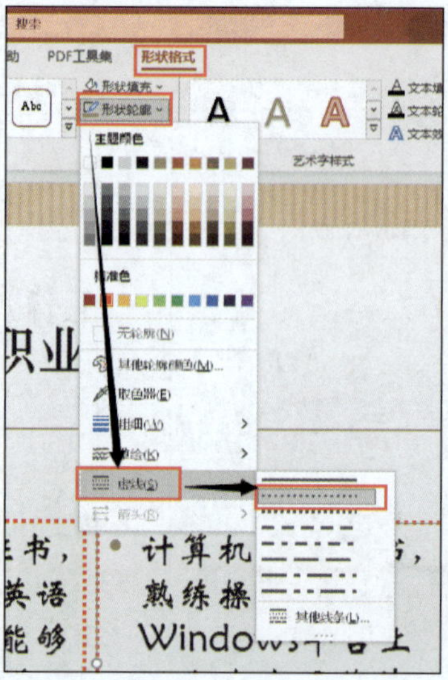

图 5-1-23　文本框线型设置

步骤十　播放幻灯片及退出

要观看已制作好的幻灯片效果，需要播放幻灯片，可按 F5 键或单击状态栏中的按钮 来播放幻灯片。播放时应检查幻灯片播放效果，检查无误后退出 PowerPoint 2021 程序。

任务 2　制作“作品展示”演示文稿——主题与母版的应用、演示文稿的修饰与美化

学习目标

知识目标：熟悉修饰幻灯片的各种方法。

技能目标：1. 能根据幻灯片内容选择主题。

2. 能在幻灯片母版中设置背景图片。

3. 能在幻灯片中编辑艺术字、形状等元素。

任务描述

本任务在学习演示文稿的修饰与美化方法的基础上，完成以下案例的制作。

郭一一同学三年的职业技术学习生涯即将结束，为了总结一下三年的学习生活，他打算利用 PowerPoint 2021 软件制作“个人作品展”，要求演示文稿由首页、目录、作品展示页（4 页）、尾页和感谢页组成，“个人作品展”演示文稿效果如图 5-2-1 所示。

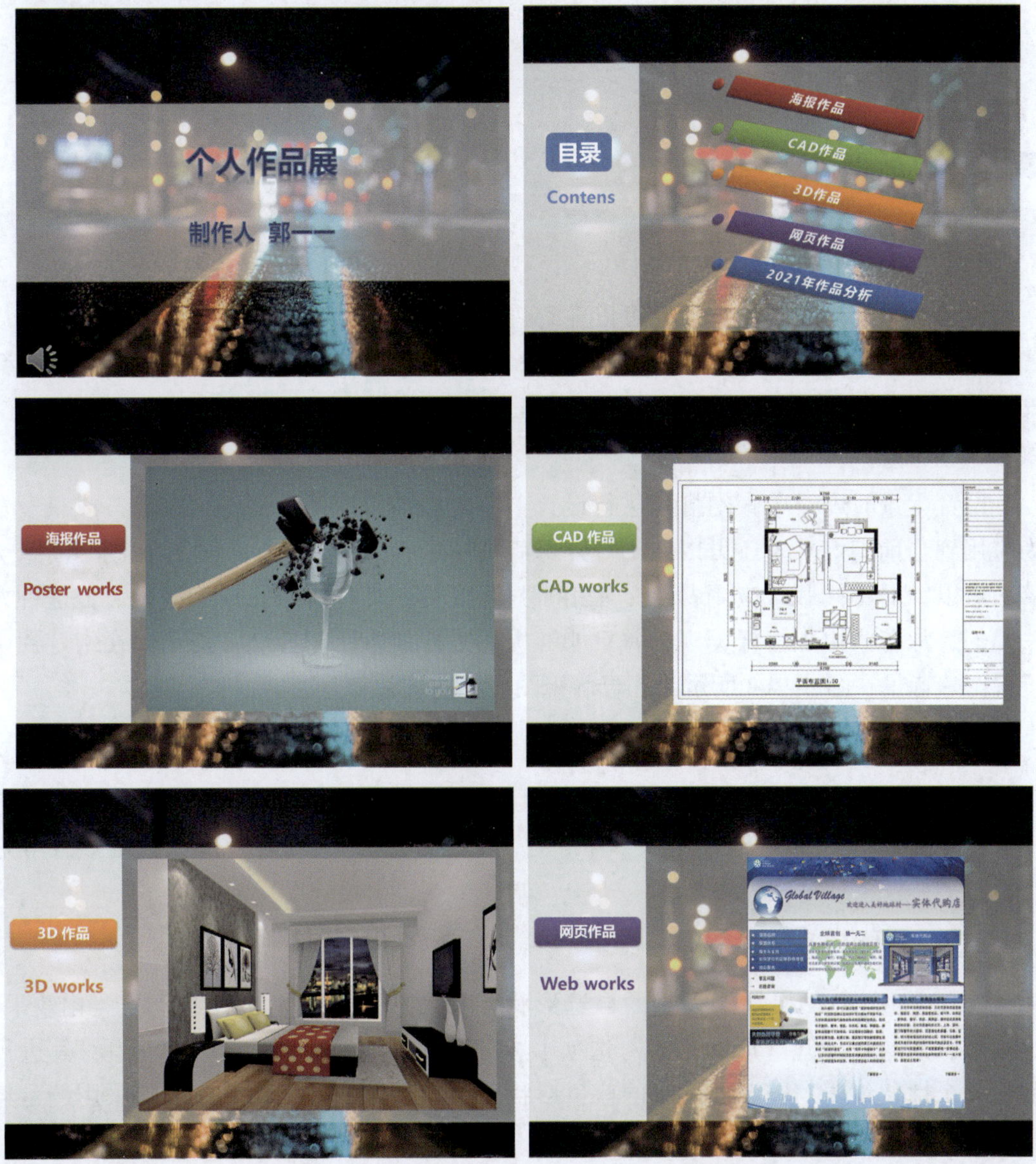

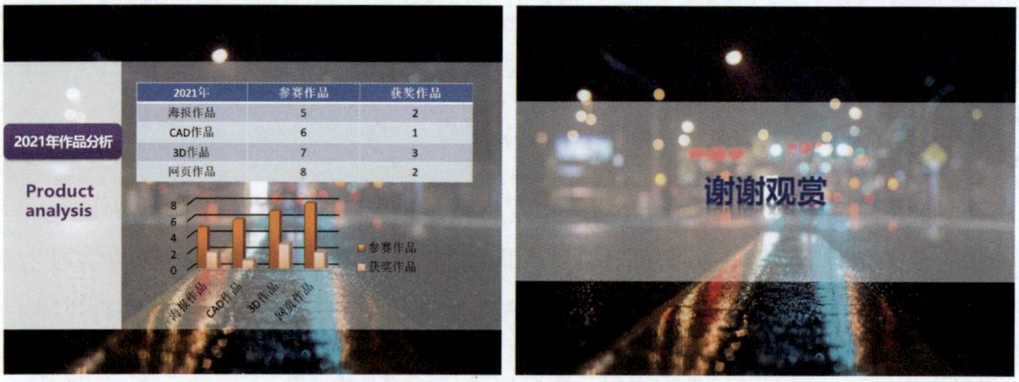

图 5-2-1 “个人作品展”演示文稿效果

相关知识

一、幻灯片背景

为了使幻灯片美观、精致，可以在幻灯片中添加幻灯片背景。幻灯片背景可以设置为渐变颜色、图案、图片等内容，通过幻灯片背景设置，可以提升幻灯片的美感。PowerPoint 2021 中通过“设置背景格式”任务窗格来设计幻灯片背景，主要分为填充、效果和图片等。

设置背景时可对单张幻灯片进行设置，完成后即可应用到每张幻灯片，或只设置为应用到当前幻灯片。还可以在幻灯片母版视图中设置背景图片，这样在同一演示文稿中可以针对不同版式应用背景，使用时只需要为幻灯片选择相应版式即可，这种方法使幻灯片背景更加多样美观，并且能够提高工作效率。图 5-2-2 所示为在幻灯片中设置图片背景，图 5-2-3 所示为在母版视图中设置图片背景。

二、插入与编辑艺术文字

艺术字是一种特殊的图形文字，常用于表现幻灯片的标题文字，在演示文稿中插入艺术字后，在形状格式选项卡中，还可以对其大小、旋转角度和三维效果等进行设置。

三、个性化形状的编辑

PowerPoint 2021 提供了大量的自选形状，并为形状提供了多种样式的美化效果。绘制形状后，可通过“形状格式”选项卡（见图 5-2-4）下“形状样式”组对其进行美化和个性化编辑。图 5-2-5 中的蓝色形状采用的是默认样式，紫色形状采用的是经过个性化编辑的样式。

图 5-2-2　在幻灯片中设置图片背景

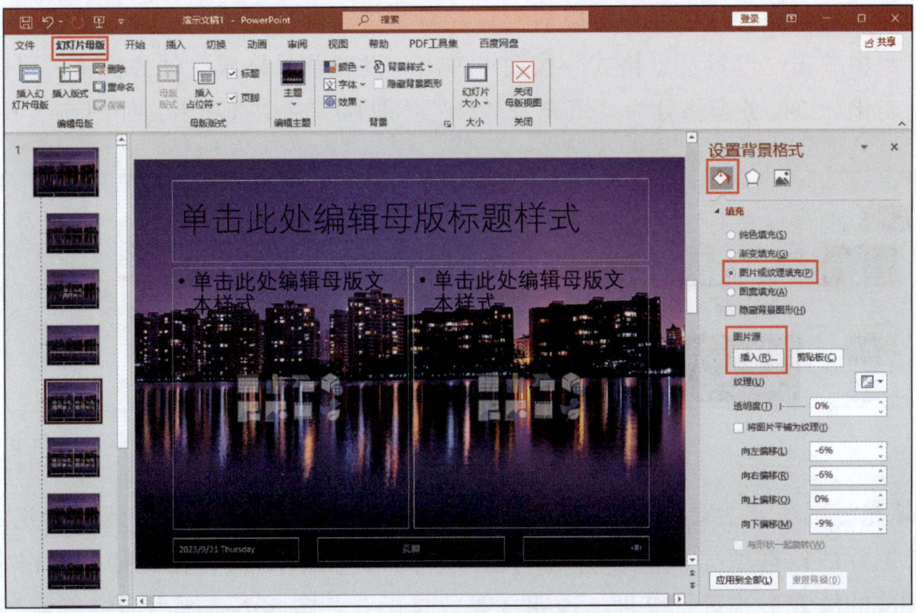

图 5-2-3　在母版视图中设置图片背景

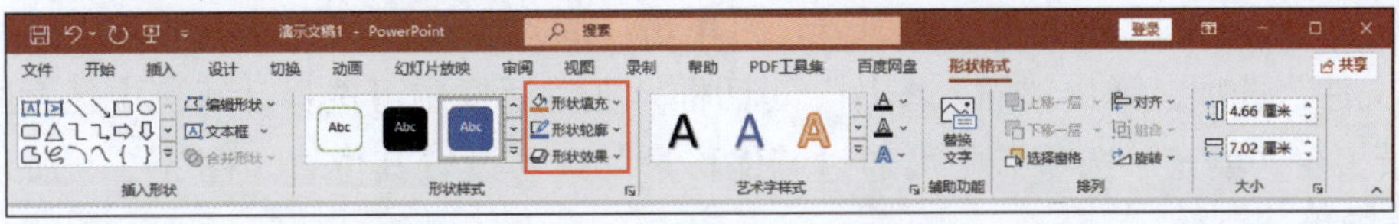

图 5-2-4　“形状格式”选项卡

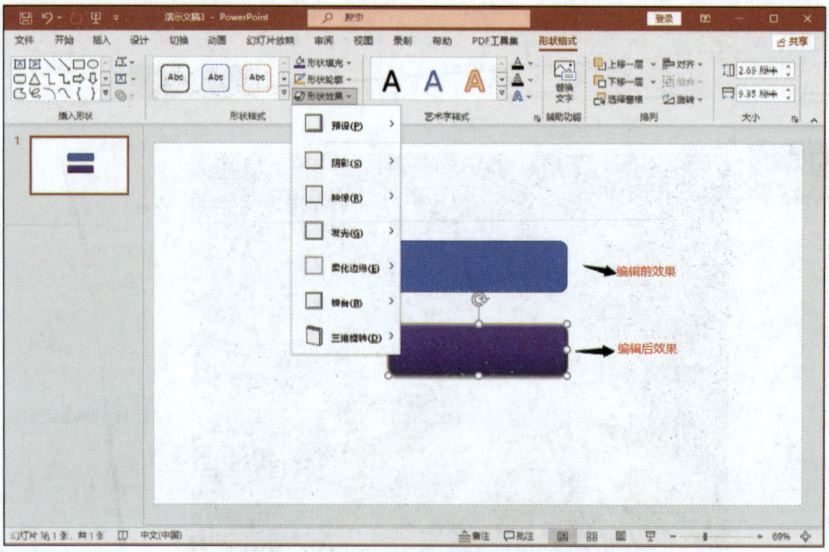

图 5-2-5　形状样式编辑前后对比

四、幻灯片背景的美化

使用“背景样式”选项卡可以对幻灯片背景进行美化。在“设计”选项卡下“自定义”组中单击“设置背景格式”按钮，弹出“设置背景格式”任务窗格，可以对背景进行美化。该任务窗格分为“填充”“效果”“图片”三个选项卡，如图 5-2-6 所示。

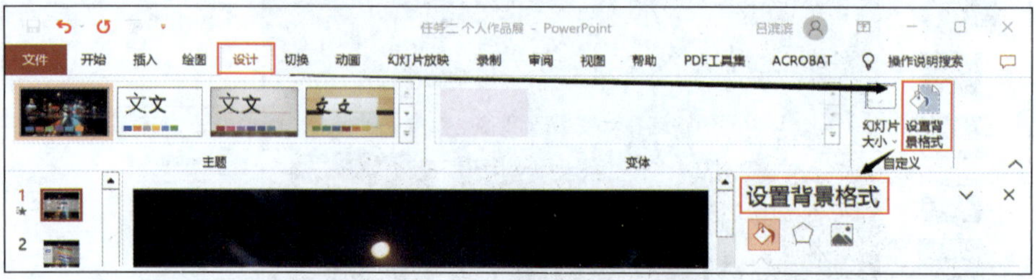

图 5-2-6　“设置背景格式”任务窗格

“填充”选项卡主要用于设置幻灯片背景使用的填充形式，包括纯色填充、渐变填充、图片或纹理填充、图案填充、隐藏背景图形五种形式，在此任务窗格中还可以对相应的填充形式进行纹理、透明度等效果设置。图 5-2-7 所示为纯色填充效果，图 5-2-8 所示为渐变填充与图案填充效果。

单击“图片或纹理填充”选项后，再单击“插入”按钮，在弹出的对话框中单击“来自文件”选项，弹出“插入图片”对话框，在对话框中可选择计算机中任意图片作为背景。在“填充”选项卡中可通过“偏移量”选项设置其位置。图 5-2-9 所示为图片填充效果。

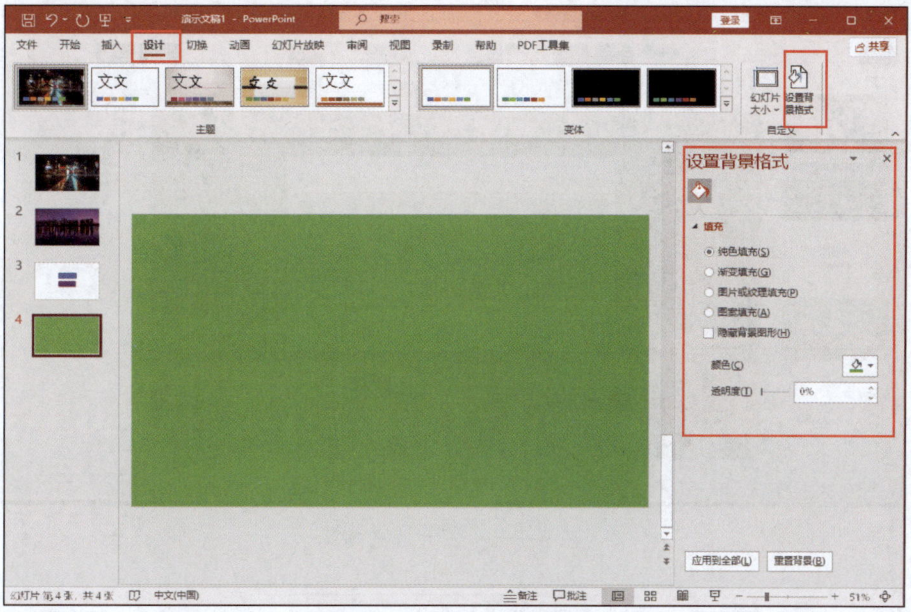

图 5-2-7　纯色填充效果

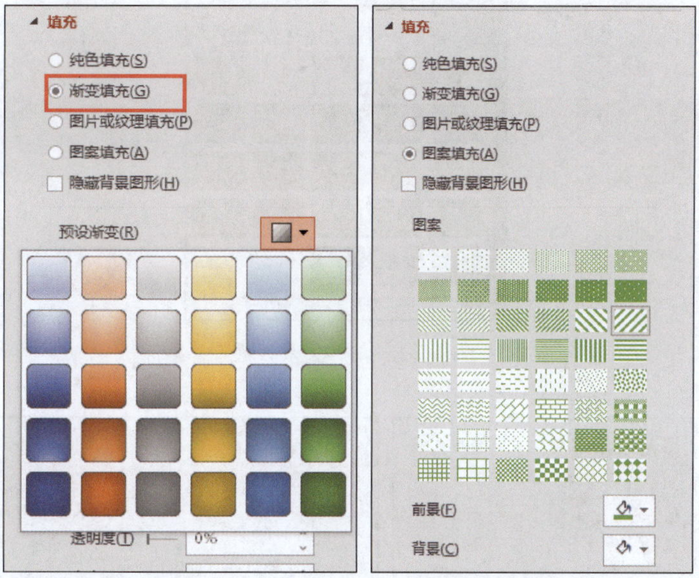

图 5-2-8　渐变填充与图案填充效果

“效果”选项卡为背景提供了许多艺术效果，使画面质感增强，如图 5-2-10 所示。

“图片”选项卡包括“图片校正”与“图片颜色”两部分，如图 5-2-11 所示。“图片校正”选项卡用于对图片进行“锐化 / 柔化”“亮度 / 对比度”设置，图 5-2-12 所示为“图片校正”中清晰度、亮度的设置效果。“图片颜色”选项卡用于进行“颜色饱和度”“色调”“重新着色”设置，图 5-2-13 所示为“图片颜色”中饱和度、色温的设置效果。

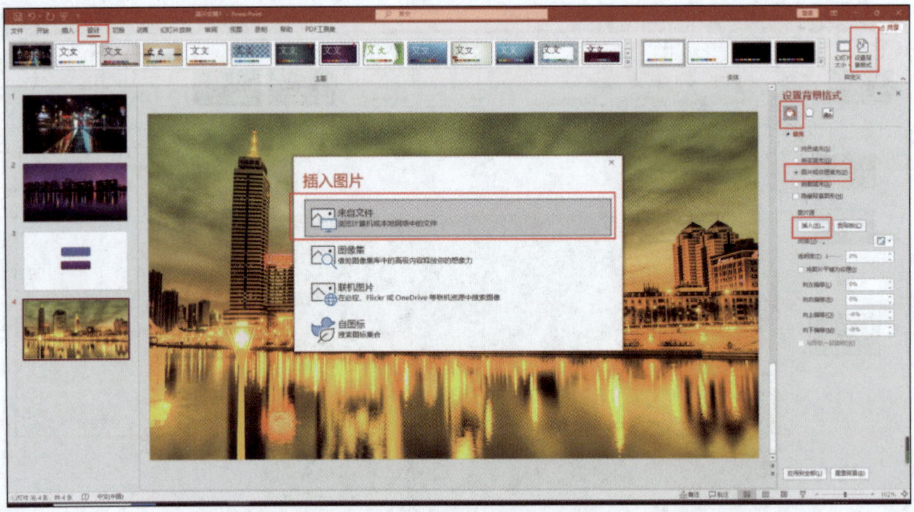

图 5-2-9　图片填充效果

图 5-2-10　艺术效果

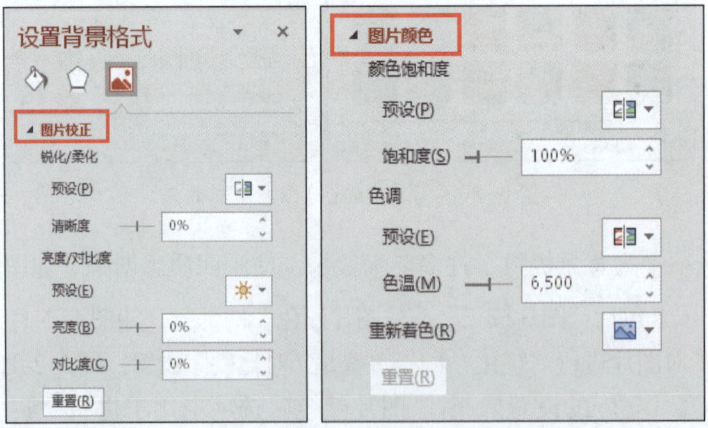

图 5-2-11　图片校正与图片颜色

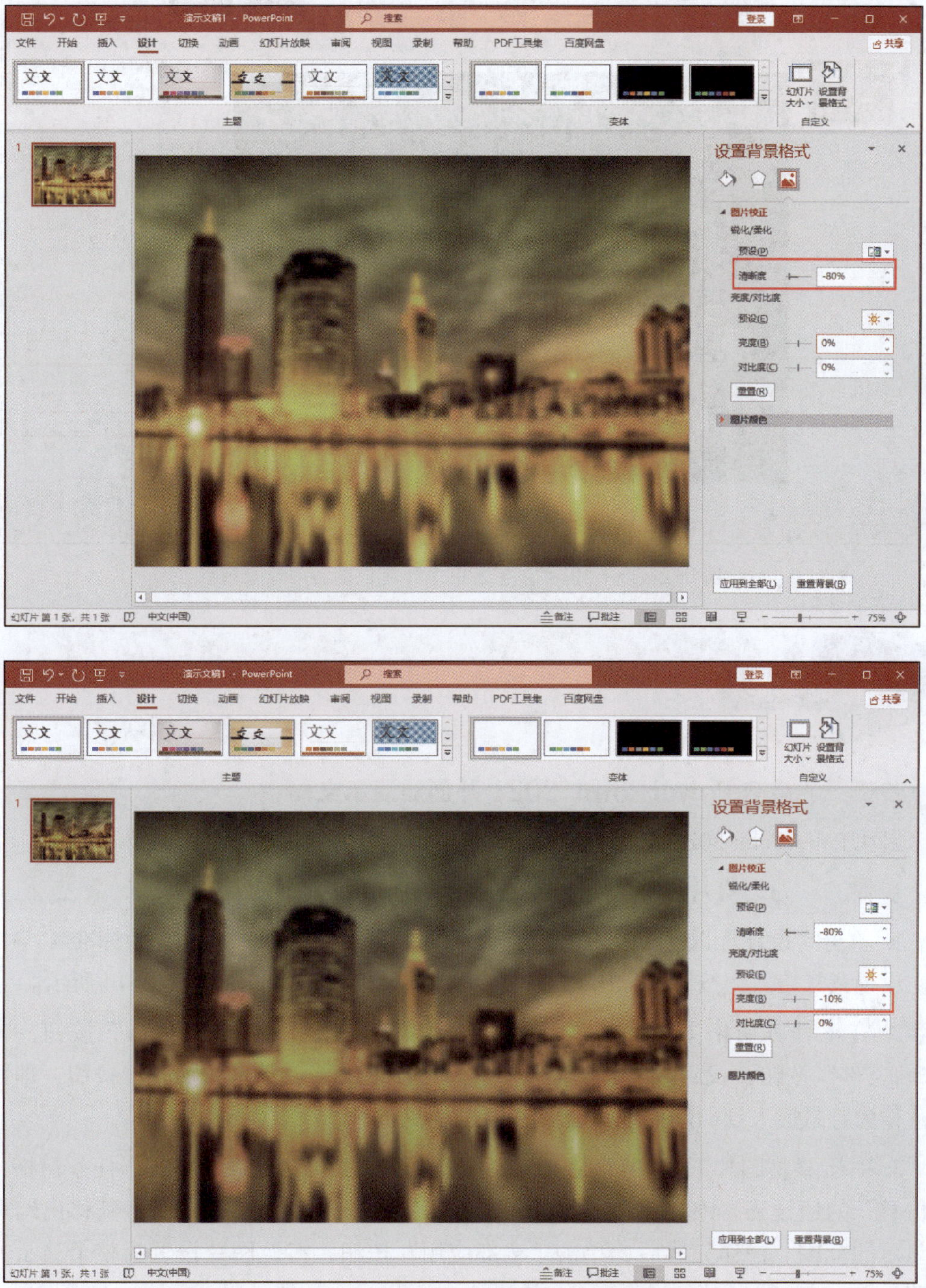

图 5-2-12 “图片校正”中清晰度、亮度的设置效果

图 5-2-13 “图片颜色”中饱和度、色温的设置效果

任务实施

步骤一　启动 PowerPoint 2021 并创建演示文稿

启动 PowerPoint 2021，创建一个空白演示文稿，并将其命名为“个人作品展”。

步骤二　为幻灯片设置背景图片

1. 单击“设计”选项卡，在“自定义”组中设置“幻灯片大小”为标准 4∶3，单击“设置背景格式”按钮，弹出“设置背景格式”任务窗格，如图 5-2-14 所示。

2. 在该任务窗格中，单击“图片或纹理填充”选项，单击“插入”按钮，单击“来自文件”按钮，找到教材配套素材中的“图片 1.jpg”，单击“插入”按钮，即可将图片作为背景插入到幻灯片中，如图 5-2-15 所示。

3. 对于素材图片下方一行多余的文字，可通过将“设置背景格式”任务窗格“向下偏移”的值设为 -4%（见图 5-2-16），对图片位置进行调整，从而将其移出幻灯片可显示的范围。操作完成后，单击“全部应用”按钮，将此图片设置为整个演示文稿的背景。

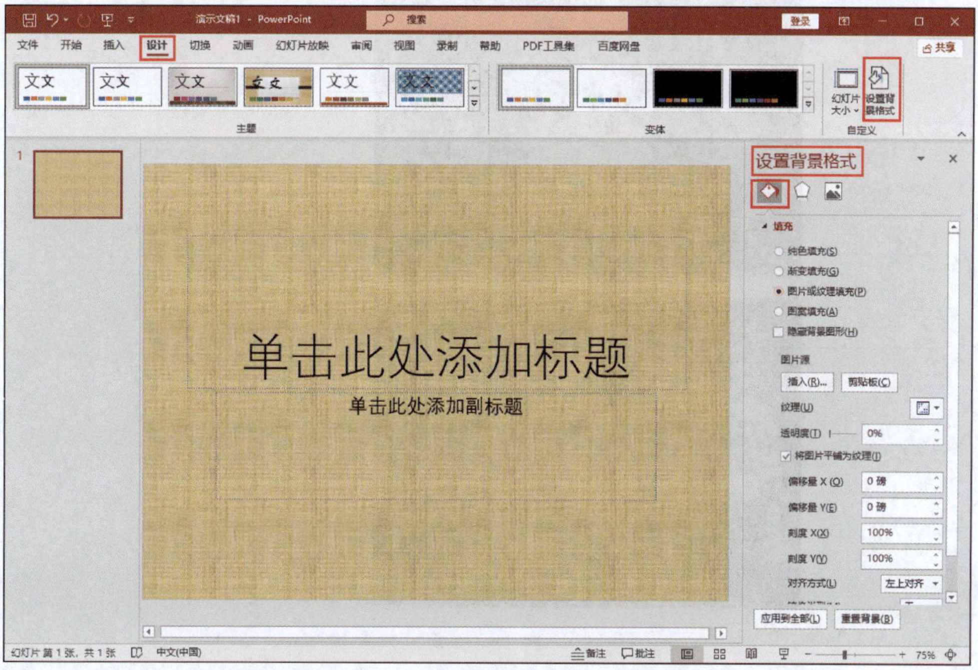

图 5-2-14　“设置背景格式”任务窗格

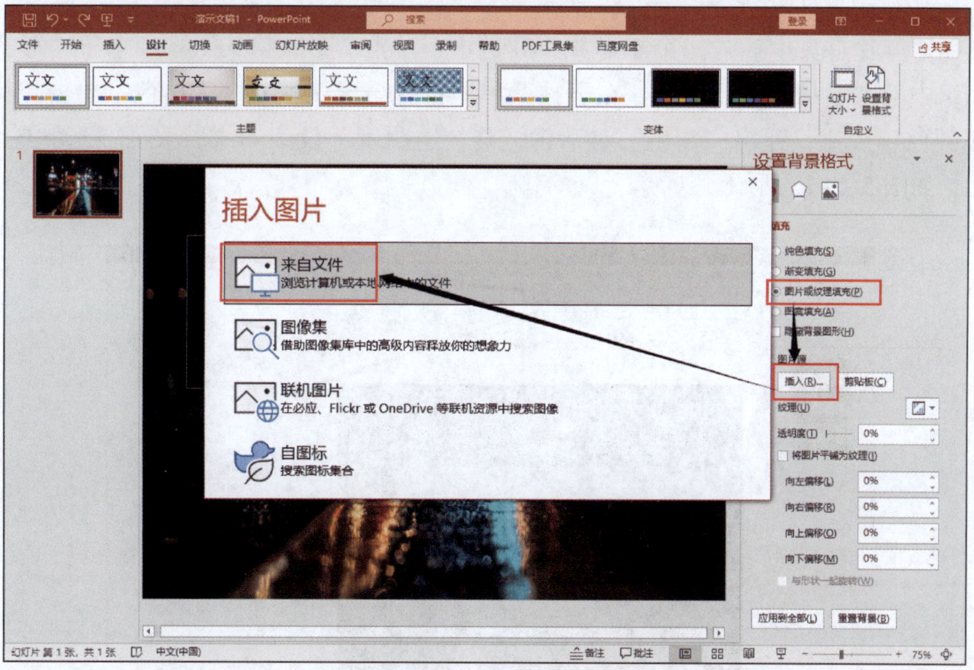

图 5-2-15　插入背景图片

图 5-2-16　向下偏移前后效果对比

步骤三　制作幻灯片透明图形

1. 制作幻灯片首页

在幻灯片首页中插入一个矩形并将其选中，单击“形状格式”选项卡下“形状样式”组中的“形状填充”按钮，在下拉菜单中设置“形状填充”为白色，单击“其他填充颜色”按钮，弹出“颜色”对话框，将“透明度”设为 46%；设置“形状轮廓”为无，如图 5-2-17 所示。

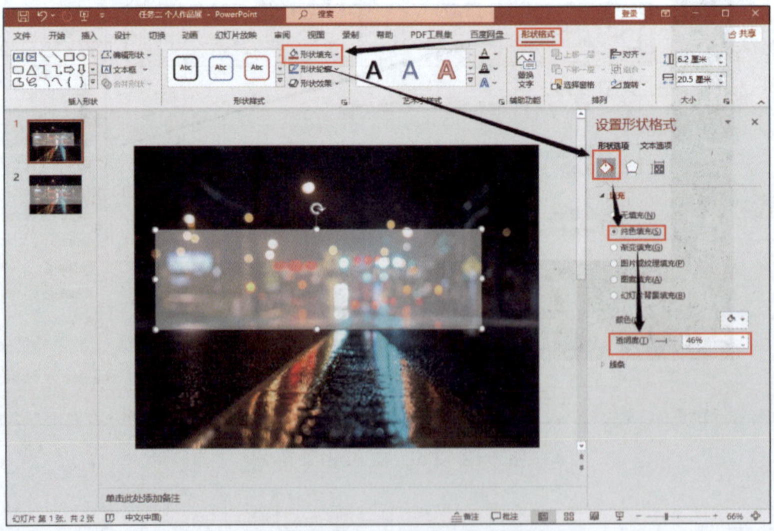

图 5-2-17　矩形透明度设置

2. 制作其他幻灯片背景

新建幻灯片或通过复制幻灯片首页创建新的幻灯片。在新幻灯片左侧创建一个矩形，调整矩形宽度为幻灯片宽度的 1/4，将其设置为“填充色：白色，轮廓色：无，透明度：15%”，如图 5-2-18 所示。

图 5-2-18 幻灯片 2 效果

小提示

快速复制已有幻灯片的方法是，选择窗口左侧的幻灯片缩略图，按住鼠标左键后再按住 Ctrl 键，拖动鼠标，指针上出现“+”符号，到目标位置释放鼠标和 Ctrl 键即可。

利用复制功能创建其余幻灯片页面，如图 5-2-19 所示。

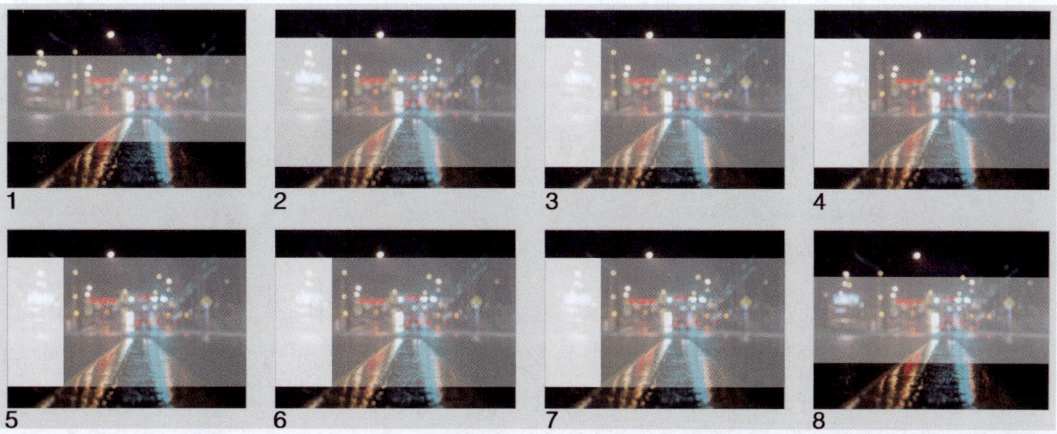

图 5-2-19 复制并创建幻灯片页面

步骤四　制作幻灯片中的图形、文本、艺术字并进行美化

1. 在幻灯片中插入图形、文本

在幻灯片 1 中插入艺术字。单击“插入”选项卡下的“艺术字”按钮，在下拉列表中选择图 5-2-20 所示样式。输入文字内容“个人作品展”和“制作人　郭一一”，并调整其位置及大小。

图 5-2-20　为幻灯片 1 添加艺术字并设置其效果

在幻灯片 2 的左侧插入一个蓝色圆角矩形和一个透明文本框，输入“目录”和“Contents”，“目录”格式为“微软雅黑，32 号”，“Contents”格式为“微软雅黑，24 号”，圆角矩形及文字效果如图 5-2-21 所示；在右侧绘制一个圆形和一个矩形，并组合两个图形，然后按图 5-2-22 所示设置形状样式，并选择“三维旋转”中的“透视：极左极大”效果，如图 5-2-23 所示。复制出四个组合图形，并将其设置为不同颜色，添加文字内容，文字格式设置为“微软雅黑，20 号”，调整图形位置，如图 5-2-24 所示。

图 5-2-21　圆角矩形及文字效果

小提示

在 PowerPoint 2021 中将多个图形组合为一个整体的操作与 Word 2021 基本相同。

2. 幻灯片 3、4、5、6 为作品展示，参照前一步骤使用图片素材制作。幻灯片 7 为作品分析，使用图表体现 2021 年作品及获奖情况，其操作可参照 Excel 2021 中的相关内容完成。幻灯片 8 用于显示“谢谢观赏”文字。以上 6 张幻灯片内容效果如图 5-2-1 所示。

图 5-2-22　图形样式编辑

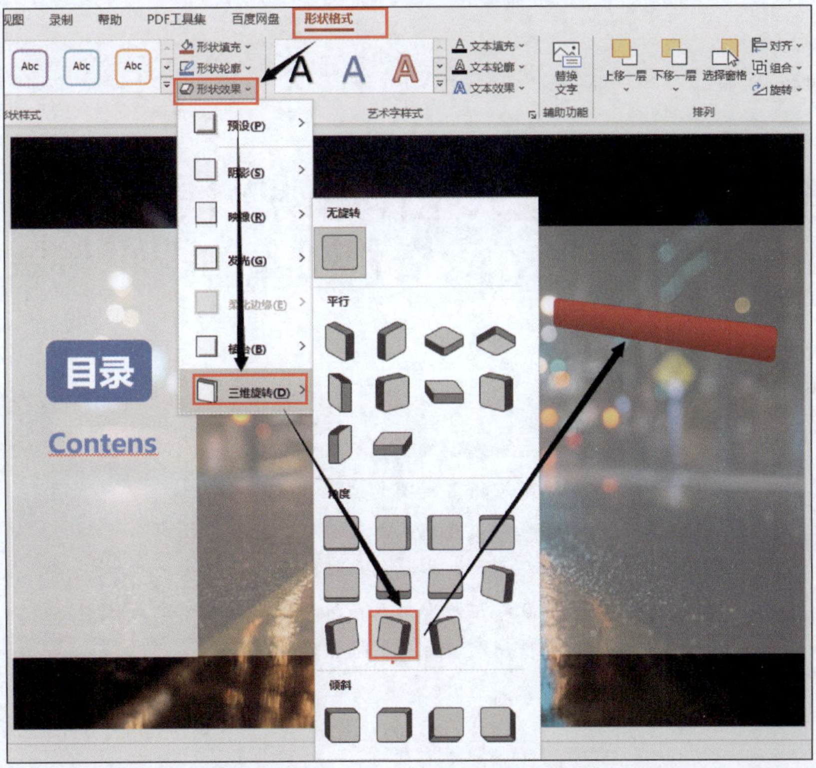

图 5-2-23　形状效果设置

图 5-2-24　幻灯片 2 效果图

步骤五　保存、播放幻灯片及退出

制作完成后保存文件，按 F5 键或单击状态栏中的按钮播放幻灯片，检查无误后退出 PowerPoint 2021 程序。

任务 3　制作“个人工作总结”演示文稿——SmartArt 图形、表格和图表的编辑与展示

学习目标

知识目标：1. 了解在演示文稿中插入 SmartArt 图形的方法。
2. 了解演讲者视图的使用方法。

技能目标：1. 能在幻灯片中插入与编辑 SmartArt 图形。
2. 能在幻灯片中插入与编辑表格和图表。
3. 能在幻灯片中插入与编辑图标。
4. 能使用演讲者视图播放幻灯片。

任务描述

本任务在学习演示文稿中插入与编辑 SmartArt 图形、表格和图表方法的基础上，完成以下案例的制作。

郭一一毕业后到某企业设计部工作，年底公司要求每位员工对年度个人工作情况进行总结并汇报，为了更加直观地展示工作情况，郭一一打算制作一份个人工作总结演示文稿，通过文字、图形、表格和图表等形式将个人工作情况进行展示，演示文稿由首页、目录、总体工作完成情况、自我评价、未来工作计划、致谢等 6 页组成，如图 5-3-1 所示。

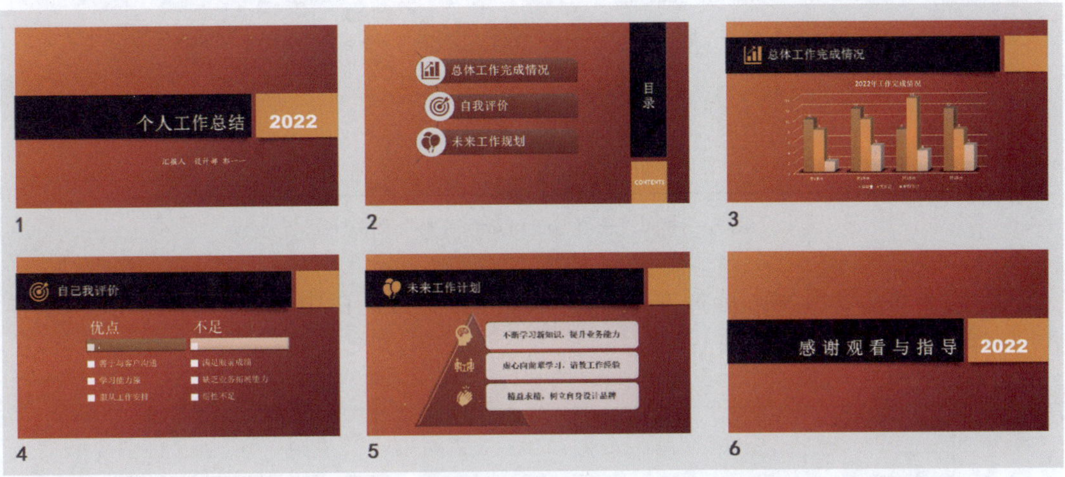

图 5-3-1 “个人工作总结”演示文稿效果

相关知识

一、SmartArt 图形

SmartArt 图形是微软从 Microsoft Office 2007 开始新增的一种图形功能，它能够直观地表现各种层级关系、附属关系、并列关系或循环关系等常用的关系结构。SmartArt 图形在样式设置、形状修改以及文字美化等方面与图形和艺术字的设置方法完全相同。SmartArt 图形使文字之间的关联性更加清晰、生动。

SmartArt 图形主要包括列表、流程、循环、层次结构、关系、矩阵、棱锥图等关系型图表。在使用时，应根据所需逻辑关系来选择。下面以常见的组织结构图为例，来介绍在 SmartArt 图形中添加文字、更改结构和设置布局时常见的操作技巧。

1. 在“插入”选项卡下“插图”组中单击“SmartArt”按钮，弹出“选择 SmartArt 图形”对话框，如图 5-3-2 所示，在对话框左侧列出八种类型的 SmartArt 项目，右侧列出所选项目中包含的各种 SmartArt 图形。

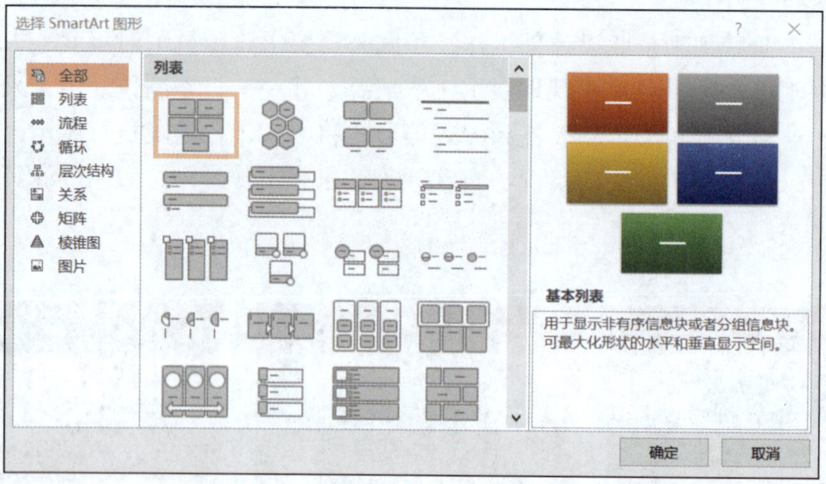

图 5-3-2 “选择 SmartArt 图形”对话框

2. 如图 5-3-3 所示，选择左侧所需 SmartArt 项目，在中间选取 SmartArt 图形样式，即可出现所选取的 SmartArt 图形。

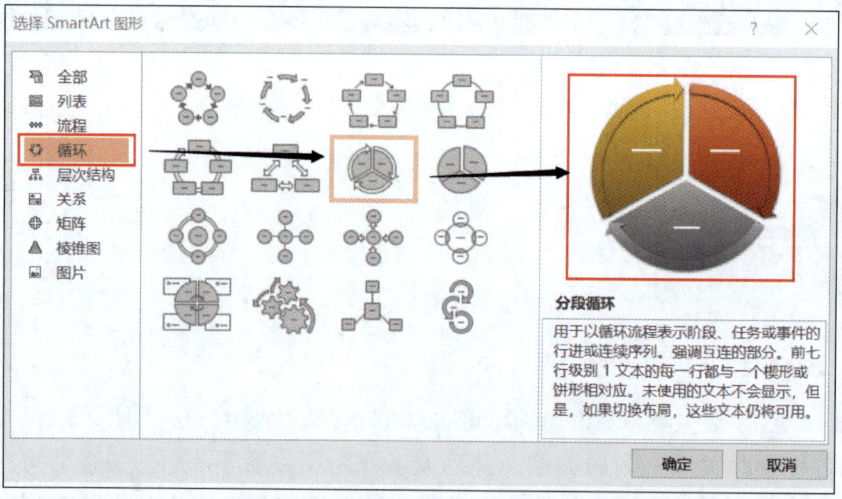

图 5-3-3 所选择 SmartArt 图形

3. 单击“确定”按钮，单击图形中的文本框，输入所需文本，如图 5-3-4 所示。

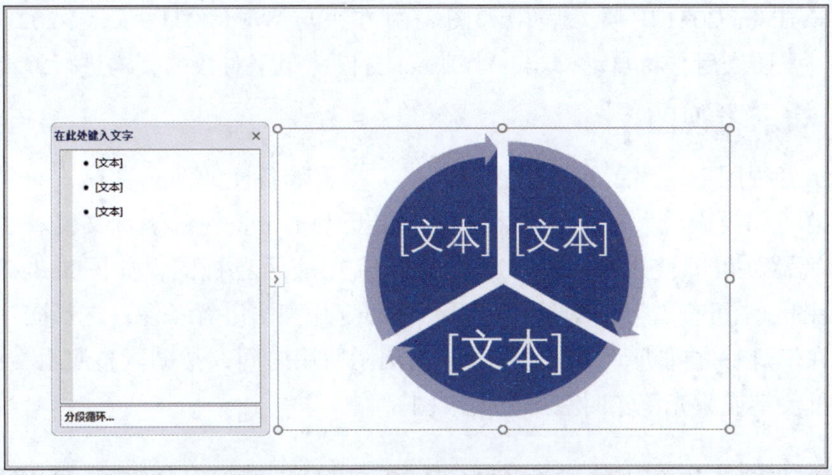

图 5-3-4 在 SmartArt 图形中输入文本

4. 选择已创建的 SmartArt 图形，可通过“SmartArt 设计”和“格式”两个选项卡对其图形样式进行编辑，单击“SmartArt 设计”选项卡可修改 SmartArt 图形的“创建图形”“版式”“SmartArt 样式”等，如图 5-3-5 所示。

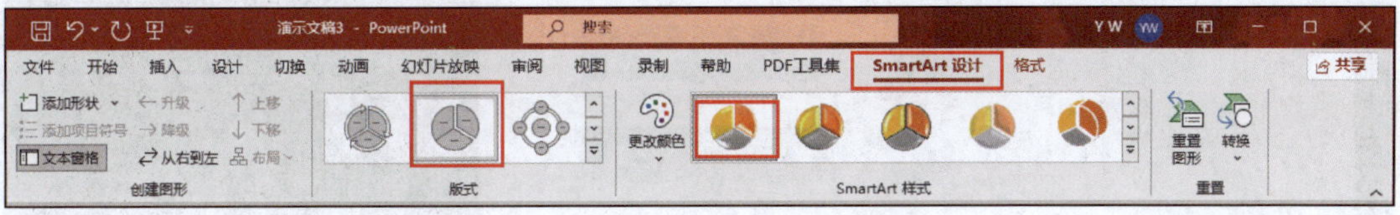

图 5-3-5 “SmartArt 设计”选项卡

5. 在“格式”选项卡中，可对 SmartArt 图形的“形状”“形状样式”“艺术字样式”等进行设置，如图 5-3-6 所示。

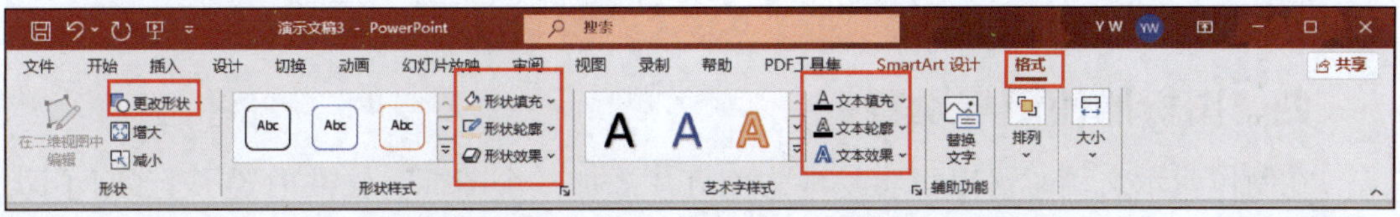

图 5-3-6 “格式”选项卡

二、表格、图表的创建与设置

在制作演示文稿时，通常需要使用表格或图表，与文字相比，表格或图表更能体现内容的对应性，可将数据可视化，具有更强的说服力，能直观体现数据和比较数据。

在 PowerPoint 2021 中插入表格和图表的方法与 Word 2021、Excel 2021 相同。其中，插入一张图表后，将自动弹出一个 Excel 窗口，用于对数据表格进行编辑。

三、演示者视图

在演示者视图下，演示者可以在计算机上查看带备注的演示文稿，而观众可以在其他监视器（如投影或大屏幕显示器）上同步观看不带备注的演示文稿。如果当前只有一个监视器，可以使用快捷键 Alt+F5 尝试启用演示者视图，如图 5-3-7 所示。在“演示者视图”中可查看当前幻灯片、下一张幻灯片和演讲者备注；选择向左、向右箭头按钮可在幻灯片之间进行切换；查看当前演示所用时间，帮助调整演示文稿的速度，也可使用批注笔或激光笔实时在屏幕上绘图。

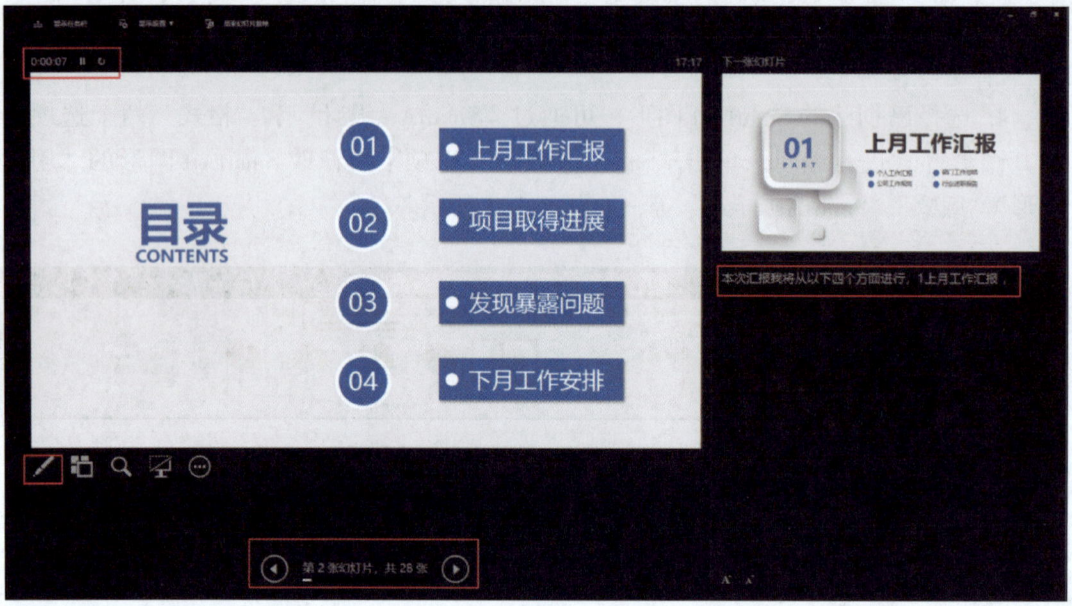

图 5-3-7　演示者视图

四、图标的使用与设置

在制作演示文稿时可以很容易地为幻灯片添加一个图标。软件内置了上百个门类的图标，可以根据需求随意搜索并插入。内置图标除了搜索更加方便以外，还可以根据实际需要调整图标颜色。同时由于是矢量元素，这些图标还可以任意变形而不必担心虚化问题。在 PowerPoint 2021 中插入图标的方法与 Word 2021、Excel 2021 相同，可以通过“图形格式”选项卡对已插入的图标进行编辑与设置。图 5-3-8 所示为软件自带图标库。

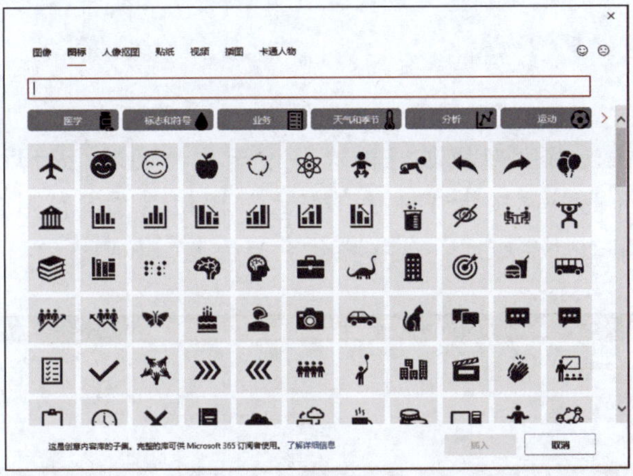

图 5-3-8　软件自带图标库

任务实施

步骤一　启动 PowerPoint 2021 并创建演示文稿

启动 PowerPoint 2021，创建一个空白演示文稿，并将其命名为“个人工作总结”。

步骤二　设置幻灯片大小与主题

单击“设计”选项卡下的“幻灯片大小”按钮，在下拉列表中选择幻灯片大小为“宽屏 16∶9”。选择“主题”组中的“柏林”主题，进行主题设计，如图 5-3-9 所示。

图 5-3-9　设置演示文稿主题

小提示

在使用主题模版时依次将演示文稿的其他幻灯片先创建出来，在“开始”选项卡下单击“版式”按钮，在下拉列表中根据内容选择不同幻灯片版式，这样操作更为快捷，如图 5-3-10 所示。

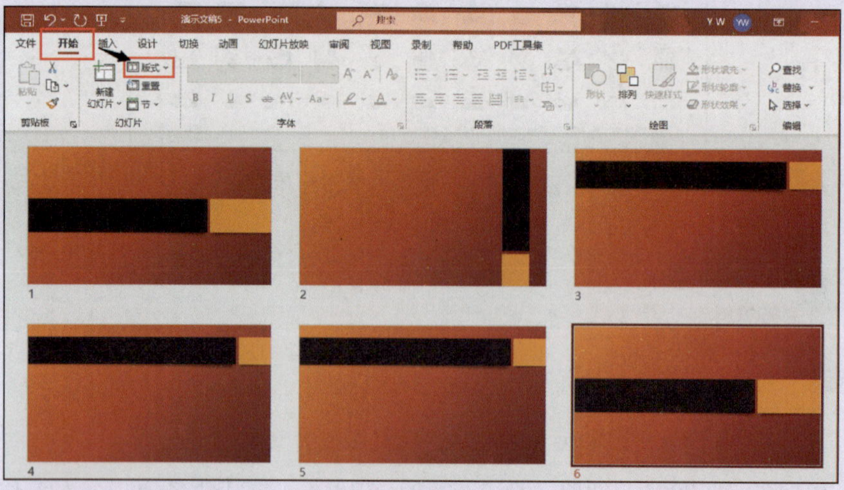

图 5-3-10　设置幻灯片版式

步骤三　制作幻灯片文字、图形并设置格式

1. 制作幻灯片首页

在幻灯片 1 中输入文本“个人工作总结、汇报人　设计部　郭一一”，设置标题文本格式为“宋体，54 号，白色，加粗”；设置普通文本为“楷体，24 号，白色，加粗”，调整文本框位置与大小，如图 5-3-11 所示。

图 5-3-11　幻灯片 1 完成效果

2. 制作幻灯片内页

幻灯片内页共有 5 页，分别为目录、总体工作完成情况、自我评价、未来工作计划、致谢，具体操作步骤如下。

（1）幻灯片 2 为“目录”，可运用 SmartArt 图形制作，在“SmartArt 图形”对话框中，单击“列表”中的“垂直曲形列表”选项，在“SmartArt 设计”选项卡下单击“更改色彩”按钮，在下拉列表中，设置图形“主题颜色”为“深色 2，填充”，如图 5-3-12 所示。单击鼠标右键中的“添加形状”可为 SmartArt 图形添加一组内容，并可对内容进行增减。

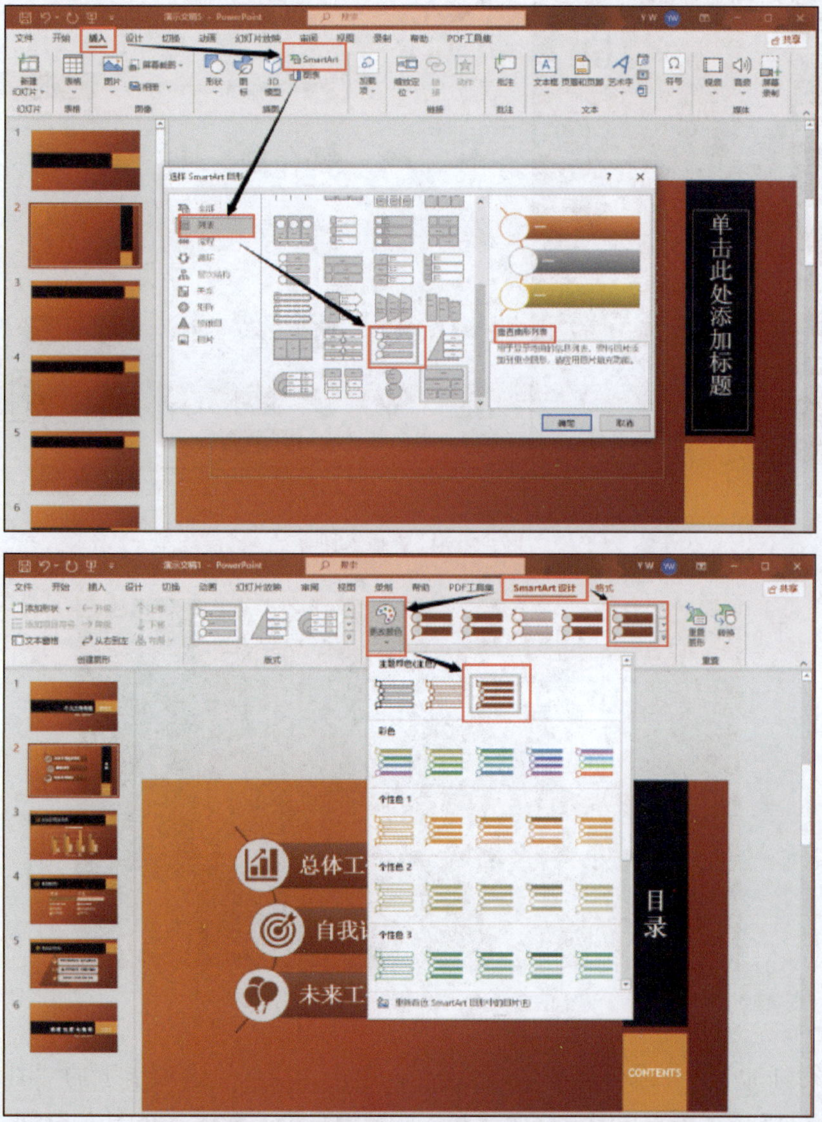

图 5-3-12 幻灯片 2 SmartArt 图形的插入与设置

单击“插入”选项卡下的“图标”按钮，如图 5–3–13 所示，根据内容为目录加入三个图标。输入文本“目录、总体工作完成情况、自我评价、未来工作规划”，“目录”文本设置为“宋体，40 号，白色，加粗”，其他文本设置为“宋体，36 号，白色，加粗”，图 5–3–14 所示为幻灯片 2 的完成效果。

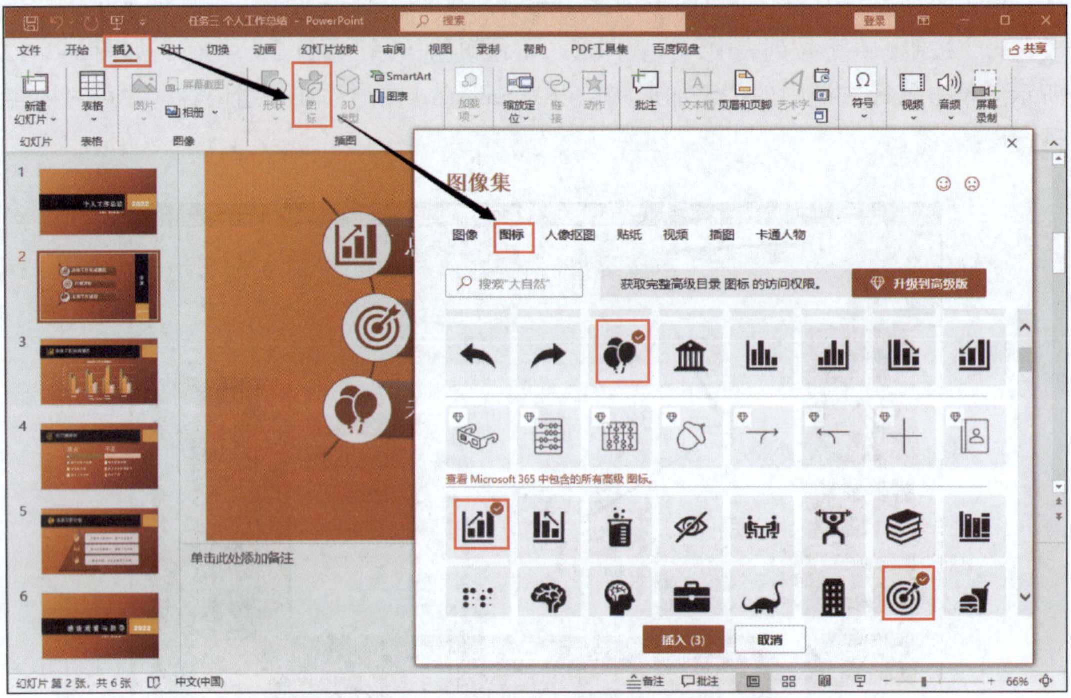

图 5–3–13　插入图标

图 5–3–14　幻灯片 2 的完成效果

（2）幻灯片 3 为“总体工作完成情况”，单击“插入”选项卡下的“图表”按钮，选择图 5–3–15 所示图表，输入标题文本，标题设置为“宋体，36 号，白色，加粗”。

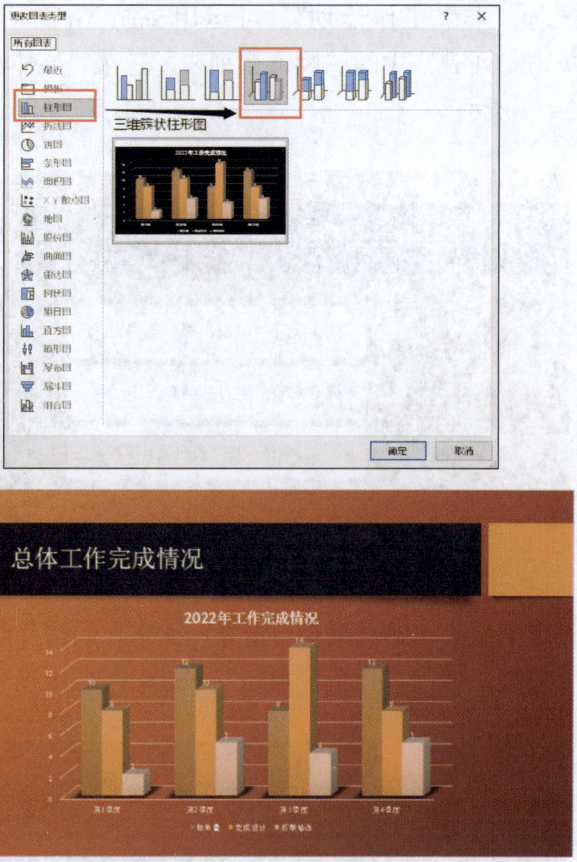

图 5-3-15　幻灯片 3 插入图表类型及完成效果

（3）幻灯片 4 为“自我评价”，也可运用 SmartArt 图形制作，在“SmartArt 图形”对话框中，单击“列表”中的“方形重点列表”选项。输入或从素材文本中复制粘贴文字内容，标题设置为“宋体，36 号，白色，加粗”，“优点”“不足”文本设置为“宋体，45 号，白色”，正文设置为“宋体，25 号”，如图 5-3-16 所示。

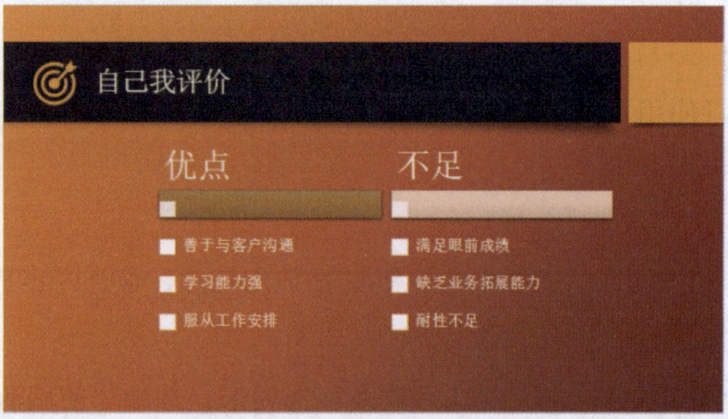

图 5-3-16　幻灯片 4 效果

（4）幻灯片5为“未来工作计划”，可运用SmartArt图形制作，在“SmartArt图形”对话框中，单击“列表”中的“棱锥型列表”选项，文本格式设置与上一页幻灯片相同，如图5-3-17所示。

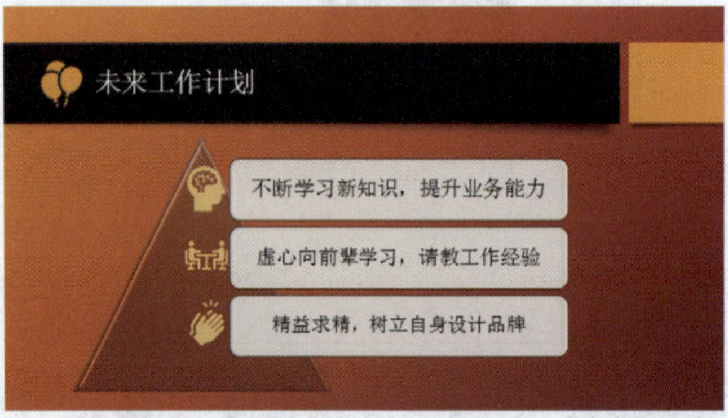

图5-3-17　幻灯片5效果

（5）幻灯片6用于显示“感谢观看与指导”文字，幻灯片版式可参照首页幻灯片，文本格式设置为“宋体，54号，白色，加粗”，如图5-3-18所示。

图5-3-18　幻灯片6效果

步骤四　在幻灯片中加入备注

为方便演示者使用，在幻灯片3中加入备注，输入或从素材文本中复制粘贴备注文字内容，如图5-3-19所示。

步骤五　保存并播放幻灯片

保存文件，按F5键或状态栏中的按钮播放幻灯片，检查内容是否正确。

步骤六　使用演示者视图播放幻灯片

在多监视器状态下，单击“幻灯片放映”选项卡，选中“使用演示者视图”复选框，如图5-3-20所示，单击“从头开始”按钮或按F5键即可。单监视器下演示者视

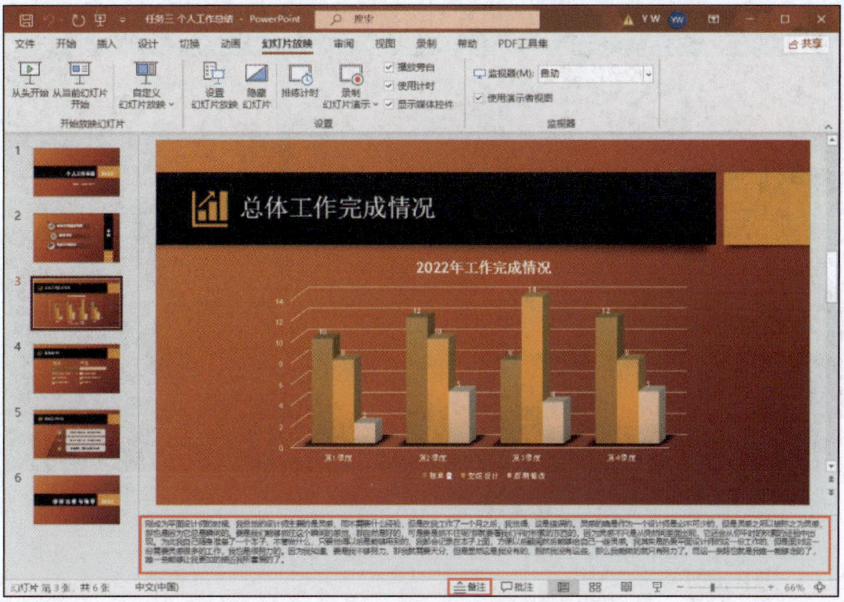

图 5-3-19　在幻灯片 3 中加入备注

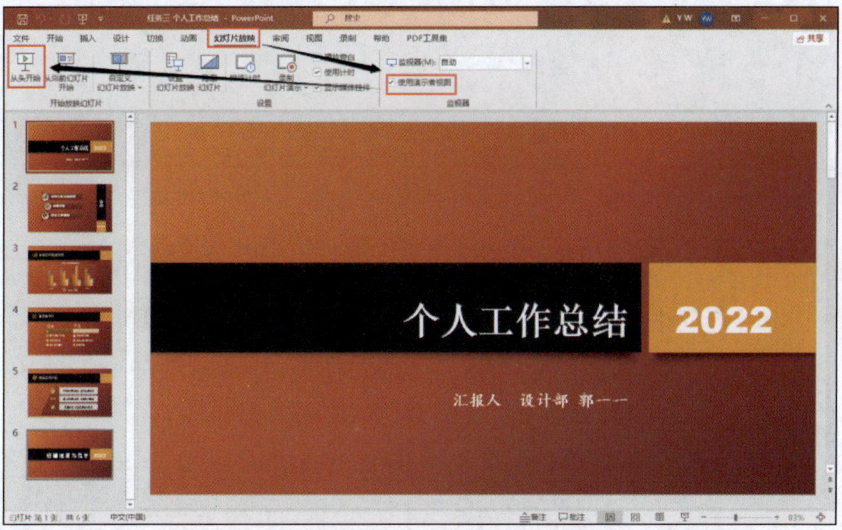

图 5-3-20　使用演示者视图的方法

图快捷键为 Alt+F5，图 5-3-21 所示为演示者视图。

小提示

在使用演示者视图之前，确保用于演示文稿的计算机支持使用多台监视器，目前大多数台式计算机均内置了多监视器支持。

图 5-3-21 演示者视图

步骤七 退出程序

操作完成后，如对文件有修改则再次保存，然后退出 PowerPoint 2021 程序。

任务 4 制作“公司宣传”演示文稿——音频、视频和超级链接的运用

学习目标

知识目标：1. 了解在演示文稿中插入视频、音频和创建超链接的方法。

2. 了解演示文稿中排练计时的使用方法。

技能目标：1. 能在幻灯片中创建超链接。

2. 能在幻灯片中插入视频、音频。

3. 能在幻灯片中插入动作按钮。

4. 能使用图片适应形状。

5. 能使用排练计时实现演示文稿自动播放。

任务描述

本任务在学习演示文稿中插入音频、视频和超链接方法的基础上，完成以下案例的制作。

北京 SL 科技有限公司要参加一次企业招商宣传活动，员工小林要为本次活动制作一个演示文稿，文稿内容要展示企业宣传片及介绍企业优势等。“公司宣传”演示文稿包括封面、目录、公司简介、企业优势、联系我们和尾页共六页。演示文稿可在展厅循环播放，以达到企业宣传的目的。需要创建超链接，插入视频、音频和动作按钮来实现幻灯片的功能，并能利用排练计时进行自动放映，“企业宣传”演示文稿效果如图 5-4-1 所示。

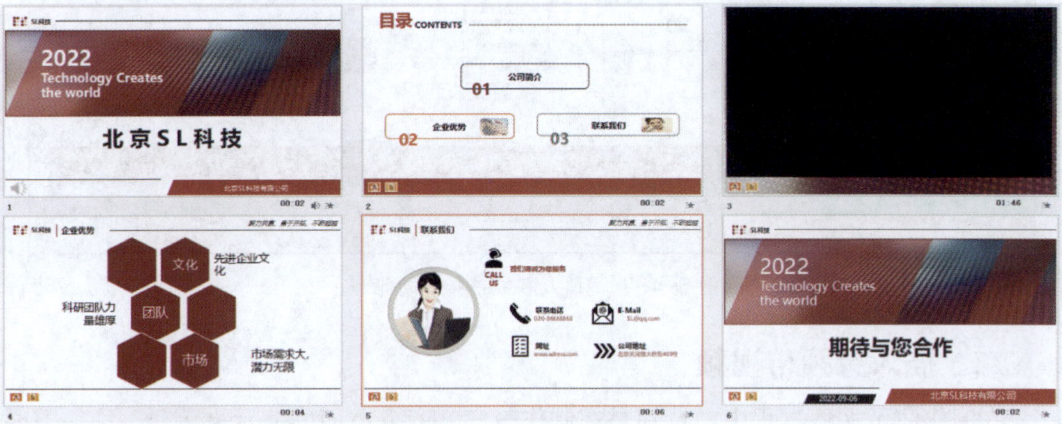

图 5-4-1 “企业宣传”演示文稿效果

相关知识

一、插入超链接

演示文稿中可以添加超链接以便跳转到某个特定的位置，如跳转到当前文稿的任意一张幻灯片、另一个演示文稿或某个 Internet 地址。创建超链接时，热点可以是任何对象，如文本、文本框、图形、图片等。

首先选中热点对象，单击“插入”选项卡下的“链接”按钮，弹出“插入超链接”对话框，如图 5-4-2 所示，在对话框左侧“链接到”中包括“现有文件或网页”“本文档中的位置”“新建文档”“电子邮件地址”四个选项。选择“本文档中的位置”即可链接到本文档中任意一张幻灯片上。选择“现有文件或网页”即可链接到文档外的任意一个文件或网页上。

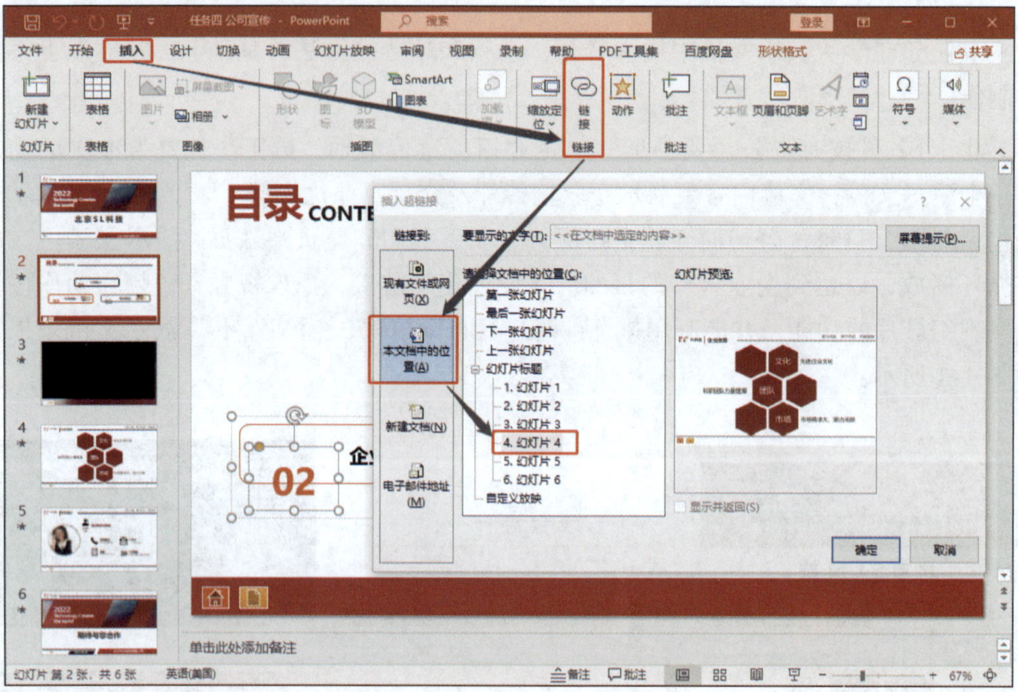

图 5-4-2 “插入超级链接”对话框

二、插入音频与视频

在制作演示文稿过程中，特别是在制作教学、商务方面的演示文稿时，往往需要为幻灯片添加一些适当的声音，因为一个恰到好处的声音可以使演示文稿变得有声有色，更具感染力。在 PowerPoint 2021 中可以通过“插入”选项卡插入一段音频或视频，如图 5-4-3 所示。

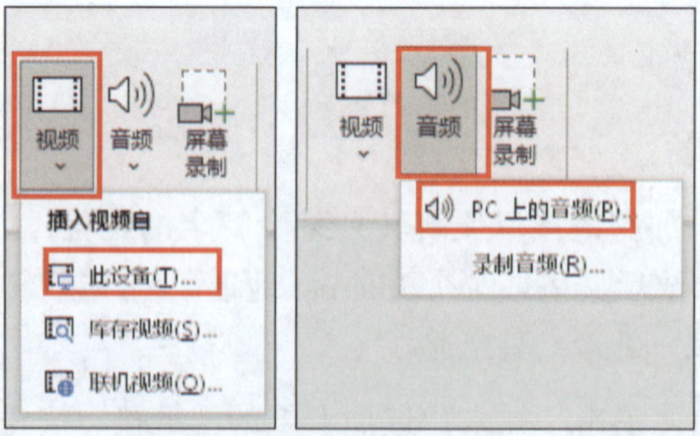

图 5-4-3 音频与视频插入

对已插入的音频可通过图 5-4-4 所示的“播放”选项卡进行音量、播放方式、音频样式、剪裁音频和预览等操作。视频可通过图 5-4-5 所示的“播放”选项卡进行播放方式、视频样式、剪裁视频、字幕选项和预览等操作。

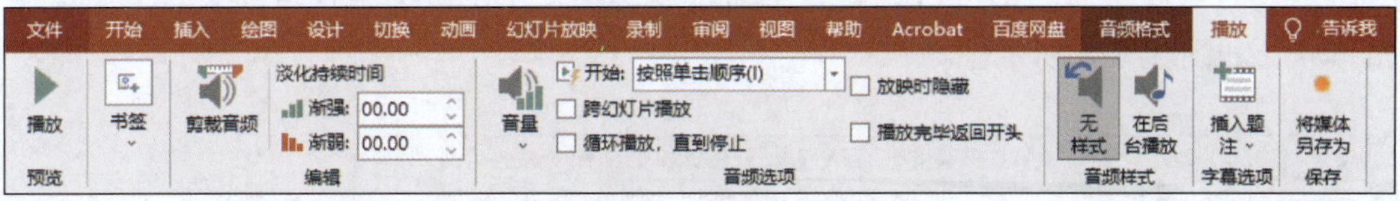

图 5-4-4 音频播放选项卡

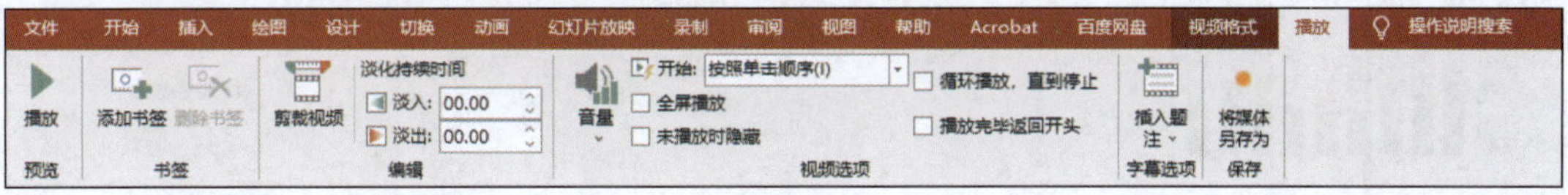

图 5-4-5 视频播放选项卡

三、图片适应形状

在设计演示文稿时，图片素材往往需要变成椭圆形、扇形等形状，更改图片形状可以采用以下方法实现。

1. 将图像裁剪为形状

插入图片后，在“图片格式”选项卡下选择“裁剪”工具，在下拉菜单中单击“裁剪为形状”命令，将保持比例自动裁剪图片以填充选定形状的几何图形。如图 5-4-6 所示，多张图片要改为同一种形状时可以同时设置。

图 5-4-6 将图片裁剪为形状

2. 将图片添加到形状

添加形状并选中该形状，如图 5-4-7 所示，单击“形状格式”选项卡下的“形状填充”按钮，在下拉菜单中单击“图片”选项，对图片进行选择即可将图片添加到形状中。如有需要可对图形进行调整，可通过右键菜单中的“编辑顶点”工具，手动编辑形状，如图 5-4-8 所示。

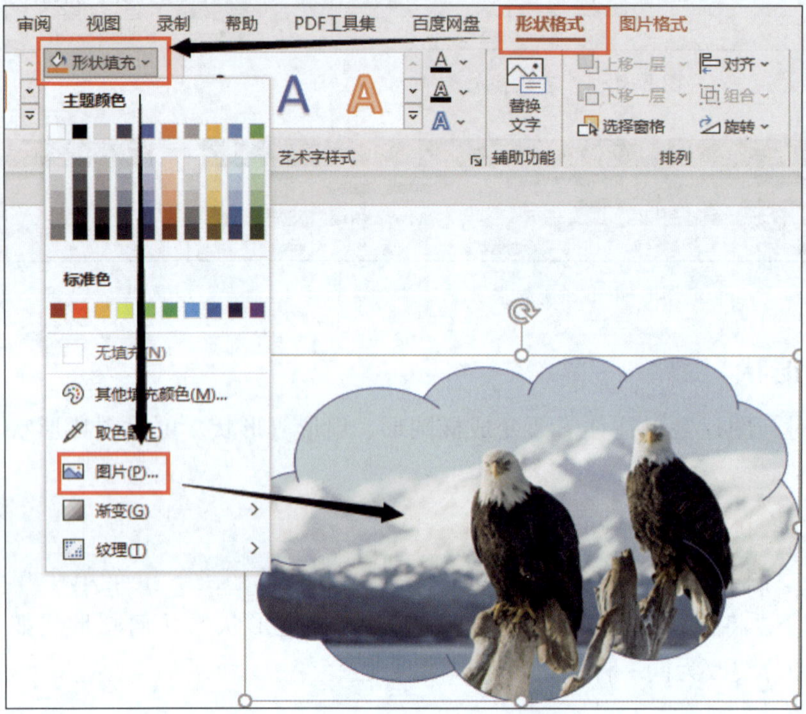

图 5-4-7　将图片添加到形状的方法

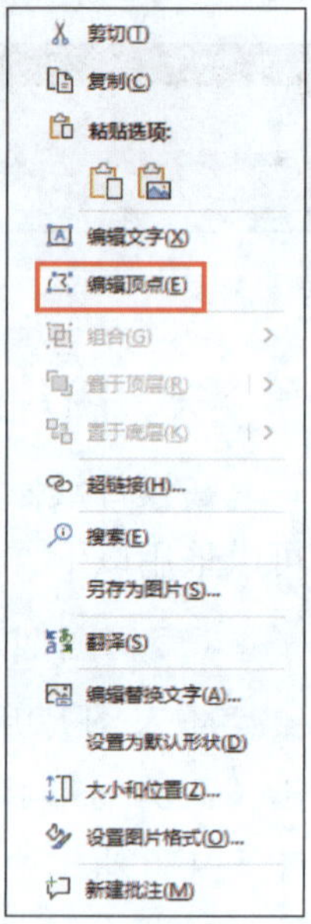

图 5-4-8　编辑顶点工具

3. 为图片添加边框

对已插入的图片，单击“图片格式”选项卡下的“图片样式”按钮也可以达到为图片改变形状的目的。图 5-4-9 所示为给图片添加“图片样式”的前后对比效果。

四、排练计时

当演示文稿使用排练计时，PowerPoint 2021 会记录每一页演示时所用的时间。一旦计时成功，演示文稿可以使用排练计时自动放映。单击“幻灯片放映”选项卡下的“排练计时”按钮，幻灯片就会进入放映状态并记录时间，如图 5-4-10 所示。

图 5-4-9　给图片添加“图片样式”的前后对比效果

图 5-4-10　排练计时的操作方法

任务实施

步骤一　启动 PowerPoint 2021 并创建演示文稿

启动 PowerPoint 2021，创建一个空白演示文稿，并将其命名为“企业宣传”。

步骤二　制作幻灯片

1. 如图 5-4-11 所示，为幻灯片 1 插入一张 PowerPoint 2021 内置图片作为主题图片。插入三个大小不同的平行四边形，参数如图 5-4-12 所示，增加页面层次感，调整其位置与大小，颜色为企业主题“红色”，透明度为 52%。绘制粗细为 2.25 磅的黑色直线为幻灯片分割出页眉和页脚区域。中文标题格式设置为“微软雅黑，60 号，黑色，加粗”，英文标题格式设置为“微软雅黑，36 号，白色，加粗”，其他文本格式设置为“微软雅黑，20 号，白色”，最后插入内置标志作为企业标志，如图 5-4-13 所示。

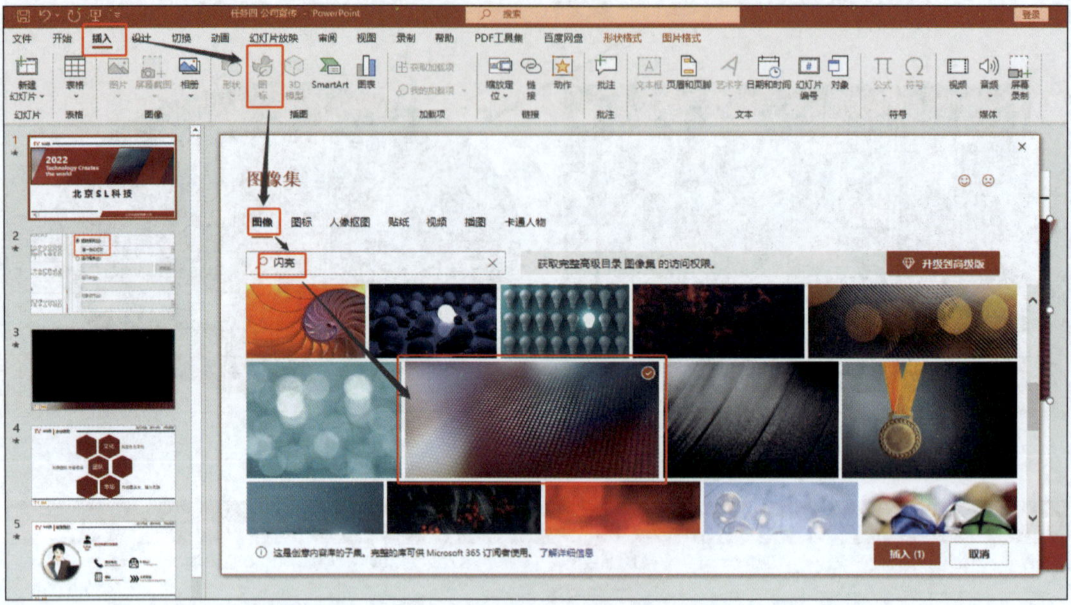

图 5-4-11　插入一张 PowerPoint 2021 内置图片

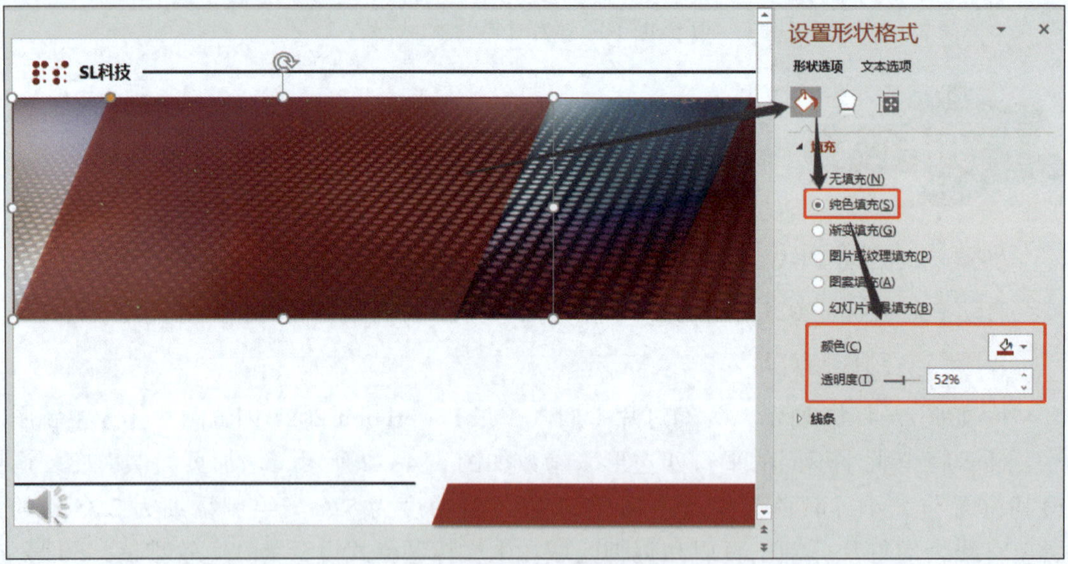

图 5-4-12　图形样式

图 5-4-13　幻灯片 1 的效果

小提示

插入图片时，可以采用将图片裁剪为形状的方法，也可以采用为形状填充图片的方法，两者都能达到操作目标，但在操作上两种方法区别较大，前者需要先插入图片，而后者需要先插入图形。

2. 幻灯片 2 为目录页，如图 5-4-14 所示。

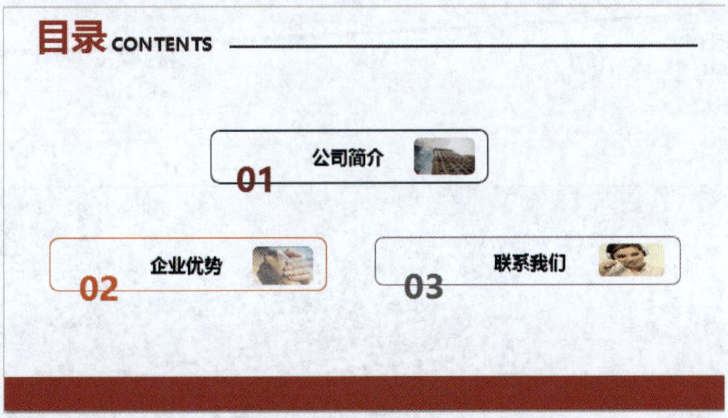

图 5-4-14　幻灯片 2 的效果

3. 幻灯片 3 为公司简介视频，插入与首页相同的图片作为背景，为后面插入视频做好准备。幻灯片 4 为企业优势，可采用 SmartArt 图形制作，更改图形颜色为企业主题“红色”并添加文字；幻灯片 5 为联系我们，在各项联系方式前插入内置图标，增加页面的可读性，并使用内置图片插入打电话人物，图片样式为“金属椭圆”。幻灯片 6 为尾页，页面效果参照首页，如图 5-4-15 所示。

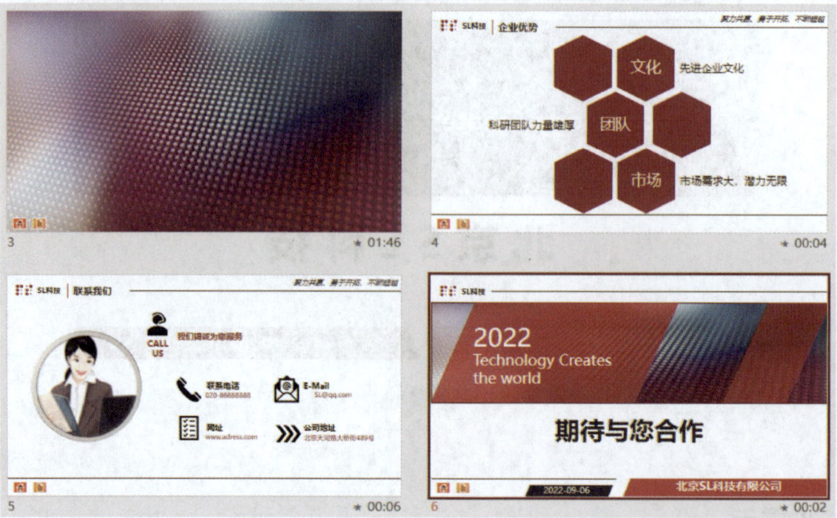

图 5-4-15　幻灯片 3～6 页的效果

步骤三　插入视频

1. 选择幻灯片 3，单击“插入”选项卡下的“视频”按钮，在下拉列表中单击“此设备（T）…”选项，如图 5-4-16 所示。

图 5-4-16　插入视频

2. 单击“此设备（T）…”选项后，会弹出“插入视频文件”对话框，如图 5–4–17 所示，找到素材文件夹中的“公司介绍视频 .mp4”视频文件，单击“插入”按钮。插入视频后调整其大小，通过“播放”选项卡对视频播放属性进行设置，选中“自动”选项，如图 5–4–18 所示。

图 5–4–17　“插入视频文件”对话框

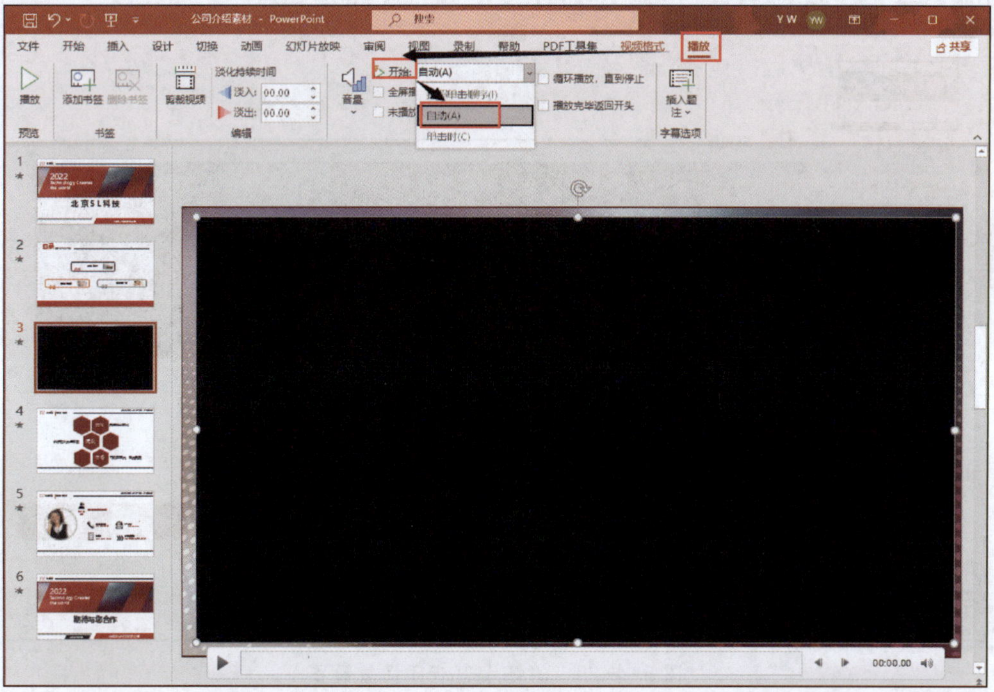

图 5–4–18　设置播放属性

步骤四　插入音频

1. 如图 5–4–19 所示，单击幻灯片 1，单击“插入”选项卡下的“音频”按钮，在下拉列表中单击“PC 上的音频”选项，弹出“插入音频”对话框，选择素材中的“背景音乐 .mp3”音频文件，单击“插入”按钮。插入成功后在幻灯片中将出现一个小喇叭按钮和音频控制条，可移动到适当位置。

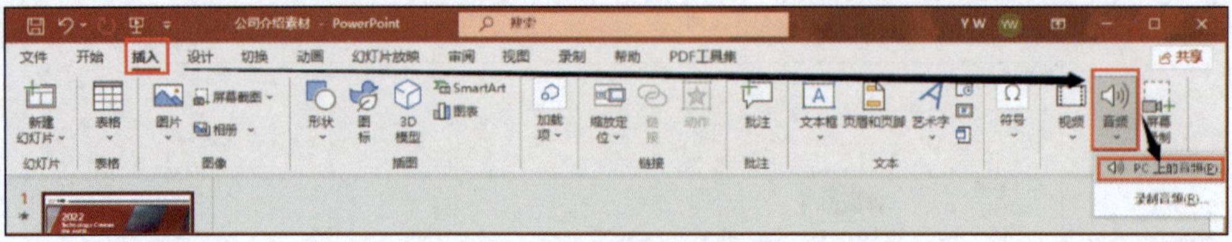

图 5-4-19　插入“音频”

2. 选中小喇叭按钮，单击“音频工具”中的“播放”工具，设置“播放”选项为“自动”，勾选“跨幻灯片播放”“放映时隐藏”“循环播放，直到停止”“播放完毕返回开头”复选项，如图 5-4-20 所示。

图 5-4-20　幻灯片 1 音频播放设置

步骤五　插入超链接

1. 为幻灯片 2 中的三个选项图形创建超链接目标，目标设置如图 5-4-21 所示。单击“01”矩形，单击“插入”选项卡下的“链接”按钮，打开“插入超链接”对话框，在左侧单击“本文档中的位置”选项，在右侧框中单击幻灯片 3。同理，将“02”矩形链接到幻灯片 4，将“03”矩形链接到幻灯片 5。

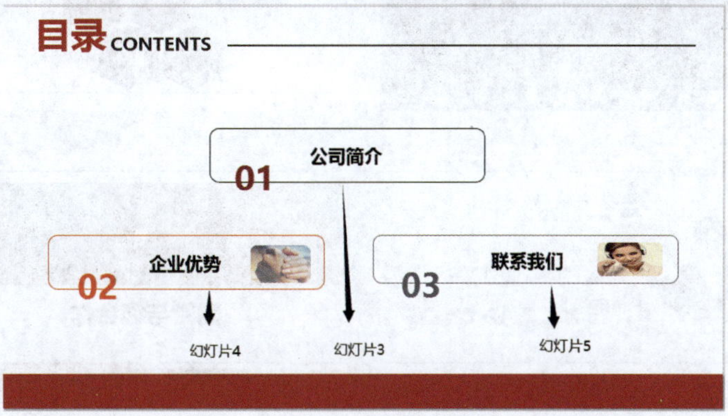

图 5-4-21　幻灯片 2 中图形的超链接目标

2. 插入动作按钮。如图 5-4-22 所示，选择幻灯片 3，单击“插入”选项卡下的“形状”按钮，在下拉列表中选择“动作按钮：第一页”，插入第二个“动作按钮”，将超链接目标设置为幻灯片 2 目录页，调整其位置与大小。将两个“动作按钮”分别复制粘贴到幻灯片 4 至幻灯片 6 中，如图 5-4-23 所示。

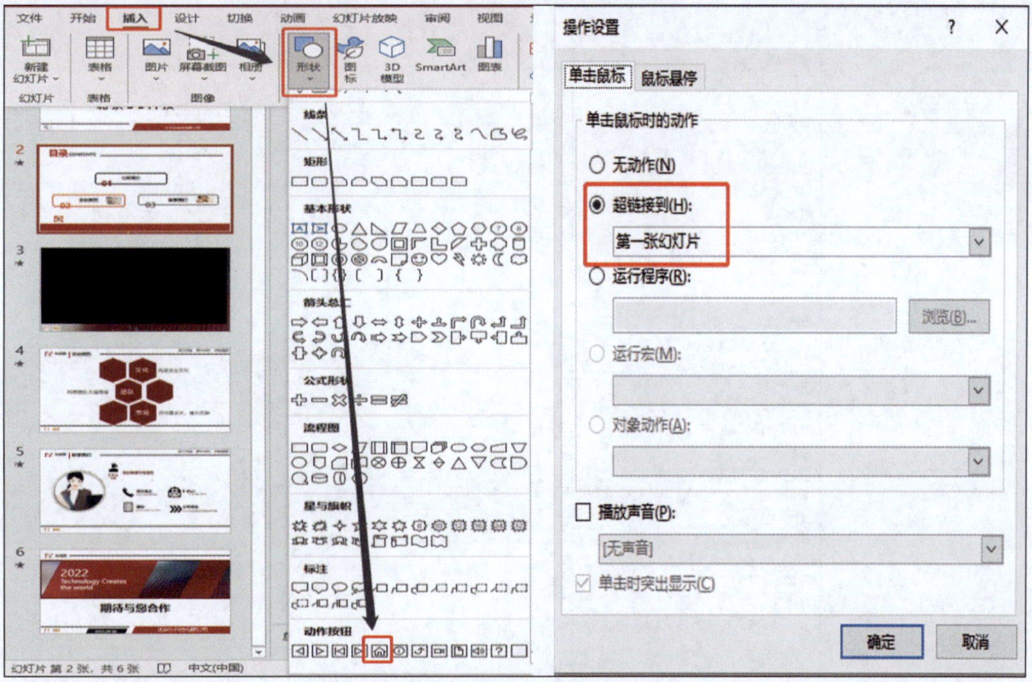

图 5-4-22　动作按钮设置

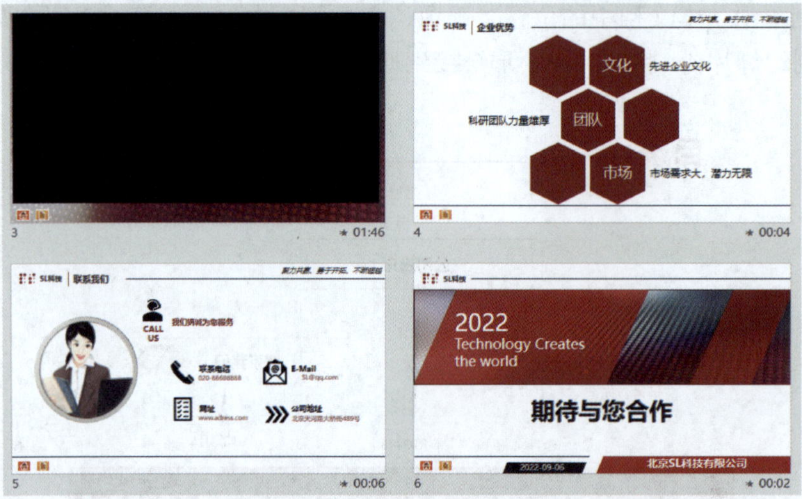

图 5-4-23　插入动作按钮

小提示

单击“插入”选项卡下的“形状”按钮，在下拉列表中最下方有一排“动作按钮”图形，如图 5-4-24 所示，可将鼠标停留在任意一个动作按钮上面，即可根据出现的提示了解各个按钮的功能。

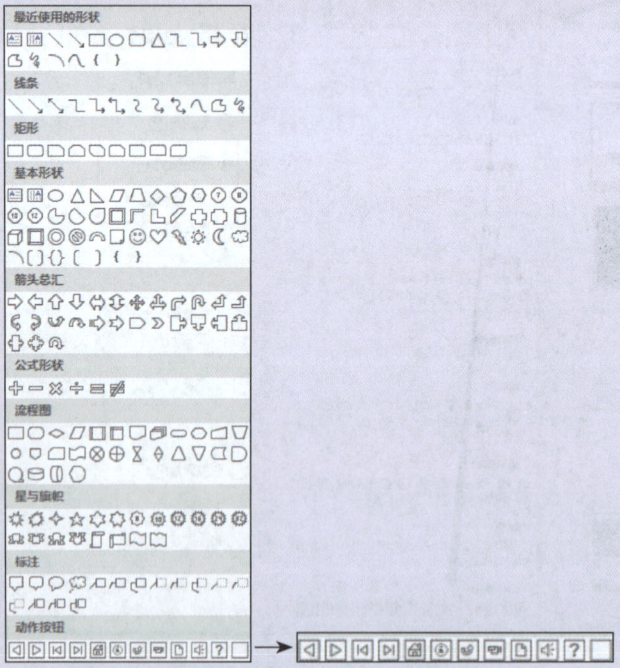

图 5-4-24　插入“动作按钮”

步骤六　使用排练计时播放幻灯片

单击“幻灯片放映”选项卡下的“排练计时”按钮，根据需求控制幻灯片放映时长，完成排练计时。需要演示文稿自动播放时，选中“使用计时”复选项即可，如图 5-4-25 所示。

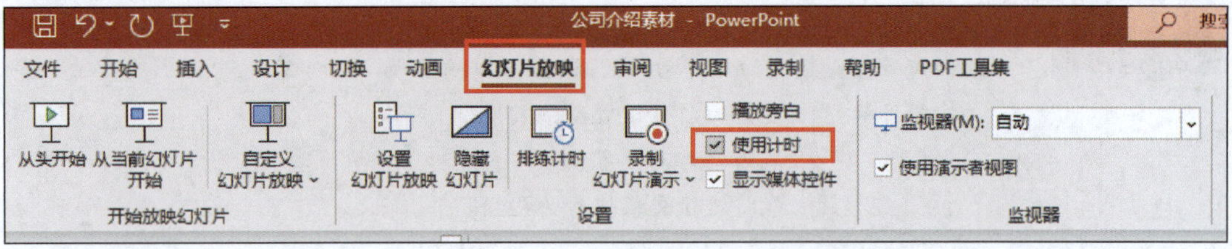

图 5-4-25　使用计时

小提示

在 PowerPoint 2021 中单击图 5-4-26 所示的“录制”选项卡中的相应功能即可完成录屏、截屏、录制视频、音频、导出视频等操作，设置过排练计时的幻灯片可以直接在“录制”选项卡中导出为视频格式。

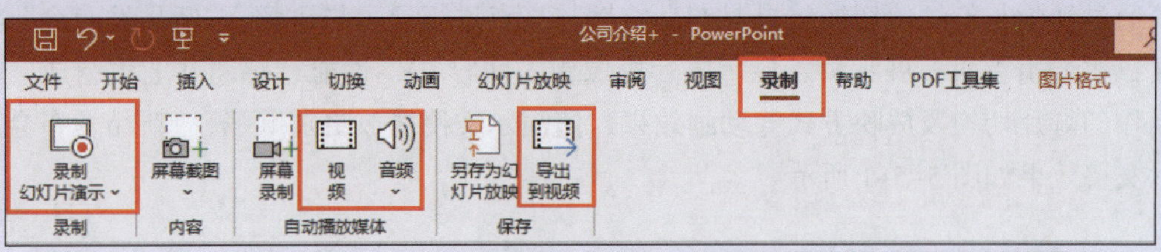

图 5-4-26　“录制”选项卡

步骤七　保存并播放幻灯片

保存文件，按 F5 键或状态栏中的按钮 来播放幻灯片，检查内容是否正确。

步骤八　退出程序

操作完成后，如对文件有修改则再次保存，然后退出 PowerPoint 2021 程序。

任务 5　制作“新产品发布”演示文稿——动画、切换效果与幻灯片放映制作

学习目标

知识目标：熟悉幻灯片动画效果的添加与编辑方法。

技能目标：1. 能为幻灯片设置动画效果。

2. 能为幻灯片设置切换方式。

3. 能将演示文稿保存为视频。

任务描述

本任务在学习 PowerPoint 2021 的动画效果和放映效果功能的基础上，完成以下案例的制作。

某企业即将发布一款新型手机产品，需要制作“新品发布会”演示文稿，要求文稿通过动画与幻灯片切换效果对产品特性与亮点进行展示与讲解。“新品发布会”演示文稿主要由首页、展示页、显示屏、摄像头、面容 ID、性能、感谢共七页组成。需要制作幻灯片切换及放映方式等动画效果，使演示文稿播放更加顺畅，“新品发布会”演示文稿效果如图 5-5-1 所示。

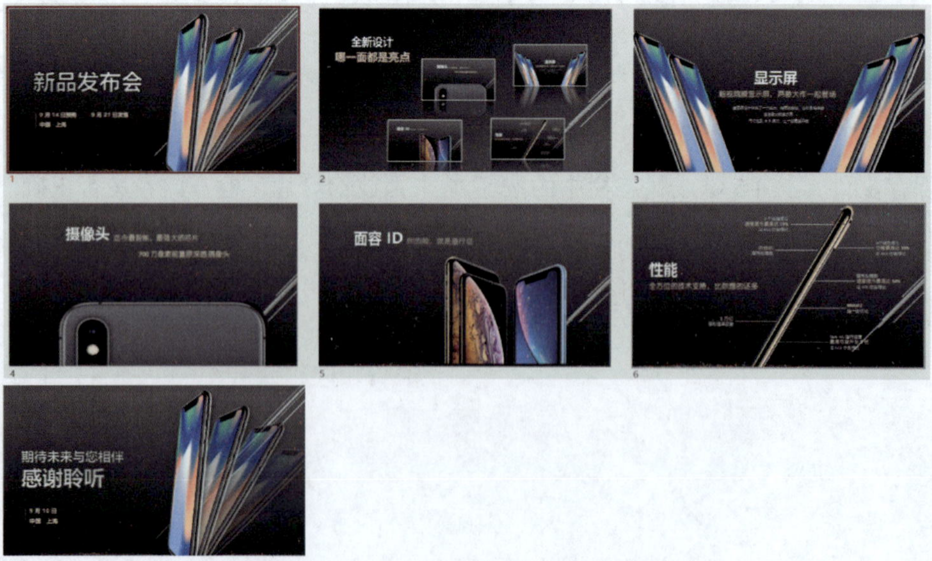

图 5-5-1　“新品发布会”演示文稿效果

相关知识

一、添加和编辑动画效果

选中需要设置动画的对象（包括图片、文字、图形等），单击“动画”选项卡下“动画”组列表框中的任意一种动画效果，即可完成设置并观看预览效果，如图 5–5–2 所示。

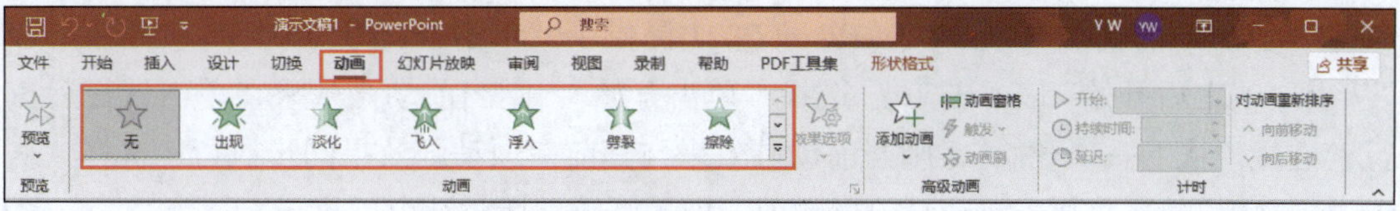

图 5–5–2　动画效果列表

单击图 5–5–2 中动画效果列表框右侧的按钮，将列表展开，可分为进入、强调、退出、动作路径四类常用动画效果。此外，还可通过下方的各个选项选择更多动画效果，如图 5–5–3 所示。例如，单击“更多进入效果”选项，可在弹出的“更改进入效果”对话框中查看全部退出动画效果，如图 5–5–4 所示。

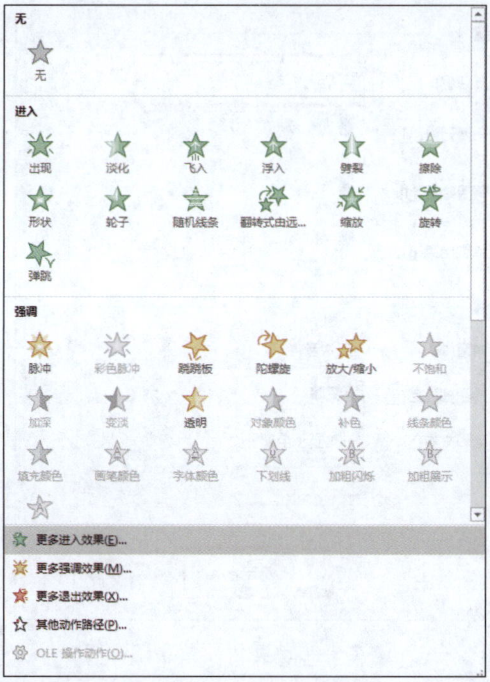

图 5–5–3　动画效果

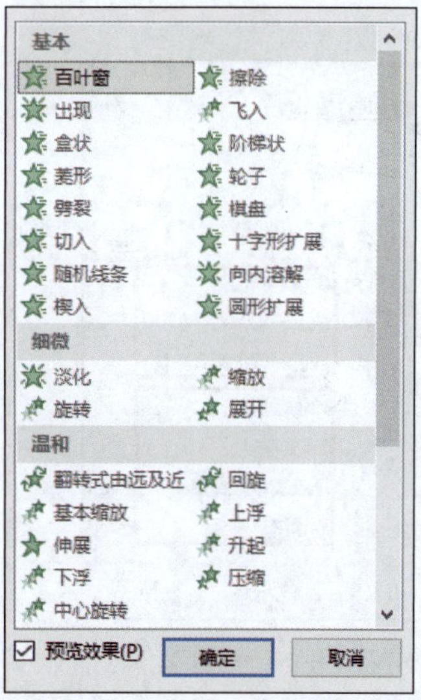

图 5–5–4　“更多进入效果”对话框

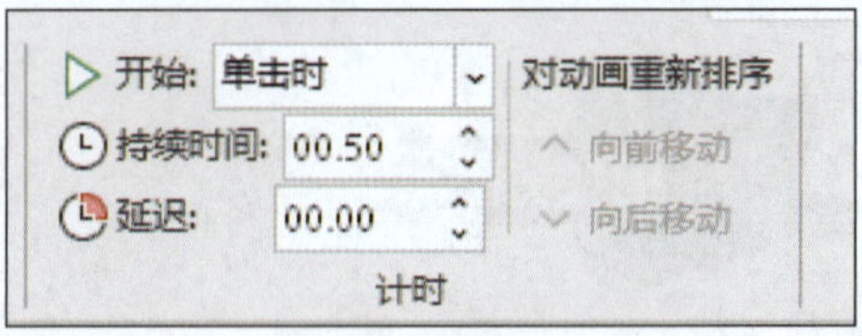

图 5-5-5 “动画”选项卡中的“计时”组

动画的触发时机、持续时间和延迟运行时间等参数，都可以通过“动画”选项卡中的“计时”组进行设置，如图 5-5-5 所示。

单击“动画”选项卡下“高级动画”组中的“动画窗格”按钮，可在 PowerPoint 2021 窗口右侧打开动画窗格，在其中可对动画效果的属性和动画效果间的播放关系进行详细的设置，单击动画名称右侧的下拉按钮，即可展开设置菜单，如图 5-5-6 所示。

对于动画的播放时机，PowerPoint 2021 提供了“单击开始”“从上一项开始”和“从上一项之后开始”三个选项。选择“单击开始”，则当前动画效果在单击鼠标后执行；选择“从上一项开始”，则当前动画效果与其前一项动画效果同步执行；选择“从上一项之后开始”，则当前动画效果在前一项动画效果播放结束后执行。

对于不同的动画效果，单击图 5-5-6 所示快捷菜单中的“效果选项”，可对播放效果进行更为详细的设置。例如，“飞入”动画的“效果”选项卡如图 5-5-7 所示。另外，“计时”选项卡可以控制动画效果的播放时长。

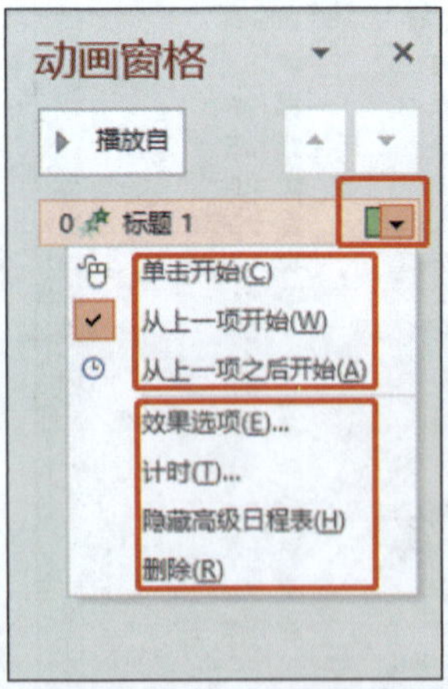

图 5-5-6 动画窗格

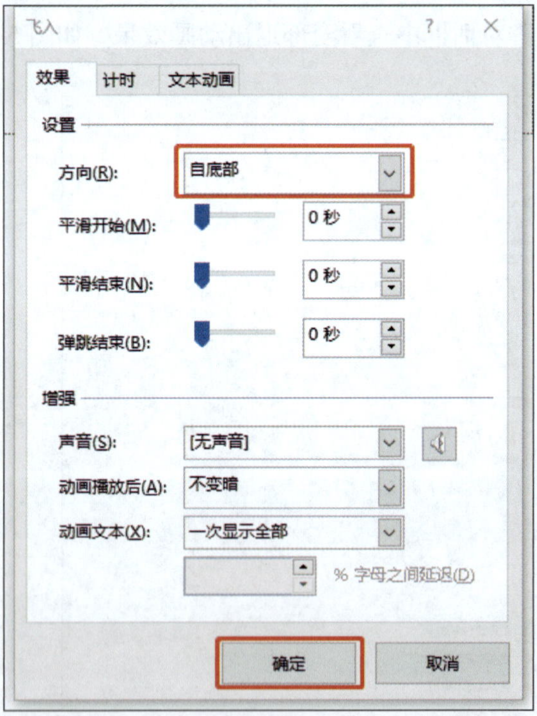

图 5-5-7 “飞入”动画的“效果”选项卡

二、添加切换效果

幻灯片的切换效果用于设置幻灯片的放映过程中前一页的消失方式和后一页的出现方式。恰当地设置切换效果，可以使演示文稿更加生动、活泼、美观。

单击“切换”选项卡下“切换到此幻灯片”组的切换效果列表（见图 5–5–8）中的任意一种，即可在当前幻灯片中应用，并预览播放效果。

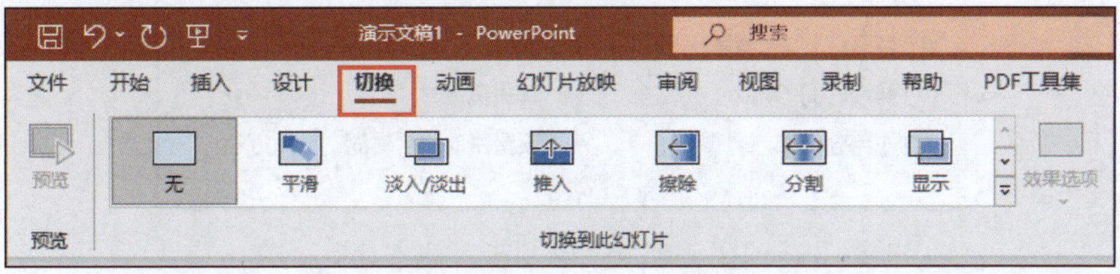

图 5–5–8 切换效果

单击列表右下角的按钮，可展开图 5–5–9 所示的全部切换效果列表，其中包括细微、华丽、动态内容三类。

图 5–5–9 切换效果列表

在“切换”选项卡下“计时”组中（见图 5–5–10），可对切换效果的详细参数进行设置，包括切换时播放的声音、切换效果的持续时间、换片方式等。其中在换片方式中，可设置为幻灯片在单击鼠标左键时切换或在到达指定时间后切换。单击“应用到全部”按钮可将所选切换效果应用到整个演示文稿中。

如图 5–5–8 所示，在设置切换效果时，需先选中要设置切换效果的幻灯片，再单击“切换”选项卡中的切换效果，如图 5–5–9 所示。

幻灯片的切换声音和速度，可通过“切换”选项卡下的“计时”组进行编辑，如图 5–5–10 所示。

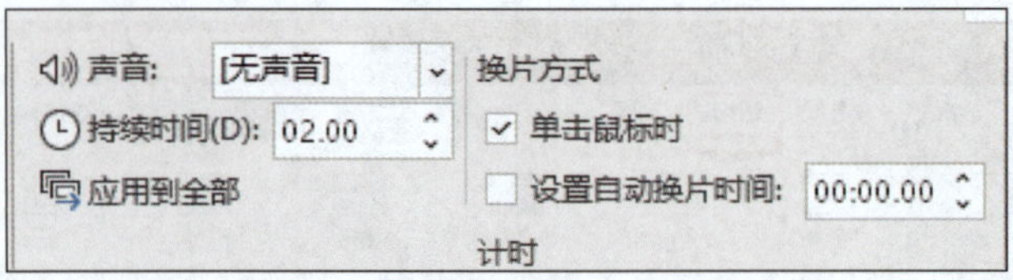

图 5–5–10 “切换”选项卡下的“计时”组

PowerPoint 2021 增加了一项“平滑”切换，在前一页幻灯片中建立一组文字，然后把它复制到后一页幻灯片中，接下来再对字体位置和排列进行调整。将两页幻灯片切换方式设置成“平滑”后，就能在播放画面时看到两组文字相互变化的动画效果。

三、幻灯片放映设置

PowerPoint 2021 中提供了多种放映和控制幻灯片的方法，如排练计时、录制演示文稿以及跳转放映等，使用时可以选择最为理想的放映速度与放映方式。“幻灯片放映”选项卡如图 5–5–11 所示。

图 5–5–11 “幻灯片放映”选项卡

四、缩放定位

缩放定位能够以非线性方式创造性地演示内容。当建立了一组平行幻灯片时，通常方法是顺序或者通过建立超链接的方式解决前后衔接问题。而缩放定位则可以直接利用幻灯片缩略图进行衔入，可以由用户自主指定子幻灯片播放顺序和是否返回总幻灯片。图 5–5–12 所示分为“摘要缩放定位”“节缩放定位”“幻灯片缩放定位”三种类型。通过缩放定位功能能使演示文稿产生更加动态和震撼的效果。

已插入到幻灯片中的缩放定位与图片相似，可以通过“缩放”选项卡对“缩放定位选项”“缩放定位样式”“辅助功能”“排列”和“大小”进行设置，如图 5–5–13 所示。

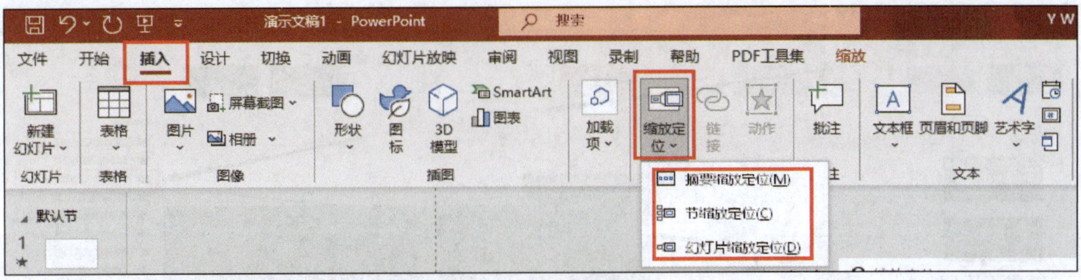

图 5-5-12 缩放定位

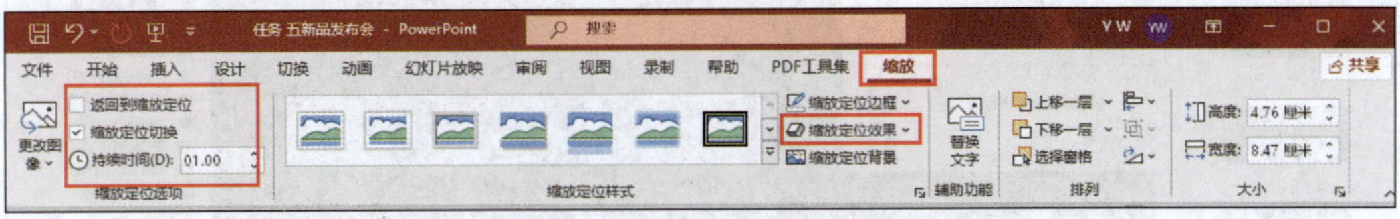

图 5-5-13 “缩放”选项卡

任务实施

步骤一 启动 PowerPoint 2021 并创建演示文稿

启动 PowerPoint 2021，创建一个空白演示文稿，并将其命名为“新品发布会”。

步骤二 演示文稿主题与变形设置

如图 5-5-14 所示，选择幻灯片主题为“切片”，为了体现新品的神秘感，将“变体”组中的“颜色”改为“灰度”，如图 5-5-15 所示，调整“设置背景格式”任务窗格。

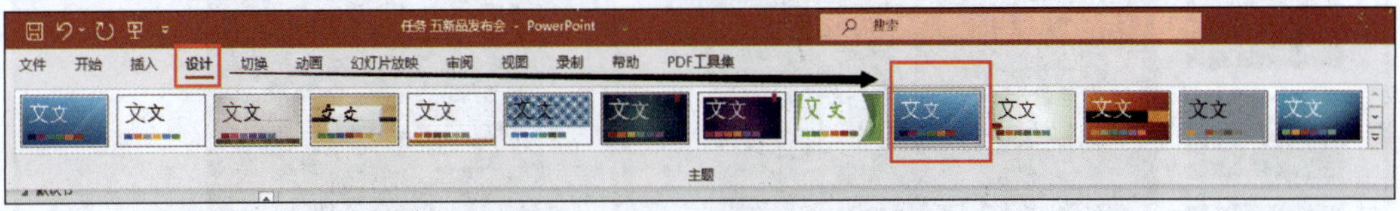

图 5-5-14 幻灯片 1 效果图

步骤三 制作幻灯片

1. 幻灯片 1 为首页，插入配套素材“图片 1.jpg”，并复制五张图片，旋转调整位置，选择“图片格式”选项卡，再单击“透明度”按钮，从左到右依次将图片透明度改为 0%、30%、65%、80%、95%，如图 5-5-16 所示。输入文本“新品发布会”，标题文本设置为“微软雅黑，72 号”，选择“形状格式”选项卡，单击“艺术字样式”后将颜色改为渐变色，其他文本设置为“微软雅黑，18 号”，如图 5-5-17 所示。

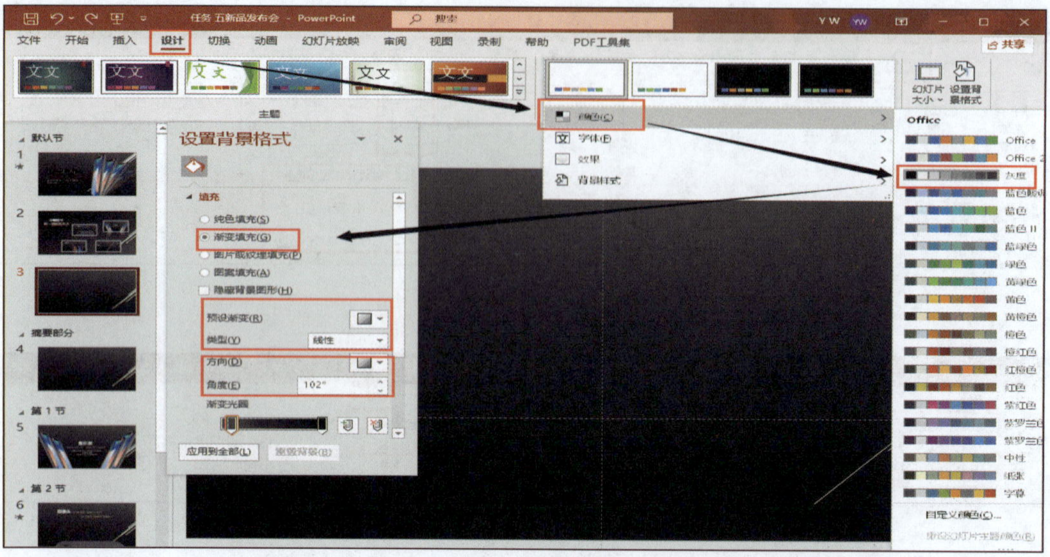

图 5-5-15 设置主题变体

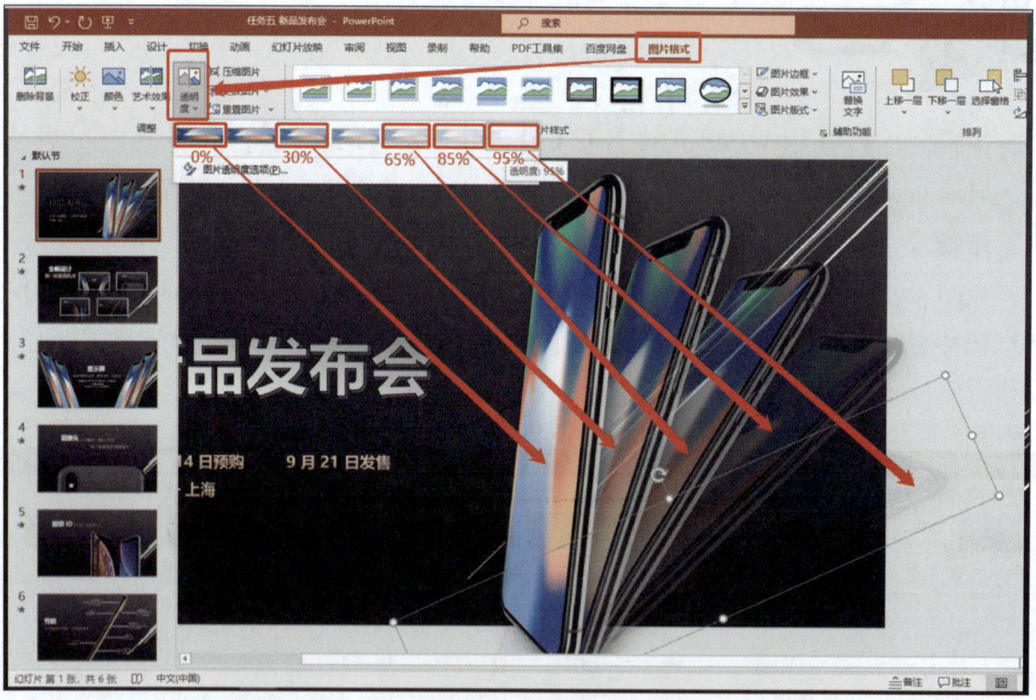

图 5-5-16 设置图片透明度

2. 幻灯片 2 为目录页，为了方便编辑，可将幻灯片版式设置为空白，输入文本“全新设计”，文本格式设置为“微软雅黑，48 号，白色”，输入文本“哪一面都是亮点”，文本格式设置为“微软雅黑，36 号，浅粉色”，调整文本位置，以便后续插入幻灯片缩放定位预留位置。

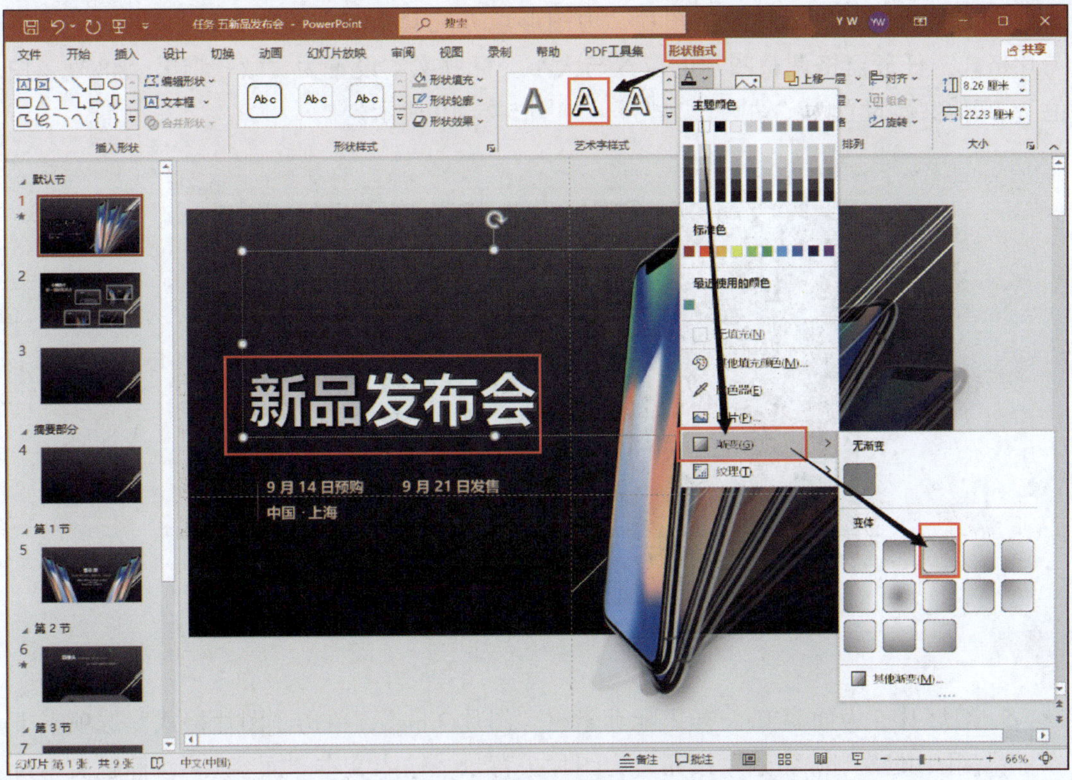

图 5-5-17　设置文本格式

3. 幻灯片 3 为显示屏，插入配套素材“图片 1.jpg”，复制并排列位置。输入文本，标题文本设置为“微软雅黑，48 号，白色”，其他文本设置为“幼圆，24 号和 12 号”，如图 5-5-18 所示。

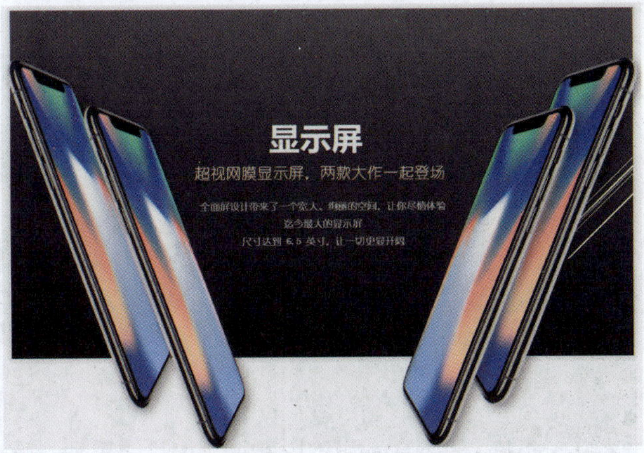

图 5-5-18　幻灯片 3

4. 幻灯片 4 为摄像头。绘制圆角矩形，调整其位置与大小，然后单击“形状格式”

选项卡“形状填充”工具中的图片，为图形填充配套素材“图片 2.jpg”，通过“设置图片格式”任务窗格调整图片的位置与大小。标题文本设置为“微软雅黑，48 号，白色”，其他文本设置为“幼圆，24 号”，如图 5–5–19 所示。

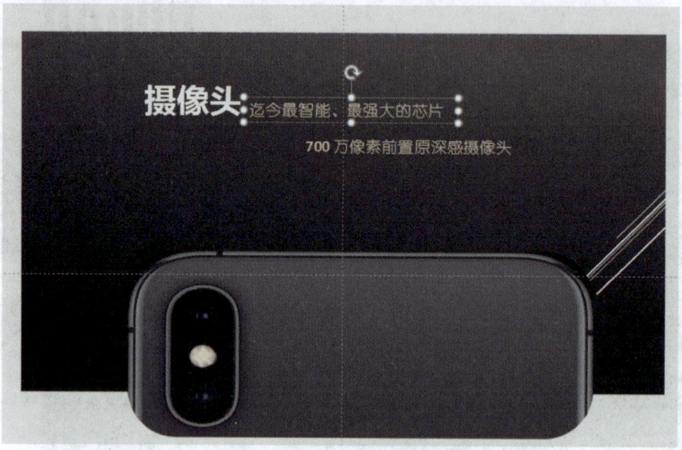

图 5–5–19　幻灯片 4

5. 幻灯片 5 为面容 ID。插入配套素材“图片 3.jpg”，单击“图片格式”选项卡下“调整”组中的“删除背景”按钮，为图片去背景。输入文本“面容 ID”，标题文本设置为“微软雅黑，48 号，白色”，将“你的脸，就是通行证”文本设置为“幼圆，24 号”，如图 5–5–20 所示。

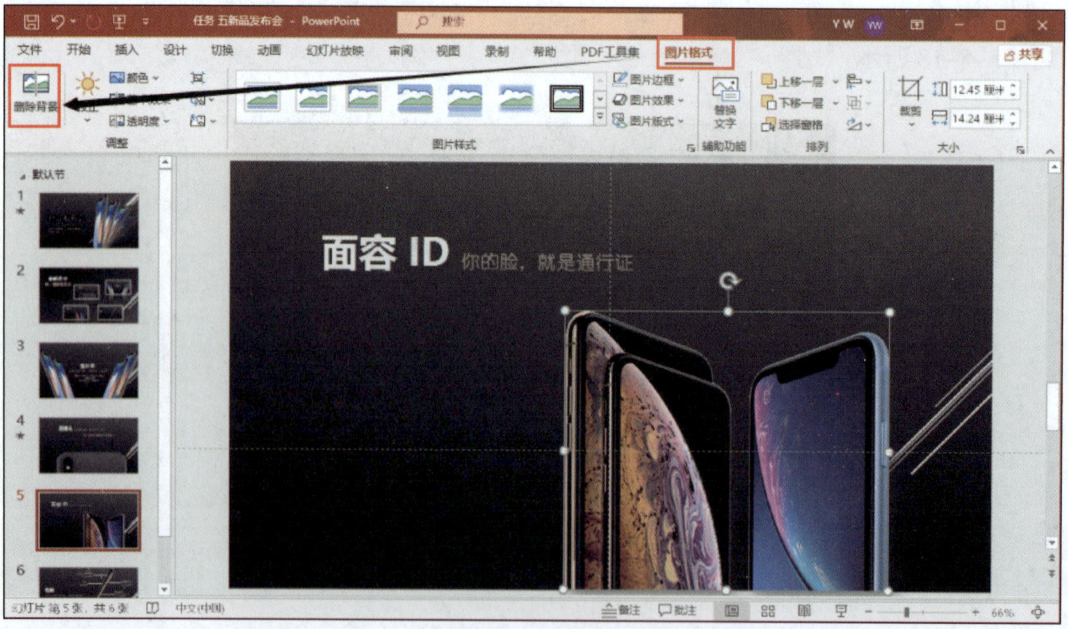

图 5–5–20　幻灯片 5

6. 幻灯片 6 为性能。插入配套素材“图片 4.jpg”，并调整其位置与角度。插入“形状”，绘制文本与图片的连接线，线条设置为“粗细 0.75 磅，虚线短画线，白色”。输入文本或从素材中粘贴文字，标题文本设置为“微软雅黑，48 号，白色”，标注文本设置为“幼圆，16 号”，如图 5–5–21 所示。

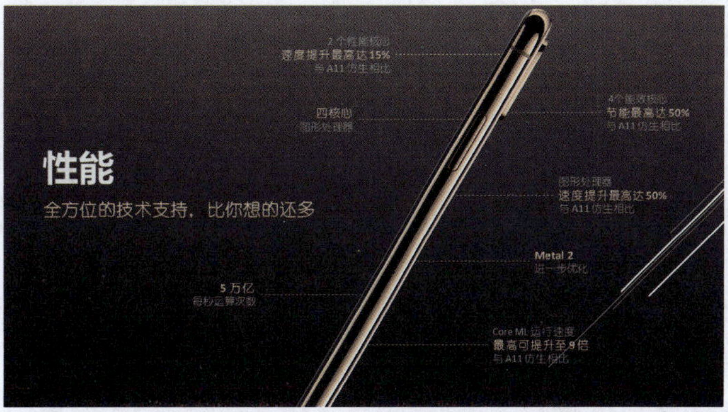

图 5-5-21　幻灯片 6

小提示

当图片素材背景与内容色彩相近时，使用“删除背景”工具处理图片效果不好，可以通过绘制形状或任意多边形再以图片进行填充，最后通过编辑顶点等方法对图形进行调整，效果更好。

7. 幻灯片 7 为结束页，动画、文字格式与首页相同，如图 5–5–22 所示。

图 5-5-22　幻灯片 7

步骤四　设置动画效果

1. 在幻灯片 1 中，为五张图片从右到左设置“浮入”动画效果，开始条件设置为“从上一项之后开始”，计时设置为“非常快”；为“新品发布会”文本框添加“淡化”动画效果，开始条件设置为“从上一项开始”；为“其他文本”添加“旋转”动画效果，开始条件设置为“从上一项之后开始”。

2. 在幻灯片 2 中，为文本框添加“淡化”动画效果。

3. 在幻灯片 3 中，为四张图片从右到左设置“浮入”动画效果，开始条件设置为“从上一项之后开始”，计时设置为“非常快”；为标题文本框添加“淡化”动画效果，开始条件设置为“从上一项开始”；为“其他文本”添加“旋转”动画效果，开始条件设置为“从上一项之后开始”。

4. 参照以上方法，自行设计其他页面的动画效果，设置完成后注意通过预览功能查看动画的播放效果、顺序等是否符合设计意图。

步骤五　插入缩放位置

在幻灯片 2 中插入缩放位置，单击“幻灯片缩放定位”按钮，打开对话框，在幻灯片 3 ~ 6 的复选框上进行勾选，单击“插入”按钮，如图 5-5-23 所示，在幻灯片中出现四张缩略图，摆放到适当位置。选择“缩放”选项卡中的“缩放定位效果”，设置“阴影”与“映像”，如图 5-5-24 所示。

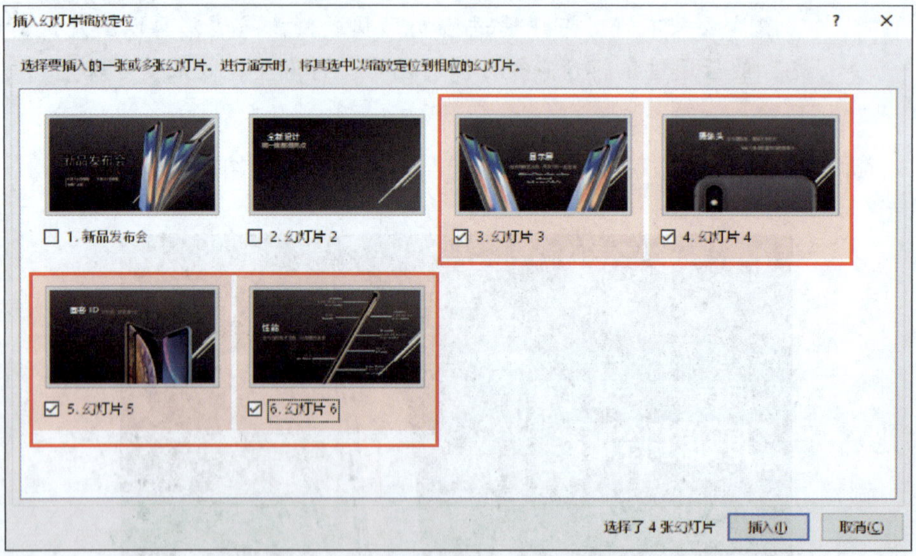

图 5-5-23　插入幻灯片缩放定位

步骤六　设置幻灯片切换效果

将幻灯片 1 的切换效果设为“风”，将幻灯片 2 的切换效果设为“涡流”，将幻灯

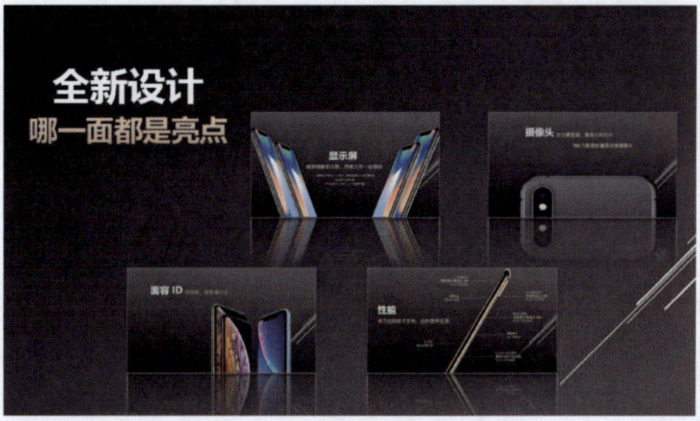

图 5-5-24　幻灯片缩放定位样式

片 3 的切换效果设为“平滑”，其他页面自行设置，“持续时间”均设为默认值。

步骤七　录制幻灯片

单击“幻灯片放映”选项卡下的“录制幻灯片演示”按钮，在下拉菜单中单击“从头开始录制”选项，对幻灯片进行排练计时，演示完成检查无误后进行保存。

步骤八　将幻灯片保存为视频

制作完成后，为了便于传输，可以将演示文稿导出为视频。确保幻灯片不再修改，单击“录制”选项卡下的“导出到视频”命令，在“保存”对话框中选择文件格式为“.mp4”，文件名设置为“新产品发布会”。

小提示

在“幻灯片放映”选项卡中也提供“录制”工具。“录制”选项卡下的工具偏重于将演示文稿制作为视频。

步骤九　退出程序

操作完成后，退出 PowerPoint 2021 程序。